职业院校教学用书（电子类专业）

电子技术基础
（第3版）

张　炜　白淑珍　主编

电子工业出版社

Publishing House of Electronics Industry

北京·BEIJING

内 容 简 介

本书共分两部分。第1部分为模拟电子技术基础,主要内容有:常用半导体器件、晶体管放大电路、集成运算放大器及其应用、直流稳压电源。第2部分为数字电子技术基础,主要内容有:数制与逻辑代数、逻辑门电路、组合逻辑电路、集成触发器、时序逻辑电路、半导体存储器、555定时器、D/A 与 A/D 转换器。全书参考学时130~140学时。

本书力求体现理工类专业对电子技术理论知识的要求,密切结合集成电路等半导体器件在计算机硬件技术中的应用,突出电子技术的基本概念和分析方法,注意对学生分析问题、解决问题能力的培养,适当介绍与计算机硬件新技术相关的知识。全书内容深入浅出,理论联系实际,实用性强,章后有小结、习题及实验。特别适应于升学考试使用。

本书可作为高职、大中专等理工类专业的教材。本书知识体系完整,知识点针对性强,特别适应于升学考试使用,也可供有关技术人员自学和参考。本书配有教学 ppt,详见前言。

图书在版编目(CIP)数据

电子技术基础/张炜,白淑珍主编.—3 版.—北京:电子工业出版社,2014.11
ISBN 978-7-121-24703-3

Ⅰ.①电⋯ Ⅱ.①张⋯②白⋯ Ⅲ.①电子技术—高等学校—教材 Ⅳ.①TN

中国版本图书馆 CIP 数据核字(2014)第 257738 号

策划编辑:杨宏利
责任编辑:杨宏利   特约编辑:李淑寒
印　　刷:河北虎彩印刷有限公司
装　　订:河北虎彩印刷有限公司
出版发行:电子工业出版社
　　　　　北京市海淀区万寿路 173 信箱　邮编 100036
开　　本:787×1 092　1/16　印张:18.75　字数:480 千字
版　　次:2000 年 3 月第 1 版
　　　　　2014 年 11 月第 3 版
印　　次:2025 年 9 月第 12 次印刷
定　　价:34.50 元

　　本书在 2000 年同名教材基础上重新编写,适用于大中专和高职院校理工类专业作为教材。本书教学时数约为 130 学时。本书从面向读者需求出发,版式设计美观易读,电子元器件符号采用最新国家标准,但根据使用习惯保留了部分旧标准。

　　计算机的应用给人类社会的各个领域带来了巨大的变化。计算机是由硬件和软件有机组合而成的,"电子技术基础"是计算机硬件的基础,因此所编教材在内容的处理上尽量体现计算机硬件的需要。

　　电子技术基础是一门通用型的课程,无论哪个层次的理工类专业学生,需要在较短的时间内学会电子技术的基础知识和基本技能。我们在近年来教学实践的基础上,按照职业教育的培养目标,以及近年来应用型大学建设的需要,对本课程进行了大幅度的改革,从课程内容的选取、教法、学法、实验内容的选定到课堂教学方式,摸索了一套新的模式。现在,我们希望把这些经验具体体现在这本教材中。

　　(1) 在内容的选材上,力求少而精,做到主次分明,详略得当。模拟电子技术部分,始终体现一种保证基础,推陈出新,加强集成的指导思想。本教材一方面把运算放大器作为直接耦合放大器来加以理解,另一方面又把它列为一个器件,介绍它的整体模型和使用方法。数字电子技术部分以介绍逻辑电路的逻辑功能和分析方法为主,侧重介绍中、小规模数字电路的应用。在内容的安排上也做了些变动,如半导体存储器及 A/D、D/A 转换器等内容各单列一章,因为在后续课中用得较多。

　　(2) 理论与实践并重,知识与技能并重。电子技术是一门操作性较强的课程。为此,本教材始终贯穿着理论与实践相结合的指导思想,每章后面均附实验,使课堂教学(讲授、讨论、分析、练习)与课外教学(测试、复习、笔记、小结、完成作业、读参考书)互相补充配合,从而达到注重学生能力培养的目的。这里所说的能力包括本专业的岗位操作能力和自学能力。本教材力求体现教法与学法。在内容的编排上力求做到既便于教师讲授,又便于培养学生独立思考问题的能力。

　　(3) 大力加强习题的覆盖面和针对性。本教材在选材时,既注重引发学生兴趣、启发学生思考,又注重体现专业特色。为方便教学,本教材还配套了 ppt,方便学习和使用,请到华信教育资源网下载(http://www.hxedu.com.cn)。

　　本书由山东信息职业技术学院白淑珍和西安技师学院张炜任主编,张炜编写了第 1～3 章,白淑珍编写了第 4～12 章。在本书内容的选取及编写大纲的制订过程中,许多老师给予了很大帮助,在此不一指出,谨向各位老师表示诚挚的谢意。

　　由于水平有限,加之时间仓促,书中错误和不妥之处在所难免,恳切希望广大读者批评指正。

编　者

目 录

第 1 章

常用半导体器件

1.1 晶体二极管

1.1.1 PN 结

1. 半导体的特性

物质按导电能力的强弱可分为三大类：一是导体，其导电能力特别强，如金属、电解液等；二是绝缘体，其导电能力非常弱，几乎可以看成不导电，如橡胶、陶瓷等；三是半导体，其导电能力介于导体和绝缘体之间，如硅、锗等。半导体之所以得到广泛的应用，是因为它具有以下特性。

（1）掺杂性：在纯净的半导体中加入微量的杂质（其他元素），它的导电能力将会大大增强，利用这一特性可以制造出各种有用的半导体器件。

（2）热敏性：温度愈高，导电能力愈强。利用这一特性，半导体可用做热敏元件。

（3）光敏性：半导体对光很敏感，光照愈强，导电能力愈强，利用这一特性，半导体可用做光敏元件。

2. 本征半导体

纯净的半导体，称为本征半导体。常用的半导体材料有硅和锗，它们都是四价元素。由于本征半导体具有稳定的共价键结构，所以在绝对零度且无外部激发能量时，本征半导体是不能导电的。但当温度升高到一定值时，有些价电子便挣脱原子核的束缚而变为自由电子。同时在原来共价键中便留下一个空位，叫"空穴"，且电子和空穴成对出现。这一过程叫热激发，也称为本征激发。空穴的运动与自由电子的运动方向相反，而自由电子是带负电荷的，所以空穴实质上是带正电荷的，故可以认为空穴的运动是正电荷的运动。空穴和自由电子一样，也是一种载流子（能运载电荷的带电粒子）。因此半导体中有两种载流子，一种是带负电荷的自由电子，一种是带正电荷的空穴。而导体中只有自由电子一种载流子参与导电。

此外，电子和空穴在无规则热运动的过程中也会相遇，从而使电子填补空穴，使电子和空穴成对消失,这一过程叫载流子的"复合"。在一定温度下,单位时间内因激发产生的载流子数和因复合消失的载流子数处于动态平衡状态,因此在一定温度下本征半导体内空穴和自由电子浓度将保持一定,且自由电子数等于空穴数。如果温度升高载流子浓度将增大,半导体的导电能力也随之增强。由于本征半导体中,电子空穴对数目很少,导电能力过低,没有使用价值。为了提高导电能力,需要在本征半导体中掺入杂质,但是在本征半导体中掺入杂质的目的,不单纯是为了提高导电能力,更主要的是想通过控制掺入杂质的多少达到控制半导体导电能力强弱的目的,据掺入杂质的不同可分为 N 型半导体和 P 型半导体,所以杂质半导体是制造各种半导体器件的基础。

3. N 型半导体和 P 型半导体

(1) N 型半导体。按一定的工艺,在本征半导体硅(或锗,在这里以硅为例)中掺入微量的五价元素磷(或砷等),就形成 N 型半导体。由于磷原子最外层的五个价电子中有四个与相邻硅原子组成共价键,多余一个价电子受磷原子核的束缚力很小,很容易成为自由电子,而磷原子本身因失去电子成为杂质正离子。

N 型半导体的特点:自由电子是多数载流子(多子),空穴是少数载流子(少子)。杂质离子带正电。

(2) P 型半导体。在本征硅中掺入三价元素硼(或镓、铟等),就形成 P 型半导体。硼有三个价电子,每个硼原子与相邻的四个硅原子组成共价键时,因缺少一个电子而产生一个空位(不是空穴,因为硼原子仍呈中性)。在室温或其他能量激发下,与硼原子相邻的硅原子共价键上的电子就可能填补这些空位,从而在电子原来所处的位置上形成带正电的空穴,硼原子本身则因获得电子而成为杂质负离子。

P 型半导体的特点:自由电子是少数载流子(少子),空穴是多数载流子(多子)。杂质离子带负电。

值得注意的是,多子数目是由杂质浓度决定,而少子是由温度决定。杂质离子不能移动,不参与导电。P 型、N 型半导体均呈电中性。

4. PN 结的形成

PN 结是由 P 型半导体和 N 型半导体通过一定方式结合而成的。这里的结合并不是简单地将两种半导体接触在一起,而是利用掺杂工艺,使同一半导体(如本征硅)一侧形成 P 型半导体,而另一侧形成 N 型半导体,那么在 P 型和 N 型半导体的交界处就形成一个特殊的带电薄层——PN 结。

PN 结的形成是载流子在半导体内的扩散运动和漂移运动达到动态平衡的结果。

(1) 扩散运动及内电场。由于浓度差形成多数载流子穿过 PN 结界面的运动称为扩散运动。扩散运动形成的电流叫扩散电流 I_{di}(diffusion current)。P 区的多子空穴向 N 区扩散,N 区的多子电子向 P 区扩散。扩散电流 I_{di} 的方向是由 P 区指向 N 区。当多子通过两种半导体的交界面后,在交界面附近的区域里,P 区的空穴与 N 区的电子复合。在 P 区一侧由于失去空穴,留下了不能移动的负离子,N 区一侧由于失去电子,留下了不能移动的正离子。PN 结的形成示意图如图 1.1 所示。这些不能移动的正负离子所在的区域叫"空间电荷区"。从而形成了由 N 区指向 P

区的"内电场"。载流子浓度差愈大,则空间电荷区愈宽,内电场也就愈强。

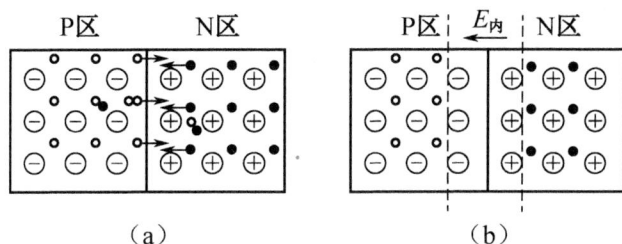

图 1.1 PN 结的形成示意图

(2)漂移运动和动态平衡。因为内电场的方向是由 N 区指向 P 区,所以内电场的形成将阻止多子的继续扩散(故 PN 结又称阻挡层),却有利于各区域少子向对方区域运动,少子在内电场作用下形成的定向运动称为漂移运动。少子做漂移运动形成的电流 I_{dr}(drift current)称为漂移电流,其方向和内电场方向一致,与扩散电流 I_{di} 的方向相反,其大小与温度有关,温度升高 I_{dr} 将增大。由于少子是热激发产生的,所以一般情况下,I_{dr} 是很小的。

在 PN 结的形成过程中,开始时扩散运动占优势,PN 结(空间电荷区)逐渐加宽,内电场愈来愈强,扩散运动急剧减弱,而漂移运动愈来愈强。当扩散电流与漂移电流相等时,PN 结不再加宽而达到了平衡,这种平衡称为动态平衡。达到动态平衡后,空间电荷区的宽度不再增加,此时 PN 结处于相对稳定的状态。若无外加电压或其他激发因素作用时,此时流过 PN 结的电流为零。

5. PN 结的单向导电性

在 PN 结两端外加电压,称为给 PN 结以偏置。当 P 区电位高于 N 区电位时称为正向偏置(forward bias);反之,当 N 区电位高于 P 区电位时称为反向偏置(reverse bias)。PN 结最重要的特征就是单向导电性(unilateral conductivity)。

(1) PN 结正向偏置。给 PN 结加正向偏置电压 U,如图 1.2(a)所示。这时,外加电场与内电场方向相反,削弱了内电场,空间电荷区变窄,正向电流 I_F 较大,PN 结在正向偏置时呈现较小电阻,PN 结变为导通状态。正向偏置电压稍有增加,PN 结的正向电流 I_F 将急剧增加,为了防止大的正向电流把 PN 结烧毁,实际电路中都要串接限流电阻 R。

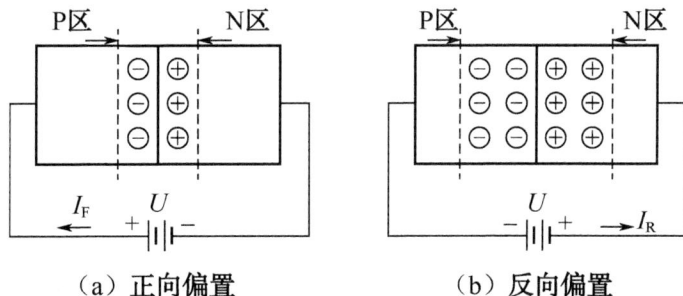

(a)正向偏置 (b)反向偏置

图 1.2 PN 结的偏置

（2）PN 结反向偏置。给 PN 结加反向偏置电压 U，如图 1.2(b)所示。这时，外加电场与内电场的方向相同，因而加强了内电场，空间电荷区变宽，其结果是在 PN 结内形成微小的反向电流 I_R。常温下锗管的 I_R 为微安数量级，而硅管的 I_R 比锗管的还要小。这说明在反向偏置作用下，PN 结的电阻很大（几百千欧姆以上），PN 结处于截止状态。

反向电流究其实质是少子的漂移电流。因为一定温度下少子的浓度有限且不变，所以当反偏电压大到一定数值后，反向电流将不再随反偏电压的增大而增大。此时的反向电流称为反向饱和电流。由于温度升高，少子浓度增加，所以反向电流也将增大，在使用半导体器件时，必须考虑环境温度的影响。

1.1.2　二极管

1. 二极管的符号

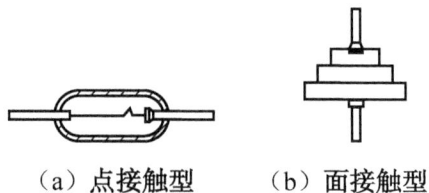

半导体二极管是由一个 PN 结加上接触电极、引出线和管壳构成的。其表示符号如图1.3所示。其中 A 为 P 区的引出线端，称为 P 极或正极，K 为 N 区的引出线端，称为 N 极或负极。

2. 二极管的结构

按内部结构不同，半导体二极管可分为点接触型和面接触型两种。

（1）点接触型二极管的内部结构如图 1.4(a)所示。

特点：PN 结面积小，不能通过很大的正向电流（几毫安到几十毫安）；结电容小，适于高频（几百兆赫）工作。

用途：适于做高频检波和脉冲数字电路的开关元件，也可用于做小电流的整流元件。

（2）面接触型二极管的内部结构如图 1.4(b)所示。

特点：PN 结的面积较大，允许通过的正向电流较大（几百毫安到几安）；结电容大，只能用于较低频率。

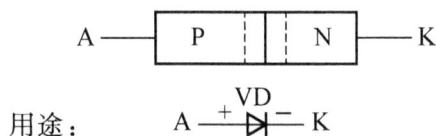

图 1.3　二极管的符号　　　图 1.4　二极管的内部结构

（a）点接触型　　（b）面接触型

3. 二极管的伏安特性

半导体二极管的伏安特性是指二极管两端外加电压 U 和流过二极管的电流 I 之间的关系。在这里仅以硅管为例说明二极管的伏安特性，其特性曲线如图 1.5 所示。

（1）正向特性。二极管两端不加电压时，其电流为 0，故特性曲线从坐标原点开始。当外加正向电压时，二极管内有正向电流通过。正向电压较小时，外电场不足以克服内电场，故多数载流子的扩散运动仍受较大阻碍,二极管的正向电流很小,此时称二极管工作于死区,如图 1.5 中的 AB 段(硅管的死区电压约为 0.5V,锗管的死区电压约为 0.2V)。正向电压值超过死区电压值后,内电场被大大削弱,随电压 U 的增加正向电流增大得很快,二极管正向电阻变得很小(二极管正向电阻是一个非线性电阻,其阻值随电压 U 的改变而改变)。硅管的正向导通电压为 0.7V 左右,锗管为 0.3V 左右。

(2)反向特性。当外加反向电压时,外电场和内电场方向相同,阻碍扩散运动进行,有利于漂移运动。二极管中由少子形成反向电流。反向电压增大时,反向电流随着稍有增加,很快达到饱和后其数值基本保持不变。反向饱和电流的数值很小,硅管比锗管反向饱和电流更小。

图 1.5　二极管的伏安特性曲线

在图 1.5 中,当由 C 点继续增大反向电压时,反向电流在 D 点处迅速增大,这种现象称为反向击穿。击穿分两种,一是电击穿,电击穿过程一般是可逆的;二是热击穿,热击穿产生后是不可逆的,并能损坏管子。发生电击穿时的电压 U_{BR} 称为反向击穿电压,各类二极管的反向击穿电压大小不同,通常为几十到几百伏,最高可达 300V 以上。

4. 二极管的主要参数

每种半导体器件都有一系列表示其性能特点的参数,并汇集成器件手册,供使用者查找选择。

(1)最大整流电流 I_F。它指二极管长期运行时允许流过的最大正向平均电流,其大小由 PN 结的面积和散热条件决定。

(2)最大反向工作电压 U_R。它指在二极管运行时允许承受的最大反向电压。为了避免二极管反向击穿,通常将二极管击穿电压 U_{BR} 的一半定为 U_R。

(3)反向电流 I_R。它指在室温和最大反向电压(或其他测试条件)下的反向电流。其值愈小,二极管的单向导电性愈好。环境温度对 I_R 的影响较大,使用时应充分注意。

(4)直流电阻 R_D。直流电阻 R_D 是指加在二极管上的直流电压 U_D 与流过管子的电流 I_D 之比,即

$$R_D = U_D / I_D$$

二极管 R_D 的大小是随工作点而变化的。半导体二极管的正向直流电阻通常为几欧姆到几千欧姆。当二极管加反向电压时,由于反向电流极小,所以半导体二极管的反向直流电阻很大,一般可达几百千欧姆,甚至更大。我们用万用表测得的二极管电阻就是它的直流电阻。

(5)动态(交流)电阻 r_d。动态电阻 r_d 是指在工作点附近,二极管上的电压变化量 ΔU 和对应的电流变化量 ΔI 之比,即 $r_d = \Delta U / \Delta I$

二极管的交流电阻 r_d 也可以从二极管的伏安特性曲线上求得。方法是通过工作点作伏安特性的切线,其斜率的倒数即为该点的交流电阻。所以 r_d 的大小也与工作点的选择有关,半导体二极管的正向交流电阻很小,一般约为几欧姆到几十欧姆,反向交流电阻在几千欧姆以上。

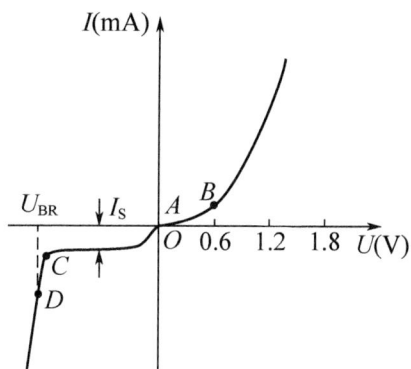

5. 稳压二极管

（1）稳压特性。硅稳压二极管的伏安特性曲线和电路符号如图1.6所示。

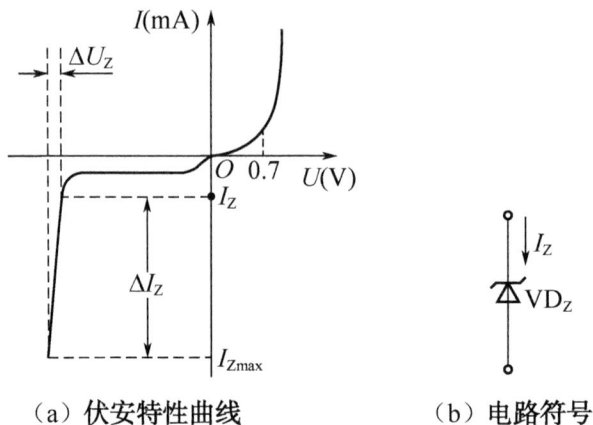

（a）伏安特性曲线　　　　　（b）电路符号

图1.6　稳压二极管的伏安特性曲线和电路符号

硅稳压二极管的反向击穿特性曲线很陡直,击穿转折点比较明显。由于击穿时,硅稳压管的动态电阻值很小,尽管流过管中的电流在很大范围内变化,而管子两端的电压值却变化很小,基本上稳定在反向击穿电压值附近。正是由于它在击穿工作状态时能起稳压作用,所以称这种击穿特性为稳压特性,稳压管的稳压值用符号 U_Z 表示。

（2）稳压管的主要参数:

① 稳定电压 U_Z。它指稳压管的反向击穿电压。由于制造上的原因,对同一型号、同一批量生产的稳压管,U_Z 值并不完全一样,有一定的离散性,还与温度和工作电流有关,所以 U_Z 不是一个固定值。例如:2CW$_{13}$ 的 U_Z,其稳压范围为 5～6.5V。

② 稳定电流 I_Z。它指稳压管正常工作时的最小电流值。小于该电流时,稳压管的稳压效果不佳,内阻较大。

③ 耗散功率 P_M。它指稳压管所允许的最大功耗。超过此功耗时,稳压管将因热击穿而损坏。

（3）稳压管与普通二极管的比较。稳压管与普通二极管相比,有以下两个特点:

① 稳压管只有工作在反向击穿条件下才能呈现稳压特性。

② 稳压管在正向偏压条件下与普通二极管性能一样。

6. 选用二极管的一般原则

二极管有点接触型和面接触型两种类型,使用的材料有硅和锗。它们各具有一定的特点,应根据实际要求选定。选择二极管的一般原则是:若要求导通后的正向电压和平均电流都较小,而信号频率较高,则应选用点接触型锗管;若要求平均电流大,反向电流小,而反向电压高且热稳定性较好时,应选用面接触型硅管为宜。要求正向导通电压低的选锗管,要求反向电流小的选硅管。要求反向击穿电压高的选硅管。根据实际电路的技术要求,估计二极管应具有的参数,并考虑适当的余量,查手册确定管子的型号。

【例 1-1】 如图 1.7 所示,图中 VD_1, VD_2, VD_3 均为理想二极管,试求图中所示 U_o 等于多少?

解: 第 1 步是用理想伏安特性近似分析,VD_1, VD_2, VD_3 三只二极管对于公共参考点(接地点)而言,VD_2 的阴极电位最低,所以 VD_2 导通。VD_1 与 VD_3 均因 VD_2 导通后,它们的阳极电位比阴极电位低而截止。第 2 步求出 $U_o=-6V$。

【例 1-2】 在某电子线路中一旦二极管损坏,在更换二极管时应怎样考虑?

解: 本题要求怎样正确使用二极管,应从型号、参数等方面考虑。

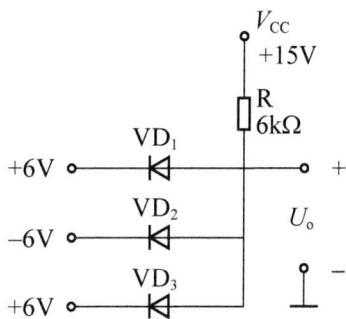

图 1.7 【例 1-1】图

假如二极管一旦损坏,应该用相同型号的二极管来替换。如果找不到相同型号管子时,可以用其他二极管来代替,但代替时必须注意以下几点:

(1) 换上的二极管,其 U_R 与 U_F 应大于或等于换下的二极管。

(2) 如果换下来的二极管是硅管,最好不要用锗管代替。

(3) 如果换下来二极管是高频管,决不能用低频管替代。

通过上面二极管特性参数的分析介绍,归纳出二极管使用时的几点要点:

(1) 根据二极管使用技术要求查阅器件手册和产品样本,确定所用二极管型号。

(2) 要求正向导通电压低的选锗管,要求反向电流 I_R 小的选硅管。

(3) 要求反向击穿电压高的选硅管。

1.2 二极管限幅电路

"限幅"是指限制电路的输出幅值。输入信号的波形经限幅电路后,只有其中一部分传到输出端,其余部分则被限制而消失了。在模拟电子电路中,常用限幅电路来减小和限制某些信号的幅值,以适应电路的不同要求或作为保护措施。在脉冲电路中,常用限幅电路来处理信号波形。

限幅电路是用具有非线性特性的器件来实现的,二极管可用来组成简单的限幅电路。二极管组成的限幅电路分为串联限幅、并联限幅和双向限幅电路。

1.2.1 并联限幅电路

在图 1.8(a)所示电路中,二极管 VD 与输出端并联,所以叫做并联限幅电路。

当输入的正弦信号 u_i 处于正半周且数值大于二极管 VD 的导通电压 U_{on} 时,二极管导通,此时输出电压 $u_o=U_{on}$。当 u_i 小于 U_{on} 或 u_i 处于负半周时,二极管处于死区或因反偏而截止,此时 $u_o=u_i$,波形如图 1.8(b)所示。并联限幅电路限制了信号的正半周。

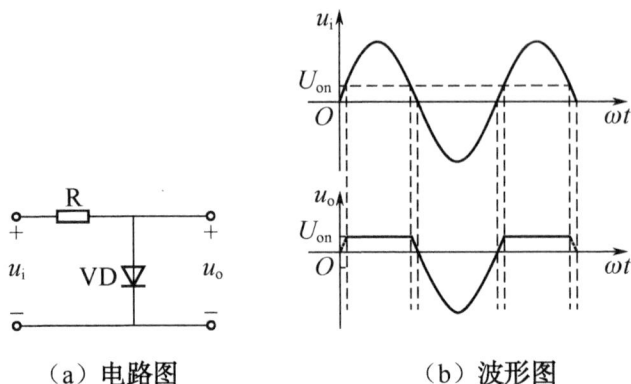

（a）电路图　　　　　　（b）波形图

图 1.8　并联限幅电路

1.2.2　串联限幅电路

在图 1.9(a)所示的电路中,二极管 VD 与输出端串联,所以叫做串联限幅电路。

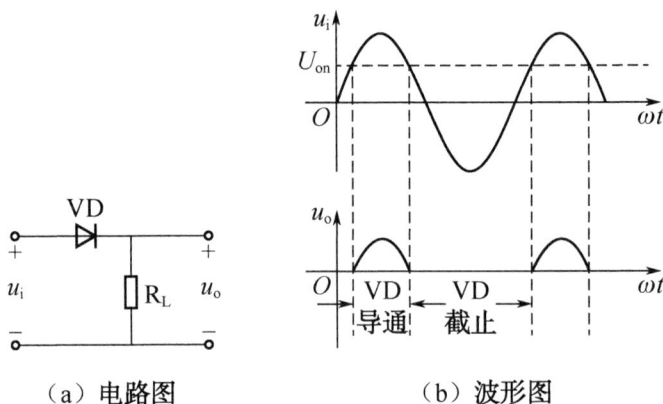

（a）电路图　　　　　　（b）波形图

图 1.9　串联限幅电路

设输入信号 u_i 为正弦波。当 u_i 处于正半周,且其数值大于二极管 VD 的导通电压 U_{on} 时, VD 导通,且 $u_o = u_i - U_{on}$。当 u_i 处于负半周或其数值小于 U_{on} 时,二极管截止,$u_o = 0$,u_o 的波形如图 1.9(b)所示,此时信号的负半周受到了限制。

1.2.3　双向限幅电路

双向限幅电路如图 1.10(a)所示。根据并联限幅电路的工作原理,可得图 1.10(b)所示的输出波形。由图 1.10 可见,双向限幅电路限制了输入信号的正负幅度,使输出电压的最大幅值为 U_{on}。

如果要求提高输出幅度,可以在二极管支路中串联固定电压。

二极管的应用电路还很多,这里不再介绍。

（a）电路图　　　　　　　（b）波形图

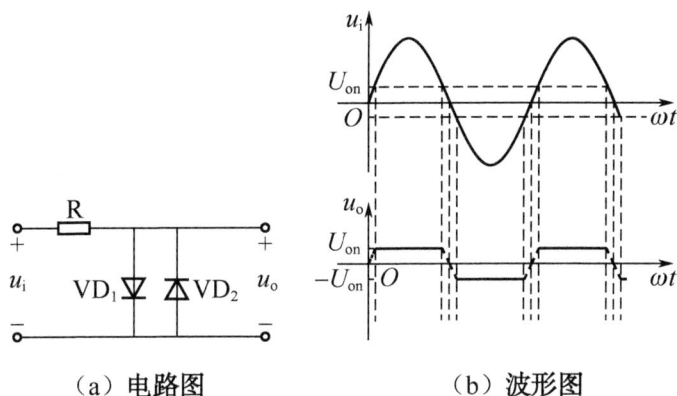

图 1.10　双向限幅电路

1.3 晶体三极管

1.3.1 晶体三极管的结构及分类

1. 晶体三极管的结构

半导体三极管简称三极管或晶体管。它的结构是在一块半导体上应用半导体工艺制成两个 PN 结。按照两个 PN 结组合的方式不同，可以分为 PNP 型和 NPN 型两类。它们的结构及符号如图 1.11 所示。

三极管内部结构分为发射区、基区和集电区，各引出电极分别称为发射极 e、基极 b 和集电极 c。发射区（e 区）和基区（b 区）之间的 PN 结称为发射结（e 结），集电区（c 区）和基区之间的结称为集电结（c 结）。

三极管具有电流放大作用的内部条件：

（1）发射区的掺杂浓度较大，其作用是发射多数载流子。

（2）基区很薄（几微米），掺杂很少。其作用是控制由发射区运动到集电区的载流子。

（3）集电区的作用是收集由发射区来的载流子，为了便于收集和散热，要求集电结面积较大。

由三极管的内部结构和功能可知，在正常工作时，集电极和发射极不能互换。三极管的表示符号中，发射极的箭头方向表示在正常工作时发射极电流的真实方向，即 PNP 型管电流由发射极流入管内，NPN 型管电流由发射极流出管外。

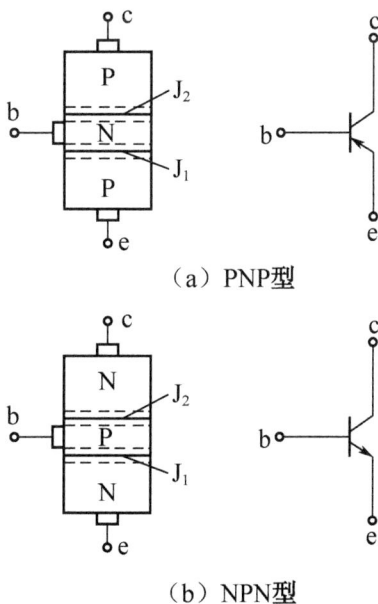

（a）PNP型

（b）NPN型

图 1.11　晶体三极管的结构

半导体三极管按材料不同分为硅管和锗管。目前我国制造的硅管多为 NPN 型,锗管多为PNP 型。

1.3.2 晶体三极管的放大作用

1. 三极管用于放大的外界条件

三极管用于放大的外界条件:发射结正偏,集电结反偏,如图 1.12 所示。$+V_{CC}>+V_{BB}$,R_c 称为集电极电阻,流过发射极的电流称为发射极电流,用 I_E 表示,流过基极的电流称为基极电流,用 I_B 表示,流过集电极的电流称为集电极电流用 I_C 表示。由基尔霍夫电流定律可知 $I_E=I_B+I_C$。

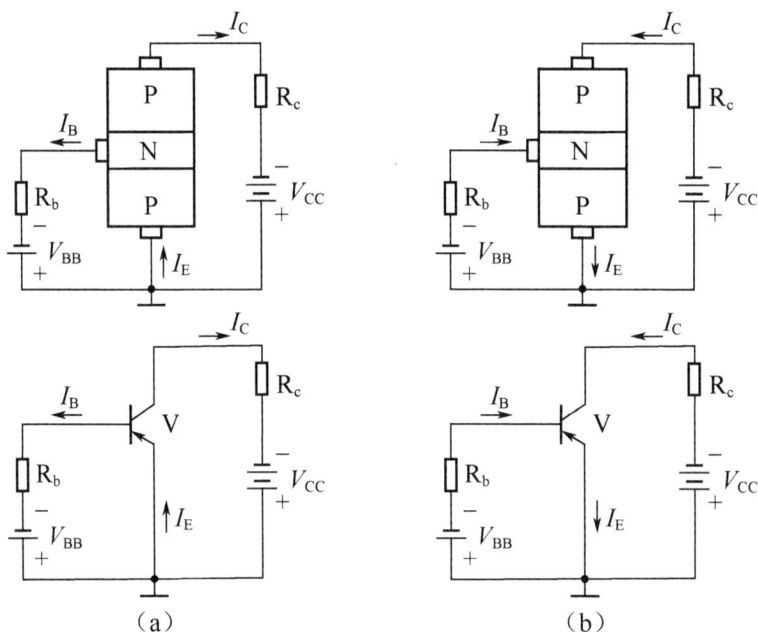

图 1.12　发射结正偏,集电结反偏

图 1.12 电路中,从基极经过发射极组成的回路称为输入回路,从集电极经过发射极组成的回路称为输出回路。外加信号从输入回路输入,经过三极管的放大作用,将信号从集电极回路(即输出回路)输出。对信号来说输入回路和输出回路的公共支路是发射极,故称该电路为共发射极电路,简称共射电路。

下面以 NPN 型管的共射电路为例分析三极管的电流放大原理。

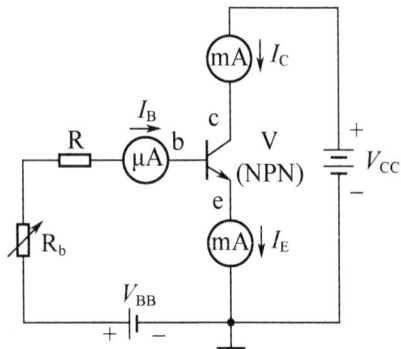

图 1.13　演示实验

2. 三极管电流放大作用演示实验

我们先来做个实验,观察三极管各个电极电流的情况及它们之间的关系,实验电路如图 1.13 所示。调节基

极电阻 R_b，以改变基极电流 I_B，则可测得相应的 I_C 和 I_E 的数据，三者的关系见表 1-1。

表 1-1　I_B，I_C，I_E 实验数据

I_B(mA)	-0.004	0	0.01	0.02	0.03	0.04	0.05
I_C(mA)	0.004	0.01	1.09	1.98	3.07	4.06	5.05
I_E(mA)	0	0.01	1.10	2.00	3.10	4.10	5.10

从表 1-1 可以看出：

（1）$I_E = I_B + I_C$。由此可见，流进管子的电流等于流出管子的电流。此外，基极电流 I_B 很小，而 $I_C \approx I_E$。

（2）从表中可知：当 $\Delta I_C = 1.98 - 1.09 = 0.89\text{mA}$ 时，$\Delta I_B = 0.02 - 0.01 = 0.01\text{mA}$，所以 $\Delta I_C / \Delta I_B = 0.89\text{mA}/0.01\text{mA} = 89$。

这说明当 I_B 有一微小变化时，就能引起 I_C 较大的变化，我们称这种现象为三极管的电流放大作用。电流放大作用实质是通过改变基极电流 I_B 的大小，达到控制 I_C 的目的，因此双极型晶体三极管是一电流控制元件。

（3）从表中可知当 $I_E = 0$ 时（即发射极开路），$I_C = I_B$。因为集电结反偏，所以少子通过 c 结，从而形成反向饱和电流，用 I_{CBO} 表示（注意，表中 I_B 为负值是因为 I_B 的正方向是流进基极的）。

（4）从表中可知当 $I_B = 0$ 时（即基极开路）$I_C \neq 0$。此电流称为集电极-发射极的反向截止电流，又称穿透电流，用 I_{CEO} 表示（详见后述）。

3. 电流放大原理

通过下面三个过程来简要分析。

（1）发射区向基区发射电子的过程。由于发射结正偏，所以 e 区的多子电子向 b 区扩散，b 区的多子空穴也向 e 区扩散，形成发射极电流 I_E。又因为 e 区掺杂远大于 b 区，且 b 区很薄，所以 b 区空穴扩散所形成的电流可以忽略不计，因此 I_E 主要是 e 区多子向 b 区扩散所形成的。

（2）电子在基区的扩散和复合过程。电子注入 b 区后，因为靠近 e 结的电子多，靠近 c 结的电子少，形成浓度差，所以电子要向 c 结方向扩散。电子在 b 区的扩散过程中，会与 b 区的空穴复合，但由于 b 区很薄，掺杂少，所以复合的机会很少，因此由 e 区注入 b 区的电子，绝大部分可以扩散到 c 结，并在 c 结反偏电压作用下进入 c 区，形成集电极电流 I_C，只有很少一部分与 b 区空穴复合，是形成基极电流 I_B 的主要部分，所以 I_B 很小。为了保持 b 区的空穴浓度，b 区电源就要从 b 区拉走电子（即注入空穴），补充与电子复合掉的空穴。

（3）电子被集电极收集的过程。由于 c 结反偏，使阻挡层加宽，内电场变强，因此大量没有被复合的自由电子扩散到 c 结的边界，在强内电场的作用下，越过集电结被收集到 c 区，是形成集电极电流的主要部分。

上面只说明了载流子运动的主要过程，实际上还有 c 结的反向饱和电流 I_{CBO} 没有考虑进去，因它很小所以可以忽略，但应注意，I_{CBO} 将随温度升高而增大，I_{CBO} 越小，稳定性越好。

通过上面的分析,我们可以看出 ΔI_B 可以控制 ΔI_C;ΔI_E 可以控制 ΔI_C;ΔI_B 也可以控制 ΔI_E。我们所说的放大是指以输入控制输出,所以在组成 放大电路的三极管的三个电极中,只能以 b 极或 e 极作为输入,c 极或 e 极作为输出,即 b 极不能作为输出极,c 极不能作为输入极。因此三极管只有三种组态:b 极入,c 极出,共 e 极组态;b 极入,e 极出,共 c 极组态;e 极入,c 极出,共 b 极组态。需要指出的是,上面是以 NPN 型管共发射极电路来分析的,不管是 PNP 管还是 NPN 管,也不管是什么组态的三极管,c 结都需反偏,e 结都需正偏,其放大原理是一样的。

1.3.3 晶体三极管的特性曲线

三极管的特性曲线是指各电极间电压和各电极电流之间的关系曲线。从三极管应用角度来讲,熟悉三极管的特性曲线是非常重要的。三极管的特性曲线分为输入特性曲线和输出特性曲线两种。下面以常用的由 NPN 组成的共射电路的输入、输出特性曲线为例来进行分析。

1. 输入特性曲线

输入特性曲线是指当集电极、发射极之间电压 U_{CE} 一定时,基极、发射极之间电压 U_{BE} 与基极电流 I_B 的关系曲线,即 $I_B = f_{(U_{BE})|U_{CE}=C}$。

(1) 当 $U_{CE}=0$ 时,$U_{CE}=0$,相当于两个二极管并联且是正偏,所以此时的特性曲线相当于二极管的正向伏安特性,如图 1.14 所示。

(2) 当 $U_{CE}=1V$ 时,$U_{CE}=1V$,集电结反偏,所以 c 结的空间电荷区变宽,从而使有效基区变窄,称这种状况为基区调宽效应。基区调宽效应的结果使 e 区扩散到 b 区的电子在 b 区复合的机会减少,因而在相同的 U_{BE} 下(与 $U_{CE}=0$ 时相比较),基极电流 I_B 减小。所以与 $U_{CE}=0$ 时相

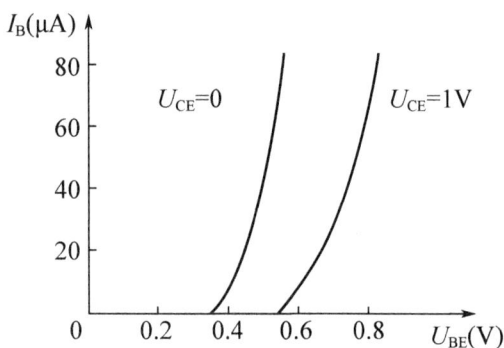

图 1.14 三极管的输入伏安特性曲线

比,相当于曲线右移一小段距离。

(3) $U_{CE}>1V$ 时,由于 e 区注入 b 区的电子数量一定,当集电结的反向电压增大到足以使注入 b 区的电子绝大部分都被吸收到 c 区时,即使再增大 U_{CE},也不会引起 I_B 减小。故 $U_{CE}>1V$ 以后的输入特性曲线与 $U_{CE}=1V$ 的特性曲线基本重合。在实际应用时,对于 NPN 型管子而言,U_{CE} 总是大于零,所以比较有实际意义的是 $U_{CE}=1V$ 的那条输入特性曲线。

从三极管的输入特性可以看出:

① 当管子正常工作时,U_{BE} 为 0.7V 左右(锗管为 0.3V 左右)。若 U_{BE} 变化不大,I_B 基本不变。这是三极管的一个重要特点。

② 输入特性是非线性的,U_{BE} 在 0.7V 附近稍有变化时,I_B 就变化很大。如果 U_{BE} 变化过大,将导致 I_B 急剧增加而使管子损坏。应用时,往往在基极回路联接一个限流电阻。

2. 输出特性曲线

（1）输出特性曲线分析。输出特性曲线是指基极电流 I_B 一定时，集电极电流 I_C 与集电极-发射极电压 U_{CE} 的关系曲线，即 $I_C=f_{(U_{CE})|I_B=C}$。

测试时，每次把 I_B 固定为某一值，然后改变 U_{CE} 值，测试出相应的 I_C 值，就得出和这个 I_B 值对应的一条输出特性曲线。改变 I_B 的值，就可得出输出特性曲线族，如图 1.15 所示。

从三极管的输出特性可以看出：

① $I_B=0$ 时，$I_C\neq0$，此时的 I_C 就是前面提到过的穿透电流 I_{CEO}（详见后述）。

② $U_{CE}=0$ 时，$I_C=0$，即曲线过原点。开始 U_{CE} 略有增加时，I_C 增加很快，可是 $U_{CE}>1V$ 左右以后，即使 U_{CE} 再增加，I_C 基本上不增加了。这是因为在 U_{CE} 很小时（约为 1V 以下），集电结的反向电压很小，对 b 区电子的吸引力不够，这时 I_C 受 U_{CE} 的影响很大。U_{CE} 稍有增加，将引

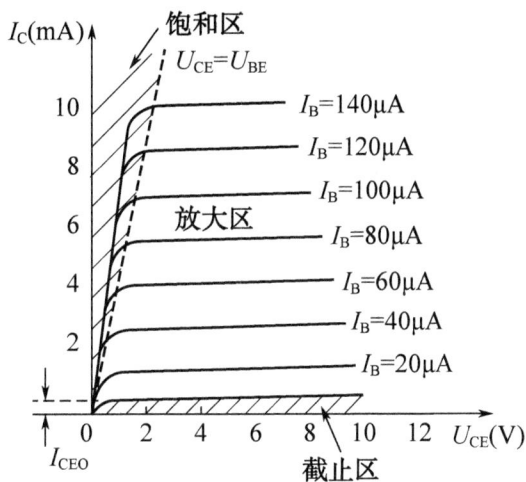

图 1.15　三极管的输出伏安特性曲线

起 I_C 有较大的增加。当 $U_{CE}>1V$ 左右后，基区中靠近集电结一边的电子已全部被收集到 c 区，所以 U_{CE} 再增加，I_C 也不再明显增加了，可见这时的 I_C 主要由 I_B 决定，而与 U_{CE} 基本无关，呈现一种"恒流特性"。欲增加 I_C，必须增加 I_B。这是三极管的又一个重要特性。

我们可以看出，在 U_{CE} 大于零点几伏以后，输出特性曲线是间隔基本均匀且近乎水平的平行直线。实际上，由于基区调宽效应的存在，在放大区内，特性曲线也不是完全水平的，而是随着 U_{CE} 的增大略向上倾斜。当 U_{CE} 大于某个值后，集电结将被击穿，造成管子损坏，所以不允许管子在此状态下工作。

（2）三极管工作的三个区：

① 截止。三极管工作在 $I_B=0$ 的输出曲线以下，横坐标轴以上的区域为截止区。

特点：集电结和发射结均反偏，相当于一个开关的断开状态，在此区域三极管失去电流放大能力。

② 放大区。三极管工作在 $I_B=0$ 对应的输出特性曲线以上平坦段组成的区域叫放大区。此区内 I_C 基本与 U_{CE} 无关，仅受 I_B 的控制。

特点：发射结处于正偏，而集电结处于反偏，晶体管具有恒流特性。此区内 $\Delta I_C=\beta\Delta I_B$ 具有电流放大作用。

③ 饱和区。I_B 增大引起 I_C 增大，导致 U_{CE} 下降，当下降到 $U_C=U_B$（即 $U_{BC}=0$）时为临界饱和。当 $U_C<U_B$（即 $U_{CB}<0$）时为过饱和，故定义 $U_{CE}<U_{BE}$ 的输出特性曲线区域为饱和区。一般临界饱和电压 $U_{CES}=0.3V$。

特点：发射结和集电结均正偏。三极管失去了放大能力，此区的三极管相当于闭合开关，如同短路状态。

1.3.4 晶体三极管的主要参数

1. 电流放大系数

我们定义共射电路的交流电流放大系数 $\beta = \Delta I_C / \Delta I_B$，直流电流放大系数 $\overline{\beta} = I_C / I_B$，若曲线间隔相等，且 $I_B = 0$ 时，$I_C = 0$，则此时的 $\beta = \overline{\beta} = I_C / I_B$，即

$$I_C = \beta I_B$$

利用上述关系在近似计算中非常方便。

β 的数值可以从曲线上求取，也可以用测试仪测量。实际上，电流放大系数 β 不是常数，它的数值受许多因素影响。由于管子特性的离散性，同型号、同一批管子的 β 就有差别，甚至同一管子通过的电流不同，或者环境温度变化都会使 β 值发生变化，所以实际使用时要逐个测试。

2. 集电极-基极反向饱和电流 I_{CBO}

I_{CBO} 是指发射极开路，集电结在反向电压作用下形成的反向饱和电流。

I_{CBO} 受温度的影响很大。常温下，小功率硅管 $I_{CBO} < 1\mu A$，锗管的 I_{CBO} 在 $10\mu A$ 左右。I_{CBO} 的大小反映了三极管的热稳定性，I_{CBO} 越小其热稳定性越好。因此在温度变化范围大的工作环境应选用硅管。

3. 穿透电流 I_{CEO}

I_{CEO} 是指基极开路，集电极-发射极间加上一定值的反偏电压时，流过集电极和发射极之间的电流称为穿透电流。它与 I_{CBO} 的关系为

$$I_{CEO} = (1 + \beta) I_{CBO}$$

I_{CEO} 也受温度影响很大，温度升高，I_{CEO} 增大。穿透电流 I_{CEO} 的大小也是衡量三极管质量的重要参数，硅管的比锗管的小。

4. 集电极最大允许电流 I_{CM}

当集电极电流太大时，晶体管输出特性曲线族的间隔小了，这说明电流放大系数 β 值下降，当 β 下降到规定允许值时的集电极最大电流，叫集电极最大允许电流。实际使用中，必须使 $I_C < I_{CM}$。

5. 集电极-发射极间击穿电压 $U_{(BR)CEO}$

基极开路时，加在集电极与发射极间的反向击穿电压，叫集电极-发射极间击穿电压。当温度上升时，击穿电压要下降，实际使用中必须使 $U_{CE} < U_{(BR)CEO}$。

1.4 场效应晶体管

场效应晶体管简称场效应管，可缩写为 FET(Field Effect Transistor)。它也是一种由 PN

结组成的半导体元件,因为它是利用电场效应来控制电流的,故称其为场效应管。和半导体三极管比较,其主要特点是:输入电阻大;受温度影响小,热稳定性好;噪声低;易于集成化。基于这些特点而获得广泛应用。场效应管外型与半导体三极管相似。按内部结构的不同,可分为两大类。一类是结型场效应管,可缩写为 JFET(Junction-type Field Effect Transistor);另一类是绝缘栅型场效应管,缩写为 IGFET(Insulated Gate Field Effect Transistor)。绝缘栅场效应管中,最常用的一种是金属氧化物半导体场效应管,缩写为 MOSFET(Metal Oxide Semi-conductor Field Effect Transistor)。

1.4.1 结型场效应管

1. 符号和分类

结型场效应管的电路符号如图 1.16 所示,它的三个电极分别叫漏极(D 极)、栅极(G 极)和源极(S 极)。D 极与三极管的 c 极相对应(注意是对应而不是相同),G 极与 b 极对应,S 极与 e 极对应。

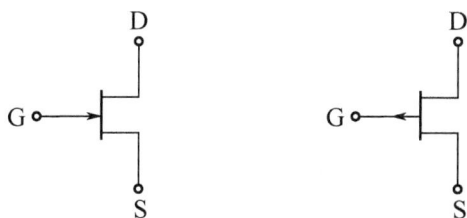

（a）N沟道结型场效应管　（b）P沟道结型场效应管

图 1.16　结型场效应管

结型场效应管有两大类,一类叫 N 沟道管,另一类叫 P 沟道管,在电路符号中用箭头方向区别。N 沟道管与 P 沟道管的关系类似于三极管 NPN 型管与 PNP 型管之间的关系,这里只以一种为例(通常以 N 沟道管为例)进行分析,而换成 P 沟道管时只需将相应的电压极性和电流方向改变即可。

2. 伏安特性曲线

场效应管的伏安特性曲线有两种,一种是与三极管的输入特性曲线相对应的,叫转移特性曲线;另一种是与三极管输出特性曲线相对应的叫漏极特性曲线,有时也称做输出特性曲线。

（1）转移特性曲线及其特点。反映栅源之间电压 U_{GS} 与漏极电流 I_D 之间关系的曲线称为转移特性曲线,它以漏源之间电压 U_{DS} 做参考量。

N 沟道结型管的转移特性曲线如图 1.17(a)所示,它有以下几个特点:

① 曲线在纵轴左侧,说明栅源之间加的是负电压,即 $U_{GS} \leqslant 0$,这是 N 沟道管正常工作的需要。

② 曲线是非线性的。

③ 随参考量 U_{DS} 增加,曲线向左上方平移,形状基本不变,但当 U_{DS} 大于某一值后曲线重合。

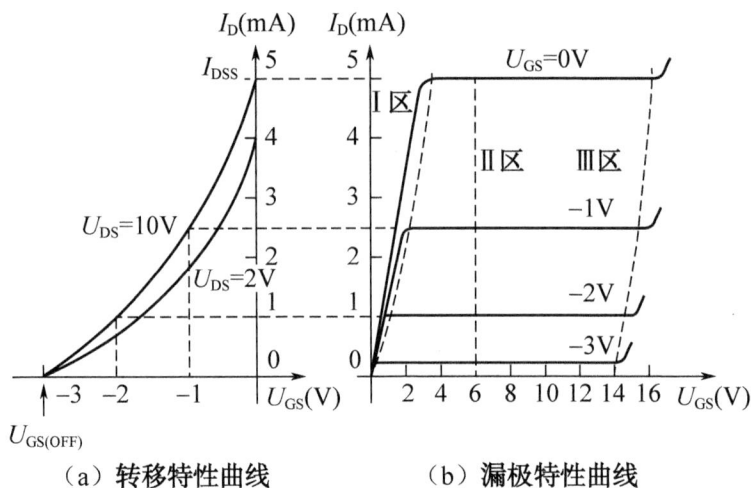

（a）转移特性曲线　　　　　（b）漏极特性曲线

图 1.17　N 沟道结型场效应管的伏安特性曲线

（2）漏极特性曲线及其特点。反映漏源之间电压 U_{DS} 与漏极电流 I_D 之间关系的曲线称为漏极特性曲线,它以栅源之间电压 U_{GS} 做参考量。

N 沟道结型场效应管的漏极特性曲线如图 1.17(b)所示,它有以下几个特点:

① 每条曲线都是由上升段、平直段和再次上升段组成的。

② 参考量 U_{GS} 改变时,曲线形状基本不变,但随着 U_{GS} 绝对值的增加曲线向下移动。

③ 具有相近特性的曲线构成一个曲线族,通常该曲线被划分成三个区域。

Ⅰ区:也叫可变电阻区,它是由每条曲线的上升段组成的。在这个区域内,I_D 的大小不仅与 U_{GS} 值有关,而且和 U_{DS} 值也有关。

Ⅱ区:也叫饱和区,它是由每条曲线的平直段组成的。在这个区域内,I_D 只受 U_{GS} 控制而与 U_{DS} 无关。

Ⅲ区:也叫击穿区,它是由每条曲线的再次上升段组成的。在这个区域内,由于 U_{DS} 较大,场效应管内的 PN 结被击穿,电流突然增加,如无限流措施,管子将被损坏。

3. 主要参数

（1）夹断电压 $U_{GS(OFF)}$。在 U_{DS} 为某一固定数值的条件下,使 I_D 几乎为零时栅源之间所加的电压叫夹断电压。如图 1.17(a)所示结型场效应管的夹断电压是 $U_{GS(OFF)} = -3V$。

（2）饱和漏极电流 I_{DSS}。在 U_{DS} 为某一定值的条件下,栅源之间短路($U_{GS}=0$)时的漏极电流叫饱和漏极电流。前述 U_{DS} 为某一定值,必须是大于 $|U_{GS(OFF)}|$ 的固定值。根据这一约定,图 1.17(a)所示结型场效应管的 I_{DSS} 是 5mA 而不是 4mA。

（3）输入电阻 R_{GS}。输入电阻的定义式是

$$R_{GS} = U_{GS}/I_G$$

因为 N 沟道管正常工作时栅源之间加的是负电压,栅源间 PN 结反偏,I_G 很小,故 R_{GS}

很大。

(4) 栅源击穿电压 $U_{(BR)GS}$。$U_{(BR)GS}$ 是栅源之间允许加的最大电压,实际电压值超过该参数时会使 PN 结反向击穿。

(5) 跨导 g_m。在 U_{DS} 为某固定值条件下,$\triangle I_D$ 与 $\triangle U_{GS}$ 的比值叫跨导。即当 U_{DS} 为常数时

$$g_m = \triangle I_D / \triangle U_{GS}$$

g_m 值的大小反映场效应管放大能力的强弱,在 $\triangle U_{GS}$ 相同的条件下,g_m 值大,放大能力强。

1.4.2 MOS 场效应管

结型场效应管的直流输入电阻一般可达 10MΩ 以上,但这个电阻从本质上来说是 PN 结的反向电阻,PN 结反向偏置时总会有一些反向电流存在,这就限制了输入电阻的进一步提高。由于绝缘栅场效应管的栅极处于不导电(绝缘)状态,所以输入电阻可大大提高,最高可达 $10^{15}\,\Omega$。目前应用最广泛的是绝缘栅场效应管(MOSFET 或 MOS 管)。

绝缘栅场效应管有 N 沟道和 P 沟道两类,其中每一类又可分为增强型和耗尽型两种。所谓耗尽型就是当 $U_{GS}=0$ 时,存在导电沟道(显然前面讨论的结型场效应管就是属于耗尽型);所谓增强型就是当 $U_{GS}=0$ 时,不存在导电沟道,即 $I_D=0$。例如,N 沟道增强型,只有当 $U_{GS}>0$ 时,才有可能开始有 I_D。P 沟道和 N 沟道 MOS 管的工作原理相似。下面首先讨论 N 沟道增强型绝缘栅场效应管,然后指出耗尽型管的特点。

1. N 沟道增强型 MOS 管

(1) 结构。N 沟道增强型 MOS 管的结构如图 1.18(a)所示,它以一块杂质浓度较低的 P 型硅片作为衬底 B(工作时通常均与源极 S 接在一起),利用扩散法在 P 型硅中形成两个高掺杂的 N^+ 区作为源极 S 和漏极 D。然后,在半导体表面上生长一层 sio₂ 绝缘层,在源漏极之间的绝缘层上面制作一铝电极,即为栅极 G。图 1.18(b)为其电路符号,其中箭头方向是由 P(衬底)指向 N(沟道),由此可判别沟道类型。符号中的断续线表示原来没有沟道,是认识增强型 MOS 管的特殊标志。根据对偶性,可以画出 P 沟道增强型 MOS 管的结构和符号如图 1.18(c)与(d)所示。

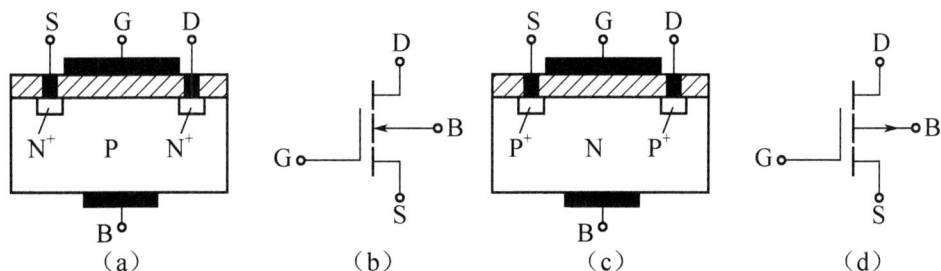

图 1.18 增强型 MOS 管的结构和符号

（2）工作原理。当栅源电压$U_{GS}=0$（栅源极间短路）时，因为漏源之间有两个反向连接的PN结，如果引入漏源电压，则不论U_{DS}极性如何，其中总有一个PN结为反偏。所以漏源间没有沟道，也没有漏极电流，即$I_D=0$。

当栅源电压$U_{GS}>0$，$U_{DS}=0$时，如图1.19（a）所示。由于衬底与源极相接，从而在源极经衬底间建立了垂直于半导体表面的电场，该电场排斥P区（衬底）的多子空穴，同时吸引其中的少子电子，使之汇集到栅极一侧的表面层中来。当栅源间的正电压达到一定数值后，在衬底P区靠近栅极的表面会形成由自由电子组成的N型薄层。通常把在P型区形成的N型薄层叫做"反型层"，这一反型层就形成了联系漏极与源极间的导电沟道。此后，若有正向漏源电压U_{DS}时，就会产生漏极电流I_D。我们把在漏源电压作用下，开始出现漏极电流I_D的栅源电压U_{GS}叫做"开启电压"，符号为$U_{GS(th)}$（下标中的th表示开始形成导电沟道时的开启电压）。

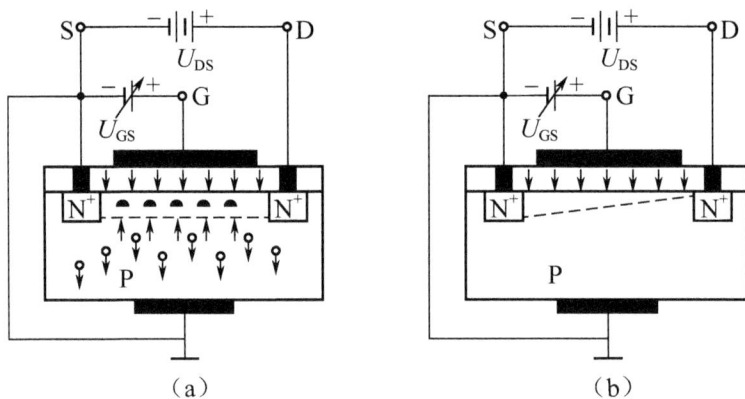

图1.19　增强型MOS管工作原理图

当栅源电压大于$U_{GS(th)}$时，U_{GS}愈大，电场强度愈强，反型层愈厚，沟道电阻愈小。因此，在相同的漏源电压U_{DS}的作用下，其电流I_D也愈大，从而实现了以电压控制电流的作用。

当漏源电压U_{DS}和栅源电压U_{GS}共同作用时，在$U_{GS}>U_{GS(th)}$时，由于U_{DS}的作用，沿沟道产生了电位梯度，使靠近漏极附近的电压$U_{GD}(=U_{GS}-U_{DS})$小于源极附近的电压U_{GS}。漏极附近的电场减弱，反型层变薄，使沟道变为楔型，如图1.19（b）所示。若此时U_{DS}较小，沟道形状变化不大（沟道电阻也无显著变化），I_D将随U_{DS}的增大而线性增大。

如果U_{DS}继续增大，漏极附近的沟道将进一步变薄，直至$U_{GD}\leqslant U_{GS(th)}$时，沟道在漏极附近将被夹断。此后随着$U_{DS}$的增大，夹断区朝漏极方向延伸，而漏极电流$I_D$则趋于饱和。

（3）特性曲线。N沟道增强型MOS管的输出特性曲线和转移特性曲线分别如图1.20（a）和（b）所示。输出特性也分为可变电阻区、饱和区、截止区和击穿区。可变电阻区与饱和区的分界点由下式确定

$$U_{GS}-U_{DS}=U_{GS(th)}$$

或
$$U_{DS}=U_{GS}-U_{GS(th)}$$

在图 1.20(b)所示的情况下,管子的 $U_{GS(th)} = 2V$。

图 1.20(b)所示的转移特性曲线是根据测试条件 $U_{DS} = 10V$ 测出的。在饱和区内,不同的 U_{DS} 下测得的转移特性基本重合,所以通常只用一条曲线表示。在转移特性上 $I_D = 0$ 处的 U_{GS} 值就是开启电压 $U_{GS(th)}$。

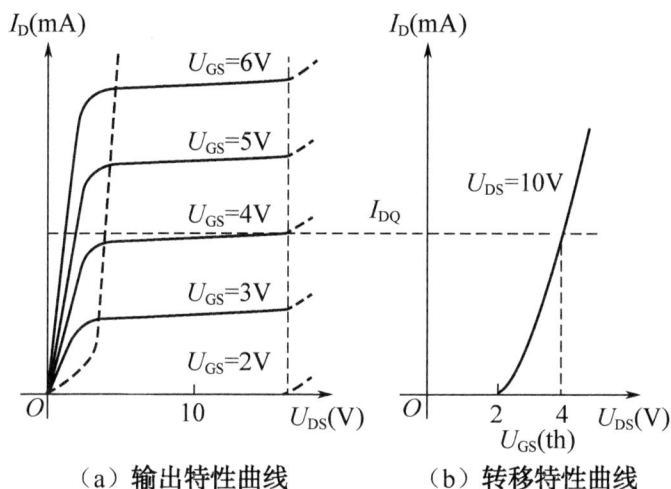

（a）输出特性曲线　　　　（b）转移特性曲线

图 1.20　N 沟道增强型 MOS 管的输出特性曲线和转移特性曲线

2．P 沟道增强型场效应管(增强型 P-MOS)

若以杂质浓度较低的 N 型硅半导体材料为衬底,在其左右两边扩散两个高浓度的 P 型区(用 P 表示)就构成 P-MOS 管。工作原理和特性曲线与 N-MOS 管类似,只是电源极性和实际电流方向与 N-MOS 管相反,因此不再赘述。

3．N 沟道耗尽型场效应管(耗尽型 N-MOS)

耗尽型 N-MOS 管的结构与增强型 N-MOS 管相比,其不同点仅在于 sio_2 绝缘层中渗有大量的正离子,因此在两个 N^+ 区中间的 P 型硅层中感应出许多负电荷,形成原始导电沟道如图 1.21(a)所示,其代表符号如图 1.21(b)所示。即使 $U_{GS} = 0$,只要有电压 U_{DS} 作用,就有电流 I_D 产生。这种情况与结型场效应管 $U_{GS} = 0$ 的情况类似,故此时的 I_D 也用 I_{DSS} 表示。

当 $U_{GS} = 0$ 时,已经存在导电沟道的绝缘栅场效应管称为耗尽型场效应管。

当 $U_{GS} > 0$ 时,纵向电场加强,N 沟道内将吸引更多的负电荷(电子),使沟道变厚,则 I_D 增大。

当 $U_{GS} < 0$ 时,纵向电场减弱,N 沟道内的负电荷减小,使沟道变薄,则 I_D 减小。

当 U_{GS} 低到等于夹断电压时,N 沟道被夹断,则 $I_D = 0$。由此可知,耗尽型 MOS 管不论栅源电压是正、负或零值都能控制漏极电流 I_D,这是耗尽型 MOS 管的一个重要特点。

耗尽型 N-MOS 管的转移特性曲线和输出特性曲线如图 1.21(c)与(d)所示。

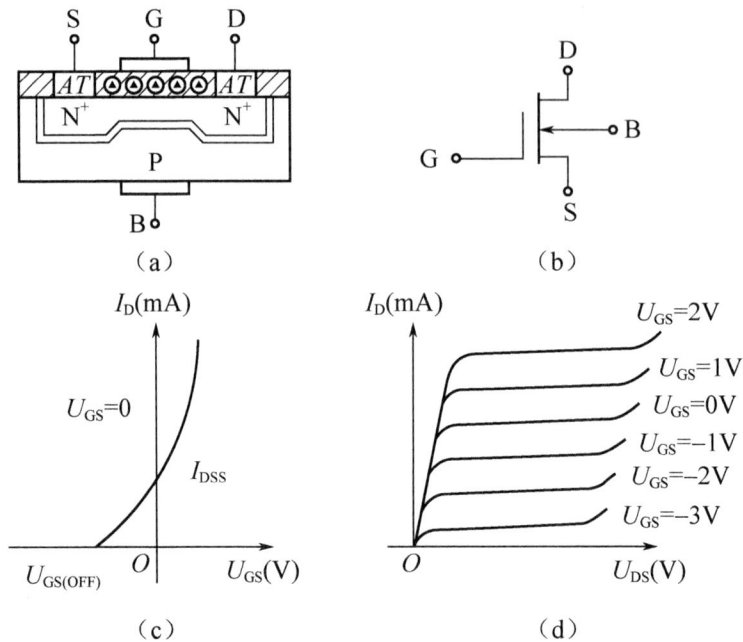

图 1.21　N 沟道耗尽型场效应管

1.4.3　场效应管使用注意事项

(1) MOS 管中,有的产品将衬底引出(这种管子有四个管脚)可让使用者视电路的需要任意连接。一般来说,应视 P 沟道、N 沟道而异,P 衬底接低电位,N 衬底接高电位。但在某些特殊的电路中,当源极的电位很高或很低时,为了减轻源衬间电压对管子导电性能的影响,可将源极和衬底连在一起。

(2) 场效应管(包括结型和绝缘栅型)通常制成漏极与源极可以互换,而其伏安特性没有明显的变化。但有些产品出厂时已将源极与衬底连在一起,这时源极与漏极不能对调,使用时必须注意。

(3) 结型场效应管的栅源不能接反,但可以在开路状态下保存。而绝缘栅场效应管不使用时,由于它的输入电阻非常高,须将各电极短路,以免外电场作用而使管子损坏。

(4) 焊接时,电烙铁必须有外接地线,以屏蔽交流电场,防止损坏管子。特别是焊接绝缘栅场效应管时,最好断电后再焊接。

1.4.4　场效应管和晶体三极管比较

(1) 半导体三极管是两种载流子(多数载流子和少数载流子)参与导电,故称双极型晶体管。而场效应管是由一种载流子(多子)参与导电,N 沟道管是电子,P 沟道管是空穴,故称单极型晶体管。所以场效应管的温度稳定性好,因此,若使用条件恶劣,宜选用场效应管。

(2) 半导体三极管的集电极电流 I_C 受基极电流 I_B 的控制,若工作在放大区可视为电流控制的电流源。

场效应管的漏极电流 I_D 受栅源电压 U_{GS} 的控制,是电压控制元件。若工作在放大区可视为电压控制的电流源。

(3) 半导体三极管的输入电阻低($10^2 \sim 10^4 \, \Omega$),而场效应管的输入电阻可高达 $10^6 \sim 10^{15} \, \Omega$。

(4) 半导体三极管制造工艺较复杂,场效应管制造工艺较简单,因而成本低,适用于大规模和超大规模集成电路中。

有些场效应管的漏极和源极可以互换使用,而半导体三极管正常工作时集电极和发射极不能互换使用,这是基于结构和工作原理所致。

场效应管产生的电噪声比半导体三极管小,所以在低噪声放大器的前级常选用场效应管。

(5) 半导体三极管分 NPN 型、PNP 型两种,有硅管和锗管之分。场效应管分结型和绝缘栅型两大类,每类场效应管又可分为 N 沟道管和 P 沟道管两种,都是由硅片制成。

1.5 晶体二极管、三极管的识别与简单测试

常用的晶体二极管有检波、整流、开关、混频二极管,晶体三极管有低频小功率管、高频小功率管和高频大功率管。

1.5.1 晶体管的识别

根据晶体管的引线数可以判断是二极管或三极管(有的三极管有四根引线,其中一根接管壳,使用时接地)。

根据部分二极管上标有的符号和二极管的外型可以判断出二极管的极性。

对于常用的双极型晶体管,可根据它的管脚排列顺序,判断出它的发射极、基极和集电极。

在晶体管上一般都有晶体管的型号,根据型号,可以知道晶体管的材料、类别、序号。通过查阅手册,还可得知晶体管的主要参数、使用方法等技术资料。

1.5.2 晶体管的测试

1. 用万用表测试晶体二极管

判断二极管的极性:

测二极管时,使用万用表的 R×100Ω 或 R×1kΩ 挡。这时万用表等效电路如图 1.22 所示。其中 R_o 为等效内阻,U_o 为表内电池电压。当万用表处于 R×100Ω 或 R×1kΩ 挡时,$U_o=1.5V$。若将黑表笔接二极管的正极,用红表笔接二极管的负极,则二极管处于正向偏置,呈现低阻,万用表指示电阻较小。反之,二极管处于反向偏置,呈现高阻,万用表显示电阻较大。据此可判断出二极管的极性,测得电阻较小时,黑

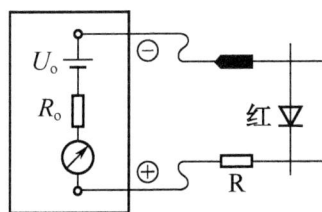

图 1.22 万用表等效电路

表笔所连接的是二极管的正极。

判断二极管的好坏：

方法与判别二极管极性相同。若两次测得的阻值均很小，则二极管内部短路；若两次测得的阻值均为无穷大，则二极管内部开路；若两次测得的阻值差别甚大，说明二极管单向导电特性较好。

必须注意，用万用表不同的电阻挡，其等效电阻 R_o 和 U_o 是不同的，测量时不宜使用 R×1Ω 或 R×10kΩ 挡。因为使用 R×1Ω 挡时，I_o 较大，易损坏晶体管；使用 R×10kΩ 挡时，U_o 较大，也易损坏晶体管。

2. 用万用表测试晶体三极管

(1) 用万用表判别三极管的管型和管脚：

① 管型和基极 b 的判别。判别管脚时，可将三极管等效为双 PN 结，如图 1.23 所示。按照判别二极管极性的方法，可以判断出其中一极为公共正极或公共负极，此极即为基极 b，对 NPN 型管，基极是公共正极；对 PNP 型管则是公共负极。因此，判别出基极是公共正极还是公共负极，即可知道被测三极管是 NPN 或 PNP 型三极管。

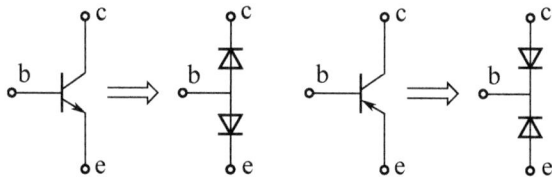

图 1.23　判断管脚时，将三极管等效为双 PN 结

② 发射极 e 和集电极 c 的判别。判别 c 极、e 极时按图 1.24 所示，若已判明基极为 b 端，另外两个极，任意设 e 端与 c 端。若集电极和发射极之间加的是正常放大所需极性的电源电压，例如：NPN 型管发射极 e 为负，集电极 c 为正，则集电极电流 $I_C = \bar{\beta}I_B$；若将 c 极与 e 极对调，则集电极电流为 $I_{cr} = \bar{\beta}_r I_B$；式中 $\bar{\beta}_r$ 为三极管的反向电流放大倍数。因为集电结和发射结结构不同，所以 $\bar{\beta} \gg \bar{\beta}_r$，$I_C \gg I_{Cr}$。

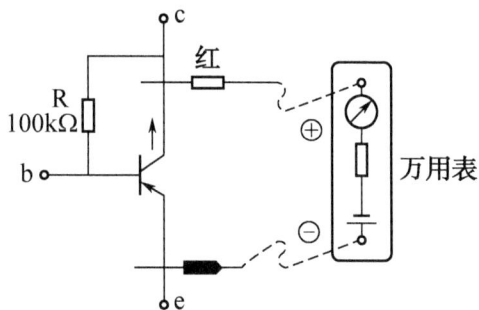

图 1.24　用万用表判断 PNP 型三极管的 c 极、e 极

设被测管为 PNP 型，将万用表红表笔接 c 端，黑表笔接 e 端，如图 1.24 所示，再将假设的 c 极与 e 极互换，看两次测得的电阻大小。分析可知，测得电阻小时，则 c 端是集电极 c，则 e 端是发射极 e。

判别时，一般用潮湿的手指捏住基极 b 和假设的集电极 c，但不要使这两极相碰，潮湿的手指即代替图 1.24 中 R(100kΩ)。

(2) 判别三极管的好坏。测试时用万用表分别测试三极管发射结、集电结的正、反向电阻，若两结正、反向电阻正常，三极管一般为正常三极管。否则，三极管已损坏。

(3) 判别电流放大倍数 $\bar{\beta}$ 的大小。以 PNP 型三极管为例，将同型号的两个 PNP 型三极管分别接入图 1.24 所示的测试电路。因为 $I_C = \bar{\beta}I_B$，I_C 为流经万用表的电流，所以 I_C 数值大则万用表显示阻值小，根据万用表所示阻值，可以判别 $\bar{\beta}$ 的大小。

（4）判别 I_{CEO} 的大小。如图 1.25 所示，用万用表测试 c 极、e 极间电阻，万用表所显示阻值越大，表示三极管的穿透电流 I_{CEO} 越小。

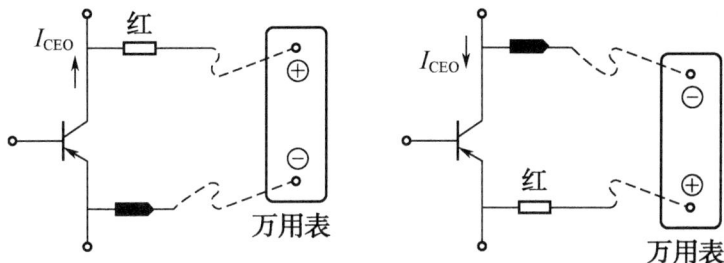

图 1.25　用万用表测试 c 极、e 极间电阻

1.5.3　器件手册的应用

器件手册给出了器件的技术参数和使用资料，是我们正确使用器件的依据。

器件的种类很多，其结构、用途和参数指标是不同的。在使用器件时，若不了解它的特性、参数和使用方法，就不能达到预期的效果，有时还会因器件的部分或某一项参数不满足电路要求而损坏器件或整个电路。由此可见，要正确使用器件，先要了解其性能、用途、参数和使用方法。而器件手册就为我们提供了这些有用的资料。

1. 器件手册的类型

器件手册的种类很多，凡是能够系统地、详细地给出各种器件的特性、参数的资料都可做为器件手册。常用的器件手册有《常用晶体管手册》、《常用线性集成电路大全》、《中国集成电路大全》等。

在一些电子类技术图书中也有许多以附录形式出现的、介绍器件参数的资料，也能起到与手册相同的作用，但它介绍的内容一般仅限于与书本内容有关的器件。另外，常见的器件型号对照表等资料，也可作为器件手册的扩充。

2. 器件手册的基本内容

器件手册一般包括以下内容。

（1）器件的型号命名方法。手册上附有按标准（国家标准或原电子工业部标准）规定的器件型号命名方法。告诉我们所介绍器件的型号由哪几部分组成，在各部分中数字或字母所表示的意义。

（2）电参数符号说明。为了查阅和了解手册中介绍器件的功能及有关技术性能，手册中一般都给出器件通用的参数符号及其表示意义。在《集成运算放大器》手册中给出了一些主要的直流参数，并对这些参数的意义分别做了说明，例如：U_{OPP} 输出峰—峰值电压，表示运放在特定的负载条件下,运放能输出的最大电压幅度。

（3）器件的主要用途。各种器件根据其结构、制作工艺不同,特性参数不同,因而用途也就不同。手册介绍了器件的各种用途,为选用器件提供了可靠的依据。

（4）主要参数和外形。手册上列表给出了器件的参数及这些参数的测试条件。当需要测试这些参数时,应根据所给的条件进行。

对于集成电路,有的还附有相应的测试电路图。

手册上都有所介绍器件的外型、尺寸和引线排列顺序,供识别器件、设计印制电路板时参考。

（5）内部电路和应用参考电路。对于集成电路,手册上都附有所介绍集成电路的内部电路或内部逻辑图（数字电路）,并附有较为典型的应用参考电路,供分析电路原理、设计实用电路时参考。

3. 器件手册的应用方法

实际工作中一般应从以下两个方面使用器件手册。

（1）已知器件的型号查找其参数和使用资料。若已知器件的型号,查阅器件手册,可以查找出此器件的类型、用途、主要参数等技术指标。这常用于设计、制作时对已知型号的器件进行分析,看其是否满足电路要求。

查阅手册时先根据器件的类别选择相应的手册（例如,应查线性集成电路手册,还是查数字集成电路手册）,然后根据手册的目录,查出待查器件技术资料所在的页数,便可查到所需要的资料。

（2）根据使用要求查选器件。在手册中查找满足电路要求的器件型号,是器件手册的又一用途。

查阅手册,首先要确定所选器件的类型,确定应查阅哪类手册;在手册中应查哪类器件栏目。确定栏目后,将栏目中各型号的器件参数逐一与要求参数相对照,看是否满足要求。据此确定选用器件的型号。

上述方法,同样适用于集成电路或其他器件手册。

本章小结

1. 基本内容

（1）半导体材料是制造半导体器件的物质基础,利用半导体的掺杂性,控制其导电能力,从而把无用的本征半导体变成有用的 P 型半导体和 N 型半导体。

（2）PN 结是制造半导体器件的基础。它的最主要的特性是单向导电性。因此,正确地理解它的特性对于了解和使用各种半导体器件有着十分重要的意义。

（3）半导体二极管是由一个 PN 结构成。它的伏安特性曲线形象地反映了半导体二极管的单向导电特性和反向击穿特性。普通二极管工作在正向导通区,而稳压二极管则工作在反向击穿区。

（4）晶体三极管是由两个 PN 结构成的半导体元件,在集电结反偏,发射结正偏的外部条件作用下,晶体管的基极电流对集电极电流具有控制作用,即电流放大作用。晶体三极管三个电极电流有如下关系

$$I_C = \beta I_B + I_{CEO} \approx \beta I_B$$
$$I_E = I_B + I_C = (1+\beta)I_B$$
$$I_{CEO} = (1+\beta)I_{CBO}$$

晶体三极管有截止、放大、饱和 3 种工作状态,在输出特性曲线上对应有截止、放大、饱和三个工作区。在放大区内 $I_C = \beta I_B$,存在电流放大作用,集电极电流 I_C 仅受 I_B 的控制,几乎与 U_{CE} 无关。这时可以把三极管视为一个受 I_B 控制的受控电流源,即它具有受控特性,当 I_B 一定,I_C 几乎与 U_{CE} 无关,即 U_{CE} 变化,I_C 基本不变呈现出良好的恒流特性。

晶体三极管是一非线性器件,使用中应注意分析方法,它的特性曲线和参数是正确运用晶体三极管的重要依据,根据它们可以判断管子的质量,以及正确使用的范围。在组成放大电路选用三极管时,对管子的参数要作全面的考虑,要保证既能实现放大功能,又要考虑管子运行。β 说明管子的放大能力;I_{CBO} 的大小说明三极管的温度稳定性;P_{CM},I_{CM},$U_{(BR)CEO}$ 规定了三极管的安全运用范围。使用时要根据需要查阅有关半导体器件手册。

场效应管是一种新型晶体管,具有很高的输入电阻和较低的噪声系数,适合做放大器的前置级。它的工作原理及结构与晶体三极管不同。

场效应管可分为结型和绝缘栅型两大类,每类场效应管又分为 P 沟道和 N 沟道两种,而绝缘栅场效应管根据其原始导电沟道的情况又可分为增强型及耗尽型两种。

场效应管的特性可用转移特性和输出特性曲线来表示,通过这两种曲线可以较全面地了解场效应管的电气性能。场效应管的主要参数有夹断电压、饱和漏电流、漏源击穿电压、跨导及输出电阻。

2. 基本要求

（1）搞清几个重要的物理概念,如自由电子与空穴,多子与少子,扩散与漂移,耗尽区与结电阻,二极管的正偏与反偏,二极管的单向导电性,三极管的电流放大作用等。

（2）PN 结的特性十分重要,是后面各章的基础,要深刻理解它的导电特性。

（3）结合二极管的伏安特性,正确理解其单向导电特性以及它的主要参数,搞清其使用注意事项,二极管的应用电路中要理解整流及稳压二极管的使用。

（4）了解三极管的结构,掌握三极管的电流分配关系结合其伏安特性理解其放大原理及主要参数。

（5）会查阅半导体器件手册,会按要求选用二极管、三极管,会测试二极管、三极管。

（6）会用工程观点分析、解决问题。在一定条件下,学会将非线性电路设法用线性电路来等效,然后用线性电路的分析方法进行分析估算。

习题 1

1.1　说明下列名词的意义,并指出它们的特点和区别:

（1）自由电子、空穴、载流子和正、负离子。

（2）导体导电、半导体导电;自由电子导电、空穴导电;N 型半导体、P 型半导体;本征半导体导

电、杂质半导体导电。

1.2 在温度升高时,本征半导体的导电能力为什么会增强?

1.3 杂质半导体中多数载流子和少数载流子的含义各是什么?

1.4 什么是PN结的偏置?PN结的正向偏置与反向偏置时各有什么特点?

1.5 选择题(请选择正确答案)

(1)下列半导体材料哪一种材料热敏性突出(导电性受温度影响最大)(   )?

　　　a. 本征半导体　　　　b. N型半导体　　　　c. P型半导体

(2)杂质半导体中多数载流子的浓度取决于(   )。

　　　a. 温度　　　　　　　b. 杂质浓度　　　　　c. 电子空穴对数目

(3)在电场作用下,空穴与自由电子运动形成的电流方向(   )。

　　　a. 相同　　　　　　　b. 相反

(4)P型半导体中空穴为多子,则P型半导体呈现的电性为(   )。

　　　a. 正电　　　　　　　b. 负电　　　　　　　c. 电中性

(5)PN结加上反向电压时,其耗尽层(或空间电荷区)会(   )。

　　　a. 变窄　　　　　　　b. 变宽　　　　　　　c. 不变

(6)硅二极管正偏时,试比较正偏电压等于0.5V与正偏电压等于0.7V时,二极管呈现电阻大小(   )。

　　　a. 相同　　　　　　　b. 不相同

(7)若用万用表的欧姆挡测量二极管的正向电阻,测得的阻值为最小时,试问用的是哪一挡(   )。

　　　a. R×10Ω挡　　　　　b. R×100Ω挡　　　　c. R×1kΩ挡

(8)用万用表不同欧姆挡测量二极管的正向电阻时,会观察到其测得的阻值不同,究其根本原因是(   )。

　　　a. 万用表不同的欧姆挡有不同的内阻

　　　b. 二极管有非线性的特性

　　　c. 二极管的质量差

(9)三极管工作在放大区时,b-e结为(   ),b-c结为(   );工作在饱和区时,b-e结为(   ),b-c结为(   )。

　　　a. 正向偏置　　　　　b. 反向偏置　　　　　c. 零偏置

(10)工作在放大区的某三极管,当I_B从$20\mu A$增大到$40\mu A$时,I_C从1mA增大到2mA,它的β值的为(   )。

　　　a. 10　　　　　　　　b. 50　　　　　　　　c. 100

(11)工作在放大状态的三极管,流过发射结的主要是(   ),流过集电结的主要是(   )。

　　　a. 扩散电流　　　　　b. 漂移电流

(12)NPN型和PNP型三极管的区别是(   )。

　　　a. 由两种不同材料硅和锗制成的

　　　b. 掺入的杂质元素不同

　　　c. P区和N区的位置不同

(13)当温度升高时,三极管的β(   ),I_{CBO}(   ),U_{BE}(   )。

a. 变大   b. 变小   c. 基本不变

1.6 图1.26所示为双向限幅电路,画出与输入信号 u_i 相对应的输出波形。

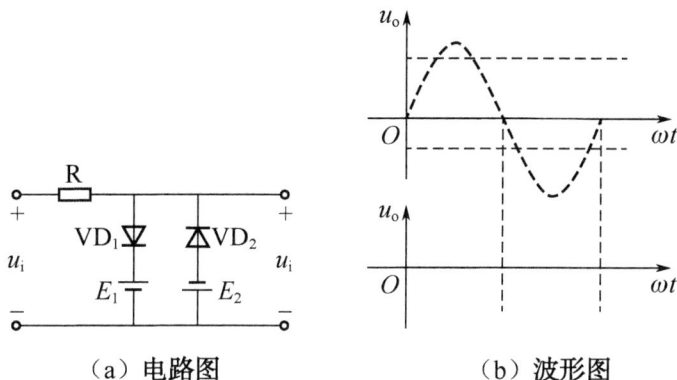

（a）电路图　　　　　　（b）波形图

图1.26 题1.6图

1.7 半导体三极管是由两个 PN 结组成的,是否可以用两个二极管连接组成一个三极管使用?为什么?

1.8 为什么半导体三极管发射区掺杂浓度大,基区掺杂浓度小,而且做得很薄?在通常情况下,三极管的发射极和集电极是否可以互换使用,为什么?

1.9 半导体三极管有哪3种状态?怎样从特性曲线上划分这3个工作区域?

1.10 怎样用三用欧姆档正确确定三极管是 PNP 型还是 NPN 型?哪个管脚是基极、发射极和集电极?

1.11 用万用表的直流档测得某放大电路中某三极管各极对地电位分别为 $U_1=10V$, $U_2=4.7V$, $U_3=5V$。试判断该管是什么材料制成的?属于 NPN 型还是 PNP 型管?各管脚名称是什么?

1.12 半导体二极管和三极管有哪几个主要参数?

1.13 半导体二极管和三极管是怎样命名的?

1.14 有两只半导体三极管,一只管子的 $\beta=200$, $I_{CEO}=200\mu A$,另一只管子的 $\beta=60$, $I_{CEO}=10\mu A$,其他参数大致相同,你认为用于放大电路时,选择哪只管子较合适?为什么?

1.15 如果工作在放大电路中的两个三极管的电流分别如图1.27中所示,求另一个电极的电流,并在图中标出实际方向;试分别判断它们是 NPN 型管还是 PNP 型管,并标出 b 极、c 极、e 极;若穿透电流可忽略,分别估算它们的 β 值。

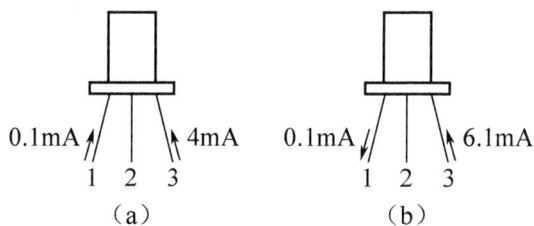

0.1mA   4mA   0.1mA   6.1mA

1 2 3   1 2 3

（a）　　　　　　　（b）

图1.27 题1.15图

1.16 测得某电路中几个三极管的各极电位如图1.28所示,判断各管工作在截止区、放大区还是饱和区。

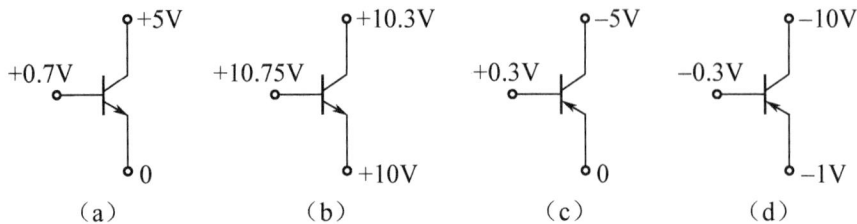

图 1.28　题 1.16 图

1.17　试用二极管理想状态伏安特性判断图 1.29 所示电路中的二极管是导通还是截止,并求 U_o 等于多少?

1.18　试回答下列问题:

(1) 三极管与 MOS 管的异同;

(2) FET 的特点及使用注意事项。

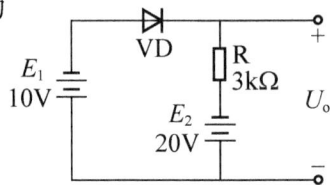

图 1.29　题 1.17 图

实验 1　二极管、三极管的识别与简单测试

1. 实验目的

(1) 观察二极管、三极管的样品,了解它们的外型和标志方法,掌握按外型与标志识别二极管、三极管的方法。

(2) 掌握用万用表判别二极管、三极管好坏和极性的方法。

(3) 初步掌握元器件手册的使用方法。

2. 实验原理

(1) 二极管和三极管都有不同的外型和标志,据此可对它们进行识别。

(2) 用万用表电阻挡可以测试二极管、三极管有关管脚之间的直流电阻,从而判断它们的好坏。

3. 预习要求及实验器材

(1) 复习第 1 章第 5 节有关内容,了解用万用表测二极管、三极管的方法和使用器件手册的方法。

(2) 所用仪器:万用表 1 台。

4. 实验内容及步骤

(1) 用万用表判断所给二极管的极性,将被测二极管的外型、极性、正、反向电阻值填入表 1-2 中。

(2) 用万用表判断所给三极管的好坏,将测得的 PN 结正、反向电阻值填入表 1-3 中,判断三极管的好坏。

（3）用万用表判别所给三极管的管脚名称。

用万用表判别所给三极管的类型和管脚名称,参照所给三极管的管脚排列图,如图1.30所示,在表1-4中填入被测三极管的类别（PNP或NPN）及各管脚的名称。

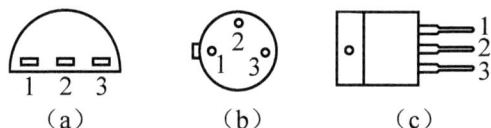

图1.30 实验1图

5. 实验结果

（1）二极管的识别与简单测试:填写表1-2。

表1-2 二极管的认别与简单测试实验表

被测二极管	外型与极性	正向电阻	反向电阻	万用表档位	质 量
VD$_1$					
VD$_2$					

（2）判断三极管好坏（已知管脚名称）:填写表1-3。

表1-3 判断三极管好坏实验表

晶 体 管		电 极	电 阻		质量判断
编 号	类 别		R_F（反）	R_F（正）	
V$_1$		e-b c-b c-e			
V$_2$		e-b c-b c-e			

（3）判别三极管类型与管脚名称:填写表1-4。

表1-4 判别三极管类型与管脚名称实验表

被测三极管	类 别	管 脚 名 称		
		1	2	3
(a)				
(b)				

被测三极管	类　　别	管　脚　名　称		
		1	2	3
（c）				

（4）实验报告要求：

① 实验结果与分析。

② 查阅有关手册,找出实验中部分被测二极管、三极管的用途和主要参数,测绘二极管、三极管伏安特性曲线。

实验2　数据的读取与处理

1. 实验目的

（1）掌握仪器、仪表的使用及读数方法。

（2）掌握数据的处理及二极管、三极管特伏安性曲线的绘制方法。

（3）会对误差进行简单分析。

（4）了解三极管的工作特性。

2. 实验原理与测试电路

（1）测二极管的正、反向特性曲线可采用图 1.31 所示电路,用万用表电压挡测二极管的正向压降,因为数字万用表的内阻较高,所以可以忽略其分流作用。测反向特性时,因为二极管未击穿时的反向电流很小,所以采用微安级电流表,且微安级电流表上的压降很小,可以忽略不计。

元器件参数值：$R=510\Omega$,$R_{RP}=10k\Omega$,VD 为 5V(1/2W)稳压管。电源电压：$U=+12V$。

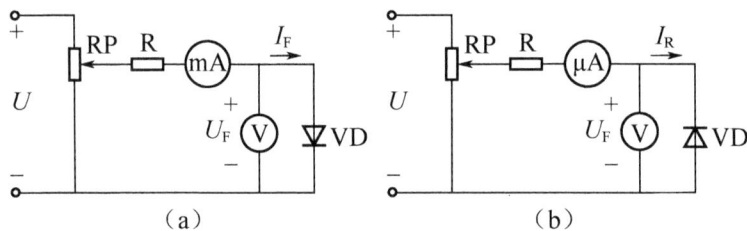

图 1.31　实验 2.1 图

（2）三极管输入、输出特性曲线的测试电路如图 1.32 所示,实验元器件参考数值：$R_1=100k\Omega$,$R_{RP1}=R_{RP2}=10k\Omega$,三极管的型号为 9013,$\beta=50$,$R_2=100\Omega$,电源电压 $V_{CC}=+12V$。实验中使用指针指示式电流表测量 I_B 和 I_C,使用数字显示式电压表测 U_{BE} 和 U_{CE}。

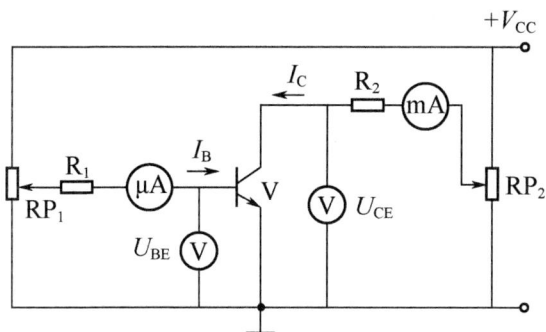

图 1.32　实验 2.2 图

3. 实验器材

直流稳压电源,用于提供＋12V 直流电压;直流毫安表(0～10mA),用于测试 I_C;直流微安表(0～100μA),用于测试 I_B 及二极管反向电流;数字万用表,用于测二极管正、反向电压及测试 U_{BE} 与 U_{CE}。以上仪器均可用万用表代替。

4. 预习要求

(1) 复习第 1 章中二极管、三极管的有关内容。
(2) 了解读取、记录、处理数据的方法和原则。
(3) 了解误差产生的原因及处理方法。
(4) 预习实验内容及步骤。

5. 实验内容与步骤

(1) 测二极管的正向特性:
① 连接好测试电路,检查无误后,将图 1.31 中电位器 RP 的阻值调至最小,接入电源 U。
② 调节 RP 的阻值,观察 I_F 的变化规律。选择合适的数据点,在 I_F 随着 U_F 变化较大的地方,多确定一些数据点。
③ 按上述选择的数据点,测出 U_F 与 I_F 值,记入表 1-5 中。

表 1-5　正向特性测试结果

U_F(V)						
I_F(mA)						

(2) 测二极管的反向特性。方法与测正向相同,选取合适的数据点,测试 U_R 和所对应的 I_R 值,并记入表 1-6 中。

表 1-6　反向特性测试结果

U_R(V)						
I_R(μA)						

（3）测试三极管输入特性。调节图 1.32 中电位器 RP_2 的阻值，保持 $U_{CE}=3V$；测 U_{BE} 为 0. 1V，0.3V，0.5V，0.7V 时所对应的 I_B 值，将实验测得的 U_{BE} 和 I_B 记入表 1-7（记录数据应为有效数据）中。

表 1-7　三极管输入特性记录

U_{BE}(V)						
$I_B(\mu A)$						

（4）测三极管输出特性：

第 1 步，调节 RP_1，使 $I_B=10\mu A$，并保持不变。

第 2 步，改变 RP_2 使 U_{CE} 为 0 V，0.2V，0.4V，1V，2V，3V，测试并记录 U_{CE} 值和与之对应的 I_C 值。

第 3 步，调节 RP_1，使 I_B 分别为 30uA，50uA，70μA，90μA；每改变一次 I_B，即重复第 2 步的步骤，测 U_{CE} 和 I_C，并记入表 1-8 中。

表 1-8　三极管输出特性记录

$_C$(mA) / $_B(\mu A)$	U_{CE}(V)					
	0	0.2	0.4	1	2	3
30						
50						
70						
90						

最后根据所测的数据，描绘二极管、三极管的伏安特性曲线。

第 2 章

晶体管放大电路

2.1　共发射极基本放大电路

2.1.1　基本放大电路的组成

共发射极基本放大电路如图 2.1 所示。

1. 元件作用

（1）V：表示晶体三极管，其作用是电流放大作用，是整个放大电路的核心器件。

（2）$+V_{CC}$：是整个放大电路正常工作的直流电源，它通过电阻 R_b 向发射结提供正偏电压；通过电阻 R_C 向集电结提供反偏电压。

（3）R_b：称为基极偏流电阻，由它决定基极直流电流 I_B（又称静态基极偏流），从而保证晶体管处于正常工作状态。如果 R_b 值不合适，将直接影响基极电流 I_{BQ}。有些晶

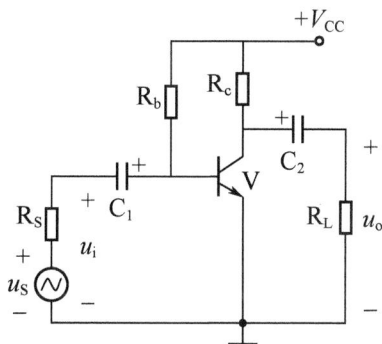

图 2.1　共发射极基本放大电路

体管电路，在 R_b 的右上角注以星号 R_b^*，表示通过调测 R_b 的阻值可以取得合适的工作点。

（4）耦合电容 C_1 和 C_2：起隔断直流、耦合交流的作用。在低频放大电路中，C_1 与 C_2 通常采用电解电容。值得注意的是，电解电容是有极性的，其正极应接直流高电位。

2. 基本放大电路的组成原则

（1）应具备为放大器提供能源的直流电源。电源的极性应满足三极管发射结正偏、集电结反偏的条件，使管子工作在放大区。

（2）输入回路的组成应能使输入信号电压 u_i 在基极产生电流 i_b，以控制集电极电流 i_c。

（3）输出回路的组成应能产生受基极电流 i_b 控制的集电极电流 i_c，并以尽可能小的损耗输送到负载。

（4）应减小信号在传输过程中的失真，即建立合适的静态工作点（后面将作专门分析）。

上述原则不仅适用于基本放大电路，也适用于其他放大电路。

3. 电压、电流正方向的规定

电压、电流的正方向是相对的。为了便于分析,本书规定:不论是电压的瞬时值、直流分量或交流分量,都以"地"为参考零电位;而电流都以电流的实际方向为电流的正方向。

4. 电压、电流符号的规定

放大电路工作时,三极管各极电压和电流都是变化的,每一时刻各极电压、电流的数值称为瞬时值,这个瞬时值既包含有直流分量,又包含有交流分量,所以电压、电流的符号由基本符号和下标符号两部分组成。通常规定:字母大写下标也大写,表示电压或电流的直流分量(恒定直流);字母小写下标大写表示瞬时值(交、直流叠加,既有直流又有交流时的瞬时总量);字母大写下标小写,表示交流有效值(或振幅值);字母小写下标也小写,表示交流分量。

2.1.2 基本放大电路的交、直流通路及静态分析

1. 放大电路的静态工作点

放大电路输入端未加交流信号(即 $u_i=0$)时电路的工作状态称为直流状态,简称静态。

当 V_{CC},R_c,R_b 确定之后,I_B,I_C,U_{BE},U_{CE} 也就确定下来。对应于这 4 个数值,可以在三极管的输入特性曲线和输出特性曲线上各定出一个点,这个点称为放大电路的静态工作点。为了便于说明此时的电流、电压值是对应于工作点的静态值,以后把它们分别记作 I_{BQ},I_{CQ},U_{BEQ},U_{CEQ}。

静态工作点过高或者过低,都将产生非线性失真,所以一般应选 I_{BQ} 在输入特性曲线的线性区中间为宜。

2. 直流通路及其画法

上面分析的放大电路中,既有直流分量,又有交流分量。为了便于分析,常将直流分量和交流分量分开来研究。所以在对放大电路进行具体分析前,必须正确地划分直流通路和交流通路。所谓直流通路,是指放大电路未加输入信号时,放大电路在直流电源 V_{CC} 的作用下,直流分量所流过的路径。其画法为:

放大电路中的耦合电容、旁路电容视为开路,放大电路中的电感视为短路。这样可得图 2.1 所示的基本放大电路的直流通路如图 2.2 所示。直流通路是静态分析所依据的等效电路。

3. 静态工作点的计算

为了计算放大电路静态工作点各物理量,首先要画出放大电路的直流通路,如图 2.2 所示。

从输入回路看,根据基尔霍夫电压定律得: $V_{CC}=I_{BQ}R_b+U_{BEQ}$。

整理可得 $$I_{BQ}=(V_{CC}-U_{BEQ})/R_b \approx V_{CC}/R_b$$

$$I_{CQ}=\beta I_{BQ}$$

从输出回路看,根据基尔霍夫电压定律得到: $U_{CEQ}=V_{CC}-I_{CQ}R_c$。

4. 交流通路及其画法

交流通路是在信号 u_S 作用下,交流电流所流过的路径。画交流通路的原则有两点:一是放大电路的耦合电容、旁路电容都视为短路;二是由于电源 V_{CC} 对交流的内阻很小,可以视为短路。图 2.1 所示的基本放大电路的交流通路如图 2.3 所示。

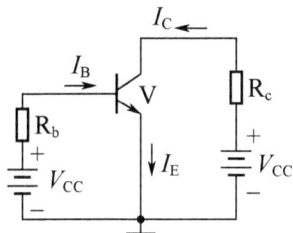

图 2.2　直流通路　　　　　　图 2.3　交流通路

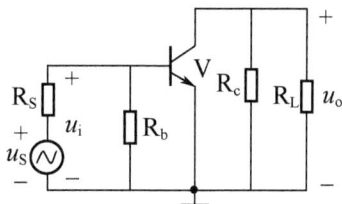

2.1.3　静态工作点的稳定

1. 提出问题

前面我们讨论的共发射极基本放大电路,结构简单,调试方便,只要适当选择电路参数就可保证静态工作点处于合适位置。但是由于这种电路的 $I_{BQ} \approx V_{CC}/R_b$ 是固定的,电路本身不能自动调节静态工作点,这样当更换管子或环境温度变化时,会引起静态工作点的移动。当静态工作点移到不合适的位置时将使放大电路无法正常工作,因此必须设计能够自动调节静态工作点的偏置电路,以便使静态工作点能稳定在合适的位置。图 2.4 所示电路是具有稳定的静态工作点的分压式偏置共发射极放大电路。

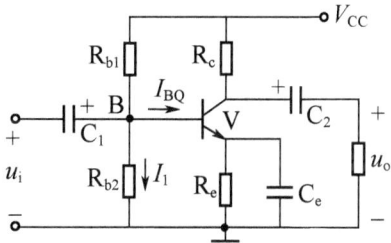

图 2.4　分压式偏置共发射极放大电路

该电路为一种最常用的典型工作点稳定电路,在图中基极偏置电阻有两个,即 R_{b1} 和 R_{b2},它们构成基极分压电路,把晶体管基极电位固定为 U_B。在发射极加了反馈电阻 R_e,它把集电极电流 I_{CQ} 的变化转变成为 U_E 的变化,然后与 U_B 比较,从而达到调整基极电流 I_{BQ} 之目的。C_e 是旁路电容,在低频放大电路中,C_e 的数值一般在几微法以上,它对交流信号相当于短路,从而使动态参数不受 R_e 的影响。

2. 静态工作点不稳定的原因

引起静态工作点不稳定的因素很多。例如,电源电压 V_{CC} 的变化、电路元件和由于三极管老化而引起参数值的改变,以及温度对三极管参数的影响等,其中最主要的因素是温度。我们知道,三极管的参数 I_{CBO},U_{BE},β 都随温度的变化而变化。当环境温度升高时,它们变化的总结果是使集电极电流 I_C 增大,从而破坏了静态工作点的稳定性。

3. 分压式偏置放大电路静态工作点稳定的条件

（1）$I_1 \gg I_{BQ}$。实际应用中，一般取 $I_1 =（5\sim10）I_{BQ}$（硅管）；$I_1 =（10\sim20）I_{BQ}$（锗管）。

（2）$U_B \gg U_{BE}$。一般取 $U_B =（3\sim5）U_{BEQ}$（硅管）；$U_B =（1\sim3）U_{BEQ}$（锗管）。

4. 稳定静态工作点的原理

对于分压式偏置电路，如果由于某原因（如环境温度 T 升高或三极管 β 增加）使 I_{CQ} 增加，可表示为（$I_{CQ}\uparrow$）。因为 $I_{CQ}\doteq I_{EQ}$，所以 $U_E = I_{EQ}R_e$ 也增加（$U_E \uparrow$）。又因为 $U_{BEQ} = U_B - U_E$，而 U_B 不变，所以 U_{BEQ} 将随 U_E 的增加而减小（$U_{BEQ}\downarrow$），从而使 I_{CQ} 减小（$I_{CQ}\downarrow$），上述过程可表示为：$T\uparrow \rightarrow I_{CQ}\uparrow \rightarrow U_E\uparrow \rightarrow U_{BEQ}\downarrow \rightarrow I_{BQ}\downarrow \rightarrow I_{CQ}\downarrow$。

由此可知，分压式偏置放大电路具有自动调节静态工作点的功能，因为 R_e 在这里起负反馈作用，关于反馈将在第 3 章中讨论。

5. 静态工作点的计算

近似估算法求静态工作点时，不像固定偏置电路那样，先求 I_{BQ}，再求 I_{CQ} 等，而是先求 I_{CQ}，再求 U_{CEQ} 等。具体求法如下

$$U_{BQ} = V_{CC}R_{b2}/(R_{b1}+R_{b2})$$
$$U_E = U_B - U_{BEQ}$$
$$I_{EQ} = U_E/R_e \approx I_{CQ}$$
$$U_{CEQ} = V_{CC} - I_{CQ}(R_C + R_e)$$

2.1.4 基本放大电路的动态分析

1. 动态分析

当电路设置好合适的静态工作点后，若在电路的输入端加上交流信号电压 u_i，并设 u_i 为正弦电压，则 u_i 通过耦合电容送到晶体管的基极和发射极之间，引起 u_{BE} 的变化，即在 U_{BEQ} 的基础上叠加了 u_i 的变化，相应的基极电流也在原来静态电流 I_{BQ} 基础上叠加了 i_b 的变化。这时基极总电流为直流和交流的合成，即 $i_B = I_{BQ} + i_b$。

由于三极管基极电流对集电极电流的控制作用，基极电流的变化必将引起集电极电流在原来 I_{CQ} 的基础上跟着变化。这时，集电极电流也是直流和交流的合成，即 $i_c = I_{CQ} + i_c$。

显然，集电极与发射极间电压为

$$u_{CE} = V_{CC} - (I_{CQ} + i_c)R_c$$
$$= U_{CEQ} - i_cR_c$$

可见，u_{CE} 电压由两部分组成，一部分为静态电压 U_{CEQ}，另一部分为交流电压 $u_{CE} = i_cR_c$，负号表示 u_{CE} 与 u_i 反相，而 $u_{CE} = u_o$，所以共发射极放大电路 u_o 与 u_i 的相位相反。以上各电压、电流波形如图 2.5 所示。

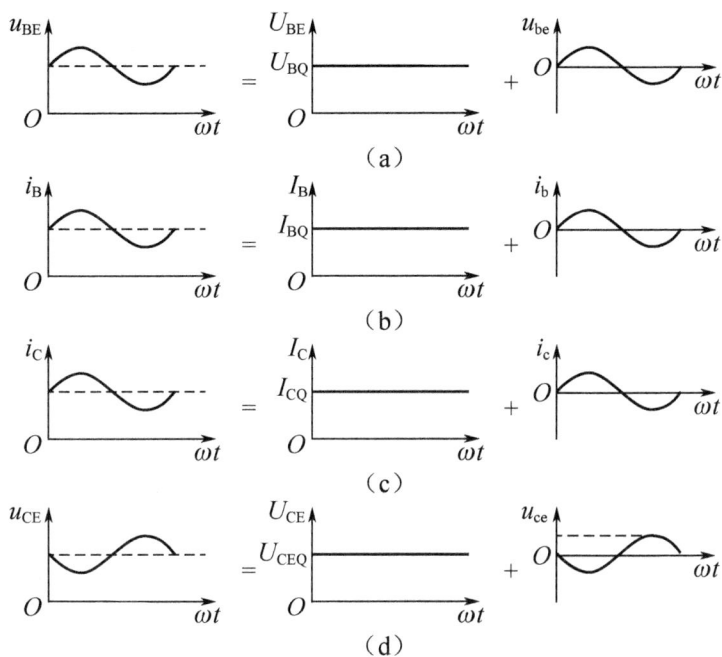

图 2.5 放大器各处电流、电压波形

2. 主要性能指标

（1）放大倍数的定义。放大器的放大倍数是衡量放大器性能的重要技术指标之一。

放大器输出电压有效值 U_o 与输入电压有效值 U_i 之比，称为放大器的电压放大倍数 A_u，即

$$A_u = U_o/U_i \tag{2-1}$$

放大器输出电流有效值 I_o 与输入电流有效值 I_i 之比，称为放大器的电流放大倍数 A_i，即

$$A_i = I_o/I_i \tag{2-2}$$

放大器的输出功率 P_o 与输入功率 P_i 之比，称为放大器的功率放大倍数。即

$$A_P = P_o/P_i = U_o I_o/U_i I_i \tag{2-3}$$

实际上，输出信号与输入信号不仅有大小的关系，而且还有相位的关系。所以，还可以用复数符号来表示放大倍数。

应该指出，在实际工作中常用对数表示放大倍数。放大倍数用对数表示时叫增益，单位为分贝（dB），定义如下

$$电压增益 \ G_u = 20\lg A_u = 20\lg U_o/U_i (\text{dB}) \tag{2-4}$$

$$电流增益 \ G_i = 20\lg A_i = 20\lg I_o/I_i (\text{dB}) \tag{2-5}$$

$$功率增益 \ G_P = 10\lg A_P = 10\lg P_o/P_i (\text{dB}) \tag{2-6}$$

（2）输入电阻及输出电阻。放大电路总是和其他电路联系在一起的，例如它的输入端一定要连接信号源，而它的输出端常与下级电路连在一起或是接上负载，这样就要考虑它们之间的相互影响。提出放大器的输入电阻和输出电阻的概念，可以帮助我们解决放大器同信号源之间、放大器同负载之间以及放大器级与级之间的连接问题，并估算它们之间的影响。

当输入信号电压加到放大器的输入端时,放大器就相当于信号源的一个负载电阻。这个负载电阻也就是放大器本身的输入电阻,它相当于从放大器输入端向里看进去的等效电阻,即

$$R_i = U_i/I_i \tag{2-7}$$

R_i 的大小影响到实际加于放大器输入端信号的大小。把一个内阻为 R_S 大小为 u_S 的正弦电压加到放大器的输入端,由于输入电阻 R_i 的存在,致使实际加到放大器的信号 u_i 的幅度比 u_S 要小,即

$$u_i = R_i u_S/(R_S + R_i) \tag{2-8}$$

式(2-8)说明,输入电压产生一定的衰减。因此,输入电阻 R_i 是衡量放大器对输入电压衰减程度的重要指标。对于一般放大电路而言,输入电阻是大一些好还是小一些好呢?这要作具体分析。如果是两级放大电路,从前一级看,希望后一级对它的影响愈小愈好,则要求后一级的输入电阻愈大愈好。如作为测量仪器的前置放大电路,需要输入电阻大,以免从被测电路中取用较多的电流而影响测试精度。另一方面,如果从提高电压放大倍数来看,希望 i_b 大一些,这时就要求输入电阻小一些。一般说来,通常希望输入电阻大一些,以便从信号源(或前一级)取出较小的电流。

另一方面,放大器的输出端在空载和带负载 R_L 时,其输出电压将有所改变,设放大器带负载时的输出电压为 U_o,空载时的输出电压为 U_o',则有

$$U_o = R_L U_o'/(R_o + R_L)$$

因此,从放大器的输出端向里看,整个放大器可看成是一个内阻为 R_o,大小为 U_o' 的电压源。这个等效电源的内阻 R_o 就是放大器的输出电阻。

$U_o < U_o'$ 是因为输出电流 I_o 在 R_o 上产生压降的结果,这就说明 R_o 越小,带负载前后输出电压相差越小,亦即放大器受负载影响的程度越小,所以一般用输出电阻 R_o 来衡量放大器带负载的能力,R_o 越小,则放大器带负载能力越强。

一般情况希望放大器的输出电阻小一些为好。但是有的单管放大电路 $R_o = R_c$,R_c 常用的数值为几千欧。所以要求 R_o 小,即 R_c 要小,这就必然引起 A_u 降低,因此减小放大器的输出电阻 R_o 与提高放大倍数 A_u 之间是存在着矛盾的,所以必须全面考虑或用其他办法(如引用负反馈)来解决。

必须指出,以上所讨论的放大器的输入电阻和输出电阻的概念,都是就静态工作点附近变化的信号而言的,属于动态电阻,用符号 R 带有小写下标 i 和 o 来表示,由于它们不是静态(或直流)电阻,所以不能用 R_i 和 R_o 来计算放大器的静态工作点。

3. 分析方法——微变等效电路法

微变等效电路法,只适用于低频小信号的动态技术指标计算,如求 A_u,R_i,R_o。它的前提是电路已经有了合适的静态工作点。微变等效法的实质是把非线性电路转化为线性电路,从而为计算与分析小信号电路提供了十分方便的条件。

在动态时,如果输入的交流信号幅值很小,交流信号仅在三极管特性曲线静态工作点附近做微小的变化,三极管的输入、输出各变量之间近似是线性关系,这种用线性等效电路等效非线性的三极管的电路,称作三极管的微变等效电路。

(1)三极管输入回路的微变等效电路。一个放大电路,从输入回路来看,需要用三极管的

输入特性曲线来分析输入信号电压和输入回路电流之间的关系。

如图 2.6(a)所示,从晶体管的输入端(b 与 e)看进去是一个 PN 结,在 PN 结上加上电压信号 u_{BE},相应地就会产生基极电流 i_B,这样就可以把管子 b 与 e 端用一个电阻代替。或者说,从 b 与 e 端向管子里看进去有一个"等效"的电阻,我们把这个电阻称为管子的输入电阻,用 r_{be} 表示,它应等于晶体管输入特性曲线上过静态工作点 Q 所作切线斜率的倒数,如图 2.6(c) 所示,即:$r_{be} = \Delta u_{BE}/\Delta i_B$。由于曲线上各点的斜率不同,所以 r_{be} 的数值不是常数,而是随 Q 点的不同而变化的,是一个非线性电阻。如果晶体管是在小信号情况下工作,如图 2.6(c)中 Q 点附近的 AB 范围内,当曲线 AB 段足够小时,则在正常偏置条件下可以把曲线 AB 近似看成一段直线。换句话说,只要电流、电压的变化量(交流分量)不超过曲线 AB 的范围,则可以认为 r_{be} 是常数。在上述条件下,可以用一个线性电阻 r_{be} 来代替晶体管的输入回路,如图 2.6(b) 所示。

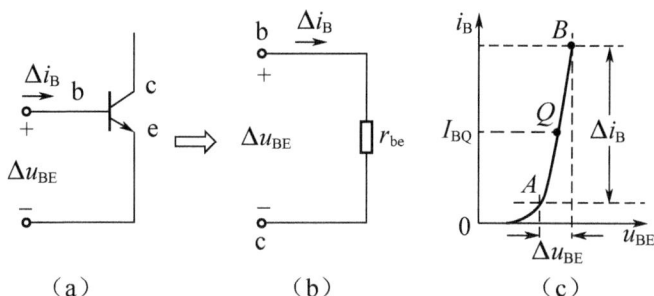

图 2.6　三极管输入回路微变等效电路

理论和实践均证明,r_{be} 的数值可以用下面公式计算

$$r_{be} = r'_{bb} + (1+\beta)26\text{mV}/I_{EQ}\text{mA}。$$

式中,r'_{bb} 为基极体电阻,低频小功率管为 $100 \sim 500\Omega$。本书为计算方便起见,除特别指出外,取 $r'_{bb} = 300\Omega$。

(2) 三极管输出回路的微变等效电路。图 2.7(c)给出了理想输出特性,放大电路的输出特性是水平的,在放大区 Δi_C 仅受 Δi_B 的控制,几乎与 u_{CE} 无关,具有恒流特性。因此输出回路可以用一个大小为 $\Delta i_C = \beta \Delta i_B$ 的理想电流源来等效,如图 2.7(b)所示。把图 2.6(b)与图 2.7 (b)合并就得到三极管的微变等效电路如图2.8(b)所示。

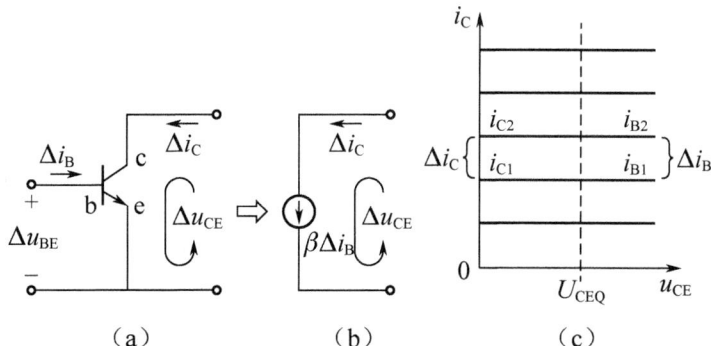

图 2.7　三极管输出回路微变等效电路的理想输出特性

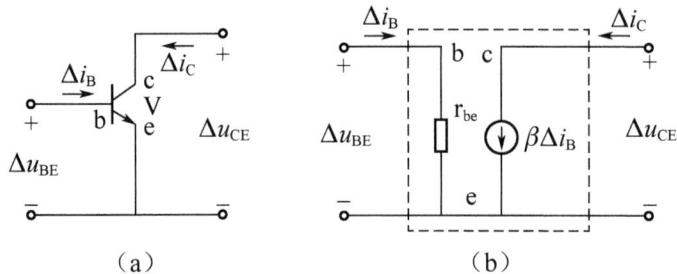

图 2.8　三极管的微变等效电路

由上述分析可知,用 r_{be} 等效三极管的输入回路,用 $\beta\Delta i_B$ 等效三极管的输出回路,已经反映了三极管特性的基本方面,即输入回路 Δi_B 对输出回路 Δi_C 的控制作用以及 Δi_B 与 Δi_C 的数值关系。但是应当指出,引进的等效电流源 $\beta\Delta i_B$,它是从电路分析的角度虚拟出来的,不能认为它是三极管的控制作用,当 $i_B\neq 0$(即 $U_{BE}\neq 0$)时,等效电流源 $\beta\Delta i_B$ 存在且受 Δi_B 的控制;当 $i_B=0$(即 $U_{BE}=0$)时,等效电流源 $\beta\Delta i_B$ 就不存在了,可见它具有从属性,所以称为受控电流源,而不是一个独立的电流源。受控电流源的方向也是受 Δi_B 控制的,不能随意决定,否则就会出现错误的结果。

另外,微变等效电路的对象是变化量,因此不能用微变等效电路来求静态工作点,或者利用它来计算某一时间的电压和电流总值。值得注意的是:微变等效电路虽然没有反映直流量,但微变参数是在 Q 点的基础上求出的,所以实际上又是与 Q 点有联系的,计算出来的结果反映了 Q 点附近的工作情况。

4．用简化的微变等效法分析共发射极放大电路

(1) 画出图 2.9(a)所示的共发射极放大电路的微变等效电路,其步骤如下:

① 画出放大电路的交流通路如图 2.3 所示。

② 用三极管的交流微变等效电路代替交流通路中的三极管,画出放大电路的微变等效电路,如图 2.9(b)所示。

③ 由于前面定义放大倍数时,输入、输出均用有效值表示,所以等效电路中的电流、电压也用有效值表示。

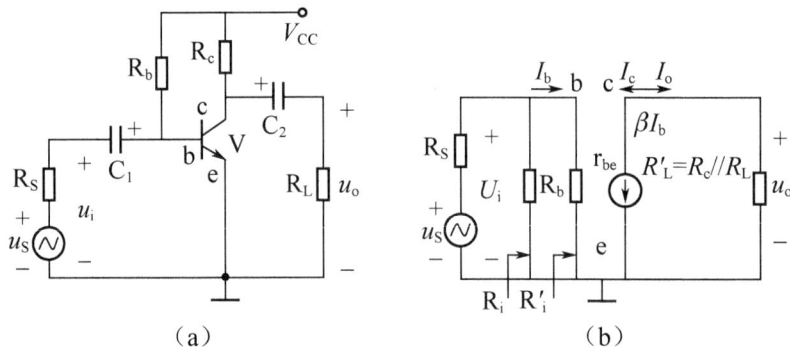

图 2.9　共发射极放大电路的微变等效电路

（2）动态指标的计算：

① 计算放大器的电压放大倍数 A_u。由微变等效电路图 2.9(b)知，$I_o = -I_C = -\beta I_b$

因为
$$U_o = I_o R_c /\!/ R_L = -\beta I_b R'_L$$

$$U_i = U_{be} = I_b r_{be}$$

所以
$$A_u = U_o/U_i = -\beta R'_L/r_{be}$$

注意：式中"－"表示共发射极放大电路的输入电压与输出电压反相，这一结论很重要，在以后经常用到，一定要理解记忆。

另外，源电压放大倍数：$A_{uS} = A_u R_i/(R_i + R_S)$

下面简单分析一下影响 A_u 大小的几个参数：

先看 R_L，当 $R_L \rightarrow \infty$ 时，因为 $R_c /\!/ R_L < R_c$，而 $R_c /\!/ \infty = R_c$，所以 $R_L \rightarrow \infty$ 时的 A_u 比接入 R_L 时的 A_u 大。

值得指出的是：当其他参数一定时，β 增大，A_u 不一定增大。这是因为 $r_{be} = r'_{bb} + (1+\beta) 26\text{mV}/I_{EQ}(\text{mA})$，可见 β 增大了，r_{be} 也增大；β 增大，A_u 不一定增大。

上述几个参数对 A_u 的影响是相互牵制的，同时看到静态工作点在放大电路中很重要，它不仅关系到电路是否产生失真，对放大倍数也有重大影响。

② 求输入电阻。由 $R_i = U_i/I_i$ 得

$$R_i = U_i/I_i = R_b /\!/ r_{be}$$

当 $R_b \gg r_{be}$ 时，$R_i \approx r_{be}$。

③ 求输出电阻。令 $u_S = 0$，去掉 R_L，从输出端向里看，因为 $u_S = 0$，所以 $I_b = 0$，从而使 $\beta I_b = 0$，即受控电流源 βI_b 开路。

$$R_o = R_c$$

2.2 共集电极放大电路

2.2.1 电路组成与分析

1. 电路组成及特点

共集电极基本放大电路如图 2.10(a)所示，其结构特点是集电极直接接电源，而负载接在发射极上，所以共集放大电路也叫做"射极输出器"或"射极跟随器"。

2. 静态工作点的分析

电路的直流通路如图 2.10(b)所示。

由基尔霍夫电压定律知：$+V_{CC} = R_b I_{BQ} + U_{BEQ} + I_{EQ} R_e = I_{BQ} R_b + U_{BEQ} + (1+\beta) I_{BQ} R_e$

所以
$$I_{BQ} = (V_{CC} - U_{BEQ})/[R_b + (1+\beta)R_e] \approx V_{CC}/[R_b + (1+\beta)R_e]$$

$$I_{CQ} = \beta I_{BQ} \approx I_{EQ}$$

$$U_{CEQ} = V_{CC} - I_{EQ} R_e$$

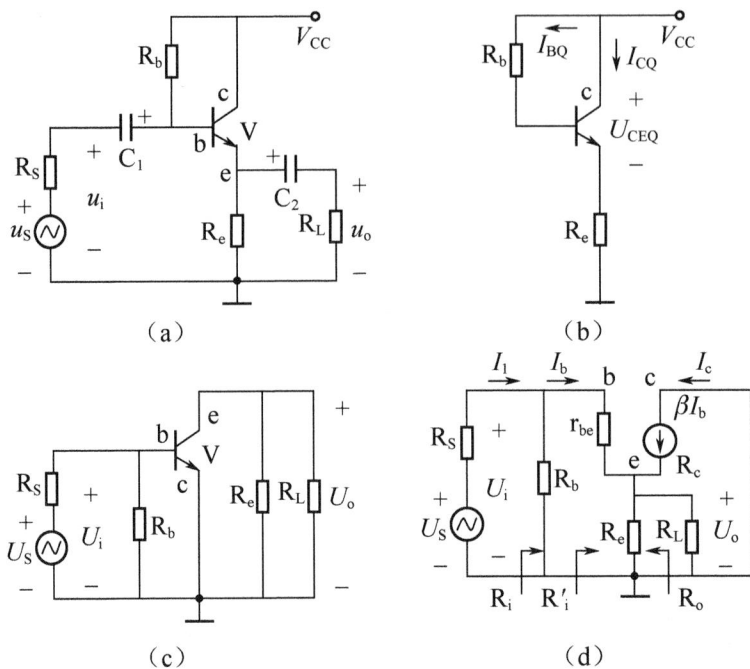

图 2.10　共集电极放大电路

3. 动态分析

（1）电压放大倍数 A_u。图 2.10(c)为电路的交流通路，其微变等效电路如图 2.10(d)所示，由图 2.10(d)可以得出

$$U_o = (I_b + I_c)R_L' = I_b(1+\beta)R_L'$$

$$U_i = I_b r_{be} + U_o = I_b[r_{be} + (1+\beta)R_L']$$

所以

$$A_u = U_o/U_i = (1+\beta)R_L'/[r_{be} + (1+\beta)R_L']$$

$$R_L' = R_e // R_L$$

由上式可以看出 $A_u < 1$。但因为 $(1+\beta)R_L' \gg r_{be}$，所以 $A_u \approx 1$，即 $u_o \approx u_i$，所以这种电路也叫"射极跟随器"。另外，电压放大倍数为正，说明输出电压与输入电压同相。

（2）输入电阻

$$R_i' = U_i/I_b = I_b[r_{be} + (1+\beta)R_L']/I_b = r_{be} + (1+\beta)R_L'$$

所以

$$R_i = R_i' // R_b = R_b // [r_{be} + (1+\beta)R_L']$$

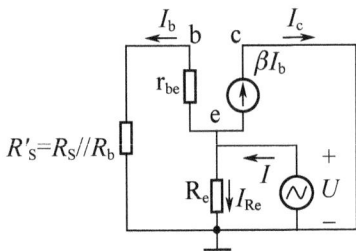

图 2.11　计算输出电阻电路

由此可见，共集放大电路的输入电阻比共射放大电路的大。

（3）输出电阻 R_o。计算输出电阻的电路如图 2.11 所示，这是将电压源信号短路（但保留 R_S），然后在输出端去掉 R_L，并外加一个电压 U 而得到的。

注意：因为此时由输出的外加电压 U 在 r_{be} 支路中产生的电流 I_b 与原微变等效电路中的 I_b 相比较，其参考方向相反,所以受控源 βI_b 的参考方向也相应反过来。

由上图知

$$I = I_b + \beta I_b + I_{R_e}$$
$$= U/(R'_S + r_{be}) + \beta U/(R'_S + r_{be}) + U/R_e$$

整理得

$$R_o = U/I = R_e // [(R'_S + r_{be})/(1 + \beta)]$$

通常

$$R_e \gg (R'_S + r_{be})/(1 + \beta) \qquad 及 \beta \gg 1$$

所以

$$R_o \approx (R'_S + r_{be})/\beta$$

例如当三极管的 $\beta = 50, r_{be} = 1k\Omega, R_S = 50\Omega, R_b = 100k\Omega, R'_S = R_S // R_b = 50 // 100 = 50\Omega$,计算得 $R_o = 21\Omega$,这个数值表明射极输出器的输出电阻是很低的,一般在几十欧到几百欧的范围内。为了降低输出电阻,应选用 β 较大的三极管。

通过上述分析可知,射极输出器的特点:电压放大倍数小于 1 而且近似等于 1,输出电压与输入电压同相,输入电阻高,输出电阻低。

2.2.2 射极输出器的应用

由于射极输出器具有输入电阻高和输出电阻低的特点,所以它在半导体电路中的应用是极为广泛的。

利用输入电阻高,可以减小放大器对信号源(或前级)所索取的信号电流,这一特点可以用射极输出器做为多级放大器的输入级。

在多级电子电路中,射极输出器也常用于隔离前后级之间的相互影响,这时叫做缓冲级。其基本原理还是利用它的 R_i 大、R_o 小这一特点,在电路中起着阻抗变换的作用。

由于射极跟随器具有较低的输出电阻以及较大的电流放大倍数,所以也常用做多级放大器的输出级。

下面是作为多级放大器的输入级的一个例子。

由前面分析知,射极输出器的输入电阻 R_i 因受偏置电阻 R_b 的限制而提高不大,为进一步提高这种电路的输入电阻,应设法减小偏置电阻 R_b 的并联作用,为此引出自举式射极输出器如图 2.12 所示。

图中 I_{BQ} 是通过 R_{b1} 和 R_{b2} 连接处的 A 点经电阻 R_{b3} 供给的。由于 I_{BQ} 的限制,R_{b3} 一般在几兆欧姆以内。当电路中无电容 C 时,其输入电阻

图 2.12 自举式射极输出器

$$R_i = [R_{b3} + (R_{b1} // R_{b2})] // [r_{be} + (1 + \beta) R'_L] = 130k\Omega // 500k\Omega = 103k\Omega$$

为了克服偏置电阻对输入电阻的影响,在射极输出端 E 和 A 点之间接入电容量足够大的电容器 C,使它在最低的信号频率下仍可视为交流短路。此时,A 点的交流电位与输出端 E 点相等,而 B 点的交流电位就是输入电压 U_i。由于 $A_u = 1$,因此,当有输入信号时,R_{b3} 下端(A 点)的交流电位会随输入信号(B 点的交流电位)作同样的变化,好像电路本身总是自行将 A 点电位举起,随 u_i 变化。所以把这种电路叫做自举式射极输出器。

引入自举电路后输入电阻将明显增大。

为了进一步增大输入电阻的阻值,实用电路也可以采用复合管(详见后述)。

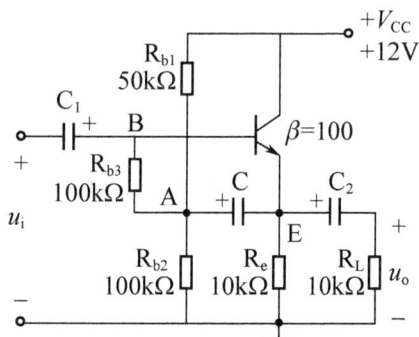

2.2.3　3种晶体管基本放大电路的比较

3种晶体管基本放大电路(共射、共集、共基),它们各具特点。

(1) 共射放大电路的电压、电流和功率放大倍数都较大,输入电阻和输出电阻适中,所以在多级放大器中可作为输入、输出和中间级,用于放大信号。

(2) 共集放大电路的电压放大倍数 $A_u \approx 1$,但电流放大倍数大,它的输入电阻大,输出电阻小。因此,除了用做输入级、缓冲级以外,也常作为功率输出级。

(3) 共基放大电路的主要特点是输入电阻小,其他性能指标在数值上与共射放大电路基本相同。因共基放大电路的频率特性好,所以多用做宽频带放大器。其比较详见表2-1。

表 2-1　3种晶体管基本放大电路的比较

	共发射极电路	共基极电路	共集电极电路
输入电阻 R_i	1千欧左右	几十欧	几百千欧
输出电阻 R_o	几十千欧	几百千欧	几十欧
电流增益 A_i	几十至一百	略小于1	几十至一百
电压增益 A_u	几十至几百	几十至几百	略小于1
功率增益 A_P	大	中	小
u_i 与 u_o 之间的相位关系	反相	同相	同相

2.3　多级放大电路

实际上,为了将一个微弱的电信号放大到足够大,只用单级放大电路往往不够,需要把几个单级放大电路连接起来,使信号逐级放大。这种组合称为多级放大电路,各级之间的连接方法称为耦合方式,多级放大电路的耦合方式分为3种。以两级放大器耦合为例,分述如下。

2.3.1　耦合方式

1. 阻容耦合

电路如图2.13所示,形式上两个单级之间通过电容 C_2 相连,实际上,是通过电容和后级的输入电阻(或本级的负载)实现耦合,这种连接方式称为阻容耦合方式。

优点:

(1) 通过选择合适的电容,能使交流信号近似无衰减地通过电容 C_2 耦合到下一级,使信号得到充分利用。

(2) 利用电容 C_2 的隔直作用,使两级放大电路的静态工作点相互没有影响,可以单独计算。

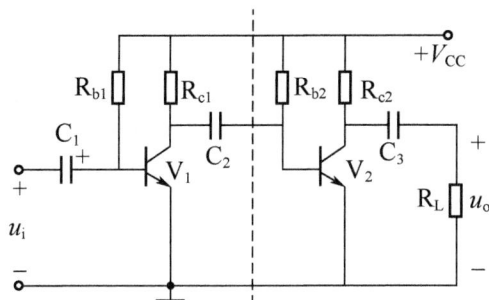

图 2.13 阻容耦合两级放大电路

缺点：

（1）不能传送直流信号或缓慢变化的交流信号，因为缓慢变化的交流信号容抗大，在耦合电容 C_2 上要降落一部分交流电压，使有用交流信号的传送受到较大损失。

（2）在集成电路中，制造大容量的电容很困难，所以这种耦合方式不宜集成化。因此，阻容耦合方式多用于分立元件的交流放大器中。

2. 直接耦合

第 1 级的输出端直接与第 2 级的输入端相连称为直接耦合。

优点：

（1）能放大直流或缓慢变化的信号。

（2）便于电路集成化，故集成电路中多采用此种耦合方式。

缺点：

（1）两级静态工作点相互制约。

（2）零点漂移问题严重（第 3 章将详细讨论）。

3. 变压器耦合

两级间通过变压器 T 的磁耦合方式传送交流信号，称为变压器耦合。

优点：

（1）两级间直流通路隔离，各级静态工作点相互没有影响，可以单独计算。

（2）改变变压器的匝数比，容易实现阻抗变换，因而较易获得较大的输出功率。

缺点：

（1）变压器体积重量都较大，成本高，有的性能也较差。

（2）不能集成化。

目前，变压器耦合在小信号多级放大器中很少采用。

2.3.2 多级放大器的分析

单级放大器的某些性能指标，可作为分析多级放大器的依据。但多级放大器又有其特点，下面我们将分析多级放大器的电压放大倍数、输入电阻和输出电阻、通频带及非线性失真等内容。

1. 电压放大倍数

多级放大器对被放大的信号而言,属串联关系。后一级的输入电阻是前一级的负载电阻,前一级的输出电压是后一级的输入电压。设各级放大器电压放大倍数依次为 $A_{u1}, A_{u2}, \cdots, A_{un}$,则总的电压放大倍数为

$$A_u = A_{u1} A_{u2} \cdots A_{un}$$

2. 输入电阻和输出电阻

多级放大器的输入电阻和输出电阻与单级放大器类似。输入电阻是从输入端看进去的等效电阻,也就是第 1 级的输入电阻,输出电阻也是从输出端看进去的等效电阻,即最后一级的输出电阻。

3. 幅频特性与通频带

电压放大倍数的幅度与频率的关系,称为幅频特性。

图 2.14 为两级参数完全相同的单级放大器组成的两级放大器的幅频特性曲线。两个单级放大器的上限频率 f_H 和下限频率 f_L 相同,通频带 f_B(放大倍数允许波动范围内所对应的频率范围,称为通频带,用 f_B 表示)相等,将两者串联后,其总电压放大倍数为:$A_u = A_{u1} A_{u2}$。

由图 2.14 可知,在 f_L 和 f_H 处,有

$$A_u = 0.707 A_{u1} \times 0.707 A_{u2} = 0.5 A_{u1} A_{u2}$$

可见,两级放大器总的通频带比任何一级放大器都窄,即多级放大器提高了电压放大倍数,但是以牺牲通频带为代价的。为了满足多级放大器通频带较宽的要求,必须把每个单级放大器的通频带选得更宽一些。

【例 2-1】 电路如图 2.15 所示,已知 $R_L = 1k\Omega$,$\beta_1 = \beta_2 = 40$,$r_{be} = 1.4k\Omega$,$r_{be2} = 0.9k\Omega$,$R_{b1} = 33k\Omega$,$R_{b2} = 8.2k\Omega$,$R_{b3} = 10k\Omega$,$R_{e1} = 390\Omega$,$R_{e2} = 3k\Omega$,$R_{e3} = 5.1k\Omega$。试求 A_u。

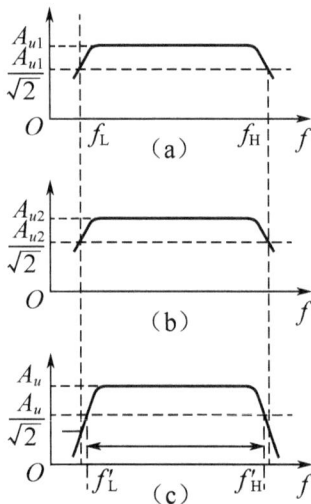

图 2.14　幅频特性

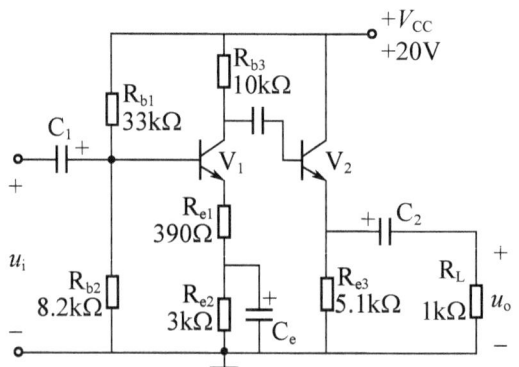

图 2.15　【例 2-1】图

解: 因为　　　　　　　$R_{L1}=R_{i2}=R_{b3}\ /\!/\ [r_{be2}+(1+\beta_2)R_{e3}\ /\!/\ R_L]=7.81\text{k}\Omega$

所以　　　　　　　$A_{u1}=-(\beta_1 R_{b3}\ /\!/\ R_{L1})/[r_{be1}+(1+\beta_1)R_{e1}]=-18$

因为　　　　　　　　　　　$A_{u2}\approx1$

所以　　　　　　　　　$A_u=A_{u1}A_{u2}=A_{u1}=-18$

2.4　功率放大电路简介

2.4.1　低频功放中的特殊问题

功率放大器和前面介绍的电压放大器,本质上并无区别,都是利用晶体管的控制作用,把直流电源供给的功率,按输入信号的变化规律输送给负载,但两者所要完成的任务不同。

电压放大器通常是在小信号下工作,要求在不失真的情况下,输出尽量大的交流电压信号。

功率放大器通常是在大信号下工作,要求在不失真(或失真在允许范围内)情况下,向负载输出尽量大的交流功率。所以功率放大器包含很多电压放大器中没出现过的特殊问题。

(1) 要求输出功率 P_o 大。负载获得的功率

$$P_o=U_o I_o$$

其中:U_o 表示输出电压的有效值,I_o 表示输出电流的有效值。

为了获得较大的输出功率,要求功率管的电压和电流要有足够大的输出幅度。因此,功率管常常在接近极限状态下工作。例如:U_{cem} 接近于 $U_{(BR)CEO}$,I_C 接近 I_{CM},P_C 接近 P_{CM}。

(2) 要求效率 η 高。效率定义为:

$$\eta=\text{输出功率 } P_o/\text{集电极回路直流电源的输出功率 } P_E$$

由于功率放大器主要是把直流电源供给的能量转换为交流电能输送给负载,希望负载获得的功率大,因此能量传输的效率问题很重要,要求效率高。

(3) 功率管的散热问题突出。功率放大器有一部分功率以热的形式消耗在管子上,使管子的结温(尤其是集电结)和管壳温度升高。为了保护管子和充分利用管子允许的管耗,大功率使用时要给功率管加散热片(散热片尺寸可查有关手册)和采取过载保护措施。

(4) 在分析方法上,由于功率放大器通常是在大信号下工作,故常采用图解法而不用微变等效法。

2.4.2　功率放大器的分类

(1) 按三极管的工作状态分,功率放大电路可分为甲类、乙类和甲乙类等放大电路。

① 甲类功率放大器的静态工作点选在晶体管的放大区内,工作点的移动范围也在放大区内。因此,在输入信号的整个周期内放大器均有集电极电流。如图 2.16(a)所示,即使无输入信号,晶体管也有相当大的静态电流 I_{CQ},使电路产生较大的功率损耗,因此功率传输效率 η 低,一般 $\eta\leqslant35\%$。

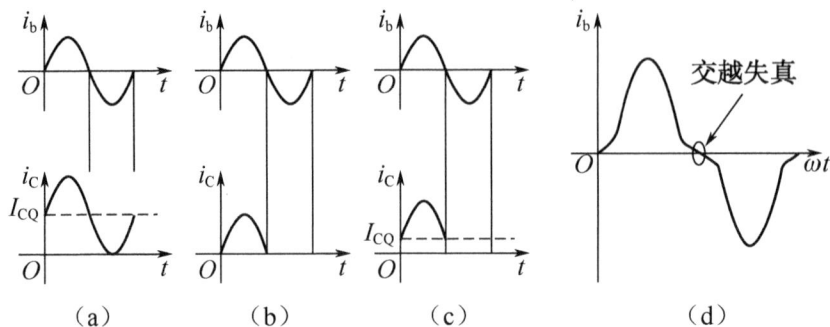

图 2.16　甲类功率放大器的静态工作点

② 乙类功率放大器的静态工作点在晶体管截止区边缘,即 $I_{BQ}=0$,$I_{CQ}=0$。因此,放大器只在输入信号的半个周期内有集电极电流,如图 2.16(b)所示。显然在乙类工作状态下,输出波形严重失真。当没有输入信号时,晶体管静态电流近似为零,没有管耗。当有输入信号时,管耗较小,因此功率传输效率 η 较高,一般 $\eta < 78.5\%$。乙类功率放大器的缺点是输出信号在越过管子死区时得不到正常放大而产生交越失真,如图 2.16(d)所示。

③ 甲乙类功率放大器的静态工作点选在晶体管放大区中靠近截止区的位置,放大器在输入信号的半个多周期内有集电极电流,如图 2.16(c)所示。在甲乙类工作状态下,输出波形的失真情况较乙类有所改善,功率传输效率也较高。实用的功率放大器常采用这种工作状态。

(2) 按耦合方式分,功率放大器分为变压器耦合的功率放大器和直接耦合的功率放大器。

① 变压器耦合的功率放大器:功率放大器通过变压器耦合信号,改变变压器线圈的匝数比可起到变换电压及阻抗的作用。容易实现在匹配状态下工作,使负载获得最大功率。

② 直接耦合的功率放大器包括双电源供电的互补对称电路和单电源供电的互补对称电路。

由于变压器体积大、价格贵、不宜于集成等,所以目前的发展趋势倾向于采用直接耦合的功率放大器。本节重点讨论工作在乙类和甲乙类的直接耦合的功率放大器。

2.4.3　双电源供电的乙类互补对称电路(简称 OCL 电路)

1. 基本电路结构与工作原理

(1) 电路结构。OCL(Output Capacitor Less 缩写)表示没有输出电容。OCL 基本电路结构如图 2.17 所示,图中 V_1 与 V_2 分别为 NPN 管及 PNP 管。由 V_1,$+V_{CC}$,R_L 组成 NPN 型管的射极跟随器电路,由 $-V_{CC}$,V_2,R_L 构成 PNP 型管的射极跟随器电路,分别将 V_1 与 V_2 管的基极相连、发射极相连。基极到地之间接输入信号,为输入端。发射极到地之间接负载,为输出端,要求 V_1 与 V_2 的特性参数相同。

（2）工作原理。静态时由于基极没有偏置，$I_B = 0$，$I_C = 0$，两晶体管工作于截止状态。动态时，当输入电压 u_i 为正半周时，V_1 管导通，V_2 管截止，产生电流 i_C 流经负载 R_L，形成输出电压 u_o 的正半周。当 u_i 为负半周时，V_1 管截止，V_2 管导通，产生电流 i_C 流过负载 R_L，形成输出电压 u_o 的负半周。因此当 u_i 变化一周期时，V_1 管、V_2 管轮流导通，在输出端获得正、负半周完整的输出电压 u_o 的波形，如图 2.17 所示。这种电路静态时不取用电流，有信号输入时 V_1 管、V_2 管轮流导通，工作特性对称，互补对方的不足，在输出端可以获得正、负半周完整的周期性电压波形，故称这种电路为互补对称电路，又称为推挽式电路。

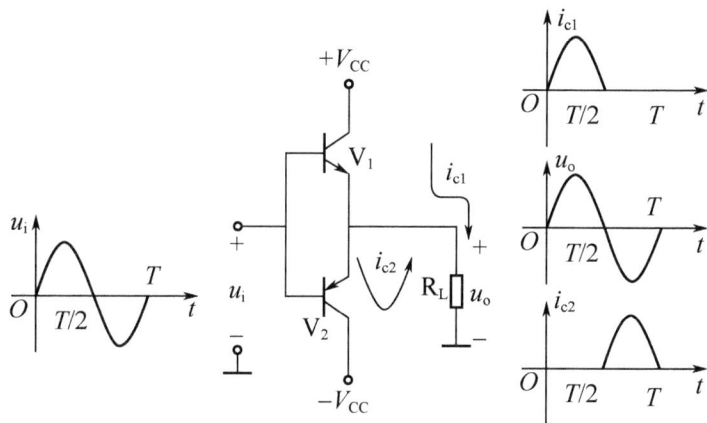

图 2.17　OCL 基本电路结构

（3）功率与效率。因为负载电流的最大值 I_{Om} 为

$$I_{Om} = (V_{CC} - U_{CES})/R_L \approx V_{CC}/R_L$$

负载电压的最大值 U_{Om} 为

$$U_{Om} = V_{CC} - U_{CES} \approx V_{CC}$$

或

$$U_{Om} = I_{Om} R_L = V_{CC}$$

所以负载可能获得的最大功率 P_{Om} 为

$$P_{Om} = I_{Om} U_{Om}/2 = V_{CC}^2/2R_L$$

由于流过两电源的平均电流相等且均为：

$$I_C = \frac{1}{T} \int i_c \mathrm{d}t = \frac{1}{T} \int I_{Om} \sin\omega t \, \mathrm{d}t = \frac{1}{\pi} I_{Om} = \frac{1}{\pi} \frac{V_{CC}}{R_L}$$

两电源的公共输出功率 P_E 为

$$P_E = I_C \times 2V_{CC} = 2V_{CC}^2/\pi R_L$$

$$\eta = P_{Om}/P_E = \pi/4 = 78.5\%$$

这个效率是理想的最大效率，是在输入信号足够大、忽略了 U_{CES} 的情况下获得的，实际效率要比这个低。显然直流电源输出的另一部分功率是以热的形式变成管耗消耗掉了。最大管耗一般约为最大输出功率的 0.2 倍，即 $P_{T1} = 0.2 P_{Om}$，常根据该关系式作为工作在乙类互补对称电路选择晶体管的依据，如若 $P_{Om} = 10W$，则 $P_{T1} = 2W$，因此选取两个额定管耗大于 2W 的晶体管就可以了。

2. 实用电路

乙类放大电路静态电流 $I_C=0$,具有效率高的特点。但由于没有直流偏置,有输入信号时,必须要求信号电压大于死区电压时管子才能导通。显然在死区范围是无电压输出的。在输出波形正、负半周交界处造成交越失真,因此这类电路实际中一般不用。为了消除或减小交越失真,实际电路中,通常在两基极间加上二极管(或电阻,或二极管和电阻结合),以供给 V_1 与 V_2 两管一定的正偏电压,使两管在静态时都处于微导通状态,如图 2.18 所示。由于电路对称,两管静态时电流相等,因而负载 R_L 上无静态电流流过,两管发射极电压 $U_E=0$。这样当有信号时,就可使放大器输出在零点附近仍能基本上得到线性放大,也就是 u_o 与 u_i 基本上成线性关系,此时电路工作于甲乙类状态。但是,为了提高效率,在设置偏压时,应尽可能接近乙类状态。

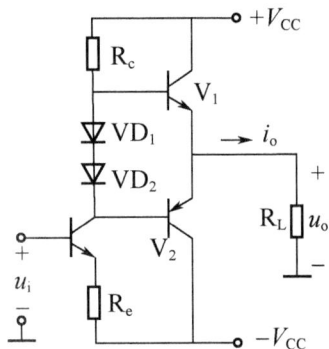

图 2.18　实用电路

2.4.4　单电源供电的甲乙类互补对称电路(简称 OTL 电路)

OCL 电路具有线路简单、效率高等特点,但要用两个电源供电,给使用、维修带来不便。目前使用更为广泛的是单电源互补对称电路,又称 OTL 电路(OTL 为 Output Transformer Less 的缩写),表示没有输出变压器。

图 2.19 是采用一个电源的互补对称偏置电路,图中由 V_1 组成前置放大级,V_2 和 V_3 组成互补对称电路输出级。在输入信号 $u_i=0$ 时,一般只要 R_1 与 R_2 有适当的数值,就可使 I_{C1},U_{B2},U_{B3} 达到所需大小,给 V_2 和 V_3 提供一个合适的偏置,从而使 K 点电位 $U_K=U_C=V_{CC}/2$。

当有信号 u_i 时,在 u_i 的负半周,V_2 导通,有电流通过负载 R_L,同时向 C 充电;在 u_i 的正半周,V_3 导通,则已充电的电容 C 起着图 2.18 中电源 $-V_{CC}$ 的作用,通过负载 R_L 放电。只要

图 2.19　采用一个电源的互补对称电路

选择时间常数 $R_L C$ 足够大(比信号的最长周期还大得多),就可以认为用电容 C 和电源 V_{CC} 来代替原来的 $-V_{CC}$ 和 $+V_{CC}$ 两个电源。

值得指出的是,采用一个电源的互补对称电路,由于每个管子的工作电压不是原来的 V_{CC},而是 $V_{CC}/2$(输出电压最大也只能达到约 $V_{CC}/2$),所以前面导出的计算 P_o,P_T,P_E 等公式,必须加以修正才能使用。修正的方法也很简单,只要以 $V_{CC}/2$ 代替原来公式中的 V_{CC} 即可。

在图 2.19 中,静态时,通常 K 点电位 $U_K=U_C=V_{CC}/2$。同样为了提高电路工作点的稳定

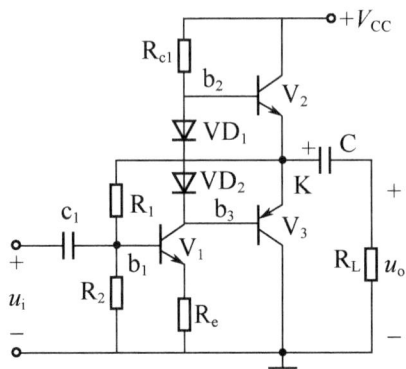

性能,常将 K 点通过电阻分压器(R_1 与 R_2)与前置放大器的输入端相连,以引入负反馈。

此外,在大功率输出时,要获得特性很接近的 NPN 型和 PNP 型大功率三极管是非常困难的,一般经常采用复合管。把两个(或两个以上)三极管的电极适当地直接连接起来,作为一个管子使用,即为复合管。它有两种连接方式:一是由同类型管子连接而成,二是由不同类型的管子连接而成。

组成复合管的原则是:

(1)复合后,管子的 β 是两管 β 值的乘积,为此必须保证两管基极电流的通路。在接法上必须将前一管子的基极作为复合管的基极,将它的集电极(或发射极)接到后一管子的基极,而后一管子的集电极和发射极则作为复合管的另两个电极。

(2)要保证两管都工作在放大区。因此,两管的 c 极、e 极或 b 极、e 极不能接在一起。

(3)复合管的类型与最前面的管子的类型一致。按照上述原则构成的复合管例子如图 2.20 所示。

例如,在图 2.20(a)中,V_1 管的 b_1 极是复合管的基极,它的 e_1 极接 V_2 管的 b_2 极,V_2 管的 c_2 极和 e_2 极则是复合管的集电极和发射极。V_1 管是 NPN 型,复合后的 V 管仍为 NPN 型,即 NPN + NPN → NPN 型。不难证明复合后 V 管的 $\beta \approx \beta_1 \beta_2$ $r_{be} \approx r_{be1} + \beta_1 r_{be2}$。对于图 2.20(b),(c),(d)的接法,读者可以自己进行分析。

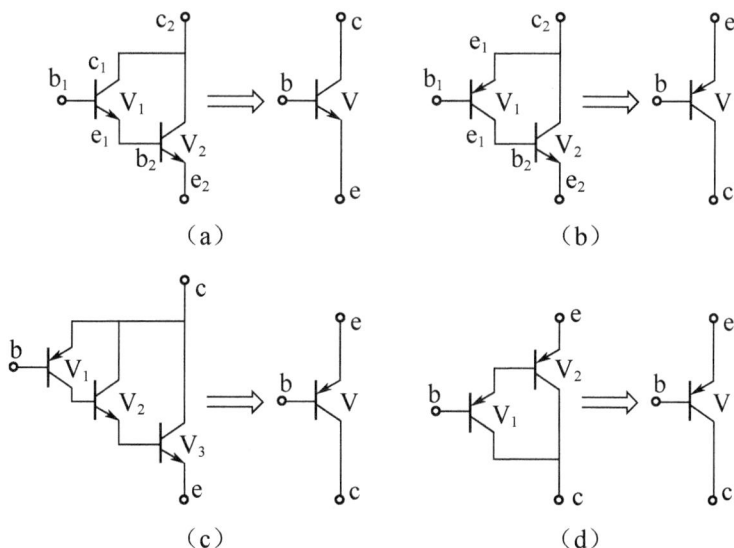

图 2.20　复合管的应用

2.4.5　集成功放电路的应用举例

关于集成电路的知识详见后述,下面只举例分析常用集成功放电路及其典型应用电路:4100 系列音频功率放大集成电路。

4100 系列集成电路由于生产厂家不同,国产的有 DL4100(北京)、TB4100(天津)、SF4100(上海)、XG4100(四川)等;国外的主要有日本三洋公司生产的 LA4100 等。这些产品无论是内部电路、技术指标、外型尺寸、封装形式与引出脚分布等都是一致的,在使用中可以互换,属于该系列的有 4100,4101,4112 等产品。

(1) 外型图与引出脚的功能。4100 系列集成电路引出脚分布及符号如图 2.21 所示,它是带散热片的 14 脚双排直插式塑料封装结构,其引出脚是从散热片顶部起按逆时针方向依次编号的。

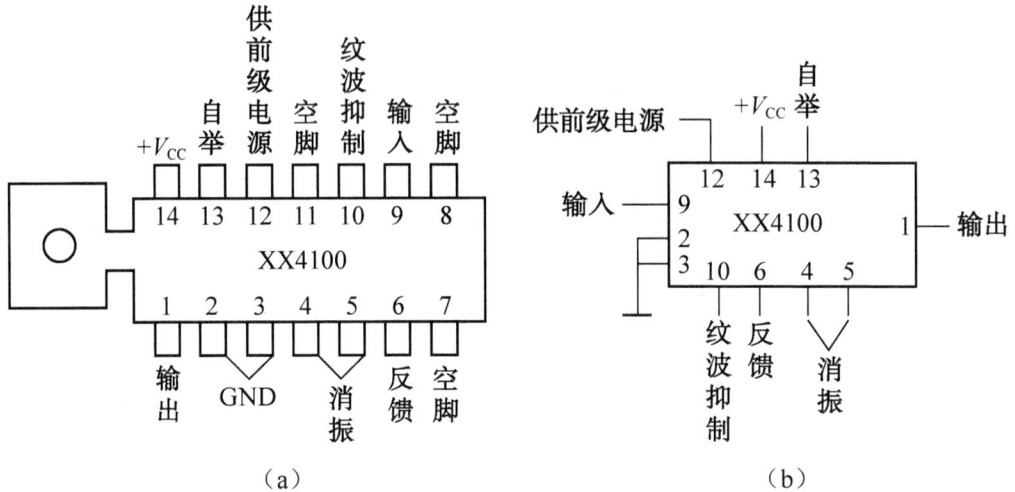

图 2.21 4100 系列集成电路管脚排列与符号

(2) 典型应用电路。图 2.22 是用 DG4100 集成电路组成 OTL 功率放大器。图中 C_1 与 C_5 分别为输入、输出信号耦合电容;C_3 为消振电容,用于抑制可能产生的高频寄生振荡;C_4 为交流反馈电容亦可起消振作用;C_6 为自举电容,用于自举升压;C_7 为防振电容,用于防止高频自激,C_8 与 C_9 为滤波电容;R_1 与 C_2 与内部电路中的元件构成交流负反馈网络,调节 R_1 阻值的大小,可调节反馈深度,控制功放电路增益。该应用电路可作为收音机的整个低频放大和功率放大电路,其输入端可直接与收音机的检波输出端相接。4100 系列集成电路还可作为收录机、电唱机等的功率放大电路。

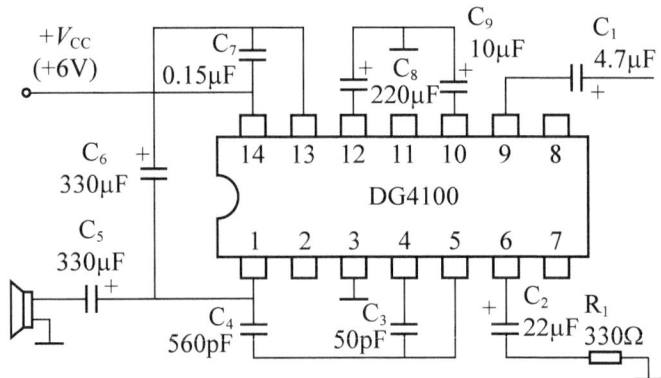

图 2.22 DG4100 典型应用电路

本章小结

下面是本章几个既重点又比较难理解的问题,归纳如下。

1. 关于放大的含义和本质

放大的本质是能量的控制作用,即用小能量的输入信号控制输出信号,就可以得到大能量的输出信号。输出信号的变化规律是由输入信号决定的,而负载上得到的输出信号能量比输入信号大得多的那部分能量是由电源提供的。另外放大作用是对变化量而言的。所谓放大就是输入信号有一个小的变化量,而在负载上得到一个比较大的变化量。所以,放大倍数是输出信号与输入信号的变化量的比,而不能认为是输入、输出的直流量的比。我们所说的放大一定是在输出信号基本不失真的前提下才有意义。

2. 关于非线性电路的分析方法

由于放大电路中的核心器件是具有非线性伏安特性的三极管,这就给它的分析方法带来了新的问题。放大电路的分析方法主要有两种:一是图解法,本书没有详细介绍此法;二是微变等效电路法。具体该用哪种方法首先要弄明白它们各自所要求的条件及适用范围。微变等效电路法只适应于低频小信号、交流分量的动态技术指标计算,它的前提是电路已经有了合适的静态工作点;图解法一般适用于分析输出幅度比较大而工作频率不太高的情况,如功率放大电路,它可以用来分析动态,也可以分析静态。

3. 关于交、直流并存的问题

放大电路的一大特点是交、直流并存的。为了便于分析,往往是把交、直流分开讨论。但值得注意的是这种分开只是表面上分开,而实际上它们是相互影响、相互联系的,如交流参数 $r_{be}=r'_{bb}+(1+\beta)26\text{mV}/I_{EQ}\text{mA}$。交、直流并存的含义也就是说电路中各总量应是其交、直流分量的和。交、直流分量各是总值的一部分。在这里要特别注意交、直流分量及总量符号的书写,一定要严格按要求写,否则含义就错了。因为放大对象是变化量,分析放大的过程则是研究交流量之间的关系,在学习时必须把实际的电流、电压与这种等效的交流概念区别开来。

电压放大倍数是指输出电压变化量与输入电压变化量之比,是交流分量的有效值之比,而不是瞬时值,也就是不可能把静态工作点的直流成分计入。

4. 关于输入、输出电阻的概念

输入电阻和输出电阻是反映放大器性能的重要参数,注意它们也是微变参数,不能用来计算静态工作点。

(1) 输入电阻:

① 输入电阻的物理意义。输入电阻反映放大电路对信号源输出电压的影响程度。当放大电路和信号源相接后,放大电路输入电阻就是前接信号源的负载,它的大小表明了向信号源索取电流的多少。

② 注意点。我们这里所说的输入电阻均指动态输入电阻,所以只在下列两种情况下才有意义,一是输入为变化量;二是放大电路工作在线性区。

(2)输出电阻:

① 输出电阻的物理意义。放大电路接上负载后,要向负载提供信号,所以可以把放大电路视为具有一定内阻的信号源,这个信号源的内阻就是放大电路的输出电阻,在负载有变化的情况下,为了使输出电压恒定,几乎与输出电流的改变无关,则要求信号源的内阻 R_0 要小,因此输出电阻是衡量带负载能力的一个重要指标。输出电阻越大,带负载能力越弱;输出电阻越小,带负载能力越强。

② 注意点与输入电阻相同。

5. 关于静态工作点的稳定问题

放大电路的静态工作点很容易受外界条件的影响而变动,其中最主要的原因是温度的变化和管子参数的分散性。

(1)温度的影响。当温度升高时,β 和 I_{CBO} 都随之增大,而 U_{BE} 则随之减小,从而使静态工作点随之变动,对于锗管,以 I_{CBO} 变动的影响最大。对于硅管则由于它的 I_{CBO} 很微小,因此当温度变化时影响硅管稳定性的主要因素是 U_{BE} 和 β 的变化。注意,这三个因素的影响,最终都表现在使 I_C 随温度的升高而增加。

(2)稳定静定态工作点的措施。加射极偏置电阻,构成直流负反馈。

6. 关于复合管的连接规律

(1)保证两管的基极电流能流通(两管的电流流通方向应相同)。

(2)第1只三极管的 c-e 结只能与第2只三极管的 c-b 结连接,而不能和第2只三极管的 b-e 结连接,否则会受到 U_{BE} 的钳制。

(3)复合管的类型与第1只三极管相同,导电极性也决定于第1只三极管。

7. 关于两级放大电路的有关问题

在两级放大电路中,前一级是后一级的信号源,而后一级是前一级的负载,所以前一级的输出就是后一级的输入,后一级的输入电阻就是前一级的负载,即 $u_{o1}=u_{i2}$ 或 $u_{on}=u_{i(n+1)}$,$R_{L1}=R_{i2}$ 或 $R_{Ln}=R_{i(n+1)}$,式中 n 为大于或等于1的自然数。

8. 关于功率放大器有关问题

功率放大器实质上并不能把小的输入功率"放大"为大的输出功率。功率放大器的作用在于通过三极管的电流控制,把电源 V_{CC} 供给三极管集电极电路的直流功率转化为交流输出功率。具体地说,当输入信号加到三极管的基极时,由于三极管的电流控制作用,用微小的基极电流变化,就可引起很大的集电极电流变化,而三极管的集电极电流是由集电极电源供给的。由此可见,三极管只是起了一个能量转换的作用。集电极电源 V_{CC} 以直流功率的形式供给集电极电路,而集电极电路将以交流信号功率的形式供给负载,这就是功率放大的实质。这样就存在一个效率问题,它表示在直流电源输入的功率中有多少变为交流输出功率,所以效率是功率放大器的一个重要指标。

以上几点只是有针对性地讲几个问题，还有一些重要的概念、原理、结论等没有小结上，希望学习时自己补充。

习题 2

2.1　在求放大倍数时，为何不能采用电压、电流的总值进行计算？

2.2　在放大电路中为何要提出一个静态工作点的稳定问题？静态工作点变动时对放大器有什么影响？

2.3　温度变化时，硅和锗三极管的输入及输出特性和参数 U_{BE}，β，I_{CBO} 各如何变化？

2.4　如图 2.23 所示电路的静态工作点是如何估算的？在实际中要调整此电路的静态工作点时，应调节哪个元件参数比较方便？去掉射极电容 C_e 后对静态工作点有无影响？对 A_u 与 R_i 又有何影响？

2.5　三极管共有三个电极，应有 6 种组合方式，为何只采用其中 3 种？

2.6　级间耦合方式有哪几种？各有何优缺点？

2.7　如何利用输入电阻和输出电阻的含义考虑多级放大器的级间影响？

2.8　试分析图 2.24 所示各电路能否正常放大，并说明理由。

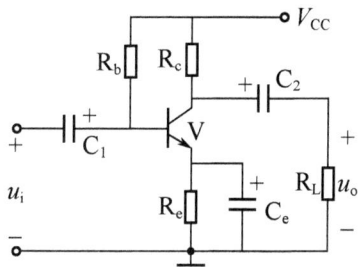

图 2.23　题 2.4 图

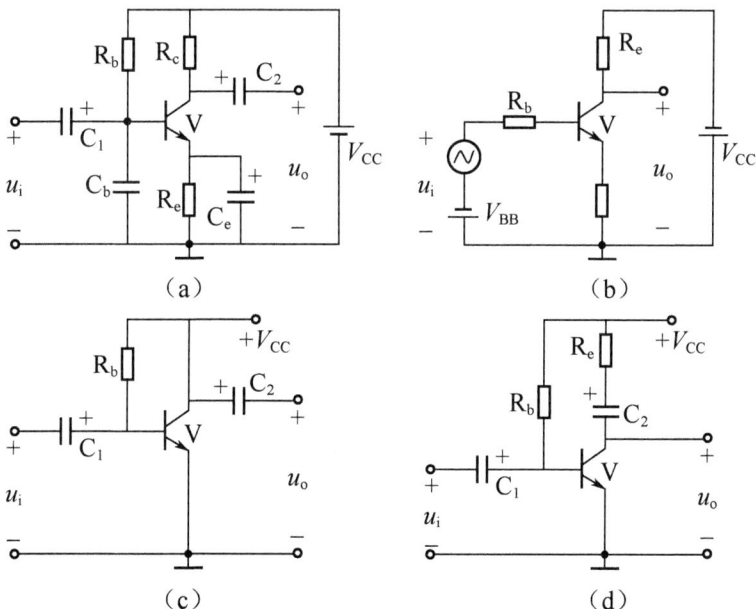

图 2.24　题 2.8 图

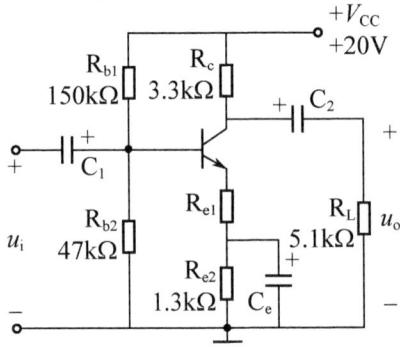

图 2.25 题 2.9 图

2.9 具有电流负反馈的放大电路如图 2.25 所示，已知 $\beta=80,r_{be}=1.3\text{k}\Omega$。

（1）画出该电路直流通路，并用估算法求 I_{CQ} 与 U_{CEQ}。

（2）画出其微变等效电路。求 $R_{e1}=0$ 时，放大器的输入电阻、输出电阻和电压放大倍数。

（3）求 $R_{e1}=200\Omega$ 时，放大器的输入电阻、输出电阻和电压放大倍数。

2.10 判断下面说法哪一种正确，答案填在括号内。

（1）功率放大电路功率大是由于（　　）。

a. 输出电压变化幅值大，而且输出电流变化幅值大

b. 输出电压最大值大，而且输出电流最大值大

（2）功率放大电路的最大不失真输出功率是指输入正弦波信号幅值足够大，使输出信号基本不失真且幅值最大时（　　）。

a. 晶体管得到最大功率

b. 电源提供的最大功率

（3）功率放大电路的效率是指（　　）。

a. 输出功率与输入功率之比

b. 输出功率与电源供给功率之比

c. 最大不失真输出功率与电源提供功率之比。

2.11 功率放大电路如图 2.26 所示。试求：

（1）电路最大不失真输出功率和效率；

（2）根据极限参数，怎样选择该电路中所用功放管；

（3）电路中 B 点直流电位大于 $V_{CC}/2$ 应如何调整？

2.12 图 2.27 中所示复合管的接法是否合理？标出等效的管子类型（NPN 还是 PNP）及管脚。

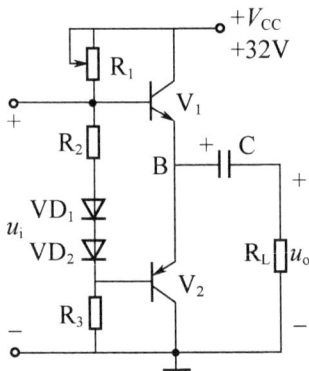

图 2.26 题 2.11 图

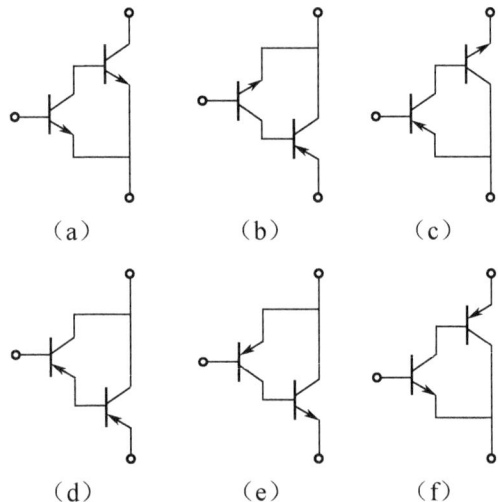

（a）　　　（b）　　　（c）

（d）　　　（e）　　　（f）

图 2.27 题 2.12 图

实验3 单管共发射极放大电路静态调试与分析

1. 实验目的

（1）初步掌握分立元件放大器静态工作点的测试与调试方法。
（2）了解不同静态工作点对放大电路输出电压幅度的影响。

2. 实验电路

静态工作点可以通过 RP 来调试。若静态工作点设置不合理，当输入信号变大时，输出电压将产生饱和或截止失真。当静态工作点处在合适位置时，可输出最大不失真信号。

元器件参考值：$R_1=10k\Omega$，$R_2=10k\Omega$，$R_3=5.1k\Omega$，$R_4=1k\Omega$，$R_5=5.1k\Omega$，$R_{RP}=150k\Omega$，C_1，C_2，C_3 均为 $100\mu F/16V$，V：9013；电源电压 $V_{CC}=+12V$，单管共发射极放大电路如图2.28所示。

图 2.28 实验 3 图

3. 实验器材及用途

音频信号发生器，用于提供正弦信号；电子电压表，用于测试输入、输出正弦波电压；示波器，用于观察输出正弦波电压；直流稳压电源，用于提供+12V直流电压；万用表用于测试静态工作点。

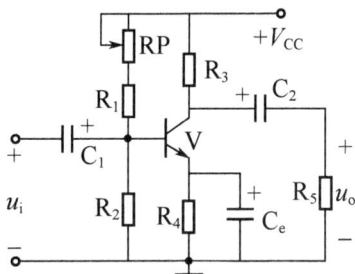

4. 预习要求

复习与静态工作点有关的内容，并回答下列问题：

（1）测量静态工作点时，RP 的阻值增大或减小时，I_C 将怎样变化？
（2）怎样测试 I_C 与 U_{CE}？有几种方法可以采用？
（3）本实验的方法、步骤和具体要求是什么？
（4）静态工作点过高或过低将分别出现什么失真？
（5）为什么静态工作点的设置会影响放大电路的输出范围？

5. 实验内容与步骤

（1）调试静态工作点：

① 按 $I_C=1mA$ 调试。用万用表测 U_C 或 U_E，调节 RP 的阻值使 $I_C=(V_{CC}-U_C)/R_3=1mA$ 或 $I_C=U_E/R_4=1mA$。将 $I_C=1mA$ 时，U_C，U_E，U_B 测试值记入表 2-2 中。

② 按最大不失真输出为依据调试。接入负载 R_L，输入端加入 1kHz 正弦信号 u_i，用示波器观察输出波形，在不改变输入信号 u_i 幅度的情况下，调节 RP 的阻值使 u_o 达到最大不失真为止。在表中记录此时用电压表测得的输出电压 u_o 的有效值。去掉输入信号，用万用表测 U_C，U_E，U_B 值，将结果记入实验表 3-1 中。

表 2-2　实验 3 记录表

调试要求	实　测　值			计　算　值		
	$U_C(V)$	$U_B(V)$	$U_E(V)$	$U_{BE}(V)$	$U_{CE}(V)$	$I_C(mA)$
$I_C = 1mA$						
最大不失真输出 $U_{Om} = (\quad)V$						

③ 观察静态工作点与输出波形的关系。在最大不失真输出的基础上保持 u_i 不变,将 RP 的阻值调大和调小,分别观察波形变化,当 RP 的阻值调大或调小到一定数值,将出现失真,分别判断它们属于什么失真?

实验 4　两级阻容耦合放大电路电压放大倍数与幅频特性的测试

1. 实验目的

(1) 掌握放大电路电压放大倍数的测试方法。
(2) 了解测试放大电路幅频特性的方法。

2. 实验电路及辅助测试电路

实验原理电路如图 2.29 所示,元器件参考数值:$R_1 = 68kΩ$,$R_2 = 15kΩ$,$R_3 = 3.3kΩ$,$R_4 = 1.8kΩ$,$R_5 = 33kΩ$,$R_6 = 5.1kΩ$,$R_7 = 1kΩ$,$R_8 = 470Ω$,C_1,C_2,C_3,C_4,C_5 均为 $10\mu F/16V$,$C_4 = 6800pF$,三极管的型号为 9013,$+V_{CC} = +12V$。

辅助测试电路如图 2.30 所示,该电路是在被测电路输入端加了一个由 R_9 和 R_{10} 构成的分压器使 $u_i = u_S R_{10}/(R_9 + R_{10})$,其目的是为了提高有用信号,同时也可以用电子电压表在同一量程下,测试 u_S 和 u_o,以减小不同量程带来的附加误差。

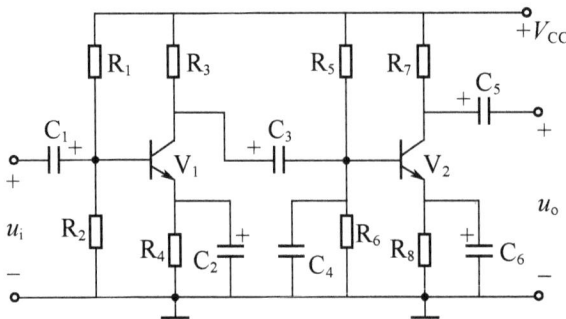

图 2.29　实验 4.1 图　　　　图 2.30　实验 4.2 图

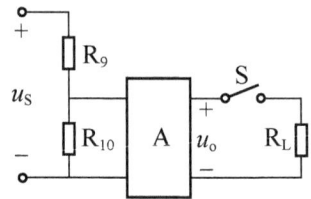

3. 实验器材

除实验电路板按实验图 4.1 组装外,其余均与实验 3 相同。

4. 预习要求

(1) 复习两级放大电路有关内容以及静态工作点的测试方法。
(2) 了解实验内容,熟悉方法与步骤。

5. 实验内容与步骤

(1) 对照原理电路图,检查实验电路是否完好。
(2) 测试静态工作点。接通电源使 $+V_{CC}=+12V$,用万用表测试 $U_{CEQ1}=?$ $U_{CEQ2}=?$
(3) 测中频条件下的电压放大倍数。输入 $f=1kHz$(中频)、幅度为 $100mV$ 的正弦波电压 u_S,测试 $R_L=5.1k\Omega$ 时的 u_{o1} 和 u_{o2} 并计算 A_{u1},A_{u2},A_u,将结果记录于表 2-3 中。

表 2-3　实验 4 记录表

u_S	U_i	U_{o1}	U_{o2}	A_{u1}	A_{u2}	A_u
实测值(V)						
计算值(V)						

(4) 测试放大电路幅频特性。保持 u_S 幅度为 $100mV$,按要求改变输入信号频率,测试对应的输出电压,记录测试结果,绘制幅频特性曲线。

第 3 章

集成运算放大器及其应用

3.1 集成电路概述

自 1959 年世界上诞生第 1 块集成电路至今,只不过四十年时间,但它已深入到许多产业的产品中,如:飞机、舰船、数控机床、家用电器及各种医疗器械等。这主要是因为集成电路具有体积小,可靠性高,成本低,调试方便等特点。本章将首先介绍集成电路的一些基础知识,然后着重讨论模拟集成电路中发展最早、应用最广的集成运算放大器。

3.1.1 集成电路的概念

集成电路,英文写为 Integrated Circuits,缩写为 IC。它是使用半导体平面工艺或薄、厚膜工艺,将电路的有源元件(三极管、场效应管等)、无源元件(电阻、电感、电容)及其布线制作在同一块半导体基片上,形成紧密联系的一个整体电路。

3.1.2 集成电路的特点

与分立元件电路相比,集成电路具有 4 个突出特点。

(1) 体积小、重量轻。五十三年前(1946 年),美国制成了世界上第 1 台电子管电子计算机,用了 18 000 多只电子管,约 30 吨,要有 170 多平方米的房屋面积才能放得下,但它的运算速度只有每秒钟五千次左右。目前采用超大规模集成电路工艺制成的微型计算机 CPU 芯片,重量才几十克,体积和一个火柴盒差不多(包括散热电机),但它的运算速度可达每秒种百万次以上。由此可见,集成电路确实是体积小、重量轻。

(2) 可靠性高、寿命长。半导体集成电路的可靠性与普通晶体管相比,可以说提高了几十万倍以上。例如:1964 年的晶体管电子计算机的故障间隔平均时间(或失效间隔平均时间)为 73 小时,而 1964 年的半导体集成电路电子计算机为 4 650 小时;到 1970 年时,达到了 12 400 小时;1985 年英特尔公司生产的 8398 单片机,平均无故障工作时间为 3.8×10^7 小时(片内含有 12 万个晶体管)。显而易见,集成化程度越高,可靠性越高。

(3) 速度高、功耗低。晶体管电子计算机运算速度为每秒几十万次,普通集成电路的运算速度每秒可达几百万次。目前,我国用大规模集成电路和超大规模集成电路组装的计算机,其运算速度每秒已达十亿次。

在功耗方面,一台晶体管收音机(交流电源供电)所消耗的功率不到一瓦,而集成单元电路的功耗只有几十微瓦,这相当于一个晶体管功耗的千分之一。一般的半导体集成电路的每次逻辑运算所需的能量为 $10nJ(1nJ=10^{-9}J)$ 左右,近年来,由于新技术的采用,已使每次逻辑运算所需的能量降低到 $1nJ$ 以下。

(4) 成本低。在应用上,如果要达到电子线路的同样功能,采用集成电路和采用分立元件相比较,采用集成电路的成本低。其原因有二:一是集成电路的器件价格比组成电路的分立元件低,一块集成电路中不论含有多少只晶体管,最后只需一只外壳来封装,而对分立元件来讲,有多少只晶体管就要有多少只外壳封装,有时外壳的成本往往比管芯成本还高;二是分立元件电路投入安装调试的劳动力成本又高出了集成电路很多。随着科学技术水平的不断提高,集成电路的集成化程度和性能将不断提高,制造成本也会日趋降低。

3.1.3　集成电路的分类

集成电路可按制作工艺、功能性质和集成规模的不同进行分类。

(1) 按制作工艺,集成电路可分为:

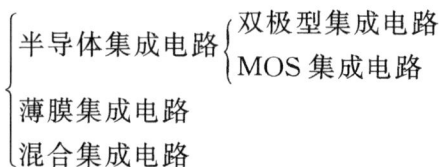

$$\begin{cases} \text{半导体集成电路} \begin{cases} \text{双极型集成电路} \\ \text{MOS 集成电路} \end{cases} \\ \text{薄膜集成电路} \\ \text{混合集成电路} \end{cases}$$

(2) 按功能性质,集成电路分为:

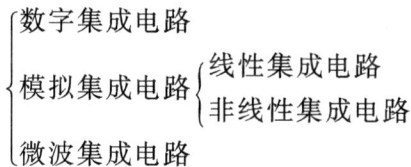

$$\begin{cases} \text{数字集成电路} \\ \text{模拟集成电路} \begin{cases} \text{线性集成电路} \\ \text{非线性集成电路} \end{cases} \\ \text{微波集成电路} \end{cases}$$

(3) 按集成规模,集成电路分为:

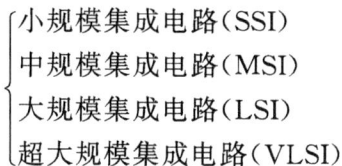

$$\begin{cases} \text{小规模集成电路(SSI)} \\ \text{中规模集成电路(MSI)} \\ \text{大规模集成电路(LSI)} \\ \text{超大规模集成电路(VLSI)} \end{cases}$$

通常根据集成电路内所含元器件的多少来划分其"规模"的大小。内含元器件数小于100的集成电路称为小规模集成电路;内含元器件数为100～1 000 个的集成电路称为中规模集成电路;内含元器件数为 1 000～10 000 个的集成电路称为大规模集成电路;内含元器件数为10 000～100 000个的集成电路称为超大规模集成电路。目前,集成电路的集成化程度仍在不断的提高,已经出现了内含上亿个元器件的集成电路。

3.2 集成电路的基本单元电路

3.2.1 电流源电路

电流源电路在集成运算放大器内部使用非常广泛,其用途主要有两个方面,一是为各级放大电路提供静态偏置,稳定静态工作点。二是作为各级放大电路的负载,增大本级增益和动态范围。

理想的电流源就是恒流源,其伏安特性如图 3.1(a)所示,是一条平行于横轴的直线。恒流源的电路符号如图 3.1(b)所示。

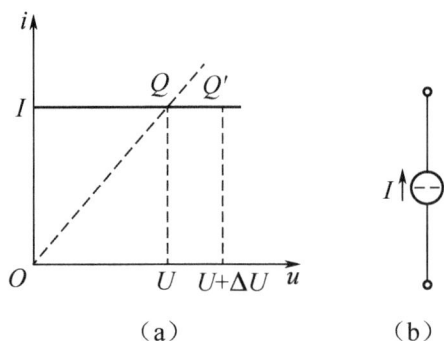

（a）　　　　　　　　　　（b）

图 3.1　恒流源伏安特性及符号

1. 晶体管电流源电路

晶体三极管工作于放大区时,其输出特性曲线是一组几乎平行于横轴(u_{CE}轴)的直线,如图 3.2 所示。它与图 3.1(a)电流源伏安特性曲线相似,因此我们可以利用三极管的恒流特性组成电流源电路,如图 3.3 所示。在保证三极管工作于放大区、且 R_{b1},R_{b2},R_e,V_{CC}保持不变的条件下,那么无论负载 R_L 为多大,I_C 基本恒定。因此从 A 与 B 两点看进去的两端网络就是电流源。它实际上也是分压式偏置电路。分析可得,电流源电路的输出电阻

$$R_o = r_{ce} \times (1 + \frac{\beta R_e}{r_{be} + R_e + R_{b1} // R_{b2}})$$

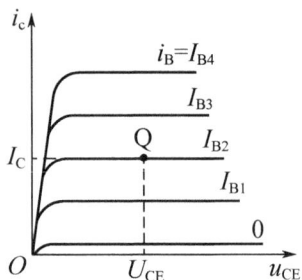

图 3.2　三极管输出特性曲线

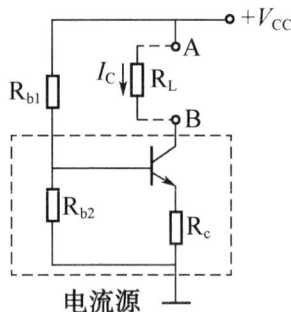

图 3.3　三极管电流源电路

上式表明,由于 R_e 的作用,该电流源电路的输出电阻很高,可达几兆欧。一般情况下,都有 $R_o \gg R_L$,因此,电流源输出电流 I_c 近似不变,可等效于恒流源。

2. 镜像电流源

镜像电流源电路如图 3.4 所示,电路两边完全对称,V_1 与 V_2 参数完全相同,即 $\beta_1 = \beta_2 = \beta$,$U_{BE1} = U_{BE2} = U_{BE}$,$I_{B1} = I_{B2} = I_B$,$I_{C1} = I_{C2}$,由图 3.4 分析得到

$$I_{REF} = I_{C1} + 2I_B = I_{C2} + 2I_B = I_{C2} + \frac{2}{\beta} I_{C2}$$

$$I_{C2} = \frac{I_{REF}}{1 + \dfrac{2}{\beta}}$$

$$I_{REF} = \frac{V_{cc} - U_{BE}}{R}, \quad I_{C2} = I_{REF} (\beta \gg 2)$$

I_{REF} 称为参考电流或基准电流,I_{C2} 为电流源输出电流,当 V_{CC},R,U_{BE},β 一定时,I_{C2} 恒定不变(三极管工作于放大区)。该电流源输出电阻 $R_o = r_{ce}$,其阻值为几十千欧到几百千欧。

为了进一步提高镜像电流源的输出电流精度和热稳定性,常采用改进型镜像电流源如图 3.5 所示,设三极管参数完全相同,有 $\beta_1 = \beta_2 = \beta_3 = \beta$,$I_{B1} = I_{B2}$,$I_{C1} = I_{C2}$。由图 3.4 分析得到

$$I_{E3} = I_{B1} + I_{B2} = 2I_{B2}$$

$$I_{B2} = \frac{I_{C2}}{\beta}$$

$$I_{B3} = \frac{I_{E3}}{1 + \beta} = \frac{2I_{B2}}{1 + \beta} = \frac{2I_{C2}}{\beta(1 + \beta)}$$

$$I_{REF} = I_{C1} + I_{B3} = I_{C2} + \frac{2}{\beta(1 + \beta)} I_{C2}$$

所以

$$I_{C2} = \frac{I_{REF}}{1 + \dfrac{2}{\beta(1 + \beta)}}$$

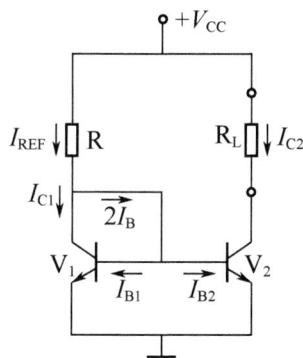

图 3.4 镜像电流源

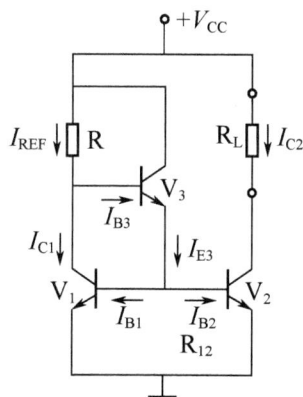

图 3.5 改进型镜像电流源

一般情况下 $\beta(1+\beta)\gg 2$，所以 $I_{C2}\approx I_{REF}$，即电流源输出电流与晶体管参数（如 U_{BE}）无关，从而提高了电流源输出电流的稳定性。

3.2.2 差动放大电路

1. 简单差动放大器

在各种无线电设备、自动控制系统及各类电子仪器中常需要处理一些随时间变化极为缓慢的信号，这类信号统称为"直流信号"。能放大"直流信号"的电路叫做直流放大器。直流放大电路应采用直接耦合方式，这是由于直流信号无法通过阻容耦合放大器和变压器耦合放大器。采用直接耦合方式必须处理好电平移动、零输入零输出、零点漂移等问题。

零点漂移现象实质上是三极管工作点的变化，那么引起三极管工作点变化的因素就是直流放大电路产生零点漂移的原因，它概括起来主要有 3 个方面。

(1) 温度的变化（包括环境温度的变化和元器件通电后的温升）；

(2) 电源电压的波动；

(3) 电路中元器件性能的不稳定，其中温度变化时引起三极管的 U_{BE}, I_{CBO}, β 的改变是产生零点漂移的最主要原因。

抑制零漂的方法很多，如采用高稳定度的稳压电源来抑制电源电压波动引起的零漂；利用恒温系统来消除温度变化的影响等，最常用的方法是利用两只放大特性相同的三极管构成放大电路——差动放大器（简称"差放"），进行补偿。

(1) 基本差动放大器的工作原理 。基本差动放大器如图 3.6 所示，它是由两个特性相同的共发射极放大器组合而成，有两个输入端和两个输出端，理想情况下，电路两边完全对称，V_1 和 V_2 两管参数和特性也完全一致。由图 3.6 可知，输入信号 u_i 分成两部分 u_{i1} 和 u_{i2} 加在两管的基极，$u_i=u_{i1}-u_{i2}$；输出信号 u_o 取自两管集电极电压之差 $u_o=u_{o1}-u_{o2}$。在没有输入信号时，即 $u_i=0$，u_{i1} 和 u_{i2} 均为零，由于电路完全对称，两管的静态集电极电流和电压完全相等，则输出电压 $u_o=u_{o1}-u_{o2}=0$，因此，输入信号为零时，输出信号为零。如果此时温度升高，使 I_{C1} 增加，U_{C1} 下降，由于两管对称，则 I_{C2} 增加，U_{C2} 下降，而且数值与前者相等，输出电压仍然为零；反之亦然。可见，温度变化，输出电压并不改变，从而抑制了零点漂移。

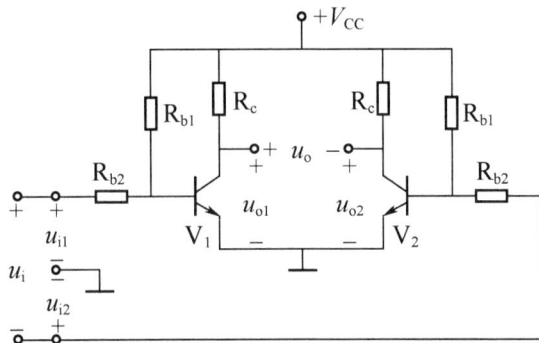

图 3.6 基本差动放大器

（2）差模信号和共模信号。一对大小相等，极性相反的信号称为差模信号，分别用 u_{id1} 和 u_{id2} 表示；差动放大器两管的输入端加入差模信号时，则称为差模输入。例如图 3.6 中，$u_{i1}=3\text{V}$，$u_{i2}=-3\text{V}$，则称该放大电路为差模输入，两管差模输入信号分别为 $u_{id1}=3\text{V}$，$u_{id2}=-3\text{V}$。整个放大电路的差模输入信号定义为两管差模输入信号之差，用 u_{id} 表示，即 $u_{id}=u_{id1}-u_{id2}$；上例中，$u_{id}=u_{id1}-u_{id2}=3-(-3)=6\text{V}$。

当差模输入电压 u_{id} 作用时，差动放大器的输出电压就是差模输出电压，用 u_{od} 表示。差模输出电压 u_{od} 与差模输入电压 u_{id} 之比，称为差动放大器的差模电压放大倍数 A_{ud}。

$$A_{ud}=\frac{u_{od}}{u_{id}}$$

$$u_{od}=A_{ud}u_{id}$$

一对大小相等、极性相同的信号称为共模信号，分别用 u_{ic1} 和 u_{ic2} 表示，显然 $u_{ic1}=u_{ic2}$；若差动放大器两管输入端加入共模信号时，则称为共模输入。若图 3.6 中，$u_{i1}=3\text{V}$，$u_{i2}=3\text{V}$，则称该放大电路为共模输入，两管共模输入电压分别为 $u_{ic1}=3\text{V}$，$u_{ic2}=3\text{V}$。整个放大电路的共模输入电压用 u_{ic} 表示，我们定义 $u_{ic}=u_{ic1}=u_{ic2}$；上例中 $u_{ic}=u_{ic1}=u_{ic2}=3\text{V}$。

当共模输入电压 u_{ic} 作用时，差动放大器的输出电压就是共模输出电压，用 u_{oc} 表示。共模输出电压 u_{oc} 与共模输入电压 u_{ic} 之比，称为差动放大器的共模电压放大信数 A_{uc}。

$$A_{uc}=\frac{u_{oc}}{u_{ic}}$$

$$u_{oc}=A_{uc}u_{ic}$$

值得一提的是，我们一般用放大器输入端等效漂移电压来衡量零点漂移现象的严重程度，放大器的输入端等效漂移电压等于输出端的漂移电压 ΔU 除以电压放大倍数 A_u。若图 3.6 中，由 V_1 管构成的共射放大电路输出端漂移电压为 ΔU_1，电压放大倍数为 A_{u1}，则它的输入端等效漂移电压为 $\Delta U_1/A_{u1}$。同理，由 V_2 管构成的共射放大电路输入端等效漂移电压为 $\Delta U_2/A_{u2}$。在两个放大电路完全对称的情况下，$\Delta U_1/A_{u1}=\Delta U_2/A_{u2}$，等效于在差放两个输入端输入一对共模信号，因此，漂移电压总是以共模信号的形式存在的。

一般情况下，差动放大器两输入端的输入信号 u_{i1} 和 u_{i2}，既不恰好是一对差模信号，也不恰好是一对共模信号，这时可以认为它们是由差模信号和共模信号合成的，u_{i1} 和 u_{i2} 分别表示为

$$u_{i1}=u_{id1}+u_{ic1} \qquad u_{i2}=u_{id2}+u_{ic2}$$

利用

$$u_{id}=u_{id1}-u_{id2} \qquad u_{id1}=-u_{id2}=\frac{u_{id}}{2} \qquad u_{ic}=u_{ic1}=u_{ic2}$$

可得

$$u_{ic}=\frac{1}{2}(u_{i1}+u_{i2}) \qquad u_{id}=u_{i1}-u_{i2}$$

因此，当两管输入信号为任意值时，电路的共模输入信号为两个输入信号的平均值，电路的差模输入信号为两输入信号之差；电路输出电压为

$$u_o=u_{od}+u_{oc}=A_{uc}u_{ic}+A_{ud}u_{id}$$

（3）共模抑制比。在差动放大器中，有用信号往往是差模形式，而无用信号表现为共模形式，从放大有用信号抑制无用信号的角度出发，总希望差动放大器的差模放大倍数高，而共模

放大倍数低。为此,我们用一个综合指标——共模抑制比,衡量差动放大器性能的好坏。共模抑制比用 CMRR 表示,定义为

$$CMRR = \left| \frac{A_{ud}}{A_{uc}} \right|$$

用分贝数(dB)表示为

$$CMRR = 20\lg \left| \frac{A_{ud}}{A_{uc}} \right| dB$$

显然,共模抑制比越大,输出信号中共模成分越少,电路对共模信号的抑制能力越强。在电路完全对称的条件下,即理想情况下,差动放大器双端输入、双端输出时,CMRR 趋向于无穷大。实际差放的元件参数不可能绝对对称,其 CMRR 只能是一个较大的有限值。

(4)差动放大器的 4 种接法。差动放大器有两个输入端和两个输出端,在信号的输入、输出方式上,可根据不同情况加以选择。

① 双端输入、双端输出,如图 3.6 所示;

② 双端输入、单端输出,如图 3.7 所示;

③ 单端输入、双端输出,如图 3.8 所示;

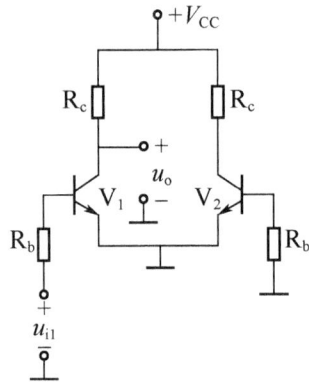

④ 单端输入、单端输出,如图 3.9 所示。

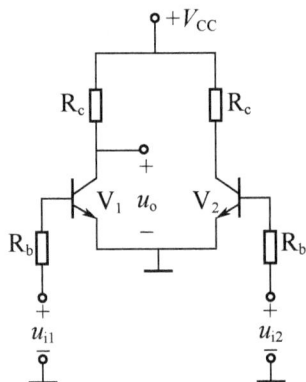

图 3.7 双端输入、单端输出　　图 3.8 单端输入、双端输出　　图 3.9 单端输入、单端输出

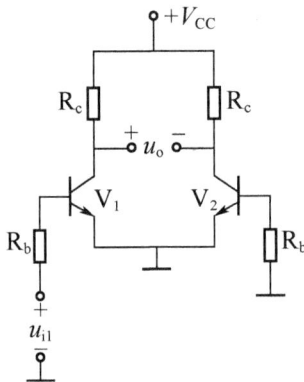

2. 射极耦合差动放大电路

简单差动放大器单端输出时,将失去了抑制零飘能力。为了在单端输出情况下,保持电路抑制零飘的能力,人们对简单差动放大器稍加改进,组成了射极耦合差动放大电路,如图 3.10所示。

为了说明该电路工作原理先来比较下面两个电路。

图 3.11 电路(b)中 V_2 管发射极比电路(a)中 V_1 管多一发射极电阻 R_e。它们的电压放大倍数分别为

$$A_{u1} = -\frac{\beta R_c}{r_{be}}$$

$$A_{u2} = -\frac{\beta R_c}{r_{be} + (1+\beta)R_e}$$

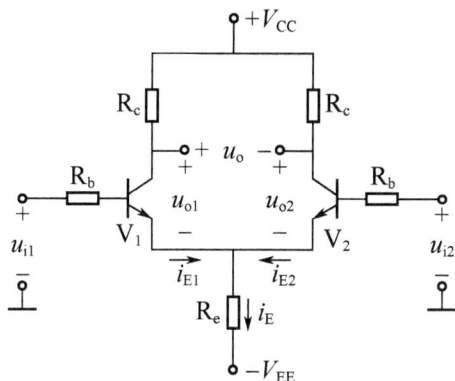

图 3.10 射极耦合差动放大器

由上式可知,射极电阻 R_e 的存在使电路(b)的电压放大倍数降低,电阻 R_e 阻值越大,A_{u2} 越小。造成这种结果的原因是:放大器输出电压的大小不仅取决于三极管的放大能力,还取决于放大器净输入信号(三极管输入信号)的大小。图 3.11(a)电路中,放大器净输入信号 u_{be1} 就是放大器的输入信号 u_{i1},即 $u_{be1}=u_{i1}$。图 3.11(b)电路中,放大器净输入信号 u_{be2} 为放大器输入信号 u_{i2} 与射极电阻 R_e 上信号电压 u_{R_e} 之差,即 $u_{be2}=u_{i2}-u_{R_e}$,射极电阻上的信号压降 u_{R_e} 取决于三极管输出电流 $i_c(i_c \approx i_e)$,所以 $u_{be2}=u_{i2}-u_{R_e}=u_{i2}-i_e R_e=u_{i2}-i_c R_e$。在 u_{i2} 一定的情况下,R_e 越大,u_{be2} 越小。输出电压越小,也就是说,放大器净输入电压 u_{be2} 的大小将受到放大器输出电流 i_c 的影响。像这种输出端对输入端的"反作用",叫做负反馈;其中电阻 R_e 称为负反馈电阻。关于负反馈的知识,将在本章 3.4 节中作详细讨论。

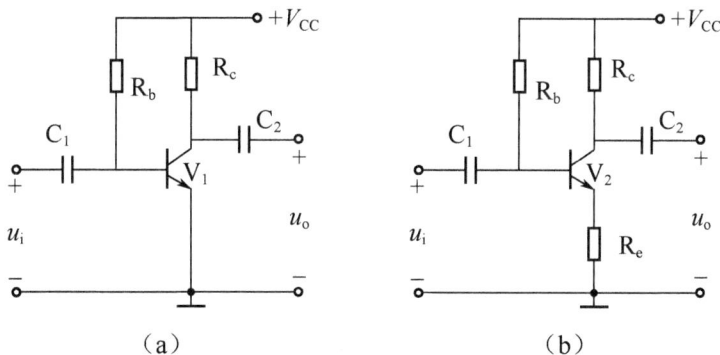

（a） （b）

图 3.11 放大电路比较

图 3.10 射极耦合差动放大器正是利用了射极电阻 R_e 的负反馈作用,改善了差动放大电路性能。

当射极耦合差动放大器差模输入时,$u_{i1}=-u_{i2}$,通过 V_1 管流经 R_e 的信号电流 i_{e1} 与通过 V_2 管流经 R_e 的信号电流 i_{e2},大小相等,极性相反,即 $\Delta i_{e1}=-\Delta i_{e2}$,相互抵消,使 R_e 上的差模信号电压为零($u_{R_e}=i_{e1}R_e+i_{e2}R_e=0$)。此时,$R_e$ 对差模信号而言,相当于短路,电路的差模交流等效电路如图 3.12(a)所示,与简单差动放大电路相同。

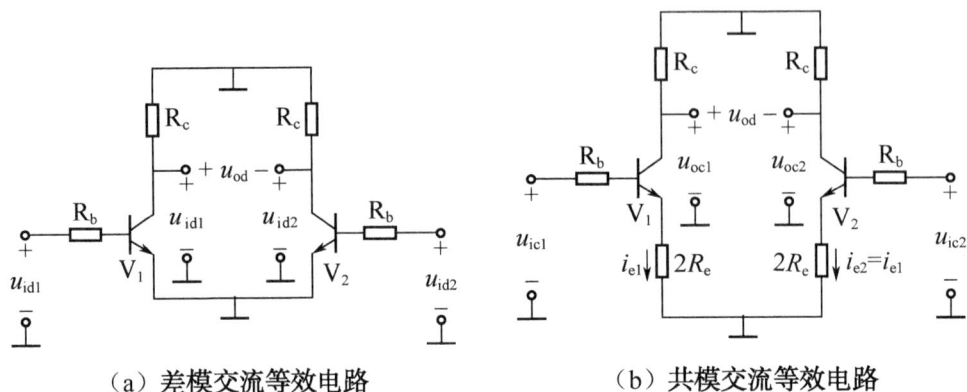

（a）差模交流等效电路　　　　　（b）共模交流等效电路

图 3.12　射极耦合差放交流等效电路

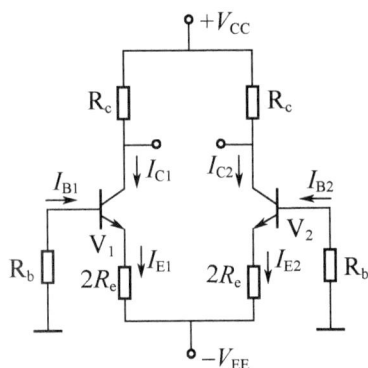

图 3.13　射极耦合差动
放大器直流等效电路

当射极耦合差动放大器共模输入时，$u_{i1}=u_{i2}=u_{ic}$，通过 V_1 管流经 R_e 的信号电流 i_{e1} 与通过 V_2 管流经 R_e 的信号电流 i_{e2}，大小相等，极性相同，即 $\Delta i_{e1}=\Delta i_{e2}$，使 R_e 上共模信号电压加倍（$u_{R_e}=i_{e1}R_e+i_{e2}R_e=2i_{e1}R_e=2i_{e2}R_e$）。此时，$R_e$ 对 V_1 与 V_2 两管的共模信号而言，相当于"加倍"，电路的共模交流等效电路如图 3.12(b)所示。可见这个电路在 R_e 较大时，对共模信号具有较强的负反馈作用，使得单端输出时共模放大倍数很低。因此射极耦合差动放大器能有效地抑制零漂。显然，R_e 越大，该电路抑制零漂的能力越强。

顺便指出，射极耦合差动放大器通常采用双电源供电，据图 3.10 得其直流通路如图 3.13，写出 V_1 管基极回路电压方程，有

$$I_{B1}R_b+U_{BE}+2I_ER_e=V_{EE}$$

由于电路两边完全对称，则有

$$I_{C1}=I_{C2}\approx I_{E1}=\frac{V_{EE}-U_{BE}}{2R_e+\dfrac{R_b}{1+\beta}}$$

一般情况下 R_e 较大，满足 $2(1+\beta)R_e\gg R_b$，则

$$I_{C1}=I_{C2}\approx\frac{V_{EE}-U_{BE}}{2R_e}\approx\frac{V_{EE}}{2R_e}$$

上式表明，在 $2(1+\beta)R_e\gg R_b$ 条件下，R_b 上直流压降可忽略，这时 $U_{B1}=U_{B2}\approx0$，基本上实现了"零输入"；适当选取 V_{cc}，R_c，R_e，V_{EE} 也可以实现单端输出时"零输出"。

3. 带射极恒流源的差动放大器

由上面分析知道，提高单端输出差动放大器的共模抑制比，最有效的方法是增大 R_e 的阻值。但在静态电流 I_{C1} 或 I_{C2} 一定的条件下，过大的 R_e 不仅集成工艺难以实现，而且还会使负电源电压过高，解决这一矛盾的措施是用恒流源代替 R_e，构成具有恒流源的差动放大器。

恒流源的交流电阻很大,而直流压降却不大,用它代替 R_e 可以大大提高差动放大器的共模抑制比。图 3.14(a) 为一恒流源差动放大器,图(b)为其简化电路。

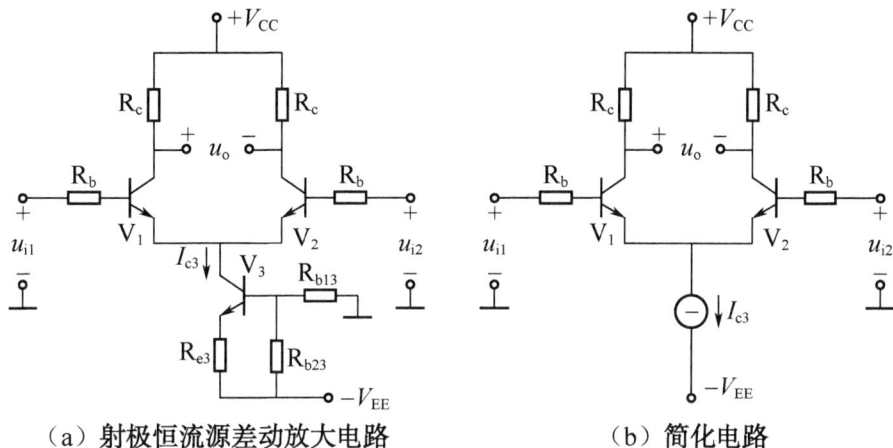

（a）射极恒流源差动放大电路　　　　　　（b）简化电路

图 3.14　带恒流源的差动放大器

其中,V_3 和 R_{b13},R_{b23},R_{e3} 构成射极恒流源,由图 3.14(a)可以得到

$$I_{C3} \approx I_{E3} = \frac{\dfrac{V_{EE}R_{b23}}{R_{b13}+R_{b23}} - U_{BE3}}{R_{e3}}$$

$$I_{C1} = I_{C2} \approx I_{E1} = \frac{1}{2}I_{C3}$$

差动放大器的公共发射极电阻就是恒流源电路的输出电阻 R_o,分析可得

$$R_o = r_{ce3}\left(1 + \frac{\beta R_{e3}}{r_{be3} + R_{e3} + R_{b13}//R_{b23}}\right)$$

R_o 的阻值一般在几兆欧到几十兆欧之间,因此,恒流源差动放大器的共模抑制比可达 60dB 以上,它在集成运算放大器中被广泛采用。

3.3　典型集成电路介绍

集成电路种类繁多,功能各异,其内部结构也大不相同。集成运算放大器是一种性能优良、通用性强的多功能部件,因而我们将其作为集成电路的典型代表,着重研究它的组成及应用。

3.3.1　集成运算放大器的电路组成

集成运算放大器简称集成运放或运算放大器,是一种高放大倍数的多级直接耦合放大器,最初这种器件主要用于模拟计算机中实现数值运算,所以称为运算放大器。

集成运算放大器主要由输入级、中间级、输出级及偏置电路组成,其内部构成框图如图 3.15所示。集成运算放大器的输入级是差动放大电路;中间级由一级到两级有源负载放大器组成,其作用是提供较高的电压放大倍数;输出级一般由互补对称电路或准互补对称电路组成,以提高运算放大器的输出功率和带负载能力;偏置电路由恒流源或恒压源组成,为各级放大器设置合适的静态工作点。此外,在输入级和中间级之间,还附有将差动输入级的双端输出变换成单端输出的变换电路;电平移动电路,可使整个运算放大器实现"零输入零输出";过流保护电路可防止输出端短路或输出电流过大损坏内部管子。

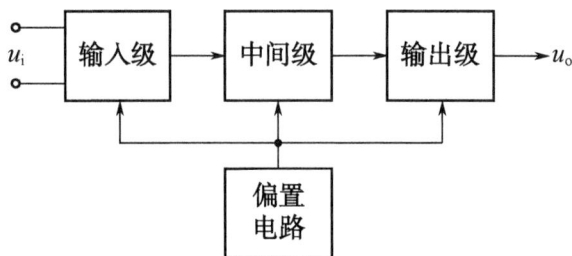

图 3.15　集成运算放大器内部构成框图

3.3.2　集成运算放大器典型电路举例

μA741 型运算放大器是美国仙童公司较为早期的产品。由于它的性能完善,各国竞相生产,是国际上应用最为广泛的品种,国内型号为 F007,图 3.16 为其内部线路图。

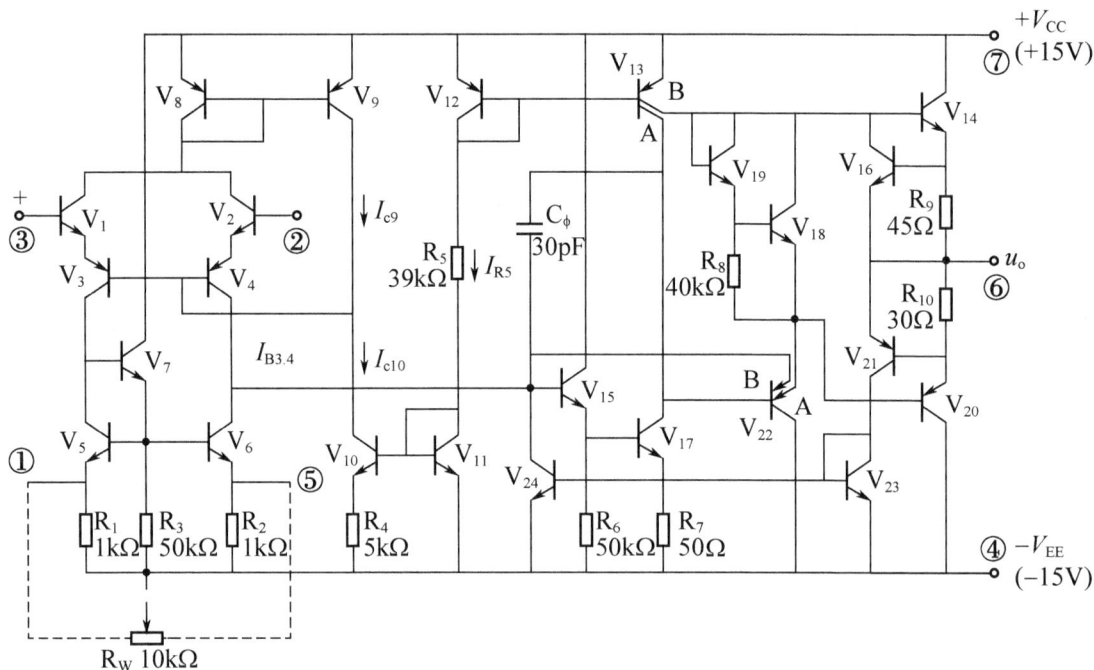

图 3.16　μA741 型运算放大器内部电路

(1)输入级。输入级由 $V_1 \sim V_7$ 组成,其中 $V_1 \sim V_4$ 为共集—共基组态差动放大器,V_5,V_6,V_7 组成的电流源分别作为 V_3 与 V_4 的集电极有源负载,R_1 和 R_2 提高了 V_5,V_6,V_7 构成的电流源的交流输出电阻,从而大大提高了输入级的放大倍数。

（2）中间级。中间级由 V_{15} 与 V_{17} 组成，V_{15} 为射随器，起缓冲隔离作用，V_{17} 是以 V_{13A} 为有源负载的共射放大器，其放大倍数高达 60dB 以上，C_Φ 为频率补偿电容防止电路自激。

（3）输出级。输出级由 V_{14}，V_{16}，$V_{18}\sim V_{19}$ 组成，V_{14} 与 V_{20} 是互补对称输出电路，V_{15}，R_9，V_{21}，R_{10} 是它的过流保护电路；另外，V_{23} 与 V_{24} 构成的镜像电流源在 V_{21} 导通时，也同时导通，从 V_{15} 基极分流，防止 V_{20} 过流烧毁；V_{18}，V_{19}，R_8 组成恒压偏置电路，克服 V_{14} 与 V_{20} 互补电路产生的交越失真。V_{22A} 是以 V_{13B} 为有源负载的射随器，以减小输出级对中间级的影响。V_{22B} 接到 V_{15} 基极相当于一个二极管，防止 V_{16} 得到的正向信号过大时 V_{17} 饱和，从而引起 V_{15} 的电流过大而烧毁。

（4）偏置电路。偏置电路由 $V_8\sim V_{13}$ 组成，V_8 与 V_9 构成的镜像电流源，为 V_1 与 V_2 提供集电极偏置。V_{10}，V_{11}，V_{12} 组成主偏置电路，决定整个电路偏置电流的大小。V_{12} 与 V_{13} 构成的电流源，作为 V_{17} 与 V_{22} 的偏置电源。

整个运算放大器共有 8 个引出端钮。其中 2 端、3 端钮为输入端，当输入信号接 2 端、3 端钮时，为双端输入；当输入信号由 2 端对地输入时，是单端输入，此时输出信号电压与输入信号电压极性相反，称为反相输入，2 端钮称为反相输入端；当输入信号由 3 端钮对地输入时，也是单端输入，此时输出信号电压与输入信号电压极性相同，称同相输入，3 端钮称为同相输入端。1 与 5 两个端钮为调零端，由于差放电路元件参数不可能完全对称，即使不加输入信号，仍然存在双端输出信号，这种现象称为失调，故差动输入级需加有调零电路以补偿失调电压。7 与 4 分别为正、负电源端钮。6 为输出端，8 是接地端（NC）。

μA741 型运算放大器采用圆壳式或双列直插式封装，其引线排列如图 3.17 所示。

集成运算放大器通常用图 3.18 所示的简化符号表示，图中 u_n 表示反相输入端电压，u_p 表示同相输入端电压，u_o 表示输出电压。

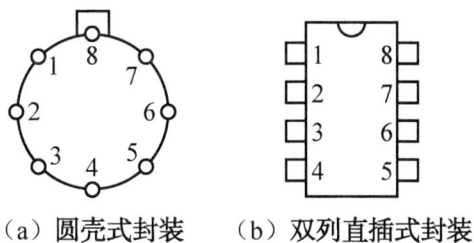

（a）圆壳式封装　（b）双列直插式封装

图 3.17 μA741 型运算放大器封装形式　　图 3.18 集成运算放大器的符号

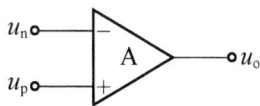

μA741 型运算放大器内部主要由晶体三极管组成，随着 MOS 集成运算放大器的出现，运算放大器还可以与各种数字系统集成在一个单片上。在大规模电子系统中，运算放大器已成为各种电路的基础器件。

3.3.3 集成运算放大器的主要参数

集成运算放大器性能的好坏，可用其参数来衡量。为了合理正确地选择和使用运算放大器，必须明确其参数的意义。下面介绍运算放大器的几种主要参数。

（1）开环差模电压增益 A_{ud}。它指运算放大器在开环状态，以及在标称电源和规定的负载电阻作用(通常为 2kΩ)下,对输入差模信号的放大倍数。它是频率的函数,也是影响运算精度的重要参数,常用分贝数表示。一般运算放大器的 A_{ud} 为 60~120dB,性能较好的运算放大器 $A_{ud}>140dB$。

(2) 共模抑制比 CMRR。共模抑制比是指运算放大器的差模电压增益与共模电压增益之比,并用分贝数表示,即

$$CMRR = 20\lg\left|\frac{A_{ud}}{A_{uc}}\right| dB$$

一般运算放大器的共模抑制比为 80~100dB。

(3) 差模输入电阻 R_{id}。它指开环情况下,输入差模信号时运算放大器的输入电阻,也就是通常所说的输入电阻 R_i。显然,R_{id} 越大越好,一般运算放大器的 R_{id} 为 $10k\Omega \sim 3M\Omega$。

(4) 输出电阻 R_o。它指开环时运算放大器的输出电阻。R_o 越小越好,一般运算放大器的 R_o 为几十到几百欧。

(5) 输入失调电压 U_{IO}。一个理想的集成运算放大器,应做到零输入时零输出(不加调零装置),但实际上运算放大器输入电压为零时输出电压并不为零。在室温(25℃)和标准电源作用电压下,输入电压和输入端外接电阻(包括信号源内阻)为零时,为了使运算放大器的输出电压为零,在输入端所加的补偿电压(不加调零装置),就是输入失调电压 U_{IO}。U_{IO} 实际上就是输出失调电压折合到输入端电压的负值,其大小反映了运算放大器电路的对称程度。U_{IO} 越小越好,一般为 $\pm(0.1 \sim 10)mV$。

(6) 最大差模输入电压 U_{idmax}。它指运算放大器的两个输入端之间所允许加的最大电压值。若差模输入电压超过 U_{idmax},则运算放大器输入级某一侧的三极管将出现发射结反向击穿。若输入级由 NPN 管构成,则其 U_{idmax} 约为 $\pm5V$,若输入级含有横向 PNP 管,则 U_{idmax} 可达 $\pm30V$ 以上。

(7) 转换速率 S_R。它指在闭环状态下,输入为大信号时,集成运算放大器输出电压对时间的最大变化速率,即

$$S_R = \left|\frac{du_o(t)}{dt}\right|_{max}$$

转换速率 S_R 反映运算放大器对高速变化的输入信号的响应情况,它主要与补偿电容、运算放大器内部各管的极间电容、杂散电容和放大器向这些电容提供的充电电流等因素有关。只有当信号变化斜率的绝对值小于 S_R 时,输出电压才能随输入电压作线性变化。S_R 越大,表明运算放大器的高频性能越好。一般运算放大器的 S_R 小于 $1V/\mu s$,高速运算放大器的 S_R 可达 $65V/\mu s$,甚至可达 $500V/\mu s$。

(8) 单位增益带宽 BW 和开环带宽 BW_H。BW 指开环差模电压增益 A_{ud} 下降到 0dB(即 $A_{ud}=1$)时的信号频率,它与三极管的特征频率 f_T 相类似。BW_H 则指 A_{ud} 下降 3dB 时的信号频率。BW_H 的数值一般不高,约几十赫兹至几百千赫兹,低的只有几赫兹。

集成运算放大器的主要参数除了上述指标外,还有输入偏置电流 I_{IB}、静态功耗 P_C、最大输出电压 U_{omax} 等,不再一一赘述了。

3.3.4 集成运算放大器的分类、选用及简单测试

1. 集成运算放大器的分类

集成运算放大器按特性可分为通用型和专用型两大类。通用型运算放大器的放大倍数一般较高,其他参数没有特殊的要求,如前面介绍的 μA741 就属于通用型运算放大器。专用型运算放大器则是指某一项电参数指标较高的运算放大器,按特性参数又可分为高速型、高阻型、高精度型、低功耗型、高压型、大功率型、跨导型、低噪声型等。通用型运算放大器应用范围广,产量大,价格便宜,是首选的对象,但在某些特殊要求场合,则必须选择专用型运算放大器。下面对某些专用型运算放大器作一简单的介绍。

(1)高阻型。在测量电路中往往需要高输入电阻(或低输入电流)的运算放大器,其差模输入电阻高达 $10^{12}\,\Omega$ 以上,这就是高阻型运算放大器,如 CF157(国外的 LF157)、CF3140(国外的 CA3140)等。

(2)高速型。在对信号进行测量或处理时,有时需要放大器的反应速度快,即转换速率高,以保证精度,这时就要采用高速型运算放大器。高速型运算放大器的转换速率在 $30\text{V}/\mu\text{s}$ 以上,甚至可达 $1\,000\text{V}/\mu\text{s}$,如 CF218(国外的 LM218)、CF2520 等。

(3)高精度型。在对微弱信号进行检测时,不但要求放大器的漂移电压很小,而且要求在温度变化时其漂移电压仍然很小,以保证测量的准确性,这时就要采用高精度型运算放大器。高精度型运算放大器的失调电压为毫伏甚至为微伏数量级,失调电流为 $10^{-9}\,\text{A}$ 数量级,失调电压的温度系数为 $10^{-1}\,\mu\text{V}/\text{℃}$ 的数量级,失调电流的温度系数为 $10^{-1}\,\text{nA}/\text{℃}$ 数量级,如 CF725(国外的 μA725)、CF7650(国外的 ICL7650)等。

(4)低功耗型。低功耗型运算放大器能在低电源电压(如 $1\sim2\text{V}$)下工作,其静态功耗很低(如不大于 $300\mu\text{W}$);在电源电压较高时(如 $\pm15\text{V}$),其静态功耗也较低(如小于 6mW)。CF3078(国外的 CA3078)、CF253(国外的 LM253)等就是低功耗型运算放大器。

2. 集成运算放大器的选用

实际选择运算放大器时,性能价格比是考虑的重要因素,因此实际选择运算放大器的原则是:在满足性能要求的条件下,尽量降低成本。通常,首先考虑采用通用型运算放大器,在通用型运算放大器不能满足应用要求时,再选择专用型运算放大器。

根据电路的特点,恰当估计出对运算放大器性能的要求是选择运算放大器的关键。电路的特点主要表现在以下几个方面。

(1)信号源的性质:是电压源还是电流源;源阻抗多大;输入信号幅度及变化范围;输入信号的频率。

(2)负载的性质:负载阻抗多大,是纯阻性还是感性或容性负载;需要运算放大器输出多大的电压和电流;可否避免加助推级。

(3)对精度的要求:对放大器精度的要求,需要恰当,不宜远超出实际需要,过高的精度要求,需要高性能运算放大器才能满足,这将增加成本。

(4)环境条件:最大温度范围是多少;电路工作电压多大;耗能、体积有何限制;此外,温度、机械振动、干扰噪声等因素,在选择运算放大器时也应考虑到。

针对上述应用电路要求,一般来说,高阻抗信号源应用电路、采样—保持电路、失调电压自动调整电路、高性能对数放大器、测量放大器和带通滤波器等应选用高阻型运算放大器;弱信号精密检测、精密模拟计算、自动控制仪表、高精度集成稳压器、高增益交流放大器及测量用可变增益放大器等应选用高精度型运算放大器;对于快速变化的输入信号系统、A/D 和 D/A 转换器、锁相环电路、视频放大器和模拟乘法器等应选用高速型运算放大器;对于对能源有严格限制的袖珍式仪器、野外操作系统和遥感、遥测装置等应选用低功耗型运算放大器。

实际应用中对运算放大器主要参数指标的需求还应进行必要的核算,以便得知所选择运算放大器是否能满足应用电路要求。对于这一点,读者可参阅有关资料,这里就不一一细述了。

3. 集成运算放大器的简单测试

集成运算放大器的主要参数可以用两种方法测试,一种是使用专门的测试仪器测试,例如使用 TOC—2 型集成运算放大器测试仪;另一种是根据各参数的测试原理搭接测试电路进行测试。

在实际工作中,一般只需判断所用集成运算放大器的好坏和性能。因此,更多采用的是用万用表进行简单测试。

方法 1:根据已知集成运算放大器的内部电路原理图,用万用表的电阻挡测试集成运算放大器各引线间的正、反向电阻,将测得的阻值与正常相同型号的集成电路加以比较,由此判断电路的好坏。

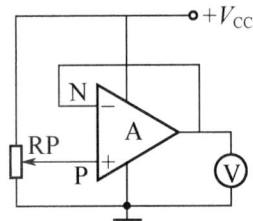

图 3.19 集成运算放大器简单测试

方法 2:按图 3.19 所连接测试电路,将集成运算放大器构成一电压跟随器,RP 的取值为几十千欧。测试时,用万用表测试电压跟随器的输出电压。当 RP 的滑动点向 V_{CC} 或接地端滑动时,输出电压将跟随变动到最大值或最小值。输出电压的最大值和最小值之差为集成运算放大器输出之峰-峰值电压。若采用对称双电源供电的集成运算放大器,在测试时,若输出电压不到所加电压 V_{CC} 的 $1/2$,说明此集成运算放大器已经损坏。

在 V_{CC} 与 U_P 端之间串入直流电流表,其所示电流为集成运算放大器的静态电流。根据 $P_C = I_C V_{CC}$ 可以算出集成运算放大器的静态功耗。根据以上测试的结果,可以判断出被测集成运算放大器的好坏与性能。

3.3.5 集成运算放大器的保护措施

如果运算放大器的电源极性接反、电源电压过高、输入电压过大或输出端短路等都会造成运算放大器的损坏,因此使用运算放大器时需要加保护电路。

1. 电源反接保护

电路如图 3.20 所示,在正、负电源连接线上分别串接二极管 VD_1、VD_2,当电源极性接反时二极管处于反偏状态而截止,把电源与运算放大器电路隔断,起到保护作用。显然,如果电源极性连接正确,二极管处于正向导通状态,对电路基本上没有影响。

2. 输入保护

当运算放大器的输入信号太大时,将会造成运算放大器输入级的损坏,因而运算放大器须加输入保护电路。图 3.21 是两种输入保护电路。

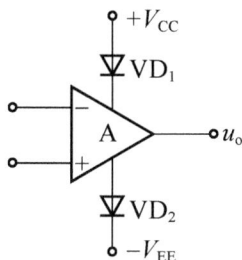

图 3.20 电源反接保护电路   图 3.21 输入保护电路

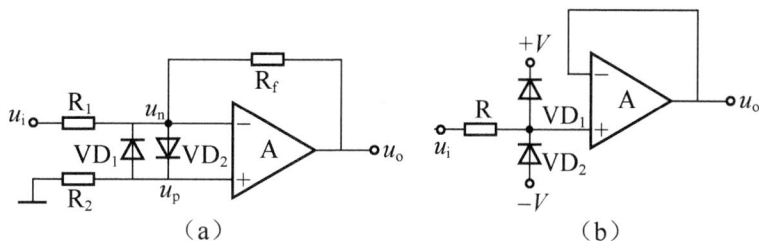

(1) 电路中,R 是限流电阻,VD_1 与 VD_2 两个二极管可将输入差模电压限制在 $\pm 0.7V$ 以内。

(2) 电路也是利用二极管和电阻构成的限幅电路,当电路输入负电压过低时,VD_2 导通,输入端电位被限制为 $-V$;当电路输入正电压过高时,VD_1 导通,输入端电位被限制为 $+V$;因此,运算放大器输入端电压始终不会超出 $-V \sim +V$ 范围,从而达到输入保护的目的。

3. 输出保护

(1) 输出过压保护。运算放大器输出端接到外部过高的电压上,也会造成运算放大器的损坏,这时可在输出端并接两个背靠背的稳压管,将输出端电压限制为稳压管工作电压,如图 3.22(a) 所示。

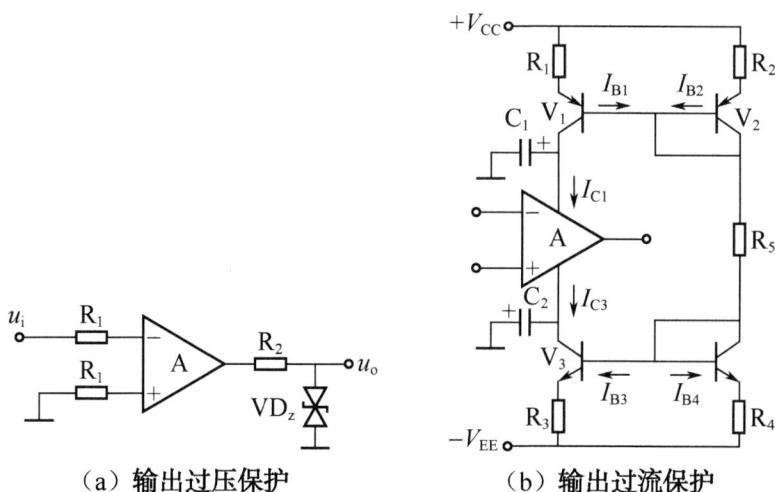

(a) 输出过压保护   (b) 输出过流保护

图 3.22 输出保护电路

(2) 输出端过流保护。如果运算放大器输出端对地短路,则因输出电流太大可能使运算放大器损坏。为此,可采用图 3.22(b)所示的输出过流保护电路。图中,运算放大器的两个接电源端与实际电源之间分别接入了 V_1、V_2、V_3、V_4 组成的电流源电路。可以看出,$I_{B1}=I_{B2}$ 与 $I_{B3}=I_{B4}$ 是恒定不变的,当运算放大器正常工作时,由于 I_{C1} 和 I_{C3} 都不大,使 V_1 和 V_3 处于饱和导通状态,V_1 和 V_3 的饱和压降很小,此时相当于运算放大器直接接在 $+V_{CC}$ 和 $-V_{EE}$ 上。当运算放大器取用电流 I_{C1} 和 I_{C3} 超过额定值时,由于 I_{B1} 和 I_{B3} 保持不变,V_1 和 V_3 将由饱和转入放大状态,V_1 和 V_3 管压降增大,这相当于供给运算放大器的电源电压降低,于是限制了运算放大器的输出电流,保护了集成运算放大器。电路中的电容 C_1 与 C_2 是用来消除电源瞬时脉冲电压的。

3.4 负反馈放大器

在集成运算放大器的各种应用电路中,几乎无一例外地采用了反馈,因此有必要向大家介绍一下反馈的知识。

3.4.1 反馈的基本概念

凡是把放大器输出信号(电压或电流)的一部分或全部,通过一定的电路形式(反馈网络)引回到它的输入端,就构成了反馈。放大电路与反馈网络组成了一个闭环系统,所以有时把引入了反馈的放大电路称为闭环放大器,而未引入反馈的放大电路称为开环放大器。图 3.23 具有发射极电阻的电路就是一个闭环放大器。输入回路的电压关系为 $u_{be}=u_i-i_e R_e$。此式表明,放大器的净输入电压(三极管的输入电压)u_{be} 受到了输出回路电流 i_e 的影响,这种输出电量影响输入电量的方式叫做反馈。

反馈放大器一般用方框图 3.24 表示,图中 A 既代表无反馈网络影响的放大器(习称基本放大器),也代表该放大器的开环放大倍数;F 既代表反馈网络,也代表反馈系数;符号 $\otimes$ 代表信号比较环节;带箭头的实线,表示信号传输方向。

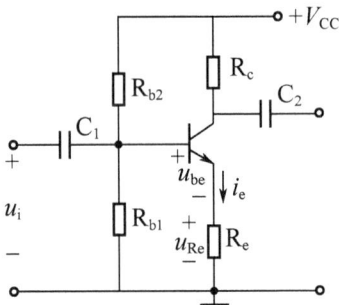

图 3.23 反馈放大器   图 3.24 反馈放大器框图

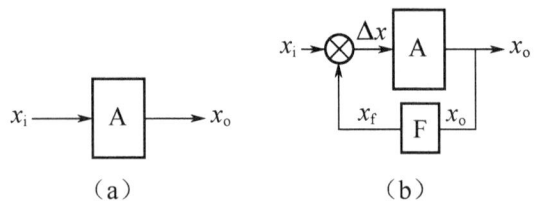

图 3.24(a)表明,输入信号 x_i 经 A 放大后,从放大器输出端输出 x_o。信号从 A 的输入端到输出端的传输,称正向传输,是放大信号(主信号的)的传输方向。图(a)中没有反馈,是无反馈放大器框图。分立元件放大器图 3.11(a)即属此类。

图 3.24(b)表明,从放大器 A 的输出回路取出 x_o 的一部分或全部,经过反馈网络 F 传输

到 A 的输入回路,从而影响净输入 Δx 的传输方式,称反向传输。反馈信号用 x_f 表示。若 x_f 使净输入 Δx 增加,称正反馈;若 x_f 使 Δx 减小,称负反馈。

图 3.24(b)中 x_i,x_o,x_f,Δx 可以是电压,也可以是电流。因此,A 与 F 的含义也是广义的。例如 $\Delta x = \Delta u$,$x_o = u_o$ 时,$A = \dfrac{x_o}{\Delta x} = \dfrac{u_o}{\Delta u} = A_u$,是基本放大器的电压放大倍数;若 $\Delta x = \Delta u$,而 $x_o = i_o$ 时,$A = \dfrac{x_o}{\Delta x} = \dfrac{i_o}{\Delta u} = A_g$,是基本放大器的互导放大倍数等。

反馈的定义,还可以从下述三点来理解。

(1) 反馈网络 F 总是跨接在基本放大器(开环放大器)A 的输出回路与输入回路之间。只有这样,才能将输出回路取出的信号传输到 A 的输入回路。

(2) 反馈信号 x_f 总是从放大器输出回路取得。放大器输出的物理量可以是输出电压,也可以是输出电流,当反馈信号 x_f 的大小取决于放大器的输出电压 u_o 时,即 $x_f = Fu_o$,称放大器为电压反馈,如图 3.25 所示,电压负反馈可以稳定输出电压;当反馈信号 x_f 的大小取决于放大器的输出电流 i_o 时,称放大器为电流反馈,如图 3.26 所示,电流负反馈可以稳定输出电流。

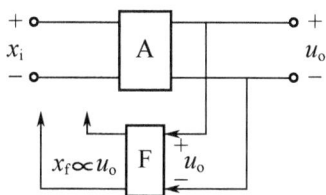

图 3.25　电压反馈　　　　　图 3.26　电流反馈

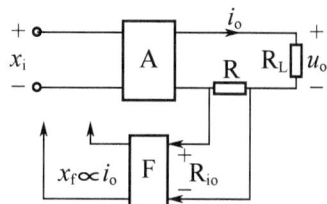

(3) 反馈信号 x_f 总是送往放大器 A 的输入回路与输入信号 x_i 进行比较,以获得净输入信号 Δx,完成调节作用。于是,F 的输出电路与 A 的输入电路必然存在联接方式问题。若 F 的输出电路与 A 的输入电路并联,称放大器为并联反馈,如图 3.27 所示。若 F 的输出电路与 A 的输入电路串联,称放大器为串联反馈,如图 3.28 所示。

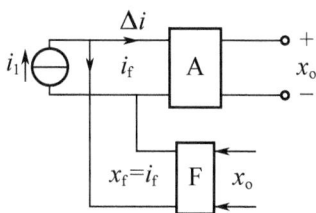

图 3.27　并联反馈　　　　　图 3.28　串联反馈

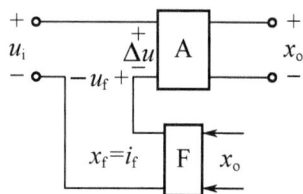

3.4.2　负反馈的类型及判断

1. 负反馈的类型

由前面的分析可知,负反馈放大器的反馈类型,按从输出电路取用信号的方式分为电压反馈和电流反馈;按输入电路联接方式,分为串联反馈和并联反馈。组合起来负反馈有 4 种类型:电压并联负反馈、电压串联负反馈、电流并联负反馈、电流串联负反馈。

2. 反馈判别

反馈判别的内容包括:有、无反馈;交流反馈或是直流反馈;电压反馈或是电流反馈;串联反馈或是并联反馈;正反馈或是负反馈。

根据前面关于反馈概念的分析,可总结出反馈判别的基本方法。

(1) 判断有、无反馈的方法。反馈放大器的特征是存在反馈网络,反馈网络联系着放大器的输出与输入,因此,找到联系放大器输出与输入的元件就是判断反馈存在与否的依据。例如图 3-29 中,电阻 R_b 是联系放大器输出与输入的元件,即反馈元件,所以该电路有反馈。

(2) 判断正、负反馈的方法。判别正反馈还是负反馈,通常采用瞬时极性法。即利用电路中各点交流电位的瞬时极性来判别,具体步骤如下:

① 先假定输入量的瞬时极性;

② 根据放大电路输出量和输入量的相位关系,确定输出量和反馈量的瞬时极性;

③ 根据反馈量和输入量在放大电路输入端的连接情况,确定反馈极性。当电路为并联反馈时,若反馈量与输入量瞬时极性相同,则是正反馈,反之,为负反馈;当电路为串联反馈时,若反馈量与输入量瞬时极性相同,则是负反馈,反之,为正反馈。

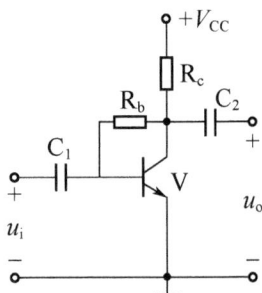

图 3.29 电压并联负反馈放大器

如图 3.29 并联反馈电路中,设输入量 u_i 瞬时极性为+,则输出量 u_o 瞬时极性为−,反馈到输入端的反馈量瞬时极性也为−,即反馈量与输入量瞬时极性相反,该电路引入的是负反馈。如图 3.23 串联反馈电路,设输入量 u_i 瞬时极性为+,则三极管发射极瞬时极性为+,反馈到输入端的反馈量 $u_f(=u_{R_e})$ 的瞬时极性也为+,即反馈量与输入量的瞬时极性相同,该电路引入的是负反馈。

(3) 判断交流和直流反馈的方法。若反馈信号 x_f 仅与直流量有关,则电路为直流反馈;若反馈信号仅与交流量有关,则电路为交流反馈;若反馈信号与交、直流都有关,则是交、直流反馈。例如图 3.29 电路中,交、直流信号都能通过 R_b 反馈到放大器输入端,所以电路是交、直流反馈。

(4) 判断电压和电流反馈的方法。由于电压反馈时,反馈信号 x_f 仅与放大器输出电压有关;电流反馈时,反馈信号 x_f 仅与放大器输出电流有关;因此,可采用短路法判断电压或电流反馈。设放大器输出端短路,若反馈信号 $x_f=0$,则是电压反馈;若反馈信号 $x_f \neq 0$,则是电流反馈。例如图 3.29 电路中,当放大器输出端(三极管集电极)对地短路时,反馈信号 $x_f=0$,因而该电路为电压反馈。

(5) 判断串联和并联反馈的方法。并联反馈时,反馈网络输出端与放大器输入端并联;串联反馈时,反馈网络输出端与放大器输入端串联;由此可得如下结论:如果输入信号和反馈信号分别加到放大器两个不同的输入端(共射放大电路中,三极管的基极和发射极可以看成放大器的两个输入端),则为串联反馈;如果输入信号与反馈信号都加到放大器的同一输入端,则为并联反馈。例如图 3.29 电路中,由反馈电阻 R_b 反馈回来的信号与输入信号 u_i 接在放大器的同一输入端(三极管基极)上,该电路为并联反馈。

【例 3-1】试分析图 3.30 所示电路引入反馈的性质和组态。

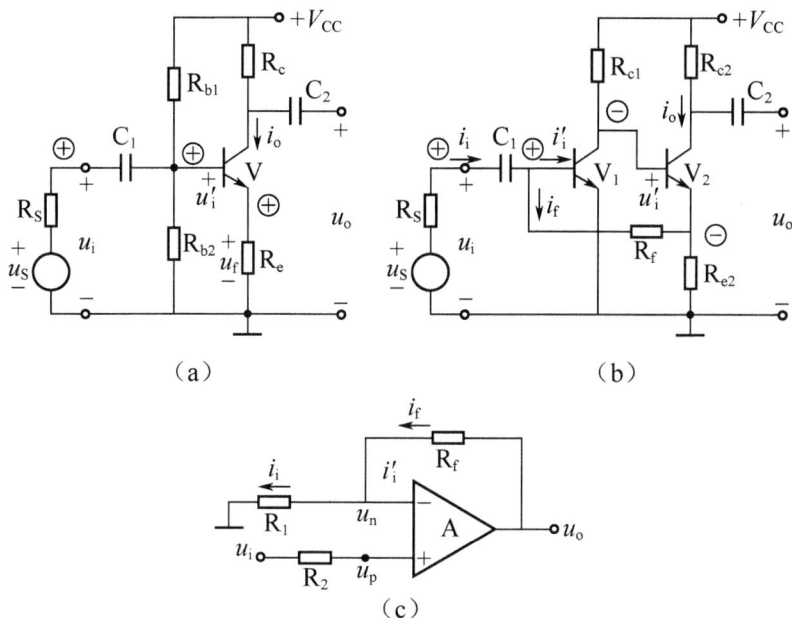

图 3.30　【例 3-1】图

解:(1)电路(a)中,电阻 R_e 既是放大器输入回路的一部分,又是放大器输出回路的一部分,是联系放大器输出与输入的元件,是反馈元件。由于反馈元件 R_e 串接在放大器输入回路中,因而,电路为串联反馈。

设 u_i 的瞬时极性为＋,此时反馈量 u_f(反馈元件 R_e 两端电压)瞬时极性也为＋,即反馈量与输入量瞬时极性相同,又由于电路是串联反馈,故该电路引入的是负反馈。

设放大器输出端(三极管集电极)对地短路,此时 $i_e \neq 0$, $u_f = u_{R_e} \neq 0$ 反馈信号依然存在,电路为电流反馈。

综合起来,该路引入电流串联负反馈。

(2) 电路(b)中,电阻 R_f 跨接在放大器输入与输出电路之间,它是反馈元件。由电路可知,反馈信号与放大器输入信号接在同一输入端(V_1 管基极)上,该电路为并联反馈。

设 u_i 瞬时极性为＋,V_1 管为共射接法,那么 V_1 管集电极(V_2 管基极)瞬时极性为－,V_2 管也是共射接法,则 V_2 管发射极极性为－,由反馈电阻 R_f 反馈到放大器输入端的反馈量瞬时极性就为－,与输入量相反,又由于电路为并联反馈,所以该电路引入的是负反馈。

设放大电路输出端 V_2 管集电极对地短路,此时放大器输出电流 i_c 仍可在反馈电阻 R_f 上形成反馈信号,所以,该电路是电流反馈。

综合起来,该电路为电流并联负反馈。

(3) 电路(c)中,电阻 R_f 跨接在运算放大器的输入与输出电路之间,它是反馈元件。由电路可知,反馈信号与输入信号接在运算放大器的不同输入端(运算放大器的反相输入端)上,该电路为串联反馈。

设输入电压 u_i 瞬时极性为＋，即运算放大器同相输入端极性为＋，则其输出端的输出量瞬时极性为＋，通过反馈电阻 R_f 反馈到输入端的反馈量极性也为＋，与输入量 u_i 极性相同，又因电路是串联反馈，所以该电路引入的是负反馈。

设运算放大器输出端对地短路，此时电路输出电压为零，输出电流不会流过反馈电阻 R_f，也就不会形成反馈信号，所以该电路为电压反馈。

综合起来，该电路为电压串联负反馈。

3.4.3 负反馈对放大器性能的影响

负反馈对放大器性能的影响，主要表现在以下几个方面。

（1）使放大倍数下降。若 A_f 为引入负反馈后的闭环放大倍数，A 为开环放大倍数，F 为反馈系数，可以得到

$$A_f = \frac{A}{1+AF} \tag{3-1}$$

可见，$A_f < A$。上式中，$(1+AF)$ 称为反馈深度，当 $(1+AF) \gg 1$ 时，$A_f \approx \frac{1}{F}$，称放大器为深度负反馈。

（2）提高了放大倍数的稳定性。

（3）改善非线性失真。

（4）负反馈可以展宽频带。理论证明，放大器的"增益带宽积等于常数"。设放大器的开环放大倍数为 A，闭环放大倍数为 A_f，开环带宽为 BW，闭环带宽为 BW_{Hf}，则

$$A_f \cdot BW_{Hf} = A \cdot BW$$

所以 $$BW_{Hf} = \frac{A}{A_f} \cdot BW = \frac{A}{\dfrac{A}{1+AF}} \cdot BW = (1+AF)BW \tag{3-2}$$

可见，负反馈使放大器带宽展宽 $(1+AF)$ 倍。

（5）负反馈可以改变输入、输出电阻：

① 串联负反馈使输入电阻增大。在串联负反馈中，由于在放大器的输入端反馈网络和基本放大器是串联的，输入电阻的增加是不难理解的。通过分析可得，串联反馈放大器的输入电阻

$$R_{if} = (1+AF)R_i \tag{3-3}$$

式中，R_i 为基本放大器的输入电阻。因此，串联负反馈放大器与基本放大器相比，输入电阻增大为原来的 $(1+AF)$ 倍。

② 并联负反馈使输入电阻减小。在并联负反馈中，由于在放大器的输入端反馈网络和基本放大器是并联的，因此造成输入电阻的减小。通过分析可得，并联反馈放大器的输入电阻

$$R_{if} = \frac{1}{1+AF}R_i \tag{3-4}$$

式中，R_i 为基本放大器的输入电阻。因此，并联负反馈放大器与基本放大器相比，输入电阻减小为原来的 $1/(1+AF)$ 倍。

③ 电压负反馈使输出电阻减小。电压负反馈具有稳定输出电压的作用,即当负载变化时,输出电压的变化很小,这意味着电压负反馈放大器的输出电阻减小了。若基本放大器的输出电阻为 R_o,可以证明,电压负反馈放大器的输出电阻

$$R_{of} = \frac{R_o}{1 + A_s F} \tag{3-5}$$

式中,A_s 为基本放大器在输出端开路情况下的源增益。

④ 电流负反馈使输出电阻增大。电流负反馈具有稳定输出电流的作用,即当负载变化时,输出电流的变化很小,这意味着电流负反馈放大器的输出电阻增大了。若基本放大器的输出电阻为 R_o,可以证明,电流负反馈放大器的输出电阻

$$R_{of} = (1 + A_s F) R_o \tag{3-6}$$

式中,A_s 为基本放大器在输出端短路情况下的源增益。

3.5 运算放大器基本应用电路分析

集成运算放大器作为通用性的器件,它的应用十分广泛,如模拟信号的产生、放大、滤波等。就其工作状态而言,运算放大器有线性放大状态和非线性状态两种。本节主要介绍集成运算放大器在线性状态下的基本应用电路。

3.5.1 运算放大器的 3 种基本输入方式

为了简化分析,人们往往将集成运算放大器理想化。理想化的集成运算放大器具有以下主要特性:

(1)差模电压放大倍数 $A_{ud} \to \infty$;

(2)差模输入电阻 $R_{id} \to \infty$;

(3)输出电阻 $R_o = 0$;

(4)共模抑制比 CMRR$\to \infty$;

(5)开环带宽 BW$\to \infty$;

(6)输入失调电压、输入失调电流以及温漂均为零。

图 3.31 为集成运算放大器的电流、电压示意图。当集成运算放大器工作在线性放大状态时,其输出电压和输入差动电压 $u_p - u_n$ 的关系为

$$u_o = A_{ud}(u_p - u_n)$$

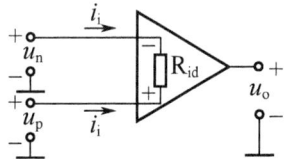

图 3.31 集成运算放大器的电流、电压示意图

若在理想情况下,输出电压 u_o 必定为有限值,由于 $A_{ud} \to \infty$,则差动输入电压 $u_p - u_n = 0$ 或 $u_p = u_n$;理想集成运算放大器的差模输入电阻 $R_{id} \to \infty$,所以它从信号源索取的电流为零,即 $i_i = 0$;因此,工作在线性放大状态的理想运算放大器具有两个重要的特点:

(1)同相输入端和反相输入端的电压相同,即

$$u_p = u_n$$

或两输入端之间的电压(就是差模输入电压 $u_{id}=u_p-u_n$)为零。由于两输入端不是真正的短路,故称为"虚短"。

(2)两输入端不取用电流,即

$$i_i=0$$

上式表明两输入端相当于断开,但由于它们并不是真正的断开,故称为"虚断"。

运算放大器工作在线性放大状态时,它的输入方式有反相输入、同相输入和差动输入 3种,于是就有 3 种基本电路,下面分别介绍。

1. 反相输入放大器

信号从运算放大器的反相输入端加入的放大器,就是反相输入放大器,如图 3.32(a)所示。图中同相输入端接地,R_f 为反馈电阻,R_1 为输入端电阻。R_1 与信号源相串联,其作用相当于信号源内阻 R_S。不难判断这是电压并联负反馈电路。

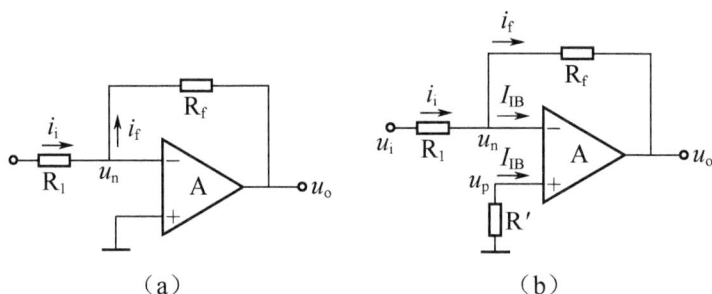

图 3.32 反相输入放大器

根据 $u_n=u_p=0$,这里反相输入端没有接地,但它对地端电压为零,因此把反相输入时的反相输入端称为"虚地"。"虚地"现象是工作在线性范围的反相输入放大器在闭环工作时的重要特征,虚地是虚短的一个特殊情况。由图 3.32 可得

$$i_1=\frac{u_i-u_n}{R_1}=\frac{u_i}{R_1}$$

$$i_f=\frac{u_n-u_o}{R_f}=-\frac{u_o}{R_f}$$

根据虚断的概念($i_i=0$),有

$$i_1=i_f$$

于是,可得到反相输入放大器的输出电压与输入电压之间的关系

$$u_o=-\frac{R_f}{R_1}u_i$$

放大器的电压增益(即闭环电压增益)

$$A_{uf}=\frac{u_o}{u_i}=-\frac{R_f}{R_1}$$

式中,负号表示输出与输入反相。

值得一提的是,实际的反相输入放大器往往在同相输入端接有电阻 R',如图 3.32(b)所示。其目的是为克服运算放大器在输入端不对称情况下,输入偏置电流 I_{IB} 对电路的不利影

响,电路要求

$$R' = R_1 /\!/ R_f$$

上式中,$R_1 /\!/ R_f = R_n$ 为从运算放大器反相输入端和地两点向外看的等效电阻,$R' = R_p$ 为从运算放大器同相输入端和地两点向外看的等效电阻,它们分别简称反相输入端和同相输入端的外接电阻。由此可以看出,运算放大器正常工作情况下,要求

$$R_n = R_p$$

2. 同相输入放大器

输入信号从同相输入端加入的放大器,称为同相输入放大器,如图 3.33 所示。图中输出电压 u_o 通过 R_f 接到运算放大器的反相输入端,构成电压串联反馈,且 $R' = R_1 /\!/ R_f$。

因为 $\qquad\qquad i_i = 0$

所以 $\qquad\qquad u_p = u_i = u_n$

$$i_1 = i_f$$

即 $\qquad\qquad \dfrac{u_o - u_n}{R_f} = \dfrac{u_n - 0}{R_1}$

整理得 $\qquad\qquad u_o = \left(1 + \dfrac{R_f}{R_1}\right) u_i$

放大器的电压增益

图 3.33 同相输入放大器

$$A_u = \dfrac{u_o}{u_i} = 1 + \dfrac{R_f}{R_1} \qquad\qquad (3\text{-}7)$$

A_u 为正值,表明该放大器为同相放大器。

若图 3.33 电路中 R_1 开路,由式(3-7)知,该电路的 $A_u = 1$ 或 $u_o = u_i$,即输出电压与输入电压大小相等、相位相同,称为电压跟随器。运算放大器构成的电压跟随器与射极跟随器、源极跟随器一样,都具有电压跟随的作用,但跟随的效果更好(即 u_o 更接近于 u_i)。这是因为电压跟随器具有极高的输入电阻和极低的输出电阻,因此它不但可以把信号源和负载隔离开,而且能把输入信号几乎全部传给负载。

3. 差动输入放大器

前面介绍的反相输入或同相输入放大器,都是单端输入放大器,差动输入放大器属于双端输入放大器,其电路如图 3.34 所示。

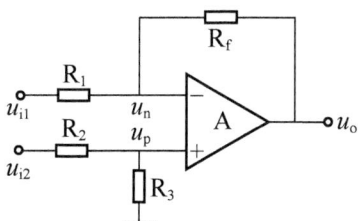

图 3.34 差动输入放大器

根据理想运算放大器的虚短和虚断概念,可以得到

$$\dfrac{u_{i1} - u_n}{R_1} = \dfrac{u_n - u_o}{R_f}$$

$$u_p = \dfrac{R_3}{R_2 + R_3} u_{i2}$$

$$u_n = u_p$$

联立求解得

$$u_o = -\dfrac{R_f}{R_1} u_{i1} + \dfrac{R_1 + R_f}{R_1} \cdot \dfrac{R_3}{R_2 + R_3} u_{i2}$$

又 $R_n=R_1/\!/R_f,R_p=R_2/\!/R_3,R_n=R_p$，所以 $R_1/\!/R_f=R_2/\!/R_3$，代入上式，得

$$u_o=-\frac{R_f}{R_1}u_{i1}+\frac{R_f}{R_2}u_{i2}$$

若电路同时满足 $R_1=R_2,R_3=R_f$，上式可进一步化为

$$u_o=\frac{R_f}{R_1}(u_{i2}-u_{i1}) \tag{3-8}$$

即此时 u_o 与输入电压差值 $(u_{i2}-u_{i1})$ 成正比。

3.5.2 信号运算电路

集成运算放大器构成的基本运算电路包括加法运算电路、减法运算电路、积分电路和微分电路等等，下面分别予以介绍。

1. 加法运算电路

电路如图 3.35 所示，这是反相输入的放大器，由虚地和虚短的概念可得

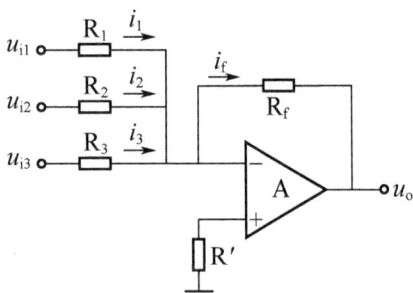

图 3.35 加法运算电路

$$i_1=\frac{u_{i1}}{R_1} \qquad i_2=\frac{u_{i2}}{R_2} \qquad i_3=\frac{u_{i3}}{R_3}$$

$$i_f=i_1+i_2+i_3$$

又因为反相输入端为虚地，故有

$$u_o=-i_fR_f=-R_f\left(\frac{u_{i1}}{R_1}+\frac{u_{i2}}{R_2}+\frac{u_{i3}}{R_3}\right)$$

上式为反相求和运算的表达式。图中 $R'=R_1/\!/R_2/\!/R_3/\!/R_f$。当 $R_1=R_2=R_3=R_f$（相应的 $R'=R/4$）时，有

$$u_o=-(u_{i1}+u_{i2}+u_{i3})$$

于是实现了反相的加法运算，上式中的负号是因为反相输入所引起的。如果在图 3.35 的输出端再接一级反相器，可以消去负号，从而实现常规的加法运算。

2. 减法运算电路

减法运算电路有两种，分别介绍如下。

（1）单运算放大器减法运算电路。单运算放大器减法运算电路就是图 3.34 所示的差动输入放大器，当 $R_1=R_2=R_3=R_f$ 时，由式(3-8)可得

$$u_o=u_{i2}-u_{i1}$$

于是实现了减法运算。

（2）双运算放大器减法运算电路。双运算放大器减法运算电路如图 3.36 所示，其中第 1 级为反相器电路，第 2 级为反相加法运算电路。

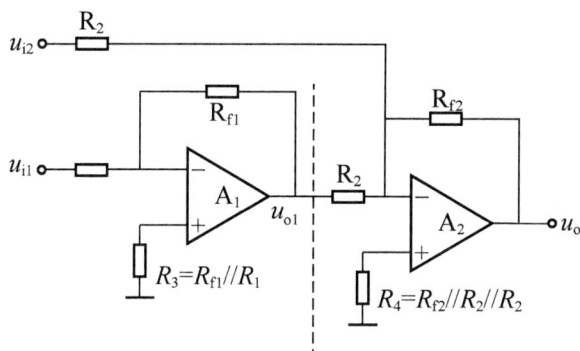

图 3.36 双运算放大器减法运算电路

第 1 级的输出电压 u_{o1} 为

$$u_{o1} = -\frac{R_{f1}}{R_1} u_{i1}$$

u_{o1} 和 u_{i2} 作为第 2 级的输入电压,故第 2 级的输出电压 u_o 为

$$u_o = -\frac{R_{f2}}{R_2}(u_{o1} + u_{i2}) = \frac{R_{f2}}{R_2}\left(\frac{R_{f1}}{R_1} u_{i1} - u_{i2}\right)$$

若 $R_{f1} = R_1, R_{f2} = R_2$,则

$$u_o = u_{i1} - u_{i2}$$

于是实现了减法运算。

3. 积分电路

积分电路如图 3.37 所示。由虚地和虚短的概念可得,$i_1 = i_F = u_i/R$,此时反馈电流 i_F 就是流过电容器的电流 i_C,则

$$u_o = -u_C = -\frac{1}{C}\int i_C \mathrm{d}t = -\frac{1}{RC}\int u_i \mathrm{d}t$$

从而实现了输入电压与输出电压之间的积分运算

4. 微分电路

微分运算电路如图 3.38 所示,由虚地和虚短的概念可得 $i_F = i_1 = i_c$,$i_c = C\dfrac{\mathrm{d}u_i}{\mathrm{d}t}$,则

$$u_o = -i_F R = -i_c R = -RC\frac{\mathrm{d}u_i}{\mathrm{d}t}$$

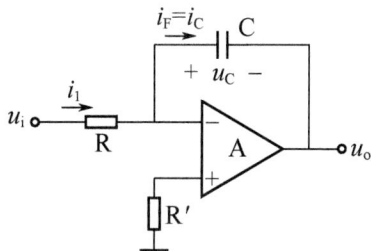

图 3.37 积分电路

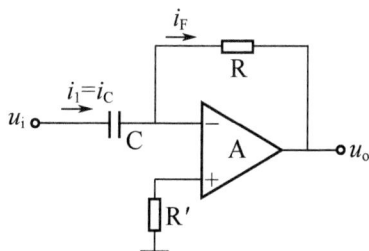

图 3.38 微分电路

于是实现了微分运算。

3.6 集成芯片的封装及识别

3.6.1 集成芯片的封装

目前广泛应用的集成电路,其常见的封装形式有 4 种,如图 3.39 所示,分别为(a)金属圆壳封装、(b)双列直插封装、(c)单列直插封装、(d)扁平封装。

3.6.2 集成电路的识别

在设计和维修电子仪器设备时,常会遇到集成电路的识别问题。集成电路识别主要是了解该电路的功能、参数指标和外引线排列等。

1. 集成电路的外引线排列

集成电路的外引线排列是有一定规律的,以塑料扁平封装为例,将结构标记(键、凹口、标记等)置于俯视图左侧,由左下角起按逆时针方向,依次为 1,2,3,4,…。其他封装形式的外引线排列如图 3.39 所示。

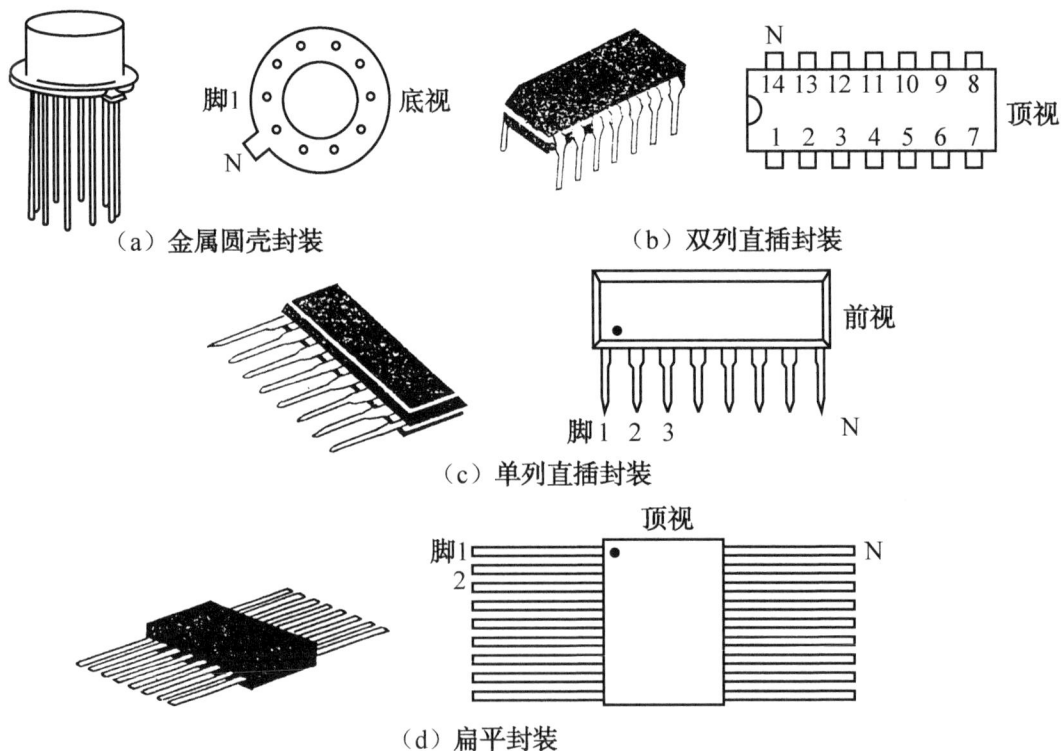

（a）金属圆壳封装　　　　　　（b）双列直插封装

（c）单列直插封装

（d）扁平封装

图 3.39　集成电路的封装形式

在集成芯片使用说明书及集成电路手册中,集成芯片各引线往往用特定的符号来表示,表 3-1介绍了部分国家标准(GB3431,2—86)规定的集成电路引出端功能符号,以供参考。

表 3-1　常用集成电路引出端功能符号

引出端名称	符　号	引出端名称	符　号
电源(集电极、正电源)	V_{CC}	数据输入	A,B,C,…
电源(发射极、负电源)	V_{EE}	输出	Y
电源(源极)	V_{SS}	同相输入	IN+
电源(漏极)	V_{DD}	反相输入	IN−
正电源	$V+$	偏置	BI
负电源	$V-$	补偿	COMP
基准电源、基准电压	V_{REF}	选通(运算放大器)	ST
公共	COM	失调调整	OA
接地	GND	输出	OUT

2. 集成电路型号的命名

通过集成电路的型号可以了解集成电路的一些基本特性,因为集成电路型号通常包括了生产厂家代号、产品所属系列、产品序号、性能等级、工作温度和封装形式等基本内容。因此,了解有关集成电路型号命名的知识是非常必要的。

关于集成电路型号的命名,目前,国际上尚无统一标准,各制造商都有自己的一套命名方法,即便是同一厂商对不同系列产品也有不同的命名方法。这里我们只介绍我国集成电路的型号命名标准,对于国外各公司产品的命名,读者可参阅有关文献。

我国集成电路的命名和生产先后执行过两套标准,一套是中华人民共和国原第四机械工业部部颁标准,另一套是中华人民共和国国家标准。下面介绍国家标准中关于半导体集成电路产品型号命名的方法。

(1) 型号的组成。器件的型号由 5 部分组成,其 5 个组成部分的符号及意义如表 3-2 所示。

表 3-2　器件型号的符号及意义

第 0 部分	第 1 部分	第 2 部分	第 3 部分	第 4 部分
用字母表示器件符合国家标准	用字母表示器件的类型	用阿拉伯数字表示器件的系列和品种代号	用字母表示器件的工作温度范围	用字母表示器件的封装形式

第0部分		第1部分		第2部分	第3部分		第4部分	
符号	意义	符号	意义		符号	意义	符号	意义
C	中国制造	T	TTL		C	0℃～70℃	W	陶瓷扁平
		H	HTL		E	−40℃～85℃	B	塑料扁平
		E	ECL		R	−55℃～85℃	F	全密封扁平
		C	CMOS		M	−55℃～125℃	D	陶瓷直插
		F	线性放大器		⋮	⋮	P	塑料直插
		D	音响、电视电路				J	黑塑料直插
		W	稳压器				K	金属菱型
		J	接口电路				T	金属圆型
		B	非线性电路					⋮
		M	存储器					
		μ	微型机电路					
		⋮	⋮					

(2) 示例。

a. 通用型运算放大器:

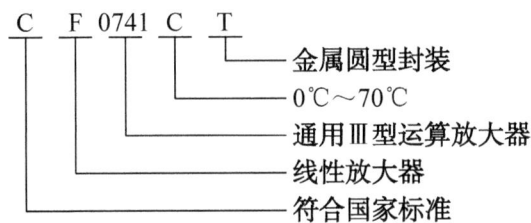

$$\underset{}{C}\ \underset{}{F}\ \underset{}{0741}\ \underset{}{C}\ \underset{}{T}$$

- 金属圆型封装
- 0℃～70℃
- 通用Ⅲ型运算放大器
- 线性放大器
- 符合国家标准

b. 肖特基 TTL 双 4 输入与非门:

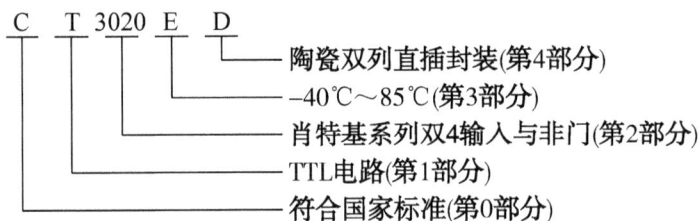

$$\underset{}{C}\ \underset{}{T}\ \underset{}{3020}\ \underset{}{E}\ \underset{}{D}$$

- 陶瓷双列直插封装(第4部分)
- −40℃～85℃(第3部分)
- 肖特基系列双4输入与非门(第2部分)
- TTL电路(第1部分)
- 符合国家标准(第0部分)

c. CMOS 8 选 1 数据选择器(3S):

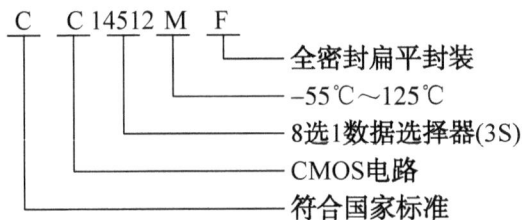

$$\underset{}{C}\ \underset{}{C}\ \underset{}{14512}\ \underset{}{M}\ \underset{}{F}$$

- 全密封扁平封装
- −55℃～125℃
- 8选1数据选择器(3S)
- CMOS电路
- 符合国家标准

在实用中,若要更全面的了解集成芯片的应用特性,应查阅有关的集成电路手册。查阅的途径主要有两条,一是查数据手册,它汇集了国内外各公司生产的 IC 产品,内容有该产品的主要技术指标、电原理图、外形尺寸和引线排列图等,数据手册一般按不同产品系列进行分类编册,如按线性、数字、微机、存储器等分为很多分册。二是查生产该电路的公司的产品手册。数据手册只提供产品的基本数据,如需详细了解产品的性能和应用,则需要查阅有关公司的产品手册。

本章小结

(1) 使用半导体平面工艺或薄膜、厚膜工艺将各种元器件集成在同一硅片上组成的电路就是集成电路。集成电路具有体积小、成本低、可靠性高等优点,是现代电子系统中最常用的器件之一。

(2) 电流源和差动放大电路是集成电路中常见两种单元电路。电流源具有直流电阻小、交流电阻大等特点,因此,它既可为集成电路中的各级放大电路提供静态电流,还可以作为放大电路的有源负载,改善放大电路的性能。差动放大电路可用来放大直流信号。射极耦合差动放大器和带恒流源的差动放大器是两种性能指标较高的差动放大器。

(3) 放大电路中普遍采用负反馈。按反馈的极性,反馈分为正反馈和负反馈。负反馈有电压串联负反馈、电流串联负反馈、电压并联负反馈、电流并联负反馈 4 种类型。负反馈虽然降低了放大器的增益,但提高了放大器的增益稳定性,展宽了通频带,减小了非线性失真,改变了放大器的输入、输出电阻。

(4) 集成运算放大器是一种高放大倍数的直接耦合放大器,它具有输入电阻大、输出电阻小、共模抑制比大和失调小等优点。其内部由输入级、中间级、输出级及偏置电路等部分组成。集成运算放大器可用于模拟信号的产生、放大、滤波等,本章主要介绍了它在线性状态下的 4 种应用,即加、减、积分、微分等运算电路。

习题 3

3.1　何谓反馈? 如何判别正反馈和负反馈? 如何判别串联反馈和并联反馈? 如何判别电压反馈和电流反馈?

3.2　负反馈将使放大倍数下降,为什么还要采用负反馈?

3.3　要使输出电压稳定,输入电阻增大,应采取哪种类型的负反馈电路?

3.4　为什么直流放大电路只能采用直接耦合电路? 直流放大电路能放大交流信号吗?

3.5　何谓零点漂移? 为什么在直流放大电路中它会产生较严重的危害?

3.6　为什么在直接耦合放大电路中不能利用负反馈来减小零点漂移?

3.7　为什么差动放大电路的零漂比单管放大电路小;而接有 R_e 的差动放大电路的零漂又比未接 R_e 的差动放大电路小?

3.8　什么是共模信号和差模信号,差动放大电路能放大哪种信号,抑制哪种信号?

3.9　何谓集成运算放大器? 它有哪些特点?

3.10　国产集成运算放大器引出端的排列有何规律? 何谓集成运算放大器的同相输入端、反相输入端？

3.11 在什么条件下,反相输入放大器为一个反相器？在什么条件下,同相输入放大器为一个电压跟随器？

3.12 串联负反馈使输入电阻_____,并联负反馈使输入电阻_____;电压负反馈使输出电阻_____,它可以稳定_____,电流负反馈使输出电阻_____,它可以稳定_____。

3.13 负反馈使放大倍数_____,但可以使放大倍数的稳定性_____,使非线性失真_____,使通频带_____。

3.14 试判断图 3.40 各电路有无反馈,反馈类型是什么？

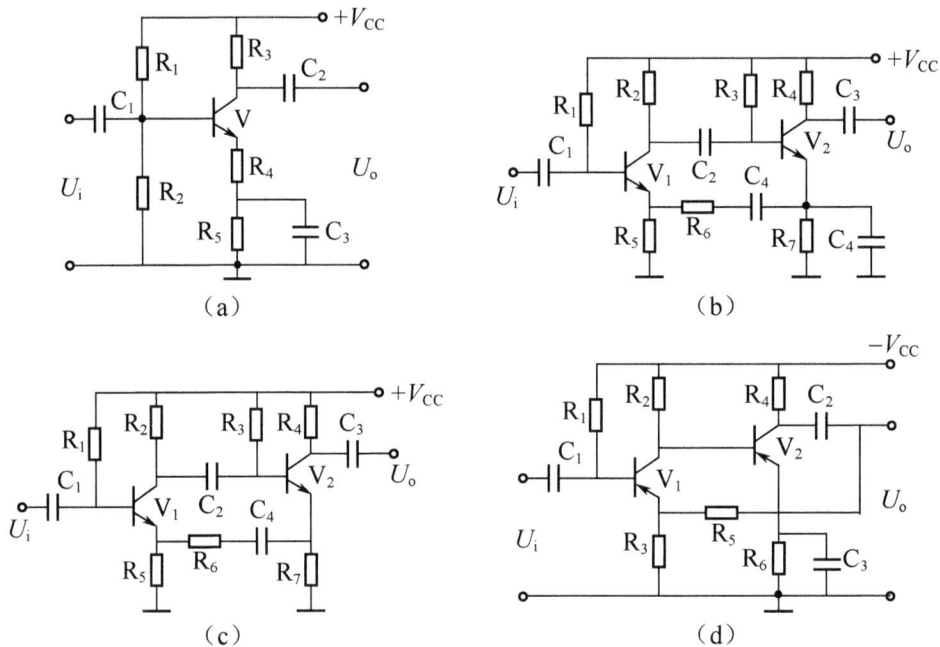

图 3.40 题 3.14 图

3.15 图 3.41 中,$U_i = 0.2V$,求 U_o,并说明是什么电路？

3.16 图 3.42 中,$U_i = 0.1V$,求 U_o 与 A_{uf},并说明是什么电路？

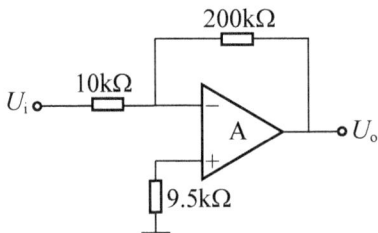

图 3.41 题 3.15 图

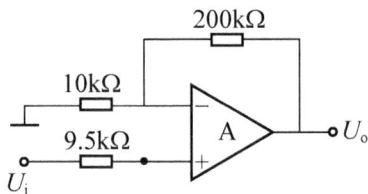

图 3.42 题 3.16 图

3.17 图 3.43 中,$U_{i1} = 0.3V$,$U_{i2} = -0.1V$,求 U_o。

3.18 图 3.44 中,A_1 与 A_2 各是什么电路？ $U_{i1} = 0.1V$,$U_{i2} = 0.2V$,求 U_{o1} 与 U_o。

3.19 图 3.45 中,A_1 与 A_2 各是什么电路？ 求 U_{o1} 与 U_o。

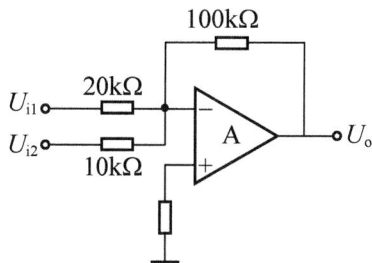

图 3.43　题 3.17 图

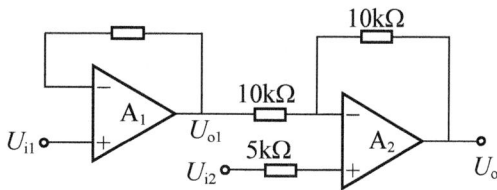

图 3.44　题 3.18 图

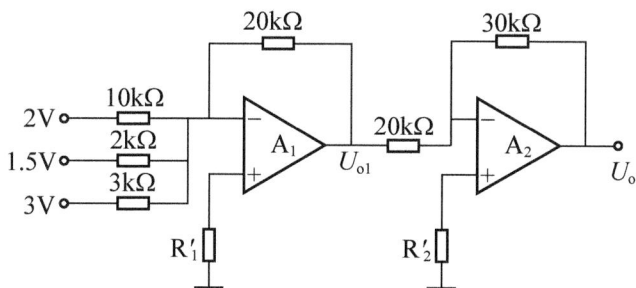

图 3.45　题 3.19 图

实验 5　差动放大器性能测试

1. 实验目的

（1）掌握差动放大器的零点调整和工作点测试方法。

（2）掌握差动放大器的差模电压放大倍数和共模抑制比的测量方法。

（3）了解射极耦合差动放大器与恒流源差动放大器的主要性能差异。

2. 实验原理

（1）实验电路。实验电路如图 3.46 所示，当开关 S 接 1 时，电路为射极耦合差动放大器；当开关 S 接 2 时，电路为带射极恒流源的差动放大器。

元件参考值：$R_c = 12\text{k}\Omega$，$R_{e1} = 12\text{k}\Omega$，$R_1 = R_2 = 510\Omega$，$R_{b13} = 47\text{k}\Omega$，$R_{b23} = 15\text{k}\Omega$，$R_{e3} = 5.6\text{k}\Omega$，$R_w = 1\text{k}\Omega$；$V_1$ 与 V_2 型号为 5G921 或 S3DG6。

（2）差动放大器双端输入，双端输出时，其差模电压放大倍数为

$$A_{ud} = \frac{u_{od}}{u_{id}}$$

若 u_i 与 u_o 为正弦信号，则

$$A_{ud} = \frac{U_{od}}{U_{id}}$$

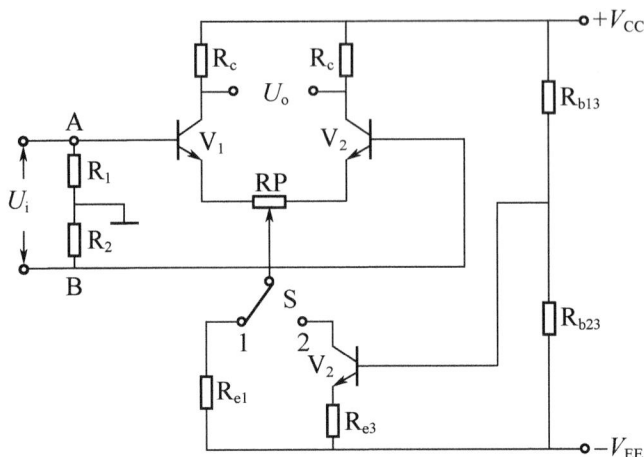

图 3.46 射极耦合差动放大器

共模放大倍数

$$A_{uc} = \frac{U_{oc}}{U_{ic}}$$

共模抑制比

$$CMRR = 20\lg\frac{A_{ud}}{A_{uc}}dB$$

需要说明的是,本实验中 U_i 及 U_o 不能直接测量,应采用间接测量法:

由于 $R_1 = R_2$,所以 $U_A = U_B$,$U_i = 2U_A$;测量 U_A,即知 U_i;

$U_o = |U_{C1}| + |U_{C2}|$,测量 U_{C1} 和 U_{C2},即可得知 U_o。

3. 实验仪器

双路直流稳压电源 1 台,为放大电路提供直流偏置;万用表 1 只,用来测量静态工作点;音频信号发生器 1 台,用于提供正弦信号;电子电压表 1 台,用于测量输入、输出正弦波电压;示波器 1 台,用于观察或测量正弦波电压。

4. 预习要求

(1) 复习差动放大器的工作原理及特点。

(2) 了解实验内容,熟悉实验方法和步骤。

5. 实验步骤

(1) 检查实验电路连接正确与否。

(2) 调测静态工作点。将 S 置于 1,接通电源,调节 R_w,使静态时 $U_o = 0V$。测试各点静态电位记录于表 3-3 中。

$$I_{C1} = I_{C2} = \frac{V_{CC} - U_{C1}}{R_c}$$

表 3-3　实验 5 记录表(1)

测试名称 / 电路形式	$U_{C1}(U_{C2})$	$U_{E1}(U_{E2})$	I_{C1}
射极耦合差动放大器			
带恒流源差动放大器			

（3）测量差模电压放大倍数。将音频信号发生器功率输出端接于差放输入端。应注意将音频信号发生器的输出端接地片断开,使其浮空后再连到输入端。输入信号取 $U_i=20\text{mV}$,即 $U_A=10\text{mV}$,频率取 200Hz。测量 U_{C1} 与 U_{C2},计算 U_o 与 A_{ud},将测试结果记录于表 3-4 中。

（4）测量共模电压放大倍数。输入信号取 $U_i=200\text{mV}$,即 $U_A=U_B=200\text{mV}$,频率仍取 200Hz,测量 U_{C1} 与 U_{C2},计算 U_o 与 A_{uc},将测试结果记录于表 3-4 中。

（5）将开关 S 置于 2,重复步骤(3)、步骤(4)。

表 3-4　实验 5 记录表(2)

	U_i	$U_{C1}(\text{V})$	$U_{C2}(\text{V})$	U_o	A_u
射极耦合差动放大器	差模输入(20mV)				
	共模输入(200mV)				
带恒流源差动放大器	差模输入(20mV)				
	共模输入(200mV)				

6. 实验分析

比较射极耦合差动放大器与带恒流源差动放大器,哪种放大器的共模抑制比高? 为什么?

实验 6　集成运算放大器运算电路功能测试

1. 实验目的

（1）了解集成运算放大器的使用方法。

（2）熟悉集成运算放大器组成的运算电路及其测试方法。

2. 实验原理

本实验采用 μA741 集成运算放大器,有关 μA741 的外引线及内部结构,可参阅本书3.3.1节典型集成电路介绍。

实验电路中 μA741 的 1 脚、5 脚接有调零电位器 RP,如图 3.47 所示。

（1）反相输入放大器(反相器)。电路如图 3.48 所示,其中 C_1 与 C_2 分别为输入、输出耦合电容。分析可得

$$U_o = -\frac{R_2}{R_1}U_i$$

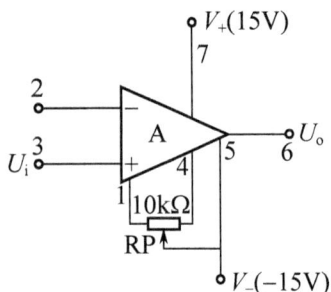

图 3.47　μA741 调零电路

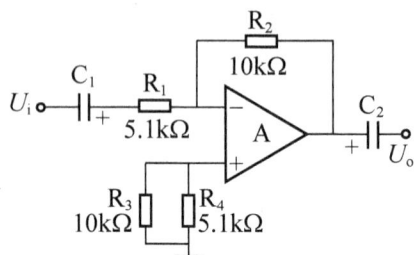

图 3.48　反相输入放大器

（2）反相加法器。电路如图 3.49 所示，输入电压 U_i 经电阻 R_1 与 R_2 分压后，得到两输入电压 U_A 与 U_B，加在加法器两输入端，分析可得

$$U_o = -R_5\left(\frac{U_A}{R_3}+\frac{U_B}{R_4}\right)$$

（3）减法器。电路如图 3.50 所示，输入电压 U_i 经电阻 R_1 与 R_2 分压后，分别加在运算放大器的同相、反相输入端，分析可得

$$U_o = -\frac{R_5}{R_4}U_A + \frac{R_5}{R_4}U_B$$

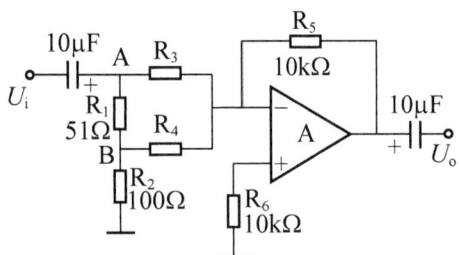

图 3.49　反相加法器

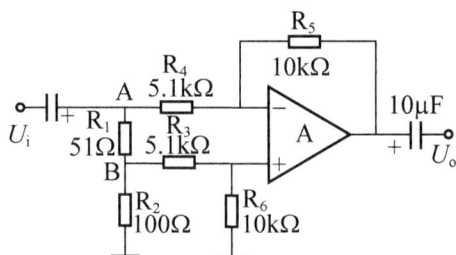

图 3.50　减法器

3. 实验仪器

双路直流稳压电源 1 台，为电路提供静态电流；万用表 1 只，用于运算放大器调零监测；音频信号发生器 1 台，用于提供正弦信号；电子电压表 1 台，用于测量输入、输出正弦波电压；示波器 1 台，用于测量或观察输入、输出正弦信号。

4. 预习要求

（1）查阅有关资料，了解 μA741 的主要技术参数及应用特性。

（2）复习运算电路基本原理及电路组成。

5. 实验步骤

（1）调试集成运算放大器。检查各实验电路连接无误后，接通＋9V 与－9V 电源电压。

然后,使 A 与 B 两端输入交流电压为零,即 $U_A=U_B=0$,调整 RP 的阻值,使 $U_o=0$。

(2) 测量运算电路:

① 测量图 3.48 电路,将测量结果记录于表 3-5 中;

表 3-5　实验 6 记录表(1)

$f=1\text{kHz},U_i(\text{V})$	0.5	1.0	1.5
U_o(实测值)			
U_o(计算值)			

② 测量图 3.49 电路,将测量结果记录于表 3-6 中;

③ 测量图 3.50 电路,将测量结果记录于表 3-7 中。

表 3-6　实验 6 记录表(2)

$f=1\text{kHz}$	$U_A(\text{V})$	0.1	0.3	0.5
	$U_B(\text{V})$			
U_o(实测值)				
U_o(计算值)				

表 3-7　实验 6 记录表(3)

$f=1\text{kHz}$	$U_A(\text{V})$	0.1	0.3	0.5
	$U_B(\text{V})$			
U_o(实测值)				
U_o(计算值)				

6. 实验分析

(1) 将各实测结果与理论计算值进行比较。

(2) 图 3.48 中,R_3 与 R_4 的作用是什么?

(3) 集成运算放大器为什么需要调零?

第 4 章

直流稳压电源

直流稳压电源是现代电子系统的重要组成部分。没有一个好的直流电源系统,就没有一个高质量的电子系统。直流稳压电源从稳压原理上看,可以分为线性直流稳压电源和开关直流稳压电源两种。

4.1 晶体管串联型稳压电源

晶体管串联型稳压电源组成框图如图 4.1 所示。

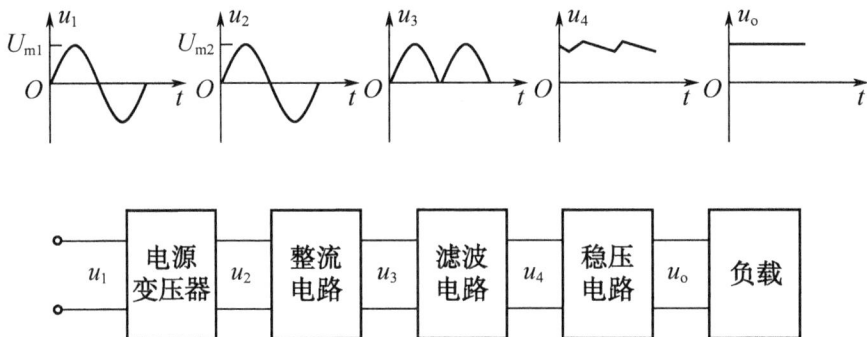

图 4.1 串联型稳压电源组成框图

电源变压器将电网供给的交流电压 u_1 降压变换为符合整流需要的交流电压 u_2。

整流电路将交流电压 u_2 变换成单向脉动直流 u_3。

滤波电路将单向脉动直流电压 u_3 中的绝大多数交流成分滤除后,输出较为平直的直流电压 U_4。

滤波电路输出的直流电压 U_4 中,仍含有一定的交流成分(纹波电压),而且交流电网电压波动及负载变动时,U_4 也会发生相应的波动,使输出电压不稳定,因此在电源要求较高的场合,需加稳压电路,以稳定输出电压。

4.1.1 整流电路

整流电路有半波整流、全波整流、全波桥式整流三种电路形式,分别如图 4.2(a)、(b)、(c)所示,它们都是利用二极管单向导电特性把交流电压变换成直流脉动电压。在工程上,最常用

的是全波桥式整流电路,其工作原理如下:

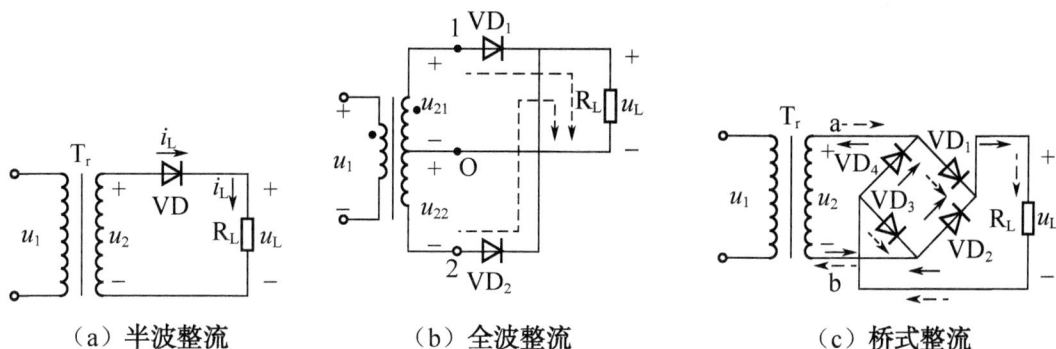

（a）半波整流　　　　（b）全波整流　　　　（c）桥式整流

图 4.2　整流电路

设 $u_2 = U_{2m}\sin\omega t$,在电压 u_2 的正半周,即上正下负,二极管 VD_1 与 VD_3 导通;VD_2 与 VD_4 因承受反向电压而截止。电流 i_2 的通路是 a→VD_1→R_L→VD_3→b,如图 4.2(c)中虚线箭头所示,于是在负载 R_L 上得到 u_L 的半波电压。

在电压 u_2 的负半周,即上负下正,二极管 VD_1 与 VD_3 截止,VD_2 与 VD_4 导通,电流 i_2 的通路是 b→VD_2→R_L→VD_4→a,如图 4.2(c)中实线箭头所示。同样,在负载 R_L 上得到与正半周时电压波形相同的半波电压。

因此,当电源 u_2 变化一个周期后,在负载电阻 R_L 上得到的电压和电流波形是单向脉动波形,如图 4.3 所示。将 u_L 的波形用傅立叶级数展开,可得

$$u_L = \sqrt{2}U_2\left(\frac{2}{\pi} - \frac{4}{3\pi}\cos2\omega t - \frac{4}{15\pi}\cos4\omega t - \frac{4}{35\pi}\cos6\omega t\cdots\right) \tag{4-1}$$

u_L 的平均值为

$$U_{L(av)} = \frac{2\sqrt{2}}{\pi}U_2 \approx 0.9U_2$$

负载平均电流为

$$I_{L(av)} = \frac{0.9U_2}{R_L}$$

由于每只二极管都只在交流电的半个周期内导通,所以每个二极管所流过的平均电流为

$$I_{VD(av)} = \frac{1}{2}I_{L(av)} = \frac{0.45U_2}{R_L}$$

由图 4.2(c)可知,无论是哪个半周,变压器次级电压 u_2 总是直接加到截止的二极管两端。所以每个二极管所承受的最大反向电压就是变压器次级电压的幅值,即

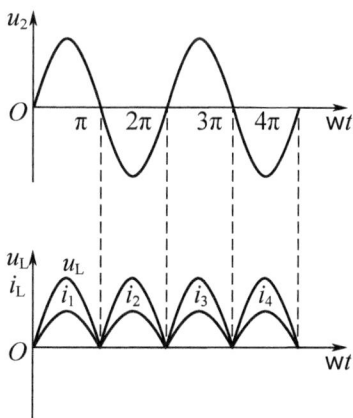

图 4.3　桥式整流输入、
输出电压波形

$$U_{Rm} = U_{2m} = \sqrt{2}U_2$$

在实际电路中,二极管的最大整流电流一般按 1.1～1.5 倍负载平均电流 $I_{L(av)}$ 考虑,其反向耐压一般按 3 倍变压器次级电压最大值考虑,以留有余地。

桥式整流电路的优点是输出电压高,脉动系数小,每管所承受的反向电压低,电源电压利用率高,因而整流效率也较高。目前,已出现了集成化的整流桥堆,如:KBL402L,RB151,RS402 等等,在实际工作中,可根据需要选择使用。

【例 4-1】 设某线性直流稳压源的降压变压器输出为 12V(有效值),负载电路要求的输入电流是 2A,电源工作环境温度 30℃,若采用全波整流,试选择整流器件。

解:根据所给数据,考虑到一定的富余量可选择 3A/50V 的整流电桥。也可以使用具有相同参数的整流二极管,如 IN4719。

IN4719 的典型参数为:工作电流 3A,耐压 50V,允许冲激电流 30A,工作温度 75℃,允许结温 175℃。

4.1.2 滤波电路

由图 4.3 可以看出,通过整流电路得到的脉动直流电压虽然方向不变,但仍存在很大的波动,这是因为输出电压中仍含有较多的交流成分。滤波电路的功能就是滤除这些交流成分,以得到比较平滑的直流电压。滤波电路是由储能元件电容或电感实现的。一般有如图 4.4 所示的几种形式滤波电路,其中 u_1 为输入电压,u_2 为输出电压。小功率直流稳压电源一般只采用电容滤波电路。Γ 型滤波和 Π 型滤波又称复式滤波,兼有电容滤波和电感滤波的优点,但电路比较复杂、体积大、成本高,主要用于对交流电源的净化和有特殊要求的直流稳压电源。这里只讨论电容滤波和电感滤波电路。

1. 电容滤波

由式(4-1)可知,整流输出电压 u_L 中,既有直流成分,也有谐波成分,该电压加在滤波电路的输入端,如图 4.4(a)所示。由于电容元件具有通交流、隔直流的特性,所以 u_L 中的直流成分只能通过负载 R_L 构成闭合通路,而 u_L 中绝大多数的交流成分通过电容 C 构成闭合通路。此外,根据电容器的容抗 $x_C = \dfrac{1}{2\pi f C}$ 可知,电容器对频率较低的各次谐波阻碍作用较大,这些低次谐波也将通过负载 R_L 构成闭合通路。这样,负载 R_L 得到的将是以直流成分为主,交流成分却很少的输出电压 u_2,其输出波形如图 4.5 所示,从中可以看出输出电压 u_2 的波动明显低于滤波电路的输入电压 u_L。

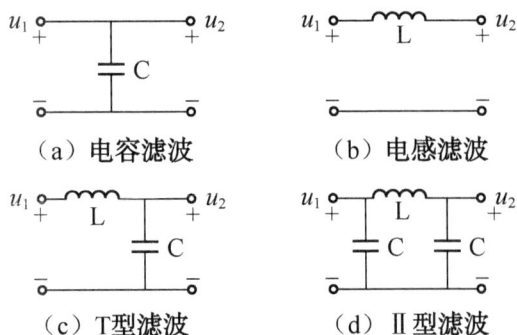

图 4.4　滤波电路

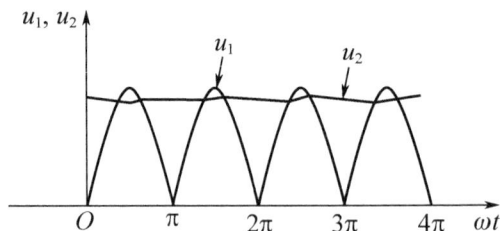

图 4.5　电容滤波输出电压波形

实际应用时,为了保证输出电压基本稳定,一般取电容器容量

$$C \geqslant (3 \sim 5)\frac{T}{R}$$

式中,T 为交流电周期,R 为负载最小电阻。若电路采用桥式整流电容滤波,则此时电容器承受的最大电压就是变压器次级绕组电压峰值 U_{2m}。实际选择电容器时,一般应使电容器的耐压值为 U_{2m} 的 1.5～2 倍。

进一步的分析还表明,电容滤波只适用于负载电流较小的场合。

【例 4-2】 设桥式整流电容滤波电路的负载 $R_L = 50\Omega$,变压器次级绕组电压为 17V,试选择滤波电容。

解: 因为 $C \geqslant (3 \sim 5)\frac{T}{R}$,这里取 $C = \frac{5T}{R}$,代入数据得

$$C = \frac{5 \times 0.02}{50} = 2 \times 10^{-3}F = 2\,000\mu F$$

又因为 $U_{2m} = \sqrt{2}U_2 = \sqrt{2} \times 17 = 24V$,因此可取电容器耐压值为 50V。所以应选择 2 000μF,耐压 50V 的电容器。

2. 电感滤波

电感元件具有通直流,阻交流的特性。当整流输出的直流脉动电压加在电感滤波电路输入端时,如图 4.4(b)所示,由于电感线圈对交流分量的感抗很大,对直流分量的阻抗却很小。大部分交流分量都会降在电感上,而直流分量则会通过电感加在负载上。又由于电感的感抗 $X_L = 2\pi fL$ 与负载 R_L 呈串联关系,负载上的交流分量取决于 X_L 与 R_L 的分压,当 X_L 远大于 R_L 时,在 R_L 上的交流分量将会很小。同时,当电路供出的电流增大时,这意味着 R_L 的减小,因此当负载加重时,不会引起

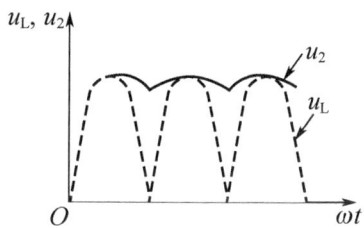

图 4.6 电感滤波输出电压波形

R_L 上的波纹电压上升和直流分量的较大波动。这说明电感滤波具有较好的平滑特性,它适合于负载电流波动大、波动频率高的供电情况。图 4.6 是电感滤波电路的输出电压波形。显然,电感越大,纹波越小,但电路的体积、成本都会增加。另外,电感线圈绕线电阻的存在会增加直流损耗。因此,在选取滤波电路方案时,应综合考虑。

4.1.3 晶体管串联型稳压电路

由图 4.7 晶体管输出特性曲线可以看出,晶体管工作在放大区时,其集电极与发射极间电压 u_{CE} 可以受基极电流控制。当 I_B 增大时,I_C 将增大,u_{CE} 减小;反之,则 u_{CE} 增大。利用晶体管的这一特性,可以构成串联型晶体管稳压电路,如图 4.8 所示,三极管 V 与负载 R_L 串联,VD_Z 为稳压二极管,电阻 R_1 一方面作为 V 管的上偏置电阻,保证晶体管工作于线性放大状态,另一方面,还作为 VD_Z 的限流电阻,为 VD_Z 提供适当的工作电流。

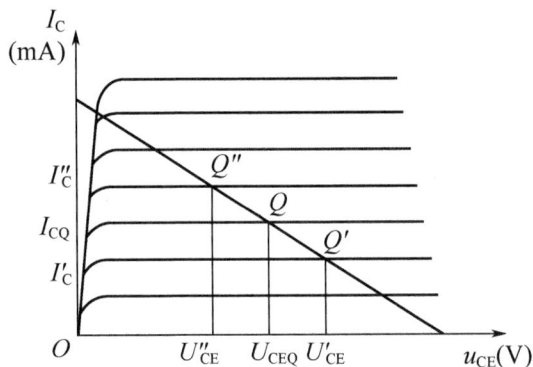

图 4.7　晶体三极管输出特性曲线

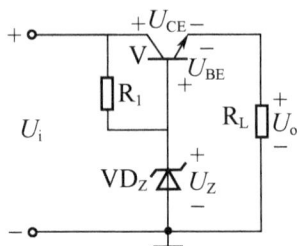

图 4.8　串联型晶体管稳压电路

1. 稳压原理

（1）当输入电压 U_i 波动而负载不变时。设 U_i 增加，导致输出电压 U_o 有增大趋势，而晶体管发射结电压 $U_{BE}=U_Z-U_o$，U_Z 为稳压管工作电压，保持不变，那么 U_{BE} 减小，I_B 减小，I_C 减小，晶体管集－射极电压 U_{CE} 增大；又由于输出电压 $U_o=U_I-U_{CE}$，所以 U_o 减小，形成负反馈。如果电路元件选配得当，可使输出电压稳定不变。上述稳压过程还可用下面方法描述

$$U_i\uparrow \rightarrow U_o\uparrow \rightarrow U_{BE}\downarrow \rightarrow I_B\downarrow \rightarrow I_C\downarrow \rightarrow U_{CE}\uparrow \rightarrow U_o\downarrow$$

若 U_i 减小，同理可知

$$U_i\downarrow \rightarrow U_o\downarrow \rightarrow U_{BE}\uparrow \rightarrow I_B\uparrow \rightarrow I_C\uparrow \rightarrow U_{CE}\downarrow \rightarrow U_o\uparrow$$

（2）当输入电压 U_i 不变而负载变动时。设 R_L 的阻值减小，导致负载电流 I_o 增大，引起整流电源内阻上电压增加，输出电压 U_o 减小；而 $U_{BE}=U_Z-U_o$，则 U_{BE} 增大，I_B 增大，I_C 随之增大，U_{CE} 减小；又由于 $U_o=U_i-U_{CE}$，输出电压 U_o 增大，从而稳定了输出。其稳压过程如下

$$R_L\downarrow \rightarrow I_o\uparrow \rightarrow U_o\downarrow \rightarrow U_{BE}\uparrow \rightarrow I_B\uparrow \rightarrow I_C\uparrow \rightarrow U_{CE}\downarrow \rightarrow U_o\uparrow$$

当 R_L 的阻值增大时，同样可以推出

$$R_L\uparrow \rightarrow I_o\downarrow \rightarrow U_o\uparrow \rightarrow U_{BE}\downarrow \rightarrow I_B\downarrow \rightarrow I_C\downarrow \rightarrow U_{CE}\uparrow \rightarrow U_o\downarrow$$

由上述分析可以看出，该电路稳压的实质是晶体三极管具有电压调整作用，因此，这里的晶体三极管又称为调整管。

2. 改进型串联稳压电路

前述的简单串联稳压电路虽能在一定程度上稳定输出电压，但是当输出电压变化较小时，用它直接去控制调整管的基极，对调整管的控制作用就不明显，稳压效果也不理想。为了提高稳压效果，通常采用具有放大环节的串联型稳压电路，其组成框图如图 4.9 所示。其中，取样电路的作用是将输出电压的变化取出，并反馈到比较放大器；比较放大器则将取样电路反馈回来的电压与基准电压比较放大后，去控制调整管。

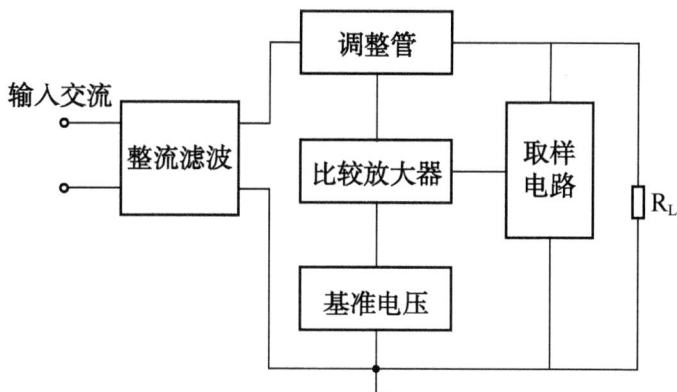

图 4.9 改进型串联稳压电路结构框图

图 4.10 是采用运算放大器作为比较放大器的串联稳压电路。其稳压过程如下:若某种原因使输出电压 U_o 增大,则 A 点电位 U_A 升高,经 R_1,RP,R_2 取样分压后,B 点电位 U_B 随之升高,相应的运算放大器反相输入端电位 U_N 升高,而运算放大器同相输入端电位 U_P 始终不变(因为 $U_P = U_Z$),运算放大器输出端电位 $U_C = A_{od}(U_P - U_N)$ 将下降;因此,复合管发射结电压 $U_{BE} = U_C - U_A$ 将减小,I_B 减小,I_C 随之减小,U_{CE} 增大;又由于 $U_o = U_i - U_{CE}$,所以 U_o 减小,维持输出电压稳定不变,此过程可描述如下

$$U_o \uparrow \to U_A \uparrow \to U_B \uparrow \to U_N \uparrow \to U_C \downarrow \to U_{BE} \downarrow \to I_B \downarrow \to I_C \downarrow \to U_{CE} \uparrow \to U_o \downarrow$$

若 U_o 减小,用同样方法可以推出

$$U_o \downarrow \to U_A \downarrow \to U_B \downarrow \to U_N \downarrow \to U_C \uparrow \to U_{BE} \uparrow \to I_B \uparrow \to I_C \uparrow \to U_{CE} \downarrow \to U_o \uparrow$$

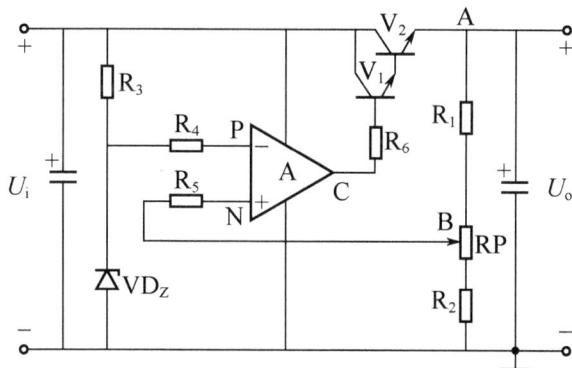

图 4.10 运算放大器作比较放大器的串联稳压电路

3. 实例分析

图 4.11 是一实用串联稳压电路,R_1,R_2,R_3 组成取样电路;稳压管 VD_Z 与 R_4 提供基准电压;比较放大器由 V_3 组成;调整管是由 V_1 与 V_2 组成的复合管;并联在桥式整流二极管上的 4 个 $0.01\mu F$ 小电容,可以减小整流二极管脉冲电压峰值,同时短路高频干扰信号,避免调制干扰;C_6,R_5,C_7 组成 Π 型滤波电路;C_9 为输出端滤波电容;C_8 也是滤波电容,它并接在 R_1 两端,对交流信号来说 R_1 相当于短路,取样电路对交流分压比 $n=1$,加深了电路中的交

流负反馈。

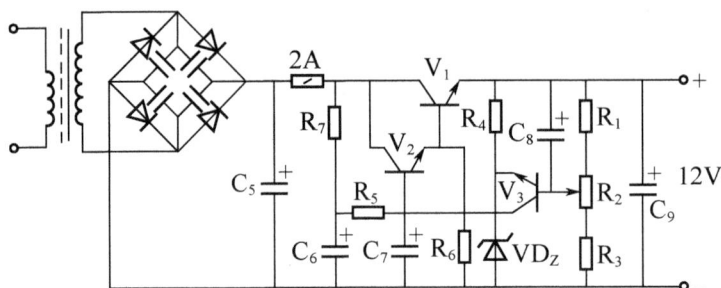

图 4.11　实用串联稳压电路

4.2　集成稳压电源

随着集成工艺的提高,直流稳压器件也不断向集成化方向发展。三端式集成稳压器便是 20 世纪 70 年代发展起来的一种新型器件,由于其性能好,体积小,可靠性高,使用简单方便,且成本也较低,因而是目前线性直流稳压电路中的主要器件。

三端集成稳压器内部组成框图如图 4.12 所示,它由启动电路、基准电压、调整管、比较放大电路、保护电路、取样电路等六大部分组成,可以看出,它实际上是串联型稳压电路集成化的结果。

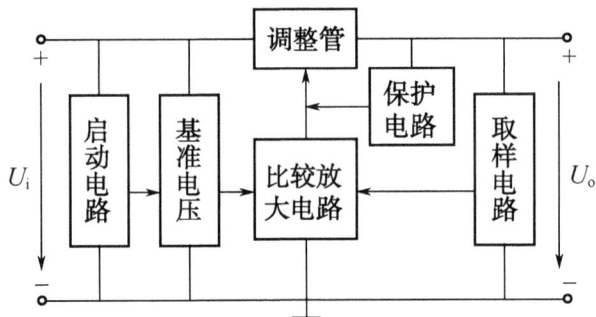

图 4.12　三端集成稳压器内部组成框图

三端集成稳压器保护电路包括过流保护、过热保护和安全工作区保护 3 种电路。过流保护可防止稳压器在输出端短路时,其内部调整管电流过大,使调整管耗散功率过大而造成的损坏。另外,长时间大电流工作,还会使稳压器芯片温度升高,造成芯片损坏,因此,三端稳压器内部设有过热保护电路。安全工作区保护电路的作用是为了防止调整管在额定输出电流下,由于某种偶然因素使调整管集—射极电压突然增加,调整管在短时间内迅速超过耗散功率而造成的永久性损坏。

为了保证稳压器输入端接入电压后,顺利建立起稳定的输出电压,稳压器内部还设有启动电路,以便启动内部电路迅速工作。

4.2.1　固定式三端集成稳压器

78XX、79XX 系列集成稳压器是目前使用最为广泛的一种三端线性集成稳压器,其特点是输出电压为固定值(例如 7805 的输出电压是 5V)。78XX 和 79XX 系列稳压器只有输入、输出及公共地三个端子,使用时不需外加任何控制电路和器件。该系列稳压器的内部有稳压输出电路、过流保护、芯片过热保护及调整管安全工作区保护等电路,因此工作安全可靠。

78XX 系列为正电压稳压器,输入输出均为正直流电压(输入端电压高于输出端电压,二者均高于系统地电位),79XX 系列为负电压稳压器,输入输出均为负直流电压(输入端电压比输出端电压低,二者均低于系统地电位)。只要输入和输出之间的电位差大于要求值(一般是 $1.5 \sim 2V$),这两种稳压器就可以正常工作。例如,7815 的输入电压是 17V 或 7915 的输入是 $-17V$ 时,它们分别可以稳定的输出 $+15V$ 或 $-15V$ 直流电压。如果电压差低于要求值,输出电压将会随输入电压的波动而波动。

用三端线性集成稳压器件,可以十分方便地设计出线性直流稳压电源的稳压输出部分,78XX、79XX 系列稳压器的典型应用电路如图 4.13 所示。其中的 U_i 是整流滤波电路的输出电压,U_o 是稳压电路输出电压。电容 C_1 用于改善输入电压波纹,同时对输入电压中的高频分量具有一定的抑制作用。电容 C_2 可以改善因负载引起的瞬态电压波形(例如脉冲电路),如果是高频开关负载,还应在 C_2 的旁边并联一个较小的普通电容器。

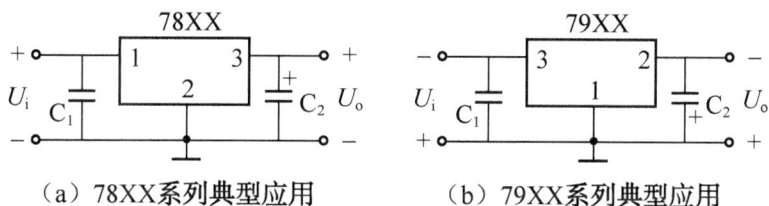

（a）78XX系列典型应用　　（b）79XX系列典型应用

图 4.13　固定式三端稳压器典型应用

利用三端集成稳压器还可构成扩流、恒流源等各种应用电路。

扩流电路如图 4.14(a)所示,V 为扩流三极管,C_2 是它的有源滤波电容,能够有效滤除输出电流中的交流成分;VD 为温度补偿二极管,以克服扩流管 U_{BE} 受温度的影响。图 4.14(b)是扩流电路的直流通路,可以看出,在忽略扩流管发射结压降的情况下,负载 R_L 上电压 U_o 即为稳压器输出电压 U_B,而负载电流 I_L 被放大了 $(1+\beta)$ 倍。

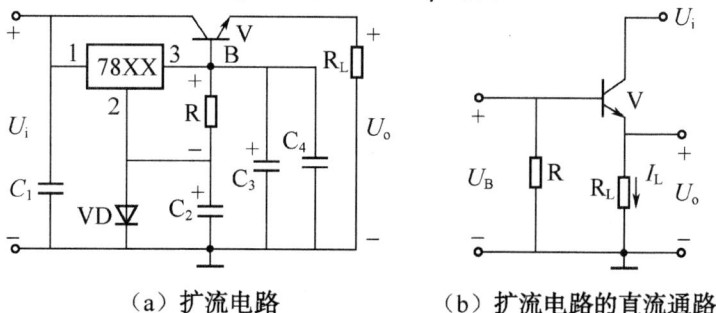

（a）扩流电路　　　　　　（b）扩流电路的直流通路

图 4.14　由三端集成稳压器构成的扩流电路

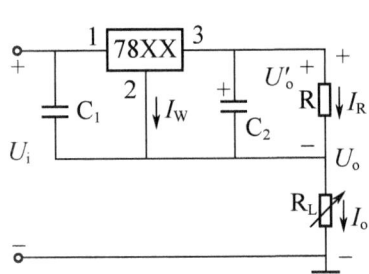

图 4.15 恒流源电路

恒流源电路如图 4.15 所示,输出电流 $I_o = I_R + I_W$,I_W 是稳压器的静态电流,其值一般很小,典型值约为 4.3mA,当 $I_o \gg I_W$ 时,有

$$I_o \approx I_R = \frac{U'_o}{R}$$

在三端稳压器输出电压 U'_o 及电阻 R 一定的条件下,不论负载 R_L 取值如何,流过它的电流是恒定不变的,即该电路为恒流输出。

4.2.2 可调式三端集成稳压器

除了 78XX 与 79XX 系列三端固定输出稳压器之外,还有一种输出电压可调的三端集成线性稳压器件,例如 LM317 与 LM337 等。这种器件保持了只有三个端子的简单电路结构,同时还实现了输出电压连续可调,是一种较为灵活的稳压器件。

LM317 是正电源稳压器,LM337 是负电源稳压器,它们没有公共的接地端,采用的是悬浮式电路结构,只有输入端子、输出端子和调整端子。LM317 和 LM337 的最大输入、输出电压差可达 40V,输出电压为 1.2~35V(或 -1.2~-35V)连续可调,输出电流最大为 2A,基准电压(即最小输出电压)为 1.25V,最小工作电流 5mA(即稳压器件的输入电流不能低于 5mA,否则电路不会正常工作)。LM317 和 LM337 稳压器内部也有过流保护、输出短路保护、调整管安全工作区保护及过热保护电路,因此工作安全可靠。

图 4.16(a)与(b)分别是用 LM317 与 LM337 设计的直流稳压电源基本应用电路。

由于 LM317 与 LM337 三端可调稳压器的最小工作电流为 5mA,基准源为 1.25V,因此 R 的取值不得大于 240Ω,否则当负载开路时将不能保证稳压器正常工作。该稳压器输出电压可以按下式计算

$$U_o = 1.25\left(1 + \frac{R_{RP}}{R}\right) + I_T R_{RP}$$

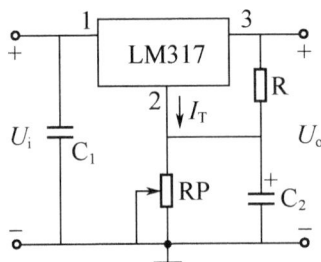

(a) LM317典型应用电路   (b) LM337典型应用电路

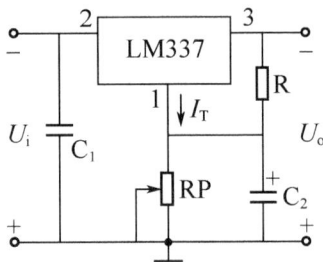

图 4.16 可调式三端集成稳压器典型应用

电路一般要求将 I_T 控制在 $100\mu A$ 之内。因此,在绝大多数情况下,可忽略 $I_T R_{RP}$ 的影响。这时 LM317/337 稳压器的输出电压大小仅决定于电阻 R_{RP} 与 R 之比值。

上面介绍的集成稳压器只能在输入电压是直流的条件下应用。为此,它需要先将输入的交流电压进行整流滤波后再送给集成稳压器,这样势必带来所用器件数量多、占用空间大的缺点。随着集成电路制造工艺的进步,现已出现了可直接与交流电源相连接,便可输出标准直流电压的集成稳压器,即单片集成开关电源。

4.3 开关电源

线性稳压电源具有线路简单、动态响应快、纹波小、干扰小和稳压性能好等优点,但是效率低、体积大、笨重。开关稳压电源的效率高、体积小、重量轻、便于集成。所以,在现代电子系统中,开关电源正逐步取代线性电源。下面以反相型开关电源为例,说明开关电源的基本工作原理。

4.3.1 开关电源的基本结构及工作原理

1. 电路工作过程

图 4.17(a)是反相型开关电源原理电路,晶体管 V 的发射结加有方波脉冲信号,它使晶体三极管工作于开关状态,因此这类稳压电源叫做开关电源。

在 $0 \sim t_1$ 时段内,晶体管发射结电压 u_{BE} 为方波脉冲高电平,晶体管 V 导通,输入电压 U_i(交流电网电压直接接整流滤波后得到的约 300V 直流电压)全部加在电感元件 L 的两端,二极管 VD 因反向偏置而截止,电感 L 将电能变换成磁能储存起来。此时,流过晶体管和储能电感的电流方向如图 4.17(a)中实线箭头所示。

在 $t_1 \sim t_2$ 时段内,方波脉冲由高电平转变为低电平,三极管 V 截止,电感 L 中电流 i_L 有减小趋势,L 两端产生自感电动势,方向为下正上负,二极管 VD 因承受正向电压而导通,电感 L 把在 $0 \sim t_1$ 时间内贮存的磁场能量以电流的形式释放出来,一方面它给电容 C_o 充电,一方面为负载 R_L 供电。这时电流 i_L 的方向如图 4.17(a)中虚线箭头所示。

在 $t_2 \sim t_3$ 时段内,方波脉冲由低电平转变为高电平,三极管 V 导通,二极管 VD 截止,电容 C_o 将为负载 R_L 提供电流。与此同时,输入电压 U_i 为电感提供电流,电感 L 储存磁场能量。直到下一个方波脉冲低电平使三极管 V 截止,电感 L 产生自感电动势使二极管 VD 导通,电感 L 再次为负载 R_L 供电,给电容 C_o 充电,如此周而复始,R_L 中始终有电流流过,其两端保持一定的电压 U_o。

由上述讨论可知,这种开关电源输出电压 U_o 的极性为下正上负和输入电源电压 U_i 的极性相反,故称为反相型开关电源。

2. 稳压原理

由图 4.17(a)可知,当晶体管 V 饱和导通时,储能电感 L 两端的电压 $U_L = U_i$。假设储能电感的时间常数远大于开关电源的开关周期(方波脉冲周期 T),那么流过储能电感的电流 i_L 可近似认为是随时间线性增加的。又 $U_i = u_L = L \dfrac{di_L}{dt}$,则晶体管导通期间,流过储能电感的电

流增量可表示为

$$\Delta I_L = \frac{U_i}{L} T_{on}$$

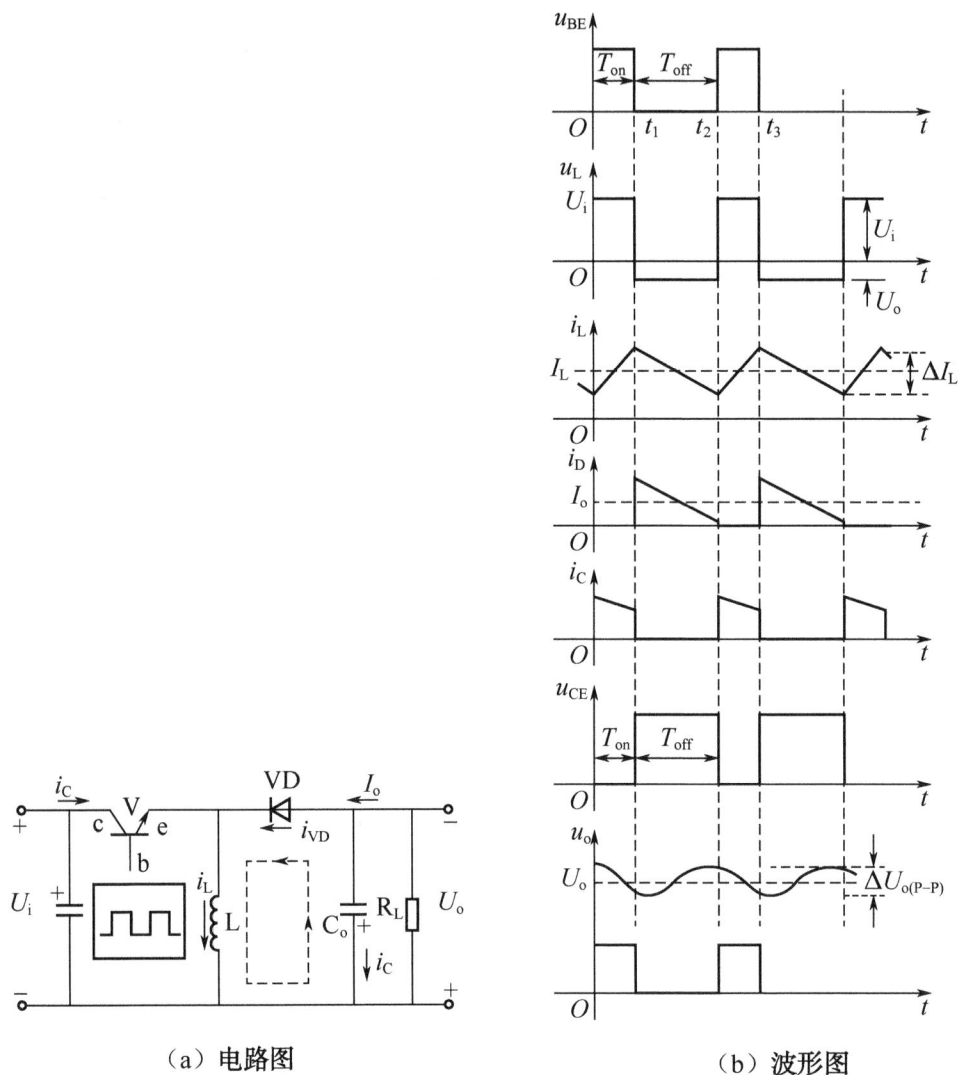

（a）电路图   （b）波形图

图4.17　反相型开关电源

在晶体管截止期间（二极管 VD 导通期间），若电容 C_o 的容量足够大，且忽略二极管正向导通压降，那么电感元件两端的电压 $U_L = U_o$，近似为一常数，流过储能电感的电流减少量为

$$\Delta I_L = \frac{U_o}{L} T_{off}$$

开关电源工作过程中，各部分电压与电流波形如图4.17(b)所示。

稳态时，晶体管导通期间储能电感中的电流增加量和晶体管截止期间储能电感中的电流减小量应相等，即

$$\frac{U_i}{L} T_{on} = \frac{U_o}{L} T_{off}$$

则
$$U_o = U_i \frac{T_{on}}{T_{off}} = U_i \frac{T_{on}}{T - T_{on}} = U_i \frac{\dfrac{T_{on}}{T}}{1 - \dfrac{T_{on}}{T}} = U_i \frac{q}{1-q}$$

上式中，$q = \dfrac{T_{on}}{T}$ 称为方波脉冲的占空比，在输入电压 U_i 一定的条件下，改变 q，输出电压 U_o 也就随之改变。因此，可以在图 4.17(a) 所示电路的输出端设置取样电路，将负载及电网电压变化所引起的输出端电压变化，反馈到控制电路，使控制电路输出的方波脉冲信号占空比发生相应变化，从而改变晶体三极管 V 的通断时间，自动地调整输出电压 U_o 的大小，维持 U_o 恒定不变，这就是开关型稳压电源的设计思路，这种控制输出电压的方式称为"时间比率控制"。时间比率控制的实质是改变方波脉冲占空比 q。改变 q 可通过以下 3 种方式实现。

脉冲宽度调制(Pulse Width Modulation，缩写为 PWM)是指控制电路输出的方波周期 T 不变，控制电路只是根据取样电路的反馈信息，改变脉冲宽度 T_{on}，从而改变 q，稳定输出电压的控制方式，这是目前最常用的一种控制方式。

脉冲频率调制(Pusle Frequency Modulation，缩写为 PFM)是指控制电路输出的方波脉冲宽度 T_{on} 不变，控制电路只是根据取样电路的反馈信息，改变方波脉冲周期 T，从而改变 q，稳定输出电压的控制方式。

混合调制是指控制电路根据取样电路的反馈信息，同时改变方波脉冲的 T_{on} 和 T，从而改变 q，稳定输出电压的控制方式。

3. 开关电源的组成

通过上面分析可知，一个完整的开关电源应由一次整流滤波电路、DC/DC 变换器、控制电路、取样电路和保护电路等组成。图 4.18 是开关稳压电源组成框图。

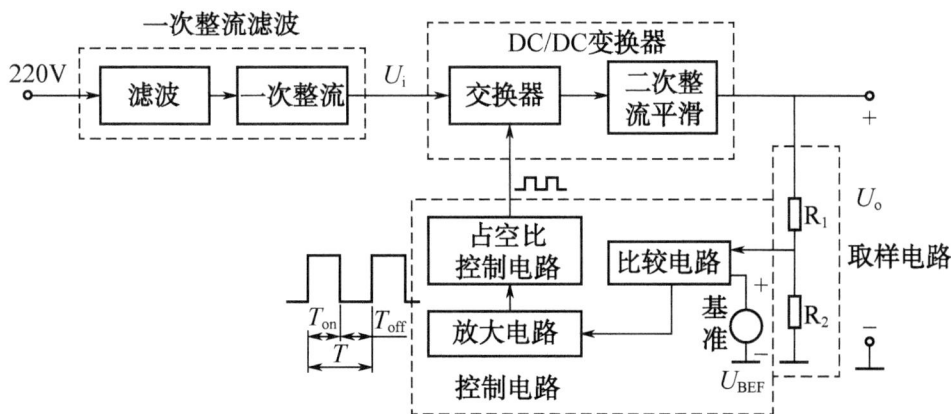

图 4.18　开关电源组成框图

一次整流滤波电路。开关电源的工作方式不同于线性电源，它不用降压变压器，直接将电网 220V 电压整流滤波成为 300V 左右的直流，供给 DC/DC 变换器能量。这样做的好处是省去了工频变压器，消除了工频变压器带来的损耗，减小了电源的体积和重量。

DC/DC 变换器。由主功率变换器和二次整流滤波电路组成。为了保证用电设备及人身安全,交流电网与低压直流电路间应实现电器隔离,因此,往往在主功率变换电路与二次整流滤波电路间,接有隔离变压器。主功率变换电路中的功率器件[图 4.17(a)中的三极管]工作于开关状态,它把输入的直流变换成高频交流矩形波,频率在几十千赫到几百千赫左右。这样做的目的有三个:一是降低了功率器件的损耗,功率器件只在脉冲周期的一部分时间内导通,所以能量损耗较小;二是由于功率管输出交流量,可采用变压器把交流电网与后级低压直流电路隔离,保证设备使用的安全性;三是采用高频变压器作为隔离器件,可使电源小型化,因为高频变压器与低频变压器相比具有体积小、功率密度大等优点。二次整流滤波电路的作用是把主功率变换器输出高频交流转换为直流,以得到平滑的直流输出。

控制电路。由比较电路、占空比控制电路、放大电路等组成,它的作用是产生占空比随输出电压作相应变化的脉冲信号,去控制功率器件的通断,从而稳定输出电压。分立元件控制电路结构复杂、元器件数量多,电路的可靠性和工作稳定性不高。如今的开关电源控制电路均采用集成化控制模块,简化了电路结构,提高了电路的可靠性和工作稳定性。

近年来,伴随着大规模集成工艺的不断进步,开关电源的电路设计、工艺技术日臻完善,出现了许多功能完备、使用灵活的电源模块,如 TOPSwitch IC 系列、

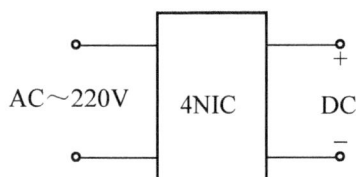

图 4.19 单片集成一体化电源
4NIC 应用电路

4NIC 系列等等。图 4.19 是 4NIC 系列集成一体化电源应用电路。

4. 开关电源的分类

开关电源种类繁多,分类方法也有多种。

按产生方波脉冲控制信号的方式分,可分为自激式、他激式和同步式。

按功率开关器件分,可分为:晶体三极管开关电源[如图 4.17(a)所示]、功率 MOS 管开关电源、晶闸管开关电源。功率 MOS 管用在开关频率 100kHz 以上的电源中,晶闸管用于大功率开关电源。

按控制方式分,可分为脉宽调制开关电源、脉频调制开关电源、混合调制开关电源等。

按功率开关电路的结构分,可分为降压型、反相型、升压型和变压器型。变压器型开关电源可分为单端开关电源和双端开关电源。单端开关电源又可分为单端正激型和单端反激型;双端开关电源又可分为推挽型、半桥型和全桥型。

4.3.2 开关电源应用电路分析

TinySwitch IC 系列中的 TNY253/254/255 是美国 Power Integrations 公司推出的新一代 0～10W 超小型开关电源模块。该模块集 MOS 功率开关、控制电路及各种保护电路于一体。利用它可以制作电路特别简单的小功率开关电源。

图 4.20 是利用 TNY255 组成的 5V/10W PC 机待机电源。TNY255 开关频率为

130kHz。因此,隔离变压器可以采用体积小、成本低的磁芯。220V 交流电网电压整流后接在图 4.20 电路的输入端,经电容 C_1 滤波,成为 300V 左右的直流电压。变压器 T_1 既作为储能电感,又作为隔离变压器,将交流电网与直流电路隔开。T_1 的初级绕组和 TNY255 内功率开关管(MOS 管)串联。二极管 VD_1、电容 C_2 和电阻 R_1 组成钳位电路。当功率 MOS 管导通时,二极管 VD_1 截止,R_1,C_2,VD_1 对电路没有影响;当功率 MOS 管截止时,T_1 初级绕组产生的自感电压方向是下正上负,若它与 300V 的直流电压一同加在功率 MOS 管两端,极易造成芯片损坏,但由于二极管 D_1 此时导通,R_1 与 C_2 组成的钳位电路开始工作,1 与 4 两端电压被限定为某一安全值,从而保护了 TNY255 内的功率 MOS 管。VD_2,C_4,L_1,C_5 组成二次整流滤波电路,将高频交流电转变为 5V 直流输出。光电耦合器 V_2、电阻 R_2 及稳压二极管 VD_Z 组成取样电路,将输出端电压的变化反馈给控制模块 TNY255。电阻 R_2 的作用是增大稳压管工作电流,提高稳压管稳压精度。L_1 和 C_5 组成 Γ 型滤波器,进一步滤除输出电压中的纹波。C_3 是 TNY255 内辅助电源的储能电容,保证功率 MOS 管截止时,TNY255 仍处于工作状态。

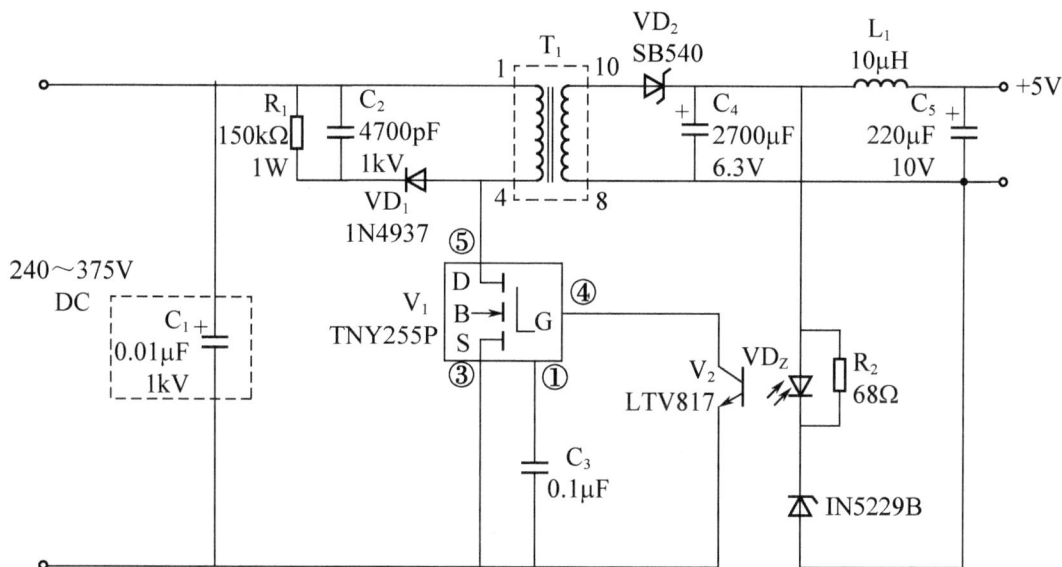

图 4.20 5V/10W PC 机待机电源

该电路稳压过程是:当输出电压过高(大于 5V)时,光电耦合器内发光二极管导通,三极管饱和导通,TNY255④脚电位降低,控制电路使功率 MOS 管导通,变压器 T_1 初级绕组电流有增加趋势(变压器 T_1 在这段时间内储存磁场能量),次级绕组产生下正上负的感应电压,二极管 VD_2 截止,负载电流完全由电容 C_4 储存的电场能量提供,输出电压降低。

当输出电压降低(小于 5V)时,光电耦合器内发光二极管截止,三极管也截止,TNY255④脚电位升高,控制电路使功率 MOS 管截止,变压器初级绕组电流有减小趋势,次级绕组产生上正下负的感应电压,二极管 VD_2 导通,变压器将储存的磁场能量输出给负载,同时给电容 C_4 充电(在这段时间内电容 C_4 储存电场能量),输出电压升高。

如此循环往复,保持输出电压稳定。

 **本章小结**

(1) 根据稳压原理直流稳压电源可分为线性直流稳压电源和非线性直流稳压电源。线性直流稳压电源由电源变压器、整流电路、滤波电路、稳压电路等部分组成。非线性直流稳压电源,即开关电源由一次整流滤波电路、DC/DC 变换器、控制电路等部分组成。与线性直流稳压电源相比,开关电源具有体积小、重量轻、效率高、便于集成等优点,目前正逐步取代线性直流稳压电源。

(2) 在线性直流稳压电源中,整流电路的作用是将交流电压转变为单向脉动直流电压;滤波电路的作用是对整流部分输出的脉动直流进行平滑;稳压电路的作用是进一步稳定滤波电路输出的直流电压。

(3) 串联型稳压电源是利用晶体三极管的电压调整作用实现稳压的。其稳压电路包括取样电路、基准电压、比较放大、调整管等。三端集成稳压器是一种性能可靠,应用灵活方便的稳压器件,它有固定输出和可调输出两种。

 **习题** 4

4.1 整流电路的作用是什么?

4.2 滤波电路的作用是什么?

4.3 串联型稳压电源的稳压原理是什么?

4.4 与线性直流稳压电源相比,为什么开关电源的损耗小、重量轻?

4.5 以反相型开关电源为例,简述开关电源工作原理。

4.6 图 4.21 为输出 6V,150mA 的串联型直流稳压电源。

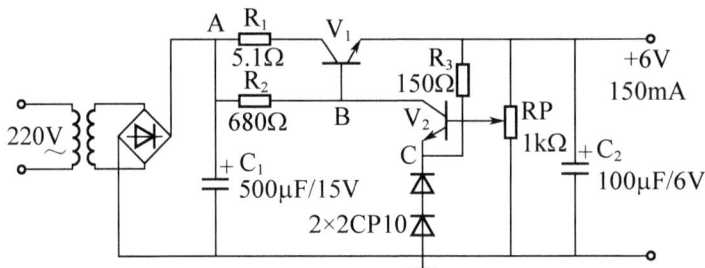

图 4.21 题 4.6 图

(1) 当输入市电电压下降时,试分析其输出电压稳定过程(用符号表示)。

(2) 当 RP 的滑动臂由上向下移动时,其输出电压是增大还是减小? 反之,RP 的滑动臂由下向上移动时,输出电压是增大还是减小?

4.7 画出 78XX 系列三端集成稳压器的典型接线图,并说明外接元件的作用。

4.8 画出 LM317 输出可调式三端集成稳压器典型接线图,并说明外接元件的作用。

实验7 集成稳压电源应用

1. 实验目的

(1) 了解直流稳压电源组成。
(2) 熟悉三端集成稳压器的使用方法。
(3) 了解集成稳压器的性能和特点。

2. 实验原理

LM317 是一种正电压可调三端集成稳压器,其应用电路如图 4.22 所示,输出电压

$$U_o \approx 1.25\left(1+\frac{R_{RP}}{R}\right)$$

图 4.22 中,T_r 为工频变压器;VD_x 为桥式整流电路;C_1 为滤波电容。C_2 与 C_3 可进一步提高输出电压的稳定性,R_L 为负载电阻;二极管 VD_1 与 VD_2 给电容 C_2 与 C_3 提供放电通路,以防输入端瞬时掉电时,LM317 输出端受反向冲击电压作用,造成损坏。

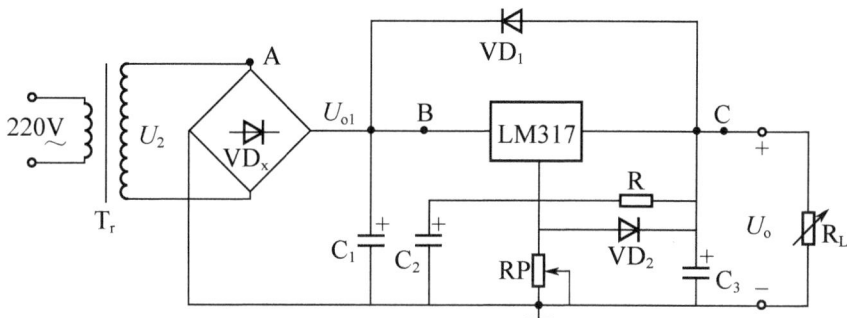

图 4.22 实验 7 图

220V 市电经 T_r 降压为 16V 左右的交流电压,由 VD_x 桥式整流,C_1 滤波,LM317 稳压后输出。

电路各元件参考值:C_1 为 $1000\mu F/25V$,C_2 为 $100\mu F/25V$,C_3 为 $220\mu F/25V$,$R=200\Omega$,$R_{RP}=10k\Omega$,$R_L=680\Omega$;VD_x 为 4 只 IN4006,VD_1 与 VD_2 的型号为 2CP9。

3. 实验仪器

示波器 1 台,用于观测各点电压;万用表 1 只,用于测量各点电压及负载电流;自耦变压器 1 台,用于改变交流输入电压。

4. 预习要求

(1) 复习直流稳压电源组成及各部分工作原理。
(2) 查阅有关资料,了解 LM317 主要参数及应用特性。

（3）了解实验内容，熟悉实验步骤。

5. 实验步骤

（1）检查实验线路连接是否正确、可靠：

① 断开 A 点，保持输入交流电压为 220V，调整 T_r 变比，使其次级绕组电压为 16V；

② 断开 B 点，连接 A 点，监测整流输出电压，判断前级电路是否存在故障；

③ 连接 B 点，观测 C 点电压是否正常。

（2）测量稳压电源输出电压范围：

① 用万用表分别测量 T_r 次级电压 U_2、整流滤波输出电压 U_{o1}，并记入表 7-1 中；

② 调节 R_{RP}，测量输出电压 U_o 的变化范围，记录于实验表 7-1 中。

表 7-1 实验 7 记录表（1）

U_i	U_2	U_{o1}	U_{omin}	U_{omax}
220V				

（3）用示波器观察 A，B，C 各点电压波形，画在表 7-2 中。

表 7-2 实验 7 记录表（2）

	A 点	B 点	C 点
电压波形			

（4）在实验电路输入端接入自耦变压器，使输入电压 U_i 在 198～242V 间变化，用示波器分别观察 A，B，C 各点的电压波形变化，并说明产生这种变化的原因。

（5）观察过流保护。保持输入交流电压 220V 不变，将 R_L 缓慢调节至零，用万用表观测输出电流 I_L 的变化情况，同时，用示波器观测输出电压的变化。

6. 实验分析

（1）若实验步骤（1）第②步中，测得 $U_{o1}=7.2V$，则电路的哪一部分、哪一个元件可能出现了故障？若 $U_{o1}=0V$，则有可能是电路中哪一部分、哪一个元件出现故障？

（2）若输出电压 U_o 纹波较大，则有可能是电路中哪一部分、哪一个元件出现故障？

第 5 章

数制与逻辑代数

5.1 数制与码制

5.1.1 数制

多位数码中每一位的构成方法以及从低位到高位的进位规则称为数制,日常生活中常用十进制数,在数字系统中常用二进制、八进制和十六进制等。下面只重点介绍二进制和十进制数。

1. 十进制

十进制是我们最常使用的数制。在十进制中,共有 $0 \sim 9$ 十个数码,所以其中由低位向相邻高位进位原则是"逢十进一",故为十进制;同一数字符号在不同的数位代表的数值不同。设某十进制数有 n 位整数、m 位小数,则任何十进制数均可表示为

$$N = \sum_{i=-m}^{n-1} k_i 10^i$$

k_i 为第 i 位的系数,可取 $0,1,2,3,\ldots 9$;10^i 为第 i 位的权,10 为进位基数;N 为十进制数。例如

$$505.6 = 5 \times 10^2 + 0 \times 10^1 + 5 \times 10^0 + 6 \times 10^{-1}$$

2. 二进制

二进制数中只有 0 与 1 两个数字符号,所以进位原则是"逢二进一",各位的权为 2^i,k_i 为第 i 位的系数,设某二进制数有 n 位整数、m 位小数,则任何一个二进制均可表示为

$$N_B = \sum_{i=-m}^{n-1} k_i 2^i$$

下标 B 表示 N 为二进制数,例如

$$(101.11)_B = 1 \times 2^2 + 0 \times 2^1 + 1 \times 2^0 + 1 \times 2^{-1} + 1 \times 2^{-2}$$

3. 二-十进制的转换

(1) 二进制数转换为十进制数。方法:将二进制数按权展开后即可得到相应的十进制数。

例如

$$(101.11)_2 = 1 \times 2^2 + 0 \times 2^1 + 1 \times 2^0 + 1 \times 2^{-1} + 1 \times 2^{-2} = (5.75)_{10}$$

（2）十进制数转换为二进制数。

① 整数部分。可采用除 2 取整法，即用 2 不断去除十进制数，直到最后商为 0 为止；将所得到的余数以最后一个余数为最高位，依次排列便得到相应的二进制数。

② 小数部分。可采用乘 2 取整法，即用 2 去乘所要转换的十进制小数，并得到一个新的小数，然后再用 2 去乘这个小数，如此一直进行到小数为 0 或达到转换所要求的精度为止。首次乘 2 所得积的整数为二进制纯小数的最高位，最末次乘 2 所得积的整数为二进制纯小数的最低位。

【例 5-1】 将 $(21.125)_{10}$ 转换成二进制数。

解： 整数部分

$$
\begin{array}{r|l}
2 & 21 \\
\hline
2 & 11 \\
2 & 5 \\
2 & 2 \\
2 & 1 \\
 & 0 \\
\end{array}
\qquad
\begin{array}{l}
\text{余数} \\
1 \\
0 \\
1 \\
0 \\
1 \\
\end{array}
\qquad \text{（自下而上读数）}
$$

小数部分

$$
\begin{array}{r}
0.125 \\
\times \quad 2 \\
\hline
0.250 \quad 0 \\
\times \quad 2 \\
\hline
0.500 \quad 0 \\
\times \quad 2 \\
\hline
1.000 \quad 1 \\
\end{array}
\qquad \text{（自上而下读数）}
$$

所以 $(21.125)_{10} = (10101.001)_2$

5.1.2 码制

计算机中数的处理是按二进制进行的，但输入到计算机中的以及计算机输出的都是人们习惯的十进制数，因而就存在一个如何用一定位数来表示一个十进制数的问题。这种用四位二进制编码表示的十进制数称二-十进制编码，简称 BCD 码。

由于十进制数有 0～9 十个数码，至少要用 4 位二进制数才能表示它。4 位二进制数有十六种不同的组合形式，可以任选其中十种来表示十进制的十个数，因而有多种 BCD 码，其中较常用的是 8421BCD 码，8421BCD 码是一种有权码。每个代码从左向右每位的权分别是 8，4，2，1。

8421BCD 码和十进制数之间的转换是直接按位转换，例如

$$(12.9)_{10} = (00010010.1001)_{8421BCD}$$

$$(0011011000010000)_{8421BCD} = (3610)_{10}$$

BCD 码除 8421 码外,常用的还有 2421 码、余 3 码、余 3 循环码、BCD 格雷码等等,表 5-1 列出了几种常用码。

表 5-1　常　用　码

编码种类 / 十进制数	8421 码	余 3 码	2421 码	余 3 循环码	BCD 格雷码
0	0000	0011	0000	0010	0000
1	0001	0100	0001	0110	0001
2	0010	0101	0010	0111	0011
3	0011	0110	0011	0101	0010
4	0100	0111	0100	0100	0110
5	0101	1000	0101	1100	0111
6	0110	1001	0110	1101	0101
7	0111	1010	0111	1111	0100
8	1000	1011	1110	1110	1100
9	1001	1100	1111	1010	1000
权值或特点	8,4,2,1	无权码	2,4,2,1	无权码	相邻码仅一位不同

5.2　逻辑代数的基本运算

逻辑代数的基本运算有与、或、非 3 种。在下面的分析中用 1 表示开关闭合和灯亮,用 0 表示开关断开和灯灭。

5.2.1　"与"逻辑关系

当决定一件事情的各个条件全部具备时,这件事才会发生,而且一定发生,这样的因果关系我们称之为"与"逻辑关系。

实际生活中,这种"与"的关系比比皆是。例如在如图 5.1 所示电路中,只有当开关 A 与 B 全闭合时,灯 Z 才会亮,所以对灯亮来说,开关 A 与 B 闭合是与逻辑关系,并记作 $Z = A \cdot B$。读作 Z 等于 A 与 B。在不发生混淆时,常省去符号"·"。Z 是变量 A 与 B 的逻辑函数。其真值表如表 5-2。

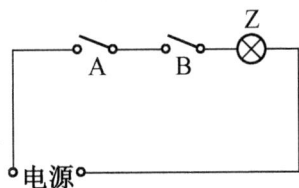

图 5.1 电路图

表 5-2 真 值 表

A	B	Z
0	0	0
0	1	0
1	0	0
1	1	1

5.2.2 "或"逻辑关系

当决定一件事情的各个条件中,只要具备一个或一个以上的条件,这件事情就会发生,这样的因果关系我们称之为"或"逻辑关系。"或"逻辑关系在实际生活中也很多,在如图 5.2 所示的电路中,对灯亮来说,开关 A 与 B 闭合是或逻辑关系。因为 A 或 B 之中只要有一个闭合,灯就会亮,并记作 $Z=A+B$,读作 Z 等于 A 或 B。其真值表如表 5-3。

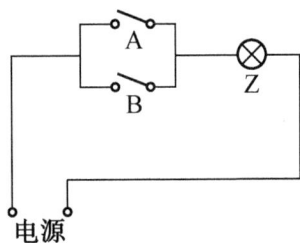

图 5.2 电路图

表 5-3 真 值 表

A	B	Z
0	0	0
0	1	1
1	0	1
1	1	1

5.2.3 "非"逻辑关系

非就是"否定"的意思。如图 5.3 所示电路中,开关 A 闭合与灯 Z 亮是"非"的逻辑关系。因为当 A 闭合时灯灭;A 断开时灯亮。并记作 $Z=\overline{A}$,A 上面的一横读作非或反;等式读作 Z 等于 A 反。其真值表如表 5-4。

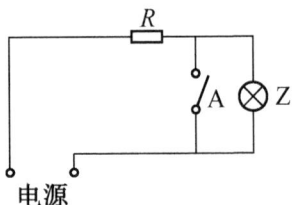

图 5.3 电路图

表 5-4 真 值 表

A	Z
0	1
1	0

5.2.4　三种基本逻辑符号

如图5.4所示为与、或、非的逻辑符号,它们既用于表示逻辑运算,也用于表示相应的门电路。

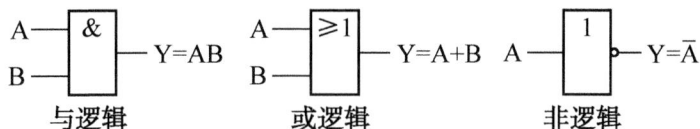

图5.4　逻辑符号

5.3　逻辑代数的表示方法

逻辑代数又叫开关代数或布尔代数,在逻辑代数中同普通代数一样,也用字母表示它的变量,但变量的取值、含义完全不同,逻辑变量表示事件发生的条件存在或不存在,逻辑判断的结果是真还是假,开关的接通或断开等。一句话,在二进制逻辑中,逻辑变量只有两种取值即用0与1来表示。我们常用0与1表示输入、输出电平高低的过程叫状态赋值。若用1表示高电平,叫正逻辑赋值;若用0表示高电平,叫负逻辑赋值。应当注意的是这里0和1并不具有数量的概念。此外,我们把经过状态赋值后所得到的由文字和符号0与1组成的表格叫逻辑真值表,简称真值表。

用于表示逻辑代数的方法有逻辑真值表、逻辑函数式(也称逻辑式或函数式)、逻辑图和卡诺图。如图5.5所示是控制楼梯照明灯的电路。单刀双掷开关A装在楼下,B则装在楼上。在楼下开灯后可在楼上关灯;同样,也可在楼上开灯而下楼后关灯。电灯Z的亮与灭和开关A与B所处位置有关。这一逻辑关系可以分别用前述的3种方法表示。

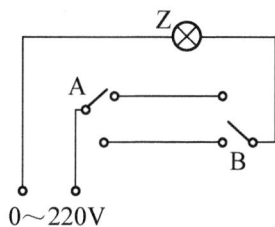

图5.5　控制楼梯照明灯电路

1. 真值表

开关A与B的位置只有两种可能,扳到上面或扳到下面。灯Z也只有两种状态,亮或灭。现规定:开关A与B作为输入逻辑变量,向上为1,向下为0;灯Z作为输出逻辑变量,亮为1,灭为0。可见,开关全向上或全向下时灯亮,否则灯灭。上述输出与输入逻辑关系可列于真值表5-5中。列真值表时一定要注意列出命题中所有的逻辑关系。

表5-5　真　值　表

输　　　　入		输　　　出
A	B	Z
0	0	1
0	1	0
1	0	0
1	1	1

由真值表可以方便地写出逻辑函数表达式,其方法如下:在真值表中,挑出那些函数值为1的变量取值组合,变量值为1的写成原变量(字母上面无反号的变量),为0写成反变量(字母上面有反号的变量)这样对应于函数值为1的每一种组合可以写成一个乘积项,只要将这些乘积项加起来,所得到的函数式叫标准与或式。显然,从表5-5不难看出

$$Z = \overline{A}B + A\overline{B}$$

2. 逻辑函数表达式

显然根据表5-5,可以写出楼梯电灯亮、灭这个实际逻辑问题的逻辑函数表达式

$$Z = AB + \overline{A}\,\overline{B} = A \odot B$$

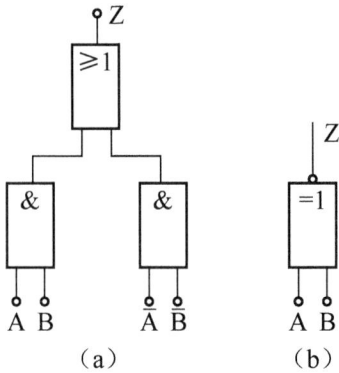

图 5.6   逻辑图

3. 逻辑图

利用基本逻辑实现逻辑函数表达式 $Z = AB + \overline{A}\,\overline{B}$ 的逻辑图,如图 5.6(a)所示。利用 5.6(b)异或非门实现控制楼梯电灯逻辑图更为简单。

4. 卡诺图

(1) 最小项。设有 k 个逻辑变量,由它们组成具有 k 个变量的与项,每个变量以原变量或者反变量的形式在与项中出现且仅出现一次,则称这个与项为最小项。对于 k 个变量来说,共有 2^k 个最小项。例如,A,B,C3 个逻辑变量可以组成 $2^3 = 8$ 个最小项,如表 5-6 所示。

对于任意一个最小项 ,只有一组变量取值使它的值为1,而变量的其他各种取值组合都使它为0。表5-6中列出最小项取值为1时各变量的取值组合。

为了叙述和书写方便,通常对最小项进行编号。下标 i 代表 A、B、C 二进制数所对应的十进制数,m_i 代表第 i 个最小项,如表5-6所示。

表 5-6   三变量最小项及其编号

最小项	二进制数 ABC	十进制数 i	编号 m_i
$\overline{A}\,\overline{B}\,\overline{C}$	000	0	m_0
$\overline{A}\,\overline{B}\,C$	001	1	m_1
$\overline{A}\,B\,\overline{C}$	010	2	m_2
$\overline{A}\,B\,C$	011	3	m_3
$A\,\overline{B}\,\overline{C}$	100	4	m_4
$A\,\overline{B}\,C$	101	5	m_5
$A\,B\,\overline{C}$	110	6	m_6
$A\,B\,C$	111	7	m_7

对于 n 个变量的逻辑函数，其全部最小项数目为 2^n 个。对于任何一个逻辑函数都可以表示成若干个最小项之和，通常称为最小项表达式。

为了求得逻辑函数的最小项表达式，首先将逻辑函数展开成与或表达式，然后将缺少变量的与项配项，直到每一与项都成为包含所有变量的与项，即最小项为止。

【例 5-2】 将逻辑函数 $Y = AB + B\overline{C} + \overline{A}B\overline{C}$ 表示为最小项表达式。

解： 这是一个包含 A，B，C 三个变量的逻辑函数，与项 AB 中缺少变量 C，则用 $(C+\overline{C})$ 乘 AB；$B\overline{C}$ 中缺少变量 A，用 $(A+\overline{A})$ 乘 $B\overline{C}$。然后利用分配律公式 $A \cdot (B+C) = A \cdot B + A \cdot C$ 展开，就得到最小项表达式。

$$\begin{aligned}
Y &= AB + B\overline{C} + \overline{A}B\overline{C} \\
&= AB(C+\overline{C}) + B\overline{C}(A+\overline{A}) + \overline{A}B\overline{C} \\
&= ABC + AB\overline{C} + \overline{A}B\overline{C} + \overline{A}B\overline{C} \\
&= ABC + AB\overline{C} + \overline{A}B\overline{C} \\
&= m_7 + m_6 + m_2 \\
&= \sum m(2,6,7)
\end{aligned}$$

（2）卡诺图。为了便于化简，把逻辑函数的所有最小项表示为小方格，小方格在排列时，应使几何位置相邻的小方格，在逻辑上也是相邻的。所谓逻辑相邻，是指两小方格所表示的最小项中只有一个因子互为反变量，其余变量均相同。按照这种相邻性原则排列的最小项方格图叫卡诺图。

画卡诺图时，根据函数中变量数目 k，将图形分成 2^k 个方格，每个方格和一个最小项相对应，方格的编号和最小项的编号相同，由方格外面行变量和列变量的取值决定。如图 5.7 所示是四变量的卡诺图，图中 A 和 B 是行变量，C 和 D 是列变量。

约定：

① 写方格编号时，以行变量为高位组，列变量为低位组（当然也可以采用相反的约定）。例如，AB＝10，CD＝01 的方格对应编号位 1001，即最小项 m_9 便在相应的方格中填上 m_9，或只简单的写上序号 9。

② 行、列变量取值顺序一定按循环码排列，即按 00,01,11,10 标注。这样标注可以保证从水平或垂直方向看，相邻方格间只有一个变量取值不同，这种现象称作卡诺图方格的相邻性。例如，$m_{12} = AB\overline{C}\overline{D}$ 和 $m_{13} = AB\overline{C}D$，只有一个变量 D 不同，这称作逻辑相邻。因此，按循环码标注逻辑变量的取值顺序，就能够用几何相邻来反映逻辑相邻。

应注意，卡诺图每行、每列两端的最小项也具有逻辑相邻性。

如图 5.8 所示画出了三变量的卡诺图。

③ 用卡诺图表示逻辑函数。由于卡诺图中的方格同最小项或真值表中某一行是一一对应的，所以根据逻辑函数最小项表达式画卡诺图时，式中有哪些最小项，就在相应的方格中填 1，而其余的方格填 0。如果根据函数真值表画卡诺图，凡使 Y＝1 的那些行，按照变量的二进制取值组合在相应的方格中填 1；而对于使 Y＝0 的那些行，则在相应的方格中填 0。

AB \ CD	00	01	11	10
00	m_0	m_1	m_3	m_2
01	m_4	m_5	m_7	m_6
11	m_{12}	m_{13}	m_{15}	m_{14}
10	m_8	m_9	m_{11}	m_{10}

图 5.7　四变量的卡诺图

A \ BC	00	01	11	10
00	m_0	m_1	m_3	m_2
1	m_4	m_5	m_7	m_6

图 5.8　三变量的卡诺图

【例 5-3】 画出 $Y=A\overline{B}C+\overline{A}BC+AB$ 的卡诺图。

解: Y 式中 $A\overline{B}C$、$\overline{A}BC$ 已是最小项。含有与项 AB 的最小项有两个:$AB\cdot C$ 与 $AB\cdot\overline{C}$,故在 m_3,m_5,m_6,m_7 相应的小方格填 1,如图 5.9 所示。

A \ BC	00	01	11	10
0	0	0	1	0
1	0	1	1	1

图 5.9　卡诺图

若逻辑函数不是与或式,应先将逻辑变换成与或式(不必变换成最小项表达式)然后把含有各个与项的最小项在对应小方格内填 1,即得函数的卡诺图。

5.4　逻辑代数的基本公式、定律和规则

在讨论逻辑代数的基本公式、定律和规则之前,先介绍逻辑函数“相等”的概念。

设函数 F 与 G 均为逻辑变量 $A_1,A_2,\cdots,A_N$ 的函数,如果对应于 $A_1,A_2,\cdots,A_N$ 的任意一组取值的组合,F 和 G 均相等,则称 F 和 G 是相等的,并记作 F=G。换一句话说,如果 F 和 G 具有相同的真值表,则 F=G。因此,要证明两个逻辑函数相等,只要分别列出它们的真值表,并加以比较,如果两者完全一样,则函数相等;反之,则不相等。

1. 逻辑代数的基本公式

$$A+0=A \qquad A\cdot 1=A$$
$$A+1=1 \qquad A\cdot 0=0$$
$$A+A=A \qquad A\cdot A=A$$
$$A+\overline{A}=1 \qquad A\cdot\overline{A}=0$$
$$\overline{\overline{A}}=A$$

2. 逻辑代数的基本定律

(1) 交换律

$$A+B=B+A \qquad A\cdot B=B\cdot A$$

(2) 结合律

$$(A+B)+C=A+(B+C) \qquad (A\cdot B)\cdot C=A\cdot(B\cdot C)$$

（3）重叠律

$$A+A+A+\cdots=A \qquad A \cdot A \cdot A=A$$

（4）分配律

$$A+BC=(A+B)(A+C) \qquad A \cdot (B+C)=A \cdot B+A \cdot C$$

（5）反演律（又称狄·摩根定律）

$$\overline{A+B}=\overline{A} \cdot \overline{B} \qquad \overline{A \cdot B}=\overline{A}+\overline{B}$$

（6）扩展律

$$A=A(B+\overline{B})=AB+A\overline{B} \qquad 即 \quad A=AB+A\overline{B}$$

（7）吸收律

$$A+A \cdot B=A \qquad A(A+B)=A$$
$$A+\overline{A}B=A+B$$
$$AB+\overline{A}C+BC=AB+\overline{A}C$$

证明上述公式，只需列出公式等号两边的真值表即可，读者可以自己证明。

3. 逻辑代数的三个规则

（1）代入规则。任何一个逻辑等式，若以同一逻辑函数置换等式中的某一变量，则该等式仍成立，此称为代入规则。例如 $\overline{A \cdot B}=\overline{A}+\overline{B}$。

若用 $Y=BC$ 代替式中的 B，则 $\overline{A \cdot (BC)}=\overline{A}+\overline{BC}$

即 $\overline{A \cdot B \cdot C \cdots}=\overline{A}+\overline{B}+\overline{C}+\cdots$

由此推论，可得多个逻辑变量的反演律为 $\overline{A+B+C \cdots}=\overline{A} \cdot \overline{B} \cdot \overline{C} \cdots$

即 $\overline{A \cdot B \cdot C \cdots}=\overline{A}+\overline{B}+\overline{C}+\cdots$

可见，代入规则扩大了基本公式的应用范围。

（2）反演规则。求一个逻辑函数 Y 的非（$\overline{Y}$）时，将 Y 中的"·"换成"＋"，"＋"换成"·"；原变量换成反变量，反变量换成原变量；常量 0 换成 1，1 换成 0。所得到的逻辑函数就是 $\overline{Y}$。这个规则称为反演规则。

运用反演规则可以直接求出反函数。

注意：运用反演规则求反函数时，不是一个变量上的反号应保持不变；要特别注意运算符号的优先顺序——先算括号，再算乘积，最后算加法。

（3）对偶规则。将函数 Y 中的"·"换成"＋"，"＋"换成"·"；0 换成 1，1 换成 0，所有的逻辑变量都不变就得到一个新的函数式 Y'，Y' 是 Y 的对偶式。例如，$Y=(A+\overline{B})(A+C)$ 的对偶式为

$$Y'=A \cdot \overline{B}+AC$$

若两个逻辑式相等，则它们的对偶式也一定相等，这就是对偶规则。例如

$$A+BC=(A+B)(A+C)$$

根据对偶规则有 $\qquad A(B+C)=AB+AC$

利用上述基本公式、定律及规则，可写出一个逻辑函数表达式的多种表示形式。

5.5 逻辑代数的化简

逻辑函数式越简单,则实现这个逻辑函数的逻辑电路所需要的元件就越少。为此,经常需要通过化简的手段找出逻辑函数的最简单的形式。对于函数式我们规定,若函数中包含的乘积项已经最少,而且每个乘积项里的因子也不能再减少时,则称此函数式为最简函数式。通常都化成最简与或式。

5.5.1 公式法

公式法化简的实质就是反复使用逻辑代数的基本公式和常用公式消去多余的乘积项和每个乘积项中多余的因子,以求得函数式的最简形式,常用的方法如下。

1. 并项法

根据 $AB+A\overline{B}=A$ 可以把两项合并为一项,并消去 B 和 $\overline{B}$ 这两个因子,且 A 和 B 可以代表任何复杂的逻辑式。

【例5-4】
$$Y = AB+ACD+\overline{A}B+\overline{A}CD$$
$$= (A+\overline{A})B+(A+\overline{A})CD$$
$$= B+CD$$

2. 吸收法

根据 $A+AB=A$ 可将 AB 项消去。A 和 B 可以代表任何复杂的逻辑式。

【例5-5】
$$Y=AB+ABC+ABD=AB$$

3. 消项法

根据 $AB+\overline{A}C+BC=AB+AC$ 可将 BC 项消去。A,B,C 可代表任何复杂的逻辑式。

【例5-6】
$$Y = A\overline{C}+\overline{A}B+\overline{B}C$$
$$= A\overline{C}+\overline{A}B$$

4. 消因子法

根据 $A+\overline{A}B=A+B$ 可将 $\overline{A}B$ 中的因子 $\overline{A}$ 消去。A 和 B 可代表任何复杂的逻辑式。

【例5-7】
$$Y = AC+\overline{A}B+B\overline{C}$$
$$= AC+B\overline{AC}=AC+B$$

5. 配项法

根据 $A+A=A$ 可以在逻辑函数式中重复写入某一项,以获得更加简单的化简结果。

【例 5-8】

$$Y = \overline{A}\,B\overline{C} + \overline{A}\,BC + ABC$$
$$= (\overline{A}\,B\overline{C} + \overline{A}\,BC) + (\overline{A}\,BC + ABC)$$
$$= \overline{A}\,B(\overline{C} + C) + BC(\overline{A} + A) = \overline{A}\,B + BC$$

此外,还可根据 $A + \overline{A} = 1$ 将式中的某一项乘以 $(A + \overline{A})$,然后拆成两项分别与其他项合并,以求得更简单的化简结果。实际上在化简复杂逻辑函数时,常常需要综合应用上述几种方法。

5.5.2 图形法

图形法就是利用卡诺图化简逻辑函数。化简时依据的基本原理就是具有相邻性的最小项可以合并,并消去不同的因子。由于在卡诺图上几何位置相邻与逻辑上的相邻性是一致的,因而能从卡诺图上直观地找到那些具有相邻性的最小项并将其合并。

1. 合并最小项的规律

在卡诺图中,凡是两个相邻小方格所表示的最小项之和都可以合并为一项,合并时能消去有关变量。我们以三变量和四变量卡诺图为例,介绍合并规律。

(1) 两个逻辑相邻的小方格可以合并成一项,同时消去一个互补的变量,如图 5.10 所示。

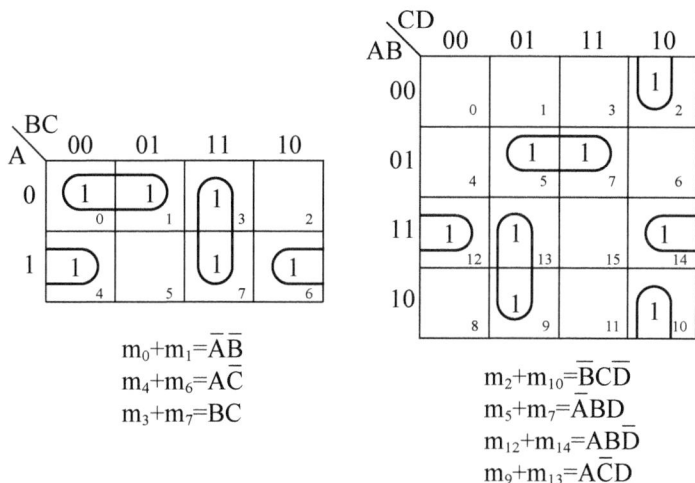

$m_0 + m_1 = \overline{A}\,\overline{B}$
$m_4 + m_6 = A\overline{C}$
$m_3 + m_7 = BC$

$m_2 + m_{10} = \overline{B}C\overline{D}$
$m_5 + m_7 = \overline{A}BD$
$m_{12} + m_{14} = AB\overline{D}$
$m_9 + m_{13} = A\overline{C}D$

图 5.10 用图形法消去一个互补变量

(2) 四格相邻的小方格可以合并成一项,同时消去两个互补变量。这四格相邻的小方格或者组成一个大方格,或者组成一行、一列,或者位于行(列)的两端,或者位于四角,如图 5.11 所示。

(3) 八个相邻的小方格或者组成两行、两列,或者组成两边的两列、上下的两行,可以合并成一项,同时消去三个互补变量,如图 5.12 所示。

$m_0+m_1+m_4+m_5=\bar{B}$

$m_0+m_2+m_4+m_6=\bar{C}$

$m_6+m_7+m_{14}+m_{15}=BC$

$m_{12}+m_{13}+m_{14}+m_{15}=AB$

$m_0+m_1+m_8+m_9=\bar{B}\bar{C}$

$m_0+m_2+m_8+m_{10}=\bar{B}\bar{D}$

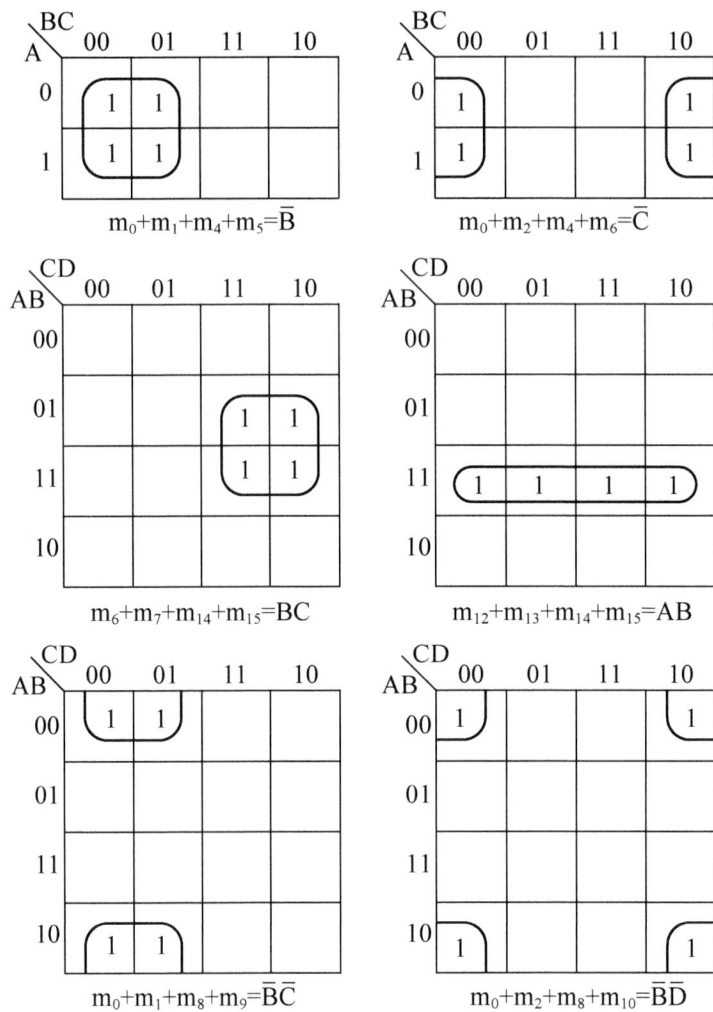

图 5.11   用图形法消去两个互补变量

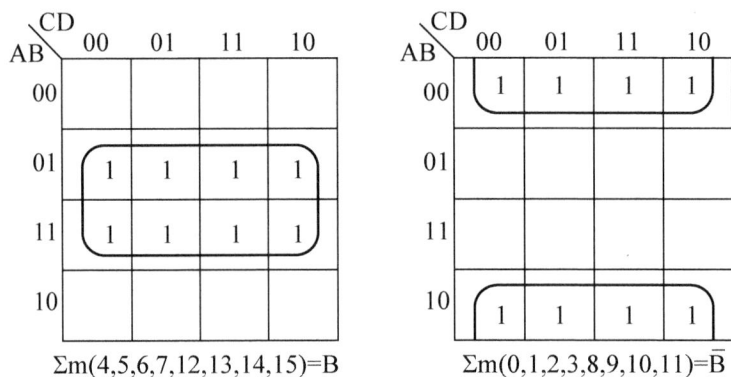

$\Sigma m(4,5,6,7,12,13,14,15)=B$

$\Sigma m(0,1,2,3,8,9,10,11)=\bar{B}$

图 5.12   用图形法消去三个互补变量

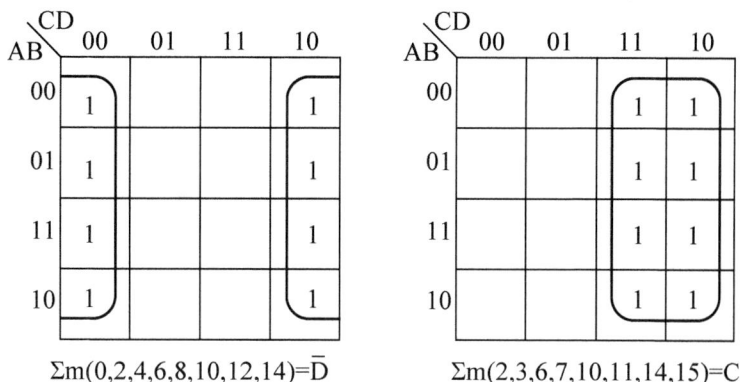

$$\Sigma m(0,2,4,6,8,10,12,14)=\overline{D} \qquad \Sigma m(2,3,6,7,10,11,14,15)=C$$

图 5.12 用图形法消去三个互补变量(续)

2. 用卡诺图化简逻辑函数

用卡诺图化简逻辑函数一般分为 3 步:

(1) 画出函数的卡诺图。

(2) 按照上述合并最小项的规律,将相邻的 1 方格圈起来,直到所有 1 方格被圈完为止。

(3) 将每个圈所表示的与项相加,得逻辑函数的最简与-或式。

为了获得最简与-或式,圈 1 时应注意:

(1) 圈的个数应尽量少。圈越少,与项越少。

(2) 圈应尽量大。圈越大,消去的变量越多。

(3) 先圈八格组,再圈四格组,后圈二格组,孤立的小方格单独画成一个圈。

(4) 有些方格可以多次被圈,但是每个圈都要有新的方格。否则,该圈所表示的与项是多余的。

(5) 有时由于圈格的方法不止一种,因此化简的结果也就不同,但它们之间可以转换。

下面举例说明用圈"1"法化简逻辑函数的步骤。

【例 5-9】 化简 $F(A,B,C,D)=\sum m(3,4,5,7,9,13,14,15)$

解:画出 F 的卡诺图并按合并规律圈 1,如图 5.13 所示,因此得

$$F=\overline{A}B\overline{C}+A\overline{C}D+\overline{A}CD+ABC$$

此外,利用卡诺图按合并最小项规律圈"0",可以方便地求得反函数的最简与或式。

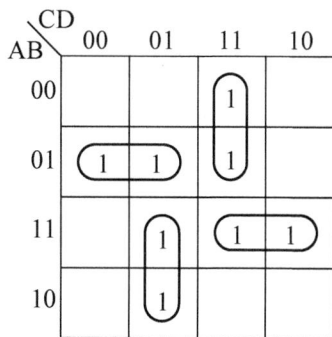

图 5.13 【例 5-9】图

5.5.3 具有约束条件的逻辑函数的化简

一个 n 变量的逻辑函数并不一定与 2^n 个最小项有关。例如,在一些实际应用中,某些最小项不允许出现,则这些最小项所对应的函数值是 1 还是 0 是没有意义的,因此可以随意地将

不允许出现的最小项当作 1 或 0 处理。在卡诺图中用×表示。我们把这种在实际上不允许出现的最小项称为无关项(或称随意项、约束项)。把由约束项构成的限制条件叫约束条件。使用卡诺图化简时,充分利用约束项可构成更大的包围圈,获得更为简单的与或表达式。

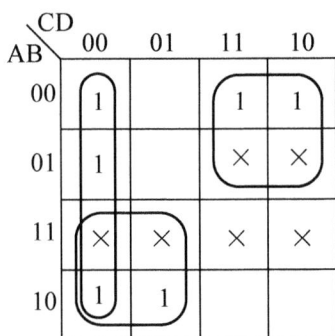

图 5.14 【例 5-10】图

【例 5-10】 已知 $F(A,B,C,D,)=\sum m(0,2,3,4,8,9)$, $\sum m(6,7,12,13,14,15)=0$。用卡诺图化简逻辑函数。

解: 画出 F 的卡诺图,并在约束项对应的小方格内填×,如图 5.14 所示。按合并规律画圈时,合理利用约束项,即把有利于化简的约束项看作 1,图中把 m_6, m_7, m_{12}, m_{13} 看作 1,其余的如 m_{14}, m_{15} 看作 0。化简得

$$F=\overline{C}D+A\overline{C}+\overline{A}C$$

由该例能够看出,利用约束项化简比不用约束项化简的结果要简单得多。值得注意的是,因为约束项与函数值无关,所以用卡诺图化简时不能单独圈×。

本章小结

本章讲述了数制和逻辑代数的基本公式、定理,逻辑代数的表示法以及逻辑函数的化简。为了进行逻辑运算,我们应熟练掌握逻辑函数的化简公式及卡诺图法化简的基本要领。这样可以大大提高运算速度。

在逻辑函数的表示方法中共介绍了 4 种方法,即真值表、函数式、逻辑图和卡诺图。这 4 种方法之间可以任意地互相转换。我们可以根据具体情况选择最适当的一种方法表示所研究的逻辑函数。

逻辑函数的化简方法是本章的重点。公式法和卡诺图法各有所长,又各有不足。公式法化简可以不受任何限制,但需要对公式及定理熟练地掌握并灵活地应用;卡诺图法简单、直观,而且有一定的化简步骤可循,易于掌握。但变量的数目超过五个时,卡诺图法就因过于复杂而失去意义。

在设计实际的数字系统时,为降低成本和充分利用现有的器件,通常不限于使用单一品种、单一逻辑功能的门电路。逻辑函数化简成的最终形式,应该根据实际选用哪些种类的门电路来统筹考虑。

习题 5

5.1 逻辑代数中的 3 种最基本的逻辑运算是什么?

5.2 逻辑函数有几种表示方法? 它们各自有什么特点?

5.3 用逻辑代数基本公式和常用公式将下列逻辑函数化为最简与式:

(1) $Y=A\overline{B}+B+\overline{A}B$

(2) $Y=A\overline{B}C+\overline{A}+B+C$

（3）$Y＝ABC＋AB$

（4）$Y＝A\overline{B}CD＋ABD＋A\overline{C}D$

（5）$Y＝A\overline{C}＋ABC＋AC\overline{D}＋CD$

（6）$Y＝A\overline{B}\overline{C}＋A\overline{B}C＋AB\overline{C}＋ABC$

（7）$Y＝\overline{A}\overline{B}C＋\overline{A}BC＋AB\overline{C}＋ABC$

（8）$Y＝B＋\overline{B}D$

（9）$Y＝(A＋\overline{A}C)(A＋CD＋D)$

（10）$Y＝A\overline{B}＋B＋BCD$

5.4　将下列各函数式化为最小项之和的形式：

（1）$Y＝\overline{A}BC＋AC＋\overline{B}C$

（2）$Y＝A\overline{B}\overline{C}D＋BCD＋\overline{A}D$

（3）$Y＝A＋B＋CD$

（4）$Y＝AB＋BC＋CD$

5.5　用卡诺图法将下列逻辑函数化为最简与或函数式：

（1）$Y＝ABC＋ABD＋\overline{C}D＋A\overline{B}C＋\overline{A}C\overline{D}＋A\overline{C}D$

（2）$Y＝\overline{A}\overline{B}＋B\overline{C}＋\overline{A}＋\overline{B}＋ABC$

（3）$Y＝AB＋A\overline{C}＋BD＋\overline{C}D$

（4）$Y＝\overline{A}\overline{B}＋AC＋\overline{B}C$

（5）$Y＝A\overline{B}\overline{C}＋\overline{A}\overline{B}＋\overline{A}D＋C＋BD$

（6）$Y1＝\overline{A}\overline{B}C＋\overline{A}B\overline{C}＋A\overline{B}C＋ABC$

5.6　证明下列逻辑恒等式（证明方法不限）：

（1）$A\overline{B}＋B＋\overline{A}B＝A＋B$

（2）$(A＋\overline{C})(B＋D)(B＋\overline{D})＝AB＋B\overline{C}$

（3）$A(A＋\overline{A})＝A$

（4）$A(\overline{A}＋B)＝AB$

（5）$(A＋B)(\overline{A}＋B)＝B$

（6）$AB＋A\overline{B}＋\overline{A}B＝A＋B$

5.7　用图形法化简下列各式：

（1）$Y＝A\overline{B}＋\overline{A}C＋\overline{C}D＋D$

（2）$Y＝\overline{A}(\overline{C}D＋C\overline{D})＋BC\overline{D}＋AC\overline{D}＋\overline{A}C\overline{D}$

5.8　用卡诺图将下列具有约束条件的函数化简成最简与或式。约束条件是 $AB＋AC＝0$。

（1）$Y＝\overline{A}B＋\overline{A}C$

（2）$Y＝\overline{A}B\overline{C}＋\overline{A}B＋C$

第 6 章

逻辑门电路

逻辑门电路是实现与、或、非等逻辑运算的具体电路,简称门电路。它是构成数字电路的基本单元。本章将首先讨论分立元件门电路。在此基础上,重点介绍集成 TTL 门电路和 MOS 门电路以及它们之间的接口技术。

6.1 分立元件门电路

从如图 6.1 所示二极管伏安特性曲线中,可以看出,当二极管偏置电压 $U_i > U_{th}$ 时,二极管导通;当 $U_{BR} < U_i < U_{th}$ 时,二极管截止。

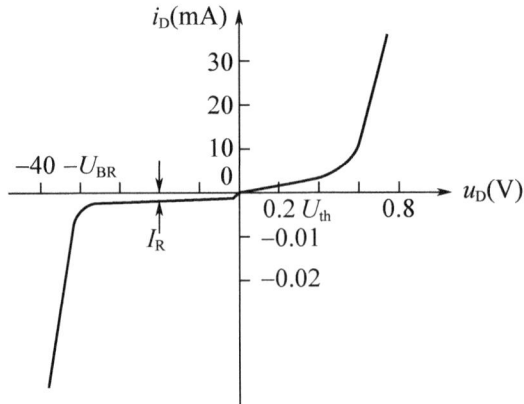

图 6.1 二极管伏安特性曲线

如图 6.2(a)所示电路中,若二极管导通,且忽略导通压降,则它与如图 6.2(b)所示电路等效;若二极管截止,i_{VD} 近似等于零,则它与如图 6.2(c)所示电路等效。利用二极管的这一开关特性,可以组成逻辑门电路。

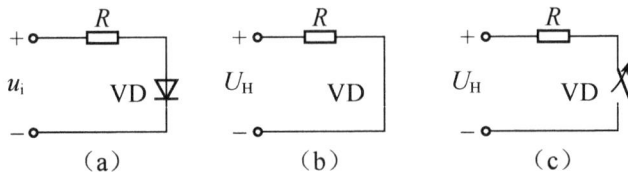

图 6.2 二极管开关特性等效电路

逻辑运算变量只有 1 和 0。在逻辑电路中,可分别用高电平和低电平表示。若用高电平表示逻辑 1,低电平表示逻辑 0,则称为正逻辑;反之,称为负逻辑。本书若不特别说明,在讨论各种逻辑关系时,均采用正逻辑。

6.1.1 与门

与门是实现"与"逻辑功能的电路,它有多个输入端和一个输出端。由二极管构成的与门电路如图 6.3(a)所示,输入端为 A 与 B,输出端为 F,如图 6.3(b)所示为与门逻辑符号。

(1) 当输入端 A 与 B 均为低电平 0.3V 时,二极管 VD_1 与 VD_2 均导通。若将二极管视为理想开关,则输出端 F 为低电平 0.3V。

(2) 当输入端 A 与 B 中有一个为低电平 0.3V 时,设 A 端为低电平 0.3V,B 端为高电平 3V,则二极管 VD_1 导通,VD_2 截止,输出端 F 为低电平 0.3V。

(3) 当输入端 A、B 均为高电平 3V 时,二极管 VD_1 与 VD_2 均导通,输出端 F 为高电平 3V。

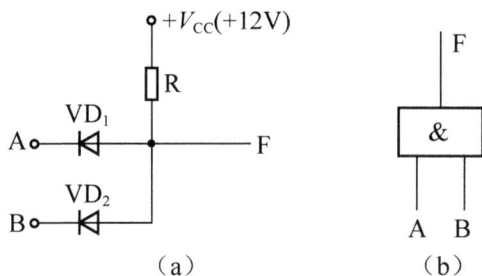

图 6.3 二极管与门

将上述情况下输入、输出端电平值列于表 6-1 中,按正逻辑转换得到该电路逻辑真值表6-2。从中可以看出,电路的输入信号只要有一个为低电平,输出便是低电平,只有输入全为高电平时,输出才是高电平,即实现与逻辑功能,其逻辑表达式为

$$F = AB$$

表 6-1 二极管与门的电平真值表

输	入	输 出
$u_{iA}(V)$	$u_{iB}(V)$	$u_{oF}(V)$
0.3	0.3	0.3
0.3	3	0.3
3	0.3	0.3
3	3	3

表 6-2 二极管与门逻辑真值表

A	B	F
0	0	0
0	1	0
1	0	0
1	1	1

6.1.2　或门

或门是实现"或"逻辑功能的电路,它也有多个输入端和一个输出端。由二极管构成的或门电路如图6.4(a)所示,输入端为A与B,输出端为F,如图6.4(b)所示为或门逻辑符号。

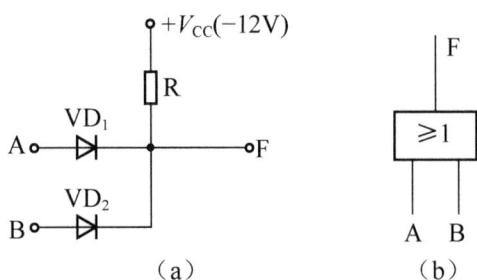

图6.4　二极管或门

(1) 当输入端A与B均为低电平0.3V时,二极管 VD_1 与 VD_2 均导通,输出端F为低电平0.3V。

(2) 当输入端A与B中有一个为高电平3V时,设A端为高电平3V,B端为低电平0.3V,则二极管 VD_1 导通, VD_2 截止,输出端F被钳位于高电平3V。

(3) 当输入端A与B均为高电平3V时,二极管 VD_1 与 VD_2 均导通,输出端F为高电平3V。

将上述情况下输入、输出端电平值列于表6-3中,按正逻辑转换得到该电路逻辑真值表6-4。从中可以看出,电路的输入信号只要有一个为高电平,输出便是高电平,只有输入全为低电平时,输出才是低电平,即实现或逻辑功能,其逻辑表示式为

$$F = A + B$$

表6-3　二极管或门电平真值表

输	入	输　出
$u_{iA}(V)$	$u_{iB}(V)$	$u_{oF}(V)$
0.3	0.3	0.3
0.3	3	3
3	0.3	3
3	3	3

表6-4　二极管或门逻辑真值表

A	B	F
0	0	0
0	1	1
1	0	1
1	1	1

6.1.3　非门

实现"非"逻辑功能的电路是非门电路,也称反相器。利用三极管的开关特性,可以实现非逻辑运算。如图6.5所示是三极管非门电路。

当输入 u_i 为低电平0.3V时,三极管截止,输出电压 $u_o = V_{CC}$ 为高电平。

当输入 u_i 为高电平3V时,在元件参数选择适当的条件下,三极管工作于饱和区,输出电压 $u_o = U_{CES} = 0.3V$ 为低电平。

将输入、输出端电平值列于表6-5中,按正逻辑转换得该电路逻辑真值表6-6。可以看出,输出与输入逻辑正好相反,实现了非逻辑功能,其逻辑表示式为

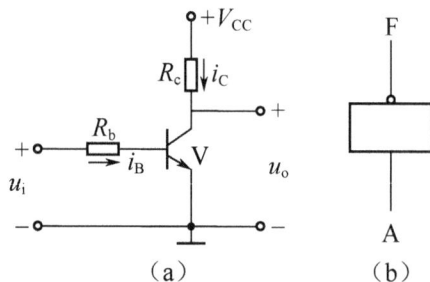

图6.5　三极管非门

$$F = \overline{A}$$

表 6-5 三极管非门电平真值表

u_i	u_o
0.3	3
3	0.3

表 6-6 三极管非门逻辑真值表

A	F
0	1
1	0

6.1.4 组合逻辑门

将与门、或门、非门等基本逻辑门电路组合起来,实现与非、或非、与或非、异或、异或非等逻辑运算的门电路,统称为组合逻辑门电路。例如,如图 6.6 所示是二极管与门与三极管非门组合而成的与非门电路,其中 C_j 为提高三极管开关速度的加速电容,在分析输入、输出电平关系时,可认为 C_j 开路。表 6-7 是其真值表。

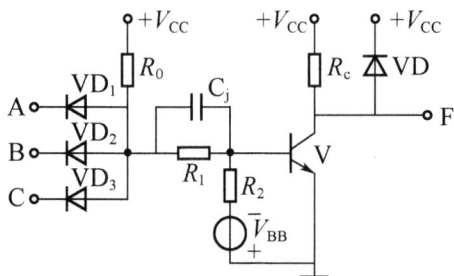

图 6.6 与非门电路

表 6-7 与非门逻辑真值表

输	入		输 出
A	B	C	F
0	0	0	1
0	0	1	1
0	1	0	1
0	1	1	1
1	0	0	1
1	0	1	1
1	1	0	1
1	1	1	0

6.2 集成 TTL 门电路

现代数字电路广泛采用了集成电路。根据半导体器件类型,数字集成门电路分为 MOS 集成门电路和双极型(晶体三极管)集成门电路。MOS 集成门电路中,使用最多的是 CMOS 集成门电路。双极型集成电路中,使用最多的是 TTL 集成门电路。TTL 门电路的输入、输出都是由晶体三极管组成,所以人们称它为三极管—三极管逻辑门电路(Transistor Transistor Logic),简称 TTL 门。

TTL 门电路中的三极管工作于开关状态,因此,了解三极管的开关特性是十分必要的。

6.2.1 三极管的开关特性

1. 静态特性

图 6.7 是典型的共发射极三极管开关电路。其中,R_b 为基极电阻,通过它限制基极电流 i_B 的大小;R_c 为集电极电阻,通过它限制集电极电流 i_C 的大小。

图 6.8 是三极管 V 的输出特性曲线,其中线段 MN 是它的直流负载线,线段 OP 为临界饱和线。

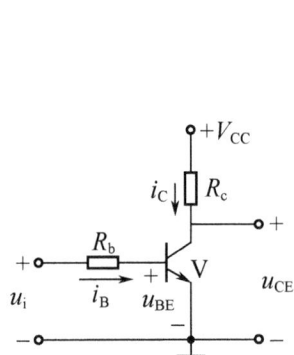

图 6.7　三极管开关电路　　　　图 6.8　三极管输出特性曲线

(1)三极管截止特性。当输入电压 u_i 小于发射结导通压降 U_{th} 时,三极管截止,工作点位于特性曲线上 A 点以下部分,这时 $i_B \leqslant 0$,$i_C \approx 0$,$u_{CE} \approx V_{CC}$,集电极回路 c 极与 e 极之间近似开路,相当于开关断开。三极管截止状态等效电路如图 6.9(a)所示。

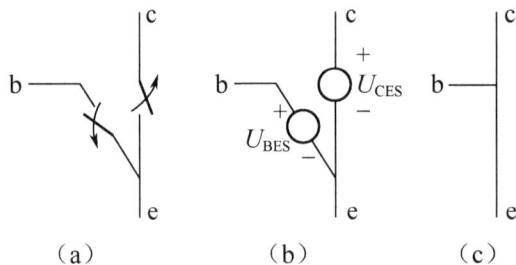

图 6.9　三极管开关特性等效电路

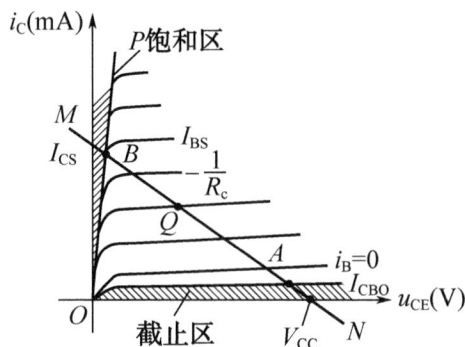

(2)三极管饱和特性。当输入电压 $u_i > U_{th}$ 时,u_i 增大,i_B 增大,i_C 增大,工作点沿负载线向上移动至 B 点,三极管处于临界饱和状态,此时

$$i_C = I_{CS} = \frac{V_{CC} - U_{CES}}{R_c} \approx \frac{V_{CC}}{R_c}$$

$$i_B = I_{BS} = \frac{I_{CS}}{\beta} \approx \frac{V_{CC}}{\beta R_c}$$

式中,I_{CS} 为三极管集电极饱和电流,I_{BS} 为三极管基极等效饱和电流,U_{CES} 是三极管饱和压降,

一般硅管的 $U_{CES}=0.3V$,锗管的 $U_{CES}=0.1V$。从图 6.8 中可以看到,三极管临界饱和后,失去电流放大作用,i_B 再增加,三极管饱和深度加大,i_C 略有增加,u_{CE} 略有减小。可见,三极管饱和时 U_{CES} 很小,集电极电流 i_C 主要由外电路决定,三极管 c 极、e 极间近似为短路,相当于开关接通。三极管饱和状态时的等效电路如图 6.9(b)所示。

综上所述,三极管截止条件是

$$u_i < U_{th}$$

截止时,各极间等效于断开的开关。

三极管饱和条件是

$$i_B \geqslant I_{BS} = \frac{I_{CS}}{\beta}$$

饱和时,若忽略饱和压降,各极间等效于闭合的开关,如图 6.9(c)所示。

2. 动态特性

三极管的动态特性是指三极管由饱和转变为截止或由截止转变为饱和时的转换特性。三极管由两个背靠背的 PN 结组成,PN 结由导通转变为截止或由截止转变为导通需要一定的时间,那么三极管开关由饱和转变为截止或由截止转变为饱和时,也需要一定的时间。

在图 6.9(a)电路中输入一个矩形脉冲,可以得到集电极电流 i_C 及输出电压 u_{CE} 波形,如图 6.10 所示。可以看出,i_C 与 u_{CE} 的前、后沿出现斜坡,而且相对于 u_i 延迟了一定的时间。图 6.10 中时间参数的意义分别如下。

延迟时间 t_d:从 u_i 正跳变开始,至集电极电流 i_C 上升到 $0.1I_{CS}$ 所需要的时间。

上升时间 t_r:集电极电流 i_C 从 $0.1I_{CS}$ 上升到 $0.9I_{CS}$ 所需要的时间。

开启时间 t_{on}:$t_{on}=t_d+t_r$,它反映了三极管由截止转变为饱和导通所需要的时间。

存储时间 t_s:从 u_i 负跳变开始,至集电极电流 i_C 下降到 $0.9I_{CS}$ 所需要的时间。

下降时间 t_f:集电极电流 i_C 从 $0.9I_{CS}$ 下降到 $0.1I_{CS}$ 所需要的时间。

关闭时间 t_{off}:$t_{off}=t_s+t_f$,它反映了三极管由饱和导通转变为截止所需要的时间。

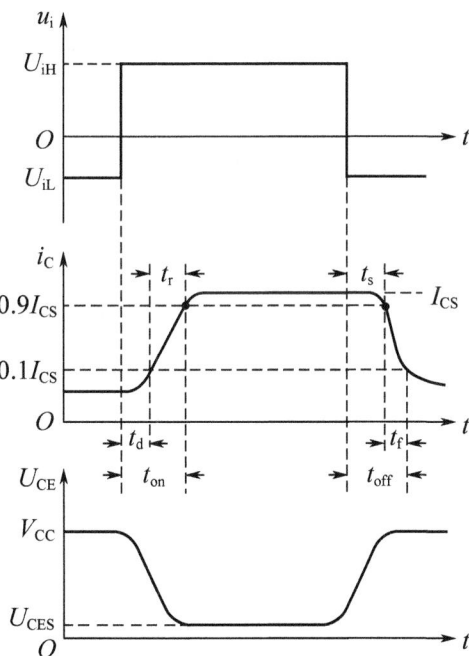

图 6.10 三极管动态特性

开启时间 t_{on} 和关闭时间 t_{off} 是衡量三极管开关特性的两个重要参数,它主要取决于管子的内部构造。一般结电容越小、基区越薄,三极管的开关时间就越小。

此外,三极管的开关时间还和电路的工作条件有关,在管子选定的情况下,可通过改进外电路,以减小开关时间。图 6.6 中与电阻 R_1 并联的电容 C_j 可以提高三极管的开关速度,故称为加速电容。C_j 一般为几十至几百皮法。

6.2.2 集成 TTL 与非门

1. 电路组成

TTL 门电路的基本形式是与非门,图 6.11(a)与(b)分别为 TTL 与非门的基本电路及逻辑符号。

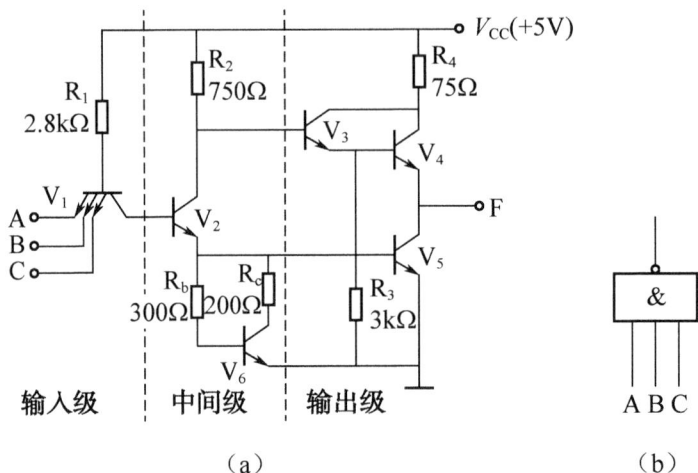

图 6.11 TTL 与非门

电路内部分为三级:

输入级由多发射极三极管 V_1 和电阻 R_1 组成,多发射极三极管 V_1 有多个发射极,作为门的输入端。由于 V_1 每一个发射极和基极之间都是一个 PN 结,基极和集电极之间也是一个 PN 结,所以从逻辑功能上看,多发射极三极管 V_1 可等效为图 6.12 所示的形式。

中间放大级由 V_2,R_2,V_6,R_b,R_c 组成。V_2 集电极和发射极输出两个相位相反的信号,作为 V_3 和 V_5 的驱动信号。

输出级由 V_3,V_4,V_5,R_3,R_4 组成。

2. 工作原理

在图 6.11(a)中,若输入端 A,B,C 中至少有一个是低电平0.3V,则 V_1 管基极电位 u_{B1} =

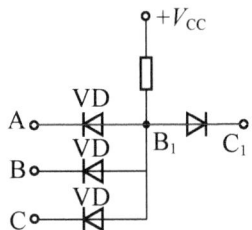

图 6.12 TTL 门输入级等效电路

$0.3+0.7=1$V,这 1V 电压不能使 V_1 集电结、V_2 发射结、V_5 发射结三个 PN 结导通,所以,V_2 与 V_5 截止。此时,V_{CC} 通过 R_2 使 V_3 与 V_4 导通,$u_o=V_{CC}-U_{BE3}-U_{BE4}-I_{B3}R_2 \approx V_{CC}-U_{BE3}-U_{BE4} \approx 5-0.7-0.7 \approx 3.6$V,输出端为高电平 U_{OH}。

当输入端 A,B,C 均为高电平 3V 时,V_1 基极升高,足以使 V_1 集电结、V_2 发射结、V_5 发射结三个 PN 结导通,V_1 基极电位被钳位于 2.1V。V_1 的发射结反偏,集电结正偏,处于倒置工作状态,V_1 失去电流放大作用。三极管 V_2 与 V_5 导通后,进入饱和区,$u_{B3}=u_{C2}=U_{CES2}+U_{BE5}=0.3+0.7=1V$,$V_3$ 导通,V_4 截止。输出端为低电平 U_{OL}。

由此可见,只要输入端有一个为低电平,则输出高电平;只有输入端全为高电平时,才输出低电平。表 6-8、表 6-9 分别为该电路的电平真值表和逻辑真值表,电路的逻辑表达式为

$$F=\overline{ABC}$$

表 6-8　TTL 与非门电平真值表

输	入		输 出
$u_{iA}(V)$	$u_{iB}(V)$	$u_{iC}(V)$	$u_{oF}(V)$
0.3	0.3	0.3	3.6
0.3	0.3	3.6	3.6
0.3	3.6	0.3	3.6
0.3	3.6	3.6	3.6
3.6	0.3	0.3	3.6
3.6	0.3	3.6	3.6
3.6	3.6	0.3	3.6
3.6	3.6	3.6	0.3

表 6-9　TTL 与非门逻辑真值表

A	B	C	F
0	0	0	1
0	0	1	1
0	1	0	1
0	1	1	1
1	0	0	1
1	0	1	1
1	1	0	1
1	1	1	0

需要说明的是,由 V_6,R_b,R_c 组成的有源泄放电路能够改善 TTL 与非门电路的电压传输特性,提高电路的抗干扰能力和开关速度。

3. 电压传输特性

TTL 与非门输出电压 u_o 与输入电压 u_i 的关系称为电压传输特性。图 6.13(a)与(b)分别为其实测电路和电压传输特性曲线。曲线分为 AB,BC,CD 三段。

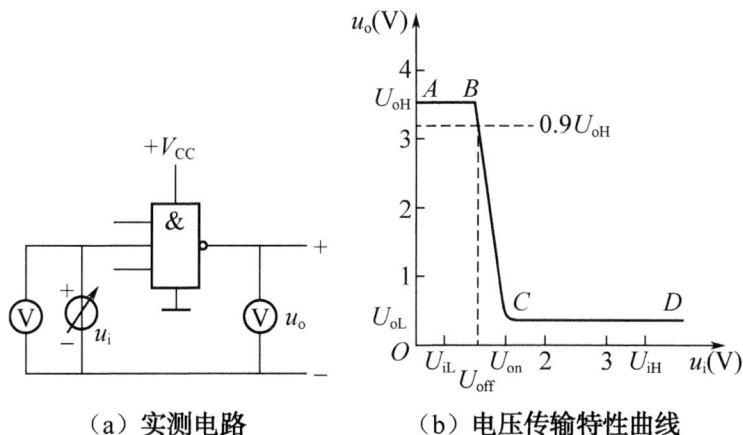

（a）实测电路　　　（b）电压传输特性曲线

图 6.13　TTL 与非门实测电路和电压传输特性曲线

AB 段:$u_i < 0.8V$,则 $u_{B1} < 1.5V$,V_2 与 V_5 可靠地截止,输出为高电平 $U_{oH} = 3.6V$。因此,AB 段基本上是与横轴平行的一段直线,u_o 不随 u_i 而变化。这时称门处于关闭状态(关态)。

BC 段:$0.8V < u_i < 1.4V$,则 $1.5V < u_{B1} < 2.1V$。在此范围内 u_i 逐步增大,V_2 和 V_5 由截止向饱和过渡过程中,进入放大区,因此,随着 u_i 增大,u_{C2} 逐步减小,通过复合管 V_3 与 V_4 的电压跟随作用,输出电压 u_o 也逐步减小。所以,BC 段为下降段。

CD 段:$u_i > 1.4V$,$u_{B1} = 2.1V$,V_2 与 V_5 饱和导通,V_4 完全截止。输出保持为低电平 $U_{oL} = 0.3V$,这时称门处于开启状态(开态)。

由电压传输特性曲线可以求出与非门的几个重要参数。

(1) 输出高电平 U_{oH} 和输出低电平 U_{oL}。输出高电平 U_{oH} 为电压传输特性曲线上门处于关态时的输出电压;输出低电平 U_{oL} 为电压传输特性曲线上门处于开态时的输出电压。

(2) 开门电平 U_{on} 和关门电平 U_{off}。在保证门输出为额定低电平条件下,所允许的最小输入高电平值称为开门电平 U_{on};在保证门输出为额定高电平值的 90% 的条件下,所允许的最大输入低电平值称为关门电平 U_{off}。

(3) 门限电平 U_{th}。门限电平也称阈值电压,定义为

$$U_{th} = \frac{U_{on} + U_{off}}{2}$$

它是对应于门开启与关闭分界线处的输入电压值。

(4) 低电平噪声容限 U_{nL} 和高电平噪声容限 U_{nH}。TTL 与非门的负载往往也是门电路。受电路自身和外界因素的影响,后级门的输入(即前级门的输出)高、低电平都会偏离额定值,偏离过大,会造成后级门错误动作,而达不到预期的逻辑功能。为了衡量门电路的抗干扰能力,引入噪声容限这一参数。图 6.14 是与非门噪声容限分析图。

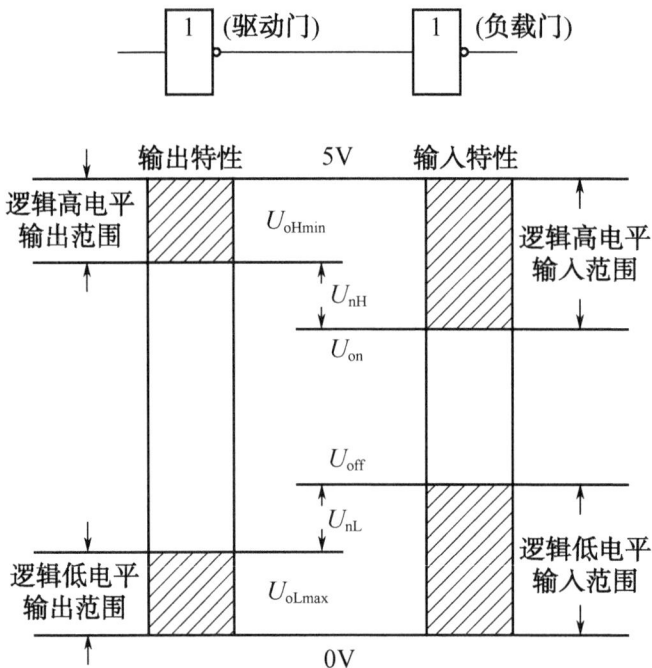

图 6.14　与非门噪声容限分析图

当前级门输出低电平的最大值 U_{oLmax}，加上暂态干扰 U_{nL}，不超过后级门关门电平 U_{off} 时，可确保整个门电路不会出现逻辑错误。因此，低电平噪声容限定义为

$$U_{nL} = U_{off} - U_{oLmax}$$

当前级门输出高电平最小值 U_{oHmin}，减去暂态干扰 U_{nH}，不低于后级门开门电平 U_{on} 时，可确保整个门电路不会出现逻辑错误。因此，高电平噪声容限定义为

$$U_{nH} = U_{oHmin} - U_{on}$$

为了提高集成门电路的抗干扰能力，应尽可能提高门电路的噪声容限。

4. TTL与非门的负载能力

实际应用中，门电路输出端一般总接有一个或几个门，如图6.15(a)所示。承受前级门输出信号的后级门称为前级门的负载，又称负载门；带动负载门的前级门称为驱动门。驱动门输出的电流称为驱动电流；流经驱动门又流经负载门的电流称为负载电流。

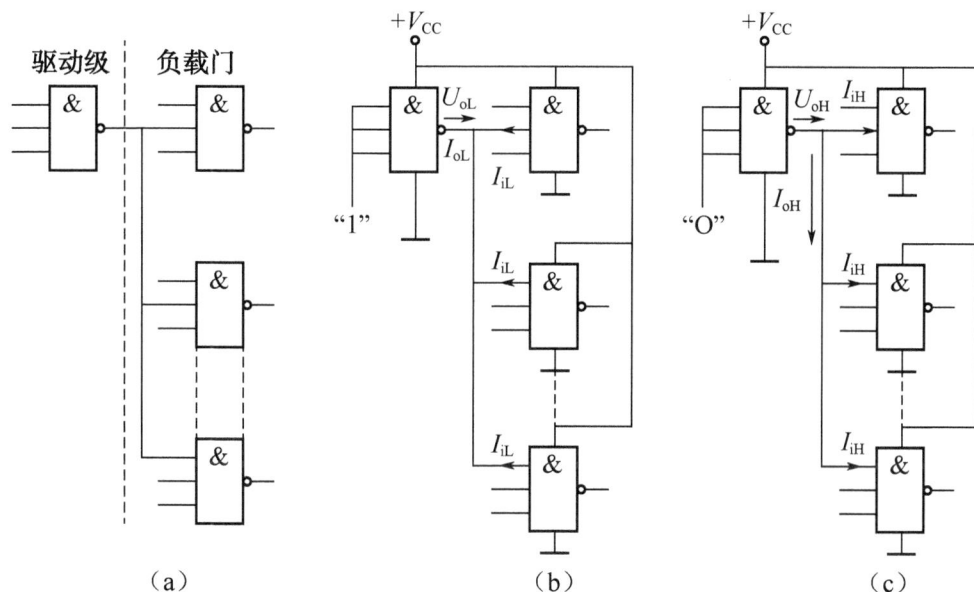

图 6.15　TTL与非门的负载能力

当驱动门输出低电平时，驱动门中 V_5 饱和导通，各负载门电流灌入驱动门输出端，所以这种负载叫做灌流负载，如图6.15(b)所示。当灌流负载门数增加时，负载电流 I_o 增加，驱动级输出管集电极电流增大，饱和程度减轻，驱动级输出低电平 U_{oL} 增大。为保障 U_{oL} 不高于规定值(0.4V)，驱动级与非门的输出管必须工作在深度饱和状态，在此条件下允许带灌流负载的最大数量 N_{Lmax}，叫做驱动级与非门的灌流负载能力。

当驱动门输出高电平时，驱动门中 V_5 截止，V_4 导通，各负载门电流是从驱动级中拉出来的，所以这种负载叫拉流负载，如图6.15(c)所示。当负载门增加时，负载电流 I_o 增大，驱动级内压降增大，输出高电平 U_{oH} 降低。为保障 U_{oH} 不低于规定值(2.4V)，驱动级与非门允许带拉流负载的最大数量 N_{Hmax} 叫做驱动级与非门的拉流负载能力。

若每个负载门只有一个输入端接驱动级输出端时，与非门的带拉流负载能力比带灌流负

载能力强,所以通常都用带灌流负载能力来表示与非门的负载能力,并用 $N_o(=N_{Lmax})$ 表示,N_o 又称为与非门的扇出系数。

与非门在电路中所带负载门的数量大于它的 N_o 时,叫做过载,这是不允许的。

5. 传输延迟特性

由于三极管开关时间及电路分布电容的存在,使与非门在信号传输过程中总有一定的延迟时间,如图 6.16 所示。

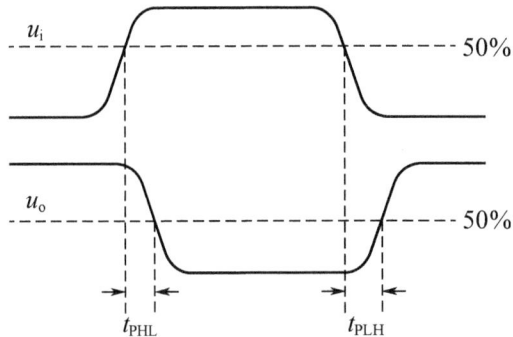

图 6.16　TTL 与非门传输延迟特性

当输入 u_i 由低电平变为高电平时,输出波形由高电平变为低电平,把输入波形上升沿的 50% 与输出波形下降沿的 50% 之间的时间间隔称为导通延迟时间 t_{PHL};同理,输入波形下降沿的 50% 与输出波形上升沿的 50% 之间的时间间隔称为截止延迟时间 t_{PLH}。t_{PHL} 与 t_{PLH} 的平均值称为平均延迟时间 t_{pd},即

$$t_{pd}=\frac{1}{2}(t_{PHL}+t_{PLH})$$

平均延迟时间是决定开关速度的重要参数。通常根据 t_{pd} 的大小将门划分为低速门、中速门、高速门几种。普通 TTL 与非门 t_{pd} 为 6～15ns。

6. 改进型 TTL 与非门

晶体三极管的开关时间限制了 TTL 与非门的开关速度。为了提高 TTL 门电路的开关速度,人们在三极管的基极和集电极间跨接肖特基二极管,如图 6.17(b),以缩短三极管的开关时间。肖特基二极管也称快速恢复二极管,它的开关速度极短,可实现 1ns 以下的高速度,其电路符号如图 6.17(a)所示。加接了肖特基二极管的三极管称为肖特基三极管,其电路符号如图 6.17(c)所示。由肖特基三极管组成的与非门电路就是肖特基 TTL 门,即 STTL 门电路,它的 t_{pd} 在 10ns 以内。

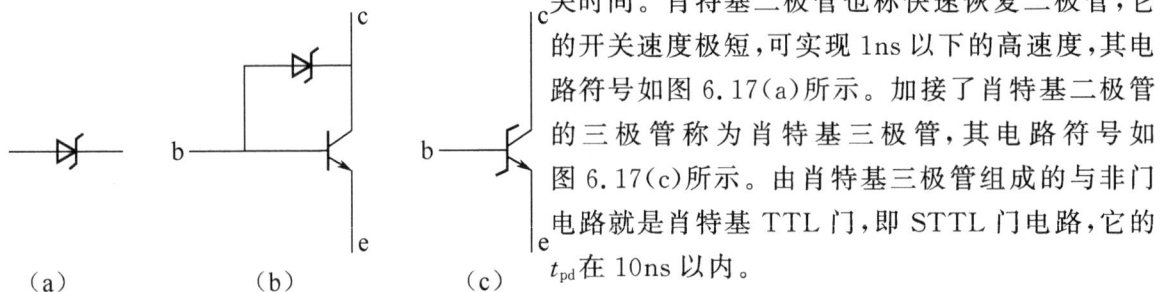

（a）　　　　（b）　　　　（c）

图 6.17　肖特基二极管及三极管

肖特基 TTL 门电路,除 STTL 系列外,还有低功耗的 LSTTL 系列以及速度、功耗等特性都

比较优越的 ASTTL 与 ALSTTL 系列等。

6.2.3　集成 TTL 与非门的其他类型

在集成 TTL 电路系列产品中,除了常用的与非门外,还有与门、或门、非门、或非门、与或非门、异或门、集电极开路门和三态门等,下面介绍其中的几种。

1. 与门

TTL 与门电路如图 6.18 所示,同典型的与非门相比,它多了一个二极管 VD 及三极管 V_6 与 V_7,它们同电阻 R_6 与 R_7 构成一个反相器,增加了一个非逻辑关系。

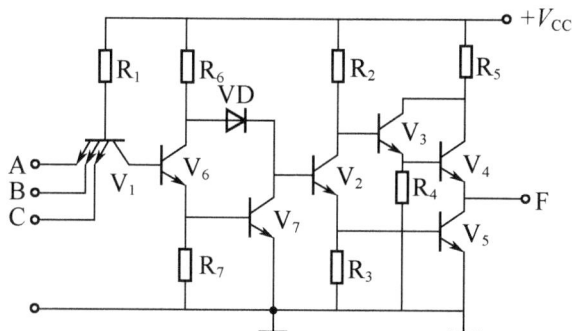

图 6.18　TTL 与门电路

当输入端 A,B,C 中至少有一个为低电平时,V_6 与 V_7 截止,二极管 VD 及 V_2 与 V_5 饱和导通,V_3 与 V_4 截止,输出低电平;当输入端 A,B,C 全为高电平时,V_6 与 V_7 饱和导通,二极管 VD 及 V_2 与 V_5 截止,V_3 与 V_4 导通,输出高电平。于是,电路实现了与逻辑运算

$$F = ABC$$

2. 与或非门

TTL 与或非门电路及逻辑符号如图 6.19(a) 与 (b) 所示,它比典型的与非门电路多了由 $V_1{'}$,$V_2{'}$,$R_1{'}$ 所组成的输入与门和反相电路,这部分电路和原来 V_1,V_2,R_1 所组成的电路完全相同。由于 V_2 与 $V_2{'}$ 的输出是并联的,其中任何一个导通都将使 V_5 导通,输出低电平;只有 V_2 与 $V_2{'}$ 同时截止,V_5 才截止,电路才输出高电平。可见,V_2 与 $V_2{'}$ 并联具有或逻辑功能,整个电路的逻辑功能为与或非,即

$$F = \overline{A_1 A_2 + B_1 B_2}$$

3. 扩展器

TTL 门电路输入端一般不超过 5 个,为增加输入端数,可使用扩展器。扩展器有与扩展器和与或扩展器(也称或扩展器)。

与扩展器实际上就是一个多发射极晶体管,其内部电路结构如图 6.20(a) 虚线框内电路。与扩展器应和带有与扩展端的门电路相接。图 6.20(b) 与 (c) 分别为与扩展器和带与扩展器

的与非门的逻辑符号，图 6.20(a)与(d)分别为它们相接时的电路及逻辑符号。分析可得

$$F = \overline{ABCA'B'C'}$$

（a）　　　　　　　　　　　（b）

图 6.19　TTL 与或非门电路

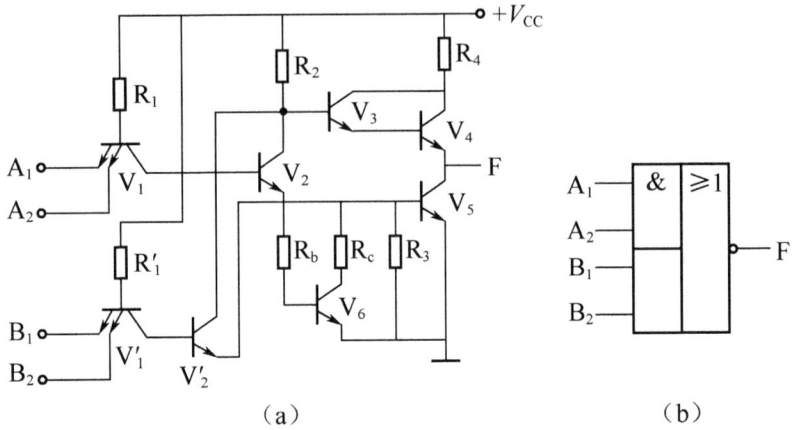

（a）　　　　　　　　　（b）

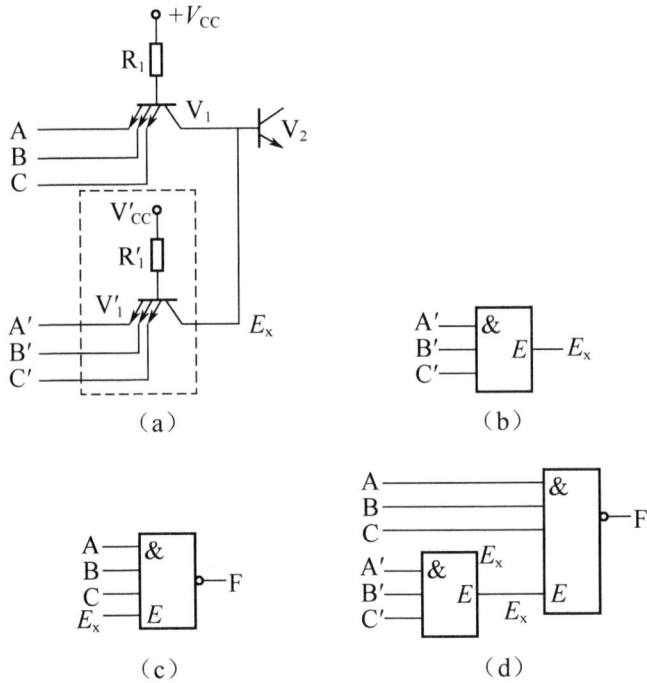

（c）　　　　　　　　　（d）

图 6.20　与扩展器及其连接

与或扩展器应和带与或扩展端的门电路相接。与或扩展器逻辑符号如图 6.21(a)所示。图 6.21(b)是带与或扩展器的与或非门逻辑符号。图 6.21(c)为它和与或扩展器的连接图。

分析可得

$$F = \overline{AB + CD + A'B' + C'D'}$$

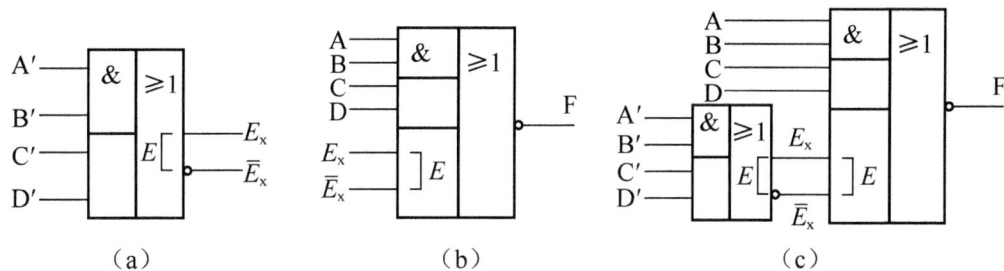

图 6.21　与或扩展器及其连接

4. 集电极开路门

在数字系统中广泛使用线逻辑,所谓线逻辑就是将两个或多个逻辑门的输出线并联起来所得到的附加逻辑。由于这种逻辑是在连接点处发生的,所以又称点逻辑。

前面介绍的 TTL 与非门是不允许并联使用的,也就无法实现线逻辑。其原因是:若将两个 TTL 与非门并联,如图 6.22 所示,当一个门输出高电平,另一个门输出低电平时,会有很大的电流从关闭门的 V_4 管流到开启门的 V_5 管造成功耗过大,损坏门电路。为了实现线逻辑可以采用集电极开路门,也称 OC 门 (Open Collector)。

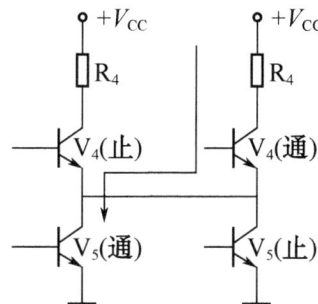

图 6.22　基本 TTL 与非门输出并联说明图

图 6.23 是 OC 门的电路图及逻辑符号,它与基本 TTL 与非门的区别是取消了 V_3 和 V_4 构成的射随器,V_5 集电极开路。

几个 OC 门的输出端可直接相连完成一定的逻辑功能。图 6.24 中三个 OC 与非门输出端相连,当任一 OC 门输出低电平时,电路输出 F 为低电平。只有所有 OC 门输出都是高电平时,F 才为高电平,实现了线与功能,即

$$F = \overline{AB} \cdot \overline{CD} \cdot \overline{EF}$$

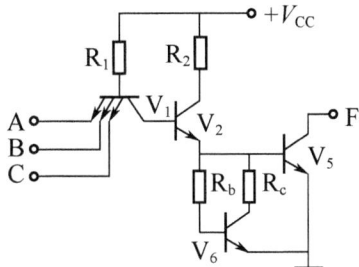

图 6.23　集电极开路门

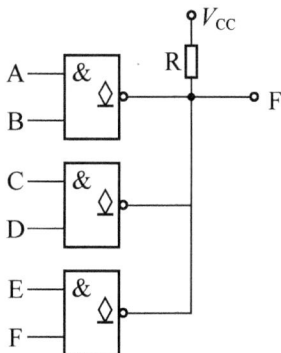

图 6.24　集电极开路门的线与

5. 三态门

基本 TTL 与非门的输出有两种状态:高电平和低电平;输出高电平时,门电路内 V_4 导

通;输出低电平时,门电路内 V_5 导通。因此,无论哪种输出,门电路的直流输出电阻都很小,都是低阻输出。三态门又称 3S 门或 TSL 门(Three State Logic),它有 3 种输出状态,分别是:高电平、低电平、高阻态(禁止态)。其中,第 3 态高阻态下,输出端相当于开路。

图 6.25(a)与(b)分别是三态门的原理电路及逻辑符号。由图 6.25(a)可以看出,它只是比普通 TTL 与非门多了一个输入端和二极管,该输入端称为使能端。当使能端 E 为高电平时,二极管 VD 截止,与非门正常工作,$F=\overline{AB}$;当 E 为低电平时,二极管 VD 导通,$u_{C2}=U_{VD}+U_{EL}=0.7+0.3=1V$,$V_4$ 截止;与此同时,V_2 与 V_5 也截止,这时从门电路输出端向里看进去,电路是高阻状态。

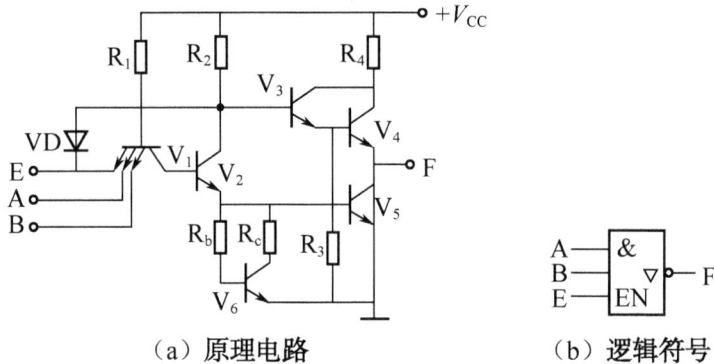

（a）原理电路　　（b）逻辑符号

图 6.25　三态门原理电路及逻辑符号

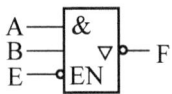

图 6.26　低电平有效三态门

图 6.25(a)电路中,E 为低电平时,高阻输出;E 为高电平时,实现与非功能,故称之为高电平有效三态门。还有一种三态门叫做低电平有效三态门,当 E 为高电平时,它为高阻输出;E 为低电平时,它实现与非功能。图 6.26 是低电平有效三态门的逻辑符号。

三态门常用于数据总线结构。总线是一组导线,是数字系统或计算机中传输信息的公共通道。传送数据用的总线便称为数据总线。在任一瞬时,总线上只能有一个信息被传送。图 6.27中,在一条数据总线上连接了六个三态门。其中,G_A,G_B,G_C 向数据总线发送数据,G_O,G_P,G_G 从数据总线接收数据。当 A,B,C 轮流接低电平时,A,B,C 端的信号就可以轮流送到数据总线上,并由 G_O,G_P,G_G 中使能端为低电平的门把数据接收下来。

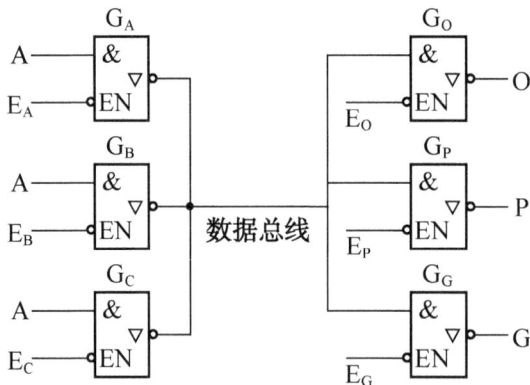

图 6.27　三态门用于数据传输

6. 驱动门和缓冲门

驱动门也称功率门,其电路形式与一般与非门相同,但具有很强的带负载能力,扇出系数可达 50。图 6.28(a)是其逻辑符号。

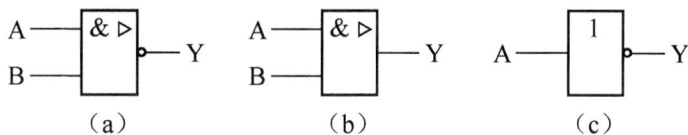

图 6.28 驱动门和缓冲门

缓冲门在逻辑上不起作用,只起隔离作用,也有很强的带负载能力。从这种意义上说,缓冲门也可以视为驱动门。图 6.28(b)是与缓冲门的逻辑符号,(c)是缓冲单元(也称缓冲器)的逻辑符号。

6.2.4 TTL 门电路的使用规则

1. 对电源的要求

(1) TTL 集成电路对电源要求比较严格,当电源电压超过 5.5V 时,将损坏器件;若电源电压低于 4.5V,器件的逻辑功能将不正常。因此在以 TTL 集成电路为基本器件的系统中,电源电压应满足 5V±5%(对Ⅰ类、Ⅲ类电路,如 74L,74LS,74F 等),5V±10%(对Ⅱ类电路,如 74ALS,74AS 等)。

(2) 考虑到电源通断瞬间或其他原因会在电源线上产生冲击电压,外界干扰或电路间相互干扰也会通过电源引入,故必须对电源进行去耦和滤波,在印制电路板上每隔 5~10 块电路加接高频滤波电容(0.01~0.1μF),印制电路板外的电源线可用 2~10μH 的电感和 10~50μF 的电容滤波。

(3) 电源和地线不能错接,否则将引起大电流而造成电路失效。

2. 对输入端的要求

(1) 电路各输入端不能直接与高于+5.5V 和低于−0.5V 的低内阻电源连接,以免因过流而烧坏电路。

(2) 带扩展端的 TTL 电路,其扩展端不允许直接接电源,否则将损坏器件。

(3) 多余输入端的处理原则是尽量不要悬空,以免干扰。

① 不使用的多余输入端可并接到使用的输入端上(LSTTL除外)。

② 如电源电压不超过 5.5V,可将不使用的与输入端直接接电源,或通过 1kΩ 电阻再接到电源上。

③ 将不使用的或输入端接地。

3. 对输出端的要求

（1）TTL 集成电路的输出端不允许直接接地或直接接+5V 电源,否则将导致器件损坏。

（2）TTL 集成电路的输出端不允许并联使用(集电极开路门和三态门除外),否则将损坏器件。

（3）当输出端接容性负载时,电路从断开到接通的瞬间会有很大的冲击电流流过输出管,导致输出管损坏。为此,该电路应接入限流电阻,一般当容性负载大于 100pF 时,限流电阻可取 180Ω。

6.3 集成 MOS 门电路

MOS 集成电路是数字集成电路的一个重要系列,它具有功耗低、抗干扰性能好、制造工艺简单、易于大规模集成等优点,目前,在大规模集成电路中得到广泛应用。MOS 集成电路有 N 沟道 MOS 管构成的 NMOS 集成电路、P 沟道 MOS 管构成的 PMOS 集成电路、以及 N 沟道 MOS 管和 P 沟道 MOS 管共同组成的 CMOS 集成电路。CMOS 集成电路的功耗小、工作速度较快,应用尤为广泛。

6.3.1 CMOS 门电路

CMOS 门电路是由增强型 NMOS 管和 PMOS 管组成的门电路,又称互补 MOS 电路。

图 6.29(a)与(b)分别是增强型 NMOS 管和 PMOS 管的转移特性曲线。可以看出,当 NMOS 管的 $u_{GS} \leqslant U_{th}$,PMOS 管的 $u_{GS} \geqslant U_{th}$ 时,管子截止,$i_D = 0$,管子漏极 D 与源极 S 相当于开路;而当 NMOS 管的 $u_{GS} > U_{th}$,PMOS 管的 $u_{GS} < U_{th}$ 时,$i_D \neq 0$,管子导通,漏极 D 与源极 S 间直流导通电阻很小。因此,可利用 MOS 管的开关特性组成门电路。图 6.30(a),(b),(c)分别是用 NMOS 管组成的反相器、与非门、或非门。

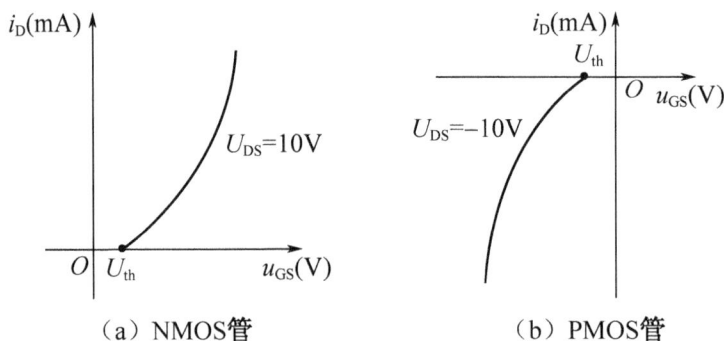

（a）NMOS管   （b）PMOS管

图 6.29 增强型 CMOS 管转移特性曲线

在反相器电路图 6.30(a)中,V_1 为驱动管,V_2 为 V_1 的漏极负载电阻(在集成电路中,因制作大阻值电阻器占用芯片面积大,故用 MOS 管导通电阻代替电阻器),称为负载管。由于 V_2 栅极与漏极同接电源 V_{DD},所以 V_2 始终工作在导通状态。当输入电压 u_i 为高电平 $U_{iH} > U_{th}$

时，V_1 导通，通常情况下 V_1 的导通电阻远小于 V_2 的导通电阻，所以输出电压为低电平 U_{oL}；当输入电压 u_i 为低电平 $U_{iL}<U_{th}$ 时，V_1 截止，输出端为高电平 $U_{oH}=V_{DD}-U_{th}$。

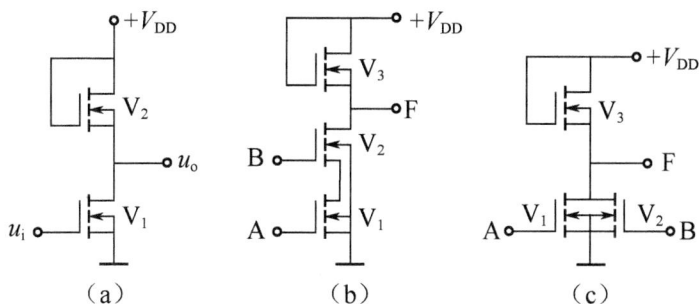

图 6.30   NMOS 管门电路

在与非门电路图 6.30(b)中，V_3 为负载管，始终处于导通状态，V_1 与 V_2 为驱动管。当输入端 A 与 B 全为高电平时，V_1 与 V_2 导通，V_1 与 V_2 的导通电阻远小于 V_3 的导通电阻，输出端 F 为低电平；当输入端 A 与 B 有一个为低电平时，V_1 与 V_2 中必定有一个截止，输出端 F 为高电平 $U_{oH}=V_{DD}-U_{th}$。因此，该电路实现了与非逻辑功能，即

$$F=\overline{AB}$$

在或非门电路图 6.30(c)中，V_3 为负载管，始终处于导通状态 ，V_1 与 V_2 是驱动管。当输入端 A 与 B 中有一个为高电平时，V_1 与 V_2 中必定有一个导通，输出端 F 为低电平；当输入端 A 与 B 全为低电平时，V_1 与 V_2 截止，输出高电平。因此，该电路实现了或非运算，即

$$F=\overline{A+B}$$

1. CMOS 反相器

CMOS 反相器电路如图 6.31 所示，V_1 为 NMOS 管，V_2 为 PMOS 管，即

$$V_{DD}>|U_{thP}|+U_{thN}$$

式中，U_{thP} 为 PMOS 管阈值电压，U_{thN} 为 NMOS 管阈值电压，V_1 与 V_2 栅极连在一起作为输入端，漏极连在一起作为输出端。

当输入高电平时，$u_i=U_{iH}=V_{DD}$，V_1 导通，V_2 截止，输出低电平；当输入为低电平 $U_i=U_{iL}=0V$ 时，V_1 截止，V_2 导通，输出高电平。

2. CMOS 与非门

CMOS 与非门电路如图 6.32 所示，V_1 与 V_2 是串联的驱动管，V_3 与 V_4 是并联的负载管。当输入端 A 与 B 同时为高电平时，V_1 与 V_2 导通，V_3 与 V_4 截止，输出端 F 为低电平；当输入端 A 与 B 中有一个为低电平时，V_1 与 V_2 中必有一个截止，V_3 与 V_4 中必有一个导通，输出端 F 为高电平。因此，该电路实现了与非逻辑功能，即

$$F=\overline{AB}$$

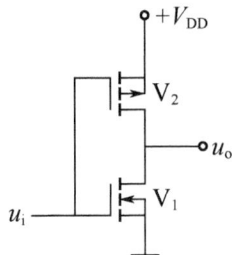

图 6.31　CMOS 反相器

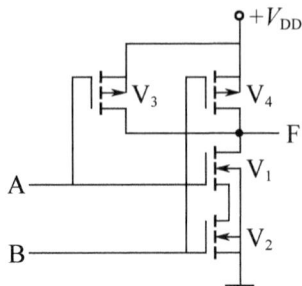

图 6.32　CMOS 与非门

3. CMOS 或非门

CMOS 或非门如图 6.33 所示, V_1 与 V_2 为并联的驱动管, V_3 与 V_4 为串联的负载管, 当输入端 A 与 B 中有一个为高电平时, V_1 与 V_2 中必有一个导通, 相应的 V_3 与 V_4 中必有一个截止, 输出端 F 为低电平; 当输入端 A 与 B 全为低电平时, V_1 与 V_2 截止, V_3 与 V_4 导通, 输出端 F 为高电平。因此, 该电路实现了或非逻辑功能, 即

$$F = \overline{A + B}$$

4. CMOS 传输门

图 6.34(a)是用参数一致的增强型 PMOS 管和 NMOS 管并联构成的 CMOS 传输门, 因此, $U_{thN} = |U_{thP}| = U_{th}$。图 6.34 中, C 和 $\overline{C}$ 是一对互补控制端, 电路还满足 $V_{DD} > 2U_{th}$。

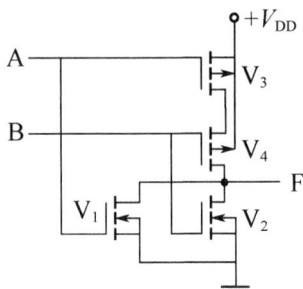

图 6.33　CMOS 或非门

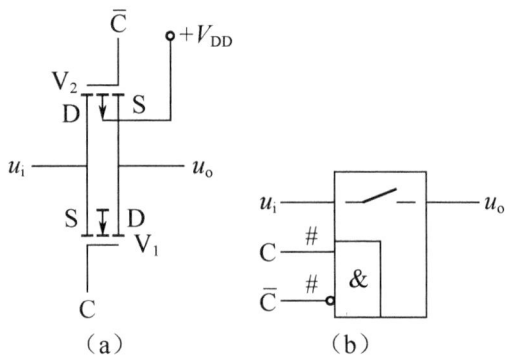

（a）　　　　　　（b）

图 6.34　CMOS 传输门

(1) 当 C 端为高电平 V_{DD}, $\overline{C}$ 端为低电平 0V 时:

① 若 u_i 为 0V, 则 V_1 导通, V_2 截止, 因 V_1 导通电阻很小, 故 $u_o \approx u_i$;

② 当 u_i 升高到 U_{th} 时, V_2 也导通。V_1 与 V_2 并联的导通电阻更小, 所以 $u_o \approx u_i$;

③ u_i 继续升高至 $(V_{DD} - U_{th})$ 后, V_1 截止, V_2 仍然导通, 所以 $u_o \approx u_i$。

可见, 当 C 端为高电平 V_{DD}, $\overline{C}$ 为低电平 0V 时, u_i 在 0V ~ V_{DD} 范围内取值, V_1 与 V_2 中至少有一个导通, 使 $u_o = u_i$, 即传输门接通。

(2) 当 C 端为低电平 0V, $\overline{C}$ 端为高电平 V_{DD} 时, u_i 在 0V ~ V_{DD} 范围内取值, V_1 与 V_2 均截

止，u_i 不能传输到输出端，即传输门关闭。

　　综上所述，通过控制 C 与 $\overline{\text{C}}$ 端的电平值，即可控制传输门的通断。另外，由于 MOS 管具有对称结构，源极和漏极可以互换使用，所以 CMOS 传输门的输入端、输出端可以转换，因此传输门是一个双向开关，其逻辑符号如图 6.34(b)所示，图中 ♯ 号表示在这两端要加控制信号。

　　顺便指出，图 6.34(a)中 u_i 和 u_o 可以是模拟信号，这时 CMOS 传输门作为模拟开关。

5. CMOS 三态门

　　图 6.35 是利用 CMOS 传输门构成的三态门，E 为
使能端，高电平有效；当 E 为高电平时，$F=\overline{A}$；当 E 为低电平时，传输门断开，输出为高阻态。

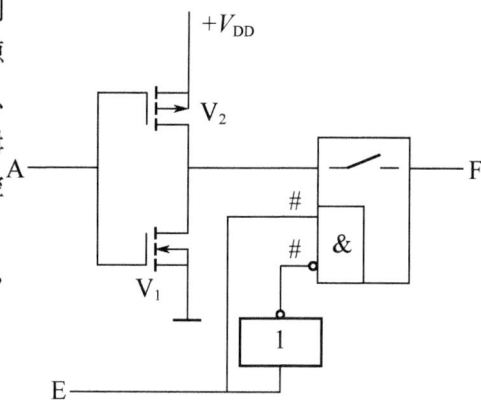

图 6.35　CMOS 三态门

6.3.2　CMOS 门电路的使用规则

1. 对电源的要求

　　(1) CMOS 电路可以在很宽的电源电压范围内提供正常的逻辑功能，但电源的上限电压不得超过电路允许的电压极限值 U_{max}，下限值不得低于为保证系统速度所必需的电源电压最低值 U_{min}，一般电源电压选择在 V_{DD} 允许变化范围的中间值较为妥当。如 CMOS 允许电源电压在 8～12V 之间，则选择 $V_{DD}=10\text{V}$。

　　(2) V_{DD} 与 V_{SS}（或地）绝对不允许接反。否则无论是保护电路或内部电路都可能因过大的电流而损坏。

　　(3) CMOS 集成电路工作在不同的 V_{DD} 值时，其输出阻抗、工作速度、功耗等参数都有所不同，在进行电路设计时，应该予以考虑。

2. 对输入端的要求

　　(1) 为保护输入级 MOS 管的氧化层不被击穿，一般 CMOS 电路输入端都有二极管保护网络，如图 6.36 所示，这就给电路的应用带来一些限制：
　　① 输入信号必须在 $V_{DD}\sim V_{SS}$ 之间取值，以防二极管因正向偏置电流过大而烧坏。一般 $V_{SS}\leqslant U_{iL}\leqslant 0.3V_{DD}$；$0.7V_{DD}\leqslant U_{iH}\leqslant V_{DD}$。
　　② 每个输入端的典型输入电流为 10pA。输入电流以不超过 1mA 为佳，并且严格限制在 10mA 以内。
　　(2) 多余输入端不允许悬空。与门及与非门的多余端应接至 V_{DD} 或高电平，或门和或非门的多余端应接至 V_{SS} 或低电平。

3. 对输出端的要求

　　(1) CMOS 集成电路的输出端不允许直接接 V_{DD} 或 V_{SS}，否则将导致器件损坏。

（2）一般情况下不允许输出端并联。因为不同的器件参数不一致，有可能导致 NMOS 和 PMOS 同时导通，形成大电流。但为了增加驱动能力，可以将同一芯片上相同门电路的输入端、输出端分别并联使用，如图 6.37 所示。

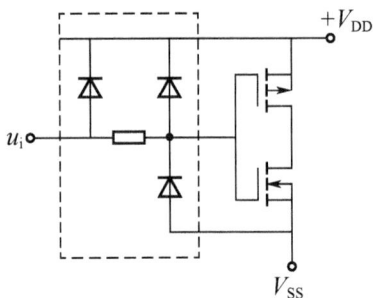

图 6.36　CMOS 电路的输入保护　　　　　图 6.37　提高 CMOS 驱动能力的方法

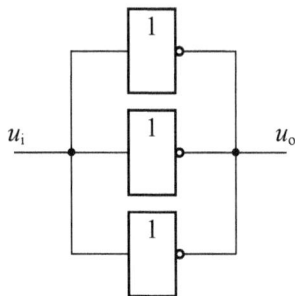

（3）CMOS 电路输出端接有较大的容性负载时，流过输出管的冲击电流较大，将造成电路失效。为此，必须在输出端与负载电容间串联一限流电阻，将瞬态冲击电流限制在 10mA 以下。

此外，由于 MOS 管的衬底和栅极间是一层很薄的氧化层介质，受外界感应产生的强电场极易将其击穿。因此，电路应放在金属容器中存放；插拔电路板时或焊接时应先切断电源；调试电路板时，开机先开电路板电源，后开信号源电源；关机应先关信号源电源，后断电路板电源。

6.3.3　TTL 与 CMOS 门电路之间的接口技术

在数字系统中，常遇到不同类型集成电路混合使用的情况。由于输入、输出电平，负载能力等参数不同，不同类型的集成电路相互连接时，需要合适的接口电路。下面简介 TTL 与 MOS 门电路之间的接口技术。

1. TTL 门电路驱动 CMOS 门电路

TTL 门电路输出高电平的最小值为 2.4V，而 CMOS 门电路的输入高电平一般高于 3.5V，这就使二者的逻辑电平不能兼容。为此，可以采用图 6.38 电路，通过电阻 R 将 TTL 门电路输出高电平上拉至 5V 左右。

顺便指出，TTL 门电路到 CMOS 门电路的接口电路，还可由 OC 门电路、晶体三极管电路或运算放大器等组成。限于篇幅，这里不再赘述。

2. CMOS 门电路驱动 TTL 门电路

CMOS 门电路输出逻辑电平与 TTL 门电路输入逻辑电平可以兼容，但 CMOS 门电路驱动电流较小，不能够直接驱动 TTL 门电路。为此，可采用 CMOS/TTL 专用接口电路，实现 CMOS 门电路与 TTL 门电路之间的连接，如图 6.39 所示。

需要说明的是，TTL 与 CMOS 门电路之间的接口电路形式多种多样，实用中应根据具体情况进行选择。

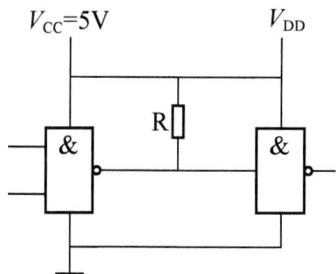

图 6.38 TTL 门驱动 CMOS 门

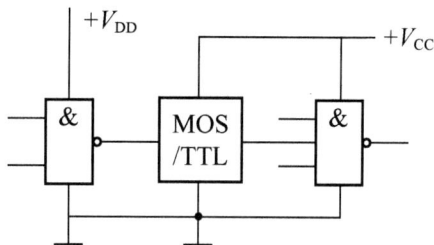

图 6.39 CMOS 门驱动 TTL 门

本章小结

(1) 逻辑门电路是逻辑运算的执行者。分立元件逻辑门电路是组成单元逻辑门的原始形式，目前已被集成电路所取代。

(2) TTL 门电路是应用最为广泛的双极型数字集成电路，TTL 门电路的基本形式是与非门，它的工作速度快，带负载能力和抗干扰能力强，输出幅度也比较大。

(3) MOS 门电路是由单极型 MOS 管组成的集成门电路。它具有工艺简单，集成度高、抗干扰能力强、功耗低等优点。由互补对称的 NMOS 管和 PMOS 管组成的 CMOS 电路具有较高的开关速度，应用最为广泛。

(4) TTL 与 CMOS 门电路在使用时，要遵循一定的规则。TTL 门与 CMOS 门之间连接时，需要适当的接口电路。

习题 6

6.1 指出下列情况下，TTL 与非门输入端的逻辑状态：

(1) 输入端接地；

(2) 输入端接电压低于 +0.8V 的电源；

(3) 输入端接前级门的输出低电平 +0.3V；

(4) 输入端接电源电压 $V_{CC} = +5V$；

(5) 输入端悬空；

(6) 输入端接前级门的输出高电平 2.7～3.6V；

(7) 输入端接高于 +1.8V 的电压。

6.2 什么是"灌电流"负载？什么是"拉电流"负载？与非门的灌电流或拉电流过大，对输出电平有何影响？

6.3 典型的 TTL 与非门电路，在使用时如不慎将输出端对地短路，或输出端与电源电压正端相碰，会产生什么后果？

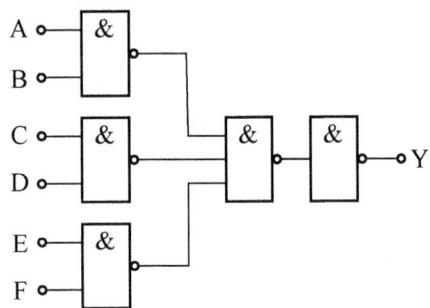

图 6.40　题 6.8 图

6.4　集电极开路与非门有何特点？它有何用途？

6.5　三态与非门有何特殊功能？它有何用途？

6.6　MOS 电路应用中的注意事项是什么？

6.7　TTL 与非门有哪些主要参数？说明其意义。

6.8　图 6.40 示出了一个由 TTL 与非门组合而成的与或非电路,若只用了 A,B,C,D 四个输入端,那么 E 与 F 端应如何处置,可以悬空吗？若只用了 A,B,C,D,E 端,那么 F 端应如何处置(不考虑可能引入的干扰)？

6.9　写出图 6.41 所示的各逻辑图的逻辑函数式？若输入端皆输入高电平时,输出应是什么电平？

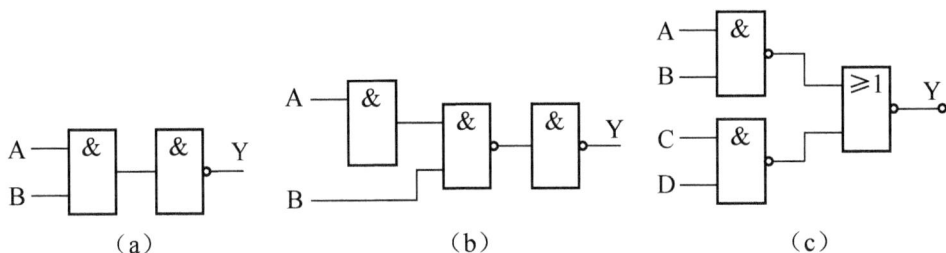

（a）　　　　　　　　　　（b）　　　　　　　　　　（c）

图 6.41　题 6.9 图

6.10　TTL 与非门按图 6.42 方式连接,试将输出信号的逻辑电平填入括号内。

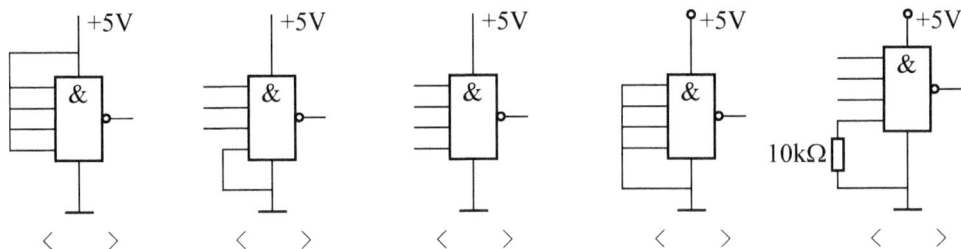

〈　　〉　　　　〈　　〉　　　　〈　　〉　　　　〈　　〉　　　　〈　　〉

图 6.42　题 6.10 图

6.11　分别画出图 6.43 所示各电路的输出波形。

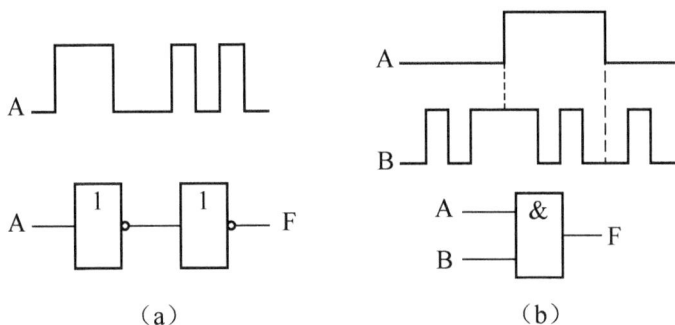

（a）　　　　　　　　　　　　（b）

图 6.43　题 6.11 图

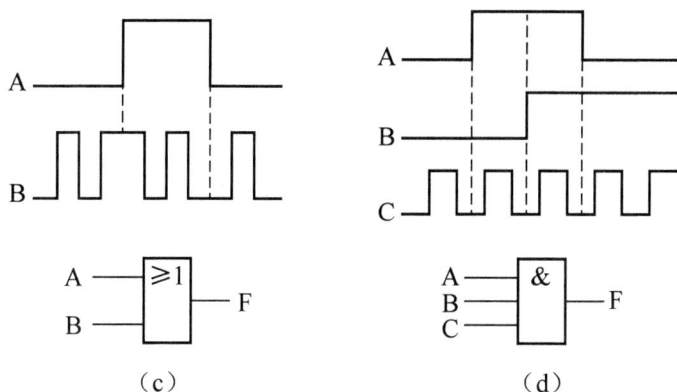

图 6.43　题 6.11 图(续)

6.12　图 6.44(a)所示门电路输入波形如图 6.44(b)所示,试画出它的输出波形。

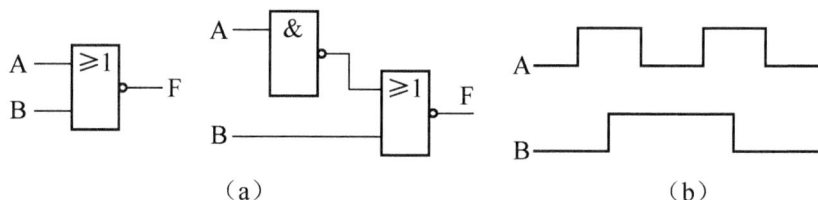

图 6.44　题 6.12 图

6.13　一"与非"门如图 6.45 所示。A 为控制端,B 为信号输入端,输入信号为一串矩形脉冲,当 6 个脉冲后,"与非"门就关闭,问控制端 A 的信号应如何接入? 并画出用与、或、或非门代替"与非门"作门控电路时的波形图。

6.14　试用图 6.46 所示电路控制一指示灯,设 F=1 时灯亮,F=0 时灯灭,U_a 和 U_b 为控制端信号,静态时 U_a 和 U_b 均为 0。

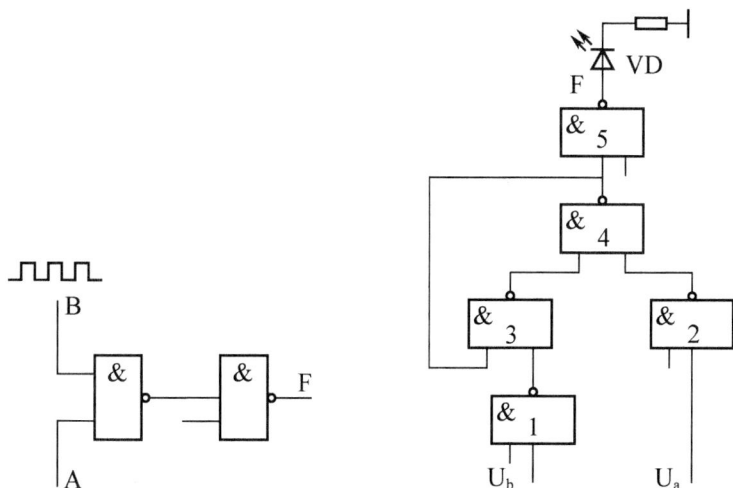

图 6.45　题 6.13 图

图 6.46　题 6.14 图

(1) $U_a=0$,U_b 加入一正阶跃信号时灯亮,问 U_b 信号消失后灯是否保持亮? 为什么?

（2）灯亮后,要使它灭,控制端的信号应如何安排?

6.15 图 6.47(a)为四输入端双与非门 T063 外引线排列图,试画出由该与非门构成图 6.47(b)所示的逻辑电路实际连线图。

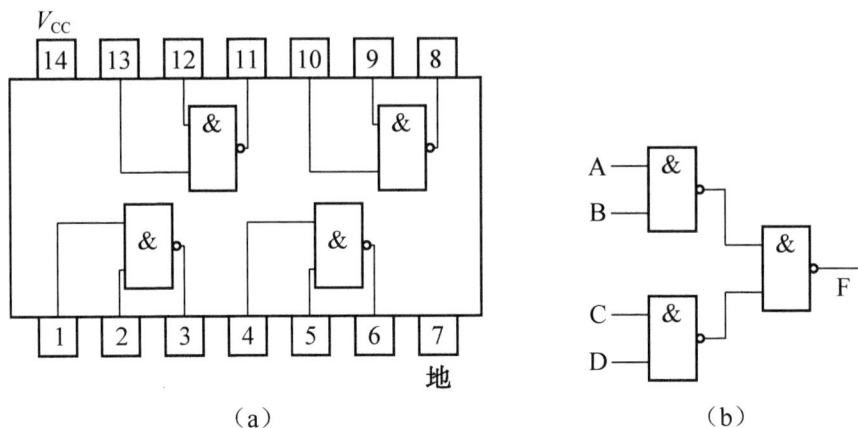

（a）

（b）

图 6.47 题 6.15 图

6.16 某数字电路如图 6.48 所示,试画出该电路的逻辑真值表,并说明该电路的逻辑功能。

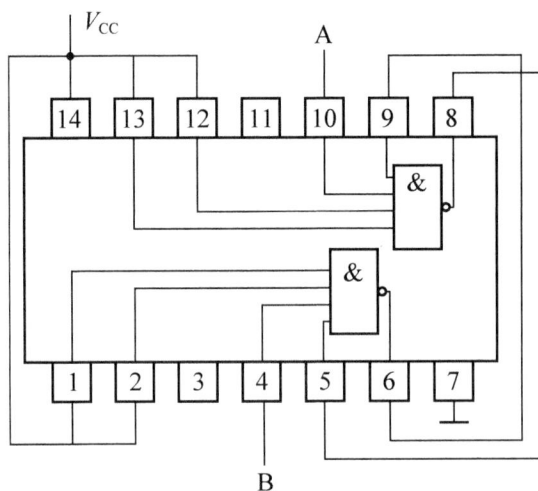

图 6.48 题 6.16 图

实验 8 TTL 与 CMOS 集成门电路参数测试

1. 实验目的

（1）了解集成门电路的主要参数及其物理意义。

（2）熟悉集成门电路主要参数的测试方法。

2. 实验原理

（1）TTL 与非门主要参数及测试。实验参考元件：TTL 与非门为 74LS20；$R_{RP1}=10\text{k}\Omega$，$R_{RP2}=1\text{k}\Omega$，$R_{RP}=4.7\text{k}\Omega$。

① 空载导通功耗 P_{CC}。TTL 门电路功率参数有静态功耗和动态功耗。静态功耗是指门电路分别输出高电平或输出低电平时的功率损耗，由于 TTL 门电路输出低电平功耗大于输出高电平功耗，故常测量其输出低电平时的静态功耗，即开通功耗或导通功耗。其测量电路如图 6.49 所示。

$$P_{CC}=I_C V_{CC}$$

② 输入短路电流 I_{is}。输入短路电流 I_{is} 又称低电平输入电流 I_{iL}，是指被测输入端对地短路，其余输入端悬空时，从被测输入端流出的电流。I_{is} 的大小直接影响前级电路的带负载能力。其测量电路如图 6.50 所示。

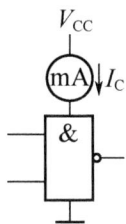

图 6.49　空载导通功耗测量电路　　　　图 6.50　输入短路电流测量电路

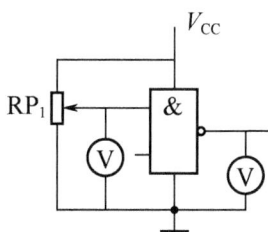

③ 输入漏电流 I_{iH}。输入漏电流又称高电平输入电流或输入交叉漏电流，是指被测输入端接高电平，其余输入端接地时，流进输入端的电流，它主要是由输入端"寄生晶体管效应"引起的。其测量电路如图 6.51 所示，输入高电平数值不同时，I_{iH} 的数值也有差异。

④ 输出高电平 U_{oH} 和输出低电平 U_{oL}。TTL 门电路负载不同时，其输出高电平 U_{oH} 和输出低电平 U_{oL} 均有所变化，因此，在测试 U_{oH} 和 U_{oL} 时，应按照产品使用说明书中的测试条件进行。

图 6.52 是在一个输入端接地（RP_1 滑动端滑至底部），其他输入端悬空，输出端空载条件下，输出高电平 U_{oH} 的测量电路。

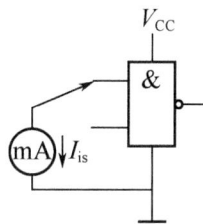

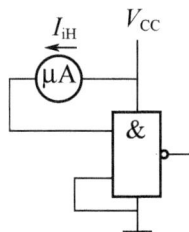

图 6.51　输入漏电流测量电路　　　　图 6.52　输出高电平测量电路

图 6.53 是在一个输入端接高电平，其他输入端悬空，维持一定负载电流条件下，U_{oL} 的测量电路。

⑤ 开门电平 U_{on} 和关门电平 U_{off}。TTL 门电路负载不同时，其开门电平 U_{on} 和关门电平

U_{off}也有所变化,因此,在测量U_{on}和U_{off}时,也应按照产品使用说明书中的测试条件进行。

图 6.53 是在一个被测输入端接可变电压,其他输入端悬空,维持一定负载电流的条件下,U_{on}的测量电路。

图 6.52 是在一个被测输入端接可变电压,其他输入端悬空,输出端开路情况下,U_{off}的测量电路。

⑥ 扇出系数。扇出系数 N_o 为带灌流负载能力,因此,测出输出为低电平时,允许灌入的最大负载电流 I_{oLmax},则

$$N_o = \frac{I_{oLmax}}{I_{is}}$$

图 6.54 是 I_{oLmax}的测量电路。

(2) CMOS 门电路主要参数测试。CMOS 门电路参数与 TTL 门电路大体相似,下面以CMOS 或非门为例,说明 CMOS 门电路参数测试方法。

实验参考元件 CC4001。

① 输出高电平U_{oH}和输出低电平U_{oL}。输出高电平U_{oH}是指在一定电源电压下,输出端开路时输出的高电平值。输出低电平U_{oL}是指在一定电源电压下,输出端开路时输出的低电平值。

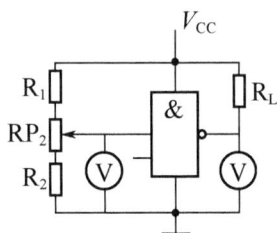

图 6.53　实验 8.5 图　　　　　图 6.54　实验 8.6 图

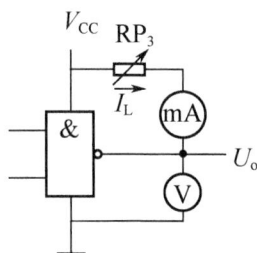

图 6.55 是U_{oH}和U_{oL}的测量电路。测量时,一个输入端先后接地和电源 V_{DD},其他的输入端全部接地。

② 开门电平U_{on}和关门电平U_{off}。开门电平是指输出由高电平转换为临界低电平(一般取 $0.1V_{DD}$)所需要的最小输入高电平值。关门电平是指输出由低电平转换为临界高电平(一般取 $0.9V_{DD}$)所需要的最大输入低电平值。

图 6.56 是U_{on}和U_{off}的测量电路。若 $V_{DD}=10V$,对应于 $U_o=9V$ 的 U_i 为 U_{off};$U_o=1V$ 时的 U_i 为 U_{on}。

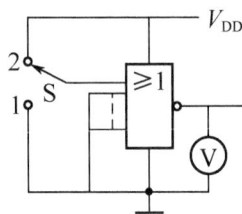

图 6.55　实验 8.7 图　　　　　图 6.56　实验 8.8 图

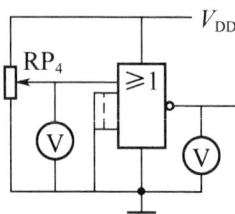

3. 实验仪器

数字逻辑实验器 1 台,用于检测门电路的好坏;万用表 2 只,用于门电路静态参数测试。

4. 预习要求

(1) 查阅有关资料了解被测门电路的内部电路结构及外引线排列。
(2) 复习 TTL 门电路各参数的物理意义及测试方法。
(3) 了解 CMOS 门电路各参数的物理意义及测试方法。
(4) 熟悉 TTL 与 CMOS 门电路的使用规则。

5. 实验步骤

(1) 使用数字逻辑实验器,采用逻辑功能判断法,判别被测门电路的好坏。
(2) TTL 与非门电路主要参数测量:
① 按图 6.49 接线,测量 I_C,计算 P_C;
② 按图 6.50 接线,测量 I_{is};
③ 按图 6.51 接线,测量 I_{iH};
④ 按图 6.52 接线,将 RP_1 滑动端至最低部,使该输入端接地,其余端悬空,测得输出电压,即为 U_{oH};
⑤ 按图 6.52 接线,调节 RP_1 的数值,使输出电压 $U_o = 2.7V$,此时所测输入电压即为 U_{off};
⑥ 按图 6.53 接线,调节 RP_2 的数值,使输入电压 $U_i = 2.0V$,此时所测输出电压即为 U_{oL};
⑦ 按图 6.53 接线,调节 RP_2 的数值,使输出电压 $U_o = 0.5V$,此时所测输入电压即为 U_{on};
⑧ 按图 6.54 接线,调节 RP_3 的数值,使输出电压 $U_o = 0.5V$,此时所测电流即为 I_{oLmax},计算 N_o。
(3) CMOS 门电路参数测试:
① 按图 6.55 接线,开关 S 置于 1 时,所测输出电压即为 U_{oH};开关置于 2 时,所测输出电压即为 U_{oL};
② 按图 6.56 接线,测量 U_{on} 和 U_{off}。

6. 实验分析

试说明测量扇出系数 N_o 的原理。

实验 9 TTL 与 CMOS 集成门电路的逻辑变换与接口技术

1. 实验目的

(1) 熟悉门电路的逻辑变换及其功能测试方法。
(2) 了解 TTL 与 CMOS 门电路之间接口技术。

2. 实验原理

实验参考元件:74LS00,74LS20,CC4001,CC4050 各 1 块;3kΩ 电阻 1 只。

(1)门电路的逻辑变换。利用与、或、非三种基本逻辑,可以实现任意逻辑功能。理论证明,复合逻辑与非、或非、与或非等也可以实现任意逻辑功能。本实验将利用与非门电路实现某些逻辑运算。

如两个与非门组合,可实现与逻辑功能,$F=\overline{\overline{AB}}=AB$;三个与非门组合,可实现或逻辑功能,$F=\overline{\overline{A}\cdot\overline{B}}=\overline{\overline{A+B}}=A+B$。

(2)TTL 门与 CMOS 门之间的接口技术。TTL 门电路与 CMOS 门电路相接时,需要一定的接口电路。图 6.57 是 TTL 门驱动 CMOS 门的接口电路;图 6.58 是 CMOS 门驱动 TTL 门的接口电路。

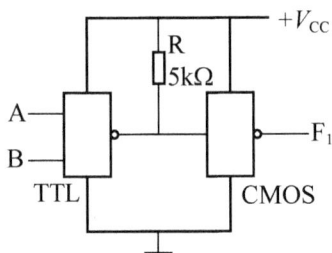

图 6.57　TTL 门驱动 CMOS 门接口电路

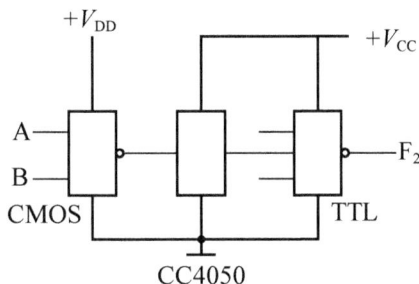

图 6.58　CMOS 门驱动 TTL 门接口电路

3. 实验仪器

数字逻辑实验器 1 台,用于门电路逻辑功能测试;万用表 1 只,用于调测接口电路。

4. 预习要求

(1)查阅有关资料,了解实验元件的主要参数、外引线排列及应用特性。
(2)熟悉 TTL 及 CMOS 门电路的使用规则。
(3)复习门电路逻辑变换规则。

5. 实验步骤

(1)门电路逻辑功能测试:
① 画出用与非门实现与逻辑功能的测试电路,并进行测试,填写真值表;
② 画出用与非门实现或逻辑功能的测试电路,并进行测试,填写真值表;
③ 用与非门分别实现下列逻辑运算,并进行测试

$$F=AB+CD$$
$$F=A\oplus B$$

(2)门电路接口技术:
① TTL 驱动 CMOS 门。将 74LS00 与 CC4001 按实验图 9.1 连接,由 A 端、B 端接入信

号,监测 F_1 点电位,验证其逻辑功能。

② CMOS 门驱动 TTL 门。将 CC4001,CC4050,74LS00 按实验图 9.2 连接,监测 F_2 点电位,验证其逻辑功能。

6. 实验分析

（1）两个 CMOS 与非门的输出端是否可作线与连接？

（2）用与非门设计一个四人无弃权表决器,需要有三分之二以上赞成才获通过。检测所设计电路的逻辑功能。

第 7 章

组合逻辑电路

7.1 组合逻辑电路的基础知识

7.1.1 组合逻辑电路的基本特点

数字逻辑电路可分为两大类:一类为组合逻辑电路,一类为时序逻辑电路。

组合逻辑电路简称组合电路,该电路在任一给定时刻的输出仅仅取决于该时刻电路的输入,而与该时刻以前的状态无关。

组合逻辑电路结构框图如图 7.1 所示,它有若干个输入端、一个或多个输出端。图中,x(x_1,x_2,…,x_i)表示输入信号;y(y_1,y_2,…,y_j)表示输出端信号。输出信号与输入信号的函数关系,可用下列逻辑表达式表示组合逻辑电路:

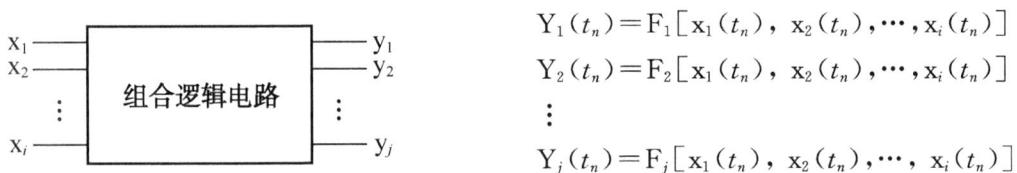

$$Y_1(t_n)=F_1[x_1(t_n),\ x_2(t_n),\cdots,x_i(t_n)]$$
$$Y_2(t_n)=F_2[x_1(t_n),\ x_2(t_n),\cdots,x_i(t_n)]$$
$$\vdots$$
$$Y_j(t_n)=F_j[x_1(t_n),\ x_2(t_n),\cdots,x_i(t_n)]$$

图 7.1 组合逻辑电路　　式中,t_n 表示时刻。

组合逻辑电路具有如下特点:

(1) 输出、输入之间没有反馈延迟通路。

(2) 电路中不含记忆单元。

本章介绍组合逻辑电路的分析方法和设计方法;介绍一些常见的组合逻辑部件,如编码器、译码器、数据选择器、比较器等。目前许多组合逻辑电路都已做成中、大规模集成电路,使用时可直接选用。本章从应用角度介绍一些常用的中规模集成电路,让读者学会正确使用,而介绍设计方法的目的在于让读者站在较高的角度去理解各种组合电路的功能。

7.1.2 组合逻辑电路的分析

分析组合逻辑电路,就是根据已知的逻辑图,找出输入与输出信号之间的逻辑关系,说明电路的逻辑功能,其具体步骤如图 7.2 所示。图中各步骤在第 6 章中已讨论过。

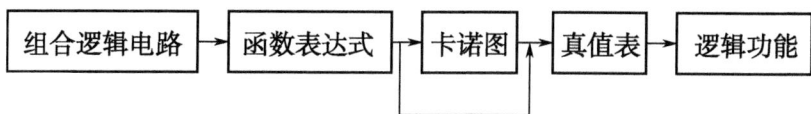

图 7.2 分析组合逻辑电路步骤

【例 7-1】 分析图 7.3 所示逻辑电路,说明其逻辑功能。

解: (1) 写出函数表达式。从逻辑电路写出逻辑表达式可以有两种方法,即从输出向输入逐级写出,或从输入到输出逐级写出。

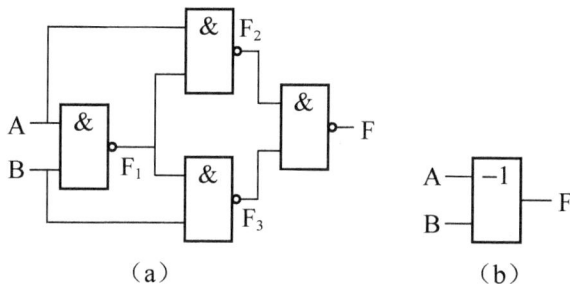

（a）　　　　　　　　　　　（b）

图 7.3 【例 7-1】逻辑电路

现设各门输出分别为 F_1,F_2,F_3。

① 由输出向输入逐级反推

$$F = \overline{F_2 F_3} = \overline{\overline{AF_1} \cdot \overline{BF_1}} = AF_1 + BF_1 = A\overline{AB} + B\overline{AB} = A\overline{B} + \overline{A}B$$

② 由输入向输出逐级写出

$$F_1 = \overline{AB} \qquad F_2 = \overline{AF_1} = \overline{A\,\overline{AB}} = \overline{A\overline{B}} \qquad F_3 = \overline{BF_1} = \overline{B\,\overline{AB}} = \overline{\overline{A}B}$$

$$F = \overline{F_2 \cdot F_3} = \overline{\overline{A\,\overline{B}} \cdot \overline{\overline{A}\,B}} = A\overline{B} + \overline{A}B$$

(2) 列出函数 F 的真值表或卡诺图。本例的真值表列于表 7-1 所示,卡诺图如图 7.4 所示。

表 7-1 【例 7-1】真值表

A	B	F
0	0	0
1	0	1
0	1	1
1	1	0

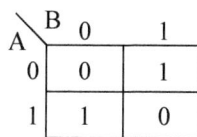

图 7.4 【例 7-1】卡诺图

(3) 确定电路的逻辑功能。由真值表(或卡诺图)可见,当输入变量的取值相异时,输出为"1";当输入变量的取值相同时,输出为"0",因此,该电路为完成"异或"功能的异或门电路,逻辑符号如图 7.3(b)所示。它有专门的产品如 74LS86 与 74LS136 等,它们比用四个"与非"门来实现"异或"逻辑要方便、经济得多。

【例 7-2】 分析图 7.5 所示组合电路的逻辑功能。

解:(1)写出逻辑表达式

$$S=F_1\oplus C_{i-1}=A\oplus B\oplus C_{i-1}$$

$$C_i=F_2+F_3=AB+C_{i-1}(A\oplus B)$$

(2)由逻辑式可得真值表列于表 7-2。

(3)分析电路的逻辑功能。由真值表可见,若 A,B,C_{i-1} 是三个相加的二进制数,则输出 S 符合 $0+0=0,0+1=1+0=1,1+1=10,1+1+1=11$ 的加法运算规则,而输出 C_i 符合 $1+1=10,1+1+1=11$ 的进位规则,故该电路称为全加器,它是一个完全加法电路,其输入 A 与 B 分别为被加数和加数,而 C_{i-1} 是低一位来的进位输入。输出 S 即为三个二进制数相加的和,而 C_i 为本位向高一位的进位输出。

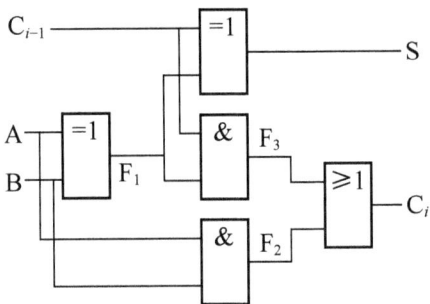

图 7.5 【例 7-2】逻辑电路

表 7-2 【例 7-2】真值表

A	B	C_{i-1}	S	C_i
0	0	0	0	0
0	0	1	1	0
0	1	0	1	0
0	1	1	0	1
1	0	0	1	0
1	0	1	0	1
1	1	0	0	1
1	1	1	1	1

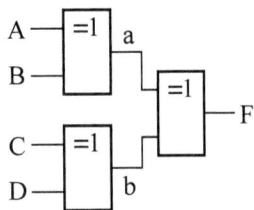

图 7.6 【例 7-3】逻辑电路

没有低一位来的进位输入端的两个二进制数相加的加法电路即 $C_{i-1}=0$ 的加法电路称为半加器。将 $C_{i-1}=0$ 代入上述 S 和 C_i 的表达式,可得半加器的逻辑表达式为

$$S=A\oplus B, \quad C_i=AB$$

【例 7-3】 分析图 7.6 所示电路的逻辑功能。

解:

(1)写出图 7.6 的逻辑表达式

$$F=a\oplus b=A\oplus B\oplus C\oplus D$$

(2)由逻辑表达式得真值表如表 7-3 所示。

表 7-3 【例 7-3】真值表

A	B	C	D	F	A	B	C	D	F
0	0	0	0	0	1	0	0	0	1
0	0	0	1	1	1	0	0	1	0
0	0	1	0	1	1	0	1	0	0
0	0	1	1	0	1	0	1	1	1
0	1	0	0	1	1	1	0	0	0
0	1	0	1	0	1	1	0	1	1
0	1	1	0	0	1	1	1	0	1
0	1	1	1	1	1	1	1	1	0

（3）分析逻辑功能。由表7-3可知，当四个输入变量中有奇数个1时，输出为1；否则，输出为0。这样从输出可以校验输入1的个数是否为奇数，因此这是一个四输入变量的奇校验电路（在数据传送和接收时，为了减少内部或外部的干扰造成的数据错误，经常采用奇偶校验电路）。

7.1.3 组合逻辑电路的设计

组合逻辑电路的设计与分析过程相反，其步骤如图7.7所示。根据已知的逻辑问题，首先列出真值表，然后求出逻辑函数最简表达式，画出逻辑图，组合逻辑的设计通常以电路简单、所用器件最少为目标。在第6章中介绍的用代数法和卡诺图法来化简逻辑函数，就是为了获得最简的形式，以便能用最少的逻辑门电路来组成组合电路，但是由于在设计中普遍采用中、小规模集成电路（一片包括数个门至几十个门的产品），因此应根据具体情况，尽可能减少所用的器件数目和种类，这样可以使组装好的电路结构紧凑，达到工作可靠的目的。

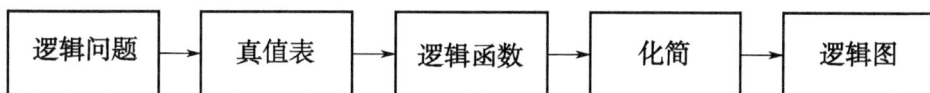

逻辑问题 → 真值表 → 逻辑函数 → 化简 → 逻辑图

图7.7 组合逻辑电路的设计步骤

【例7-4】 设计一个过半数表决电路，该电路有三个输入A，B，C，输出F始终与输入的大多数状态一致，即输入中有两个或三个为1时，输出为1，其余情况均为0。

解：

（1）根据题意列出真值表，如表7-4所示。

（2）由真值表，写出函数表达式并化简

$$F=\overline{A}BC+A\overline{B}C+AB\overline{C}+ABC=AB+BC+AC$$

（3）将此函数用与非门实现，如图7.8所示。

表7-4 【例7-4】的真值表

A	B	C	F
0	0	0	0
0	0	1	0
0	1	0	0
0	1	1	1
1	0	0	0
1	0	1	1
1	1	0	1
1	1	1	1

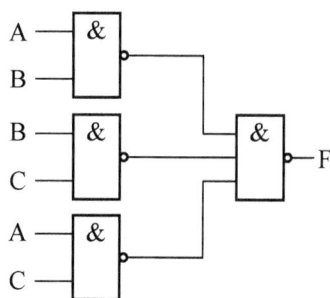

图7.8 【例7-4】的逻辑图

7.2 常见的组合逻辑电路

7.2.1 编码器

编码的概念对人们来说并不陌生,邮电局工作人员拍电报、运动会为运动员编码等都属于编码,即用文字、符号、数字等形式来表示特定对象的过程均属于编码,由于计算机中处理的是二进制信息,数字系统中用文字、符号编码无法用电路实现,因此在数字系统中广泛采用二进制编码,即把二进制码按一定的规律排列,使每组二进制码表示某一个给定的信息符号(某个数或控制信号)称为编码,完成编码功能的逻辑电路称为编码器。信息符号可以是十进制数符0,1,2,…,9,字符 A,B,C,…,G,…,等,运算符"+","−","="等(例:计算机的键盘编码器,每当人们按下一个键时,编码器自动将该键产生的信号编成一个相对应的数码送到机器中)。

一般编码器有多个输入端,多个输出端,在任意时刻只有一个输入端为1,其余均为0(或者反过来,只有一个输入端为0,其余均为1),而输出则构成与该输入对应的码字。

1. 键控 8421BCD 码编码器

计算机的键盘输入逻辑电路就是由编码器组成的,该编码器的真值表如表 7-5 所示。其中,$S_0 \sim S_9$ 代表十个按键,同时也作为逻辑变量,A_3,A_2,A_1,A_0 为代码输出(A_3 为最高)。由真值表可以看出,每组输出代码对应一个键按下时的状态,它代表一个数,读者由真值表不难得出表达式,画出逻辑图。

表 7-5 二-十进制编码器功能表

输					入					输		出	
S_9	S_8	S_7	S_6	S_5	S_4	S_3	S_2	S_1	S_0	A_3	A_2	A_1	A_0
1	1	1	1	1	1	1	1	1	1	0	0	0	0
1	1	1	1	1	1	1	1	1	0	0	0	0	0
1	1	1	1	1	1	1	1	0	1	0	0	0	1
1	1	1	1	1	1	1	0	1	1	0	0	1	0
1	1	1	1	1	1	0	1	1	1	0	0	1	1
1	1	1	1	1	0	1	1	1	1	0	1	0	0
1	1	1	1	0	1	1	1	1	1	0	1	0	1
1	1	1	0	1	1	1	1	1	1	0	1	1	0
1	1	0	1	1	1	1	1	1	1	0	1	1	1
1	0	1	1	1	1	1	1	1	1	1	0	0	0
0	1	1	1	1	1	1	1	1	1	1	0	0	1

2. 优先编码器

上述按键编码器电路虽然简单,但如果同时按下两个或更多个键时,其输出将是混乱的,也就是说只允许一个输入端有信号,即输入信号互相排斥。而优先编码器则不同,它允许几个信号同时输入,却只对优先级别最高的一个信号进行编码。

图 7.9 所示为一种典型优先编码器 74LS148 的逻辑电路和逻辑符号,它的功能表如表 7-6 所示。该器件有八个输入端,三个输出端(三位二进制码输出),因此又称为 8/3 线编码器,此外,电路还设置了输入、输出、使能端 $\overline{EI}$ 与 E_O 和优先标志 $\overline{GS}$,输入、输出均为低电平有效。

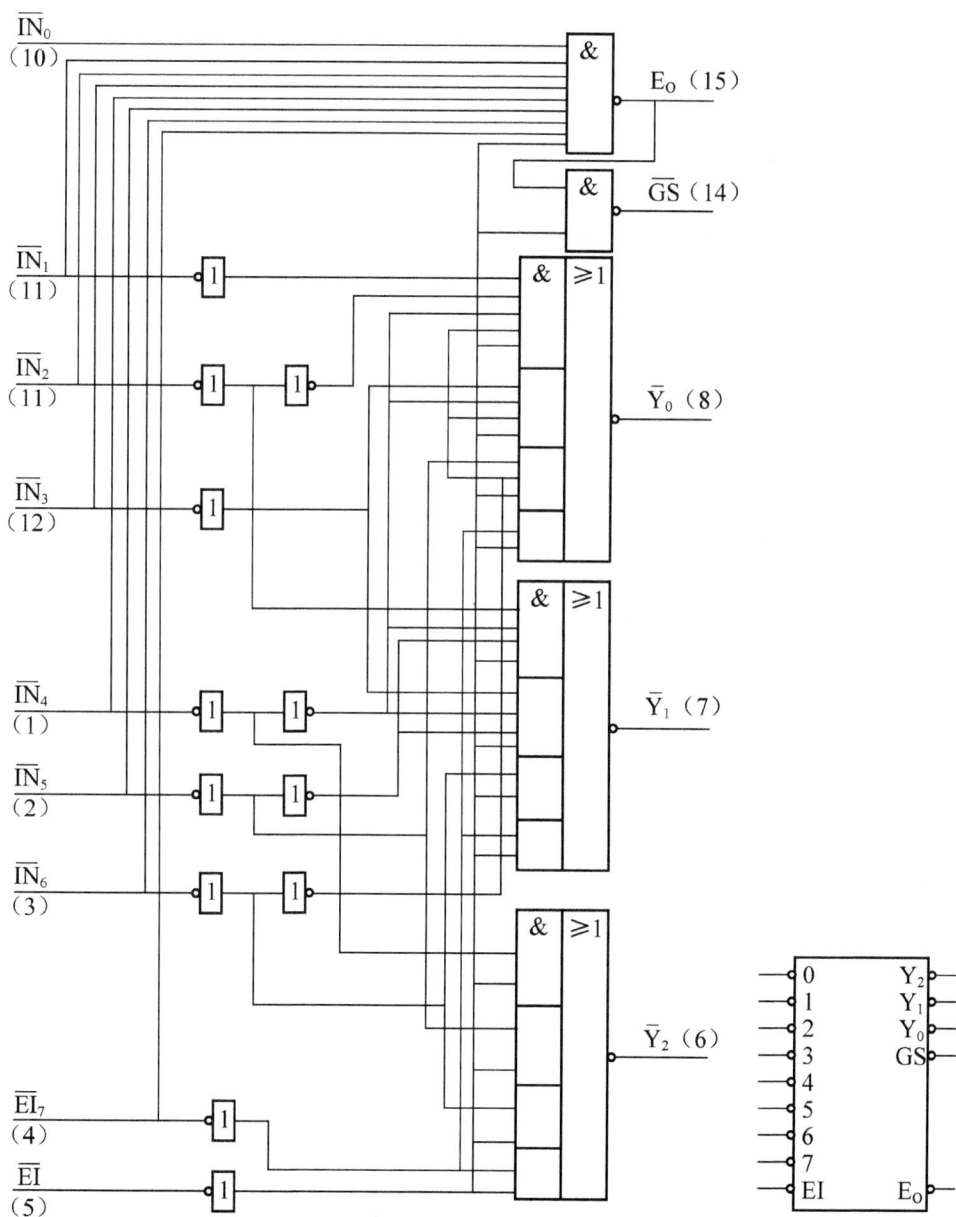

图 7.9 74LS148 的逻辑电路和逻辑符号

表 7-6　74LS148 的功能表

输					入					输		出		
$\overline{EI}$	0	1	2	3	4	5	6	7		$\overline{Y_2}$	$\overline{Y_1}$	$\overline{Y_0}$	$\overline{GS}$	Eo
1	×	×	×	×	×	×	×	×		1	1	1	1	1
0	1	1	1	1	1	1	1	1		1	1	1	1	0
0	×	×	×	×	×	×	×	0		0	0	0	0	1
0	×	×	×	×	×	×	0	1		0	0	1	0	1
0	×	×	×	×	×	0	1	1		0	1	0	0	1
0	×	×	×	×	0	1	1	1		0	1	1	0	1
0	×	×	×	0	1	1	1	1		1	0	0	0	1
0	×	×	0	1	1	1	1	1		1	0	1	0	1
0	×	0	1	1	1	1	1	1		1	1	0	0	1
0	0	1	1	1	1	1	1	1		1	1	1	0	1

　　该电路的功能为:当$\overline{EI}$为低电平时工作,若输入端有多个为低电平,则只对其最高位编码,在输出端输出对应二进制数的反码。此时,使能输出端 Eo 为高电平,优先标志输出端$\overline{GS}$为低电平。当$\overline{EI}$为高电平时,电路停止工作。

3. 编码器的扩展

　　图 7.10 是将两片 74LS148 串联扩展为 16 线输入、4 线输出的优先编码器的连接电路图。图中两片的 A_2,A_1,A_0 分别经与非门后作为整个电路的 A_2,A_1,A_0 输出;第 2 块片子的 E_0 作为 A_3 的输入,$\overline{EI}$作为整个电路的使能端,而输入端 0~7 作为整个电路的 8~15 线,E_0 作为第 1 块片子的 $\overline{EI}$ 输入;第 1 块片子的输入端 0~7 作为整个电路的 0~7 线。

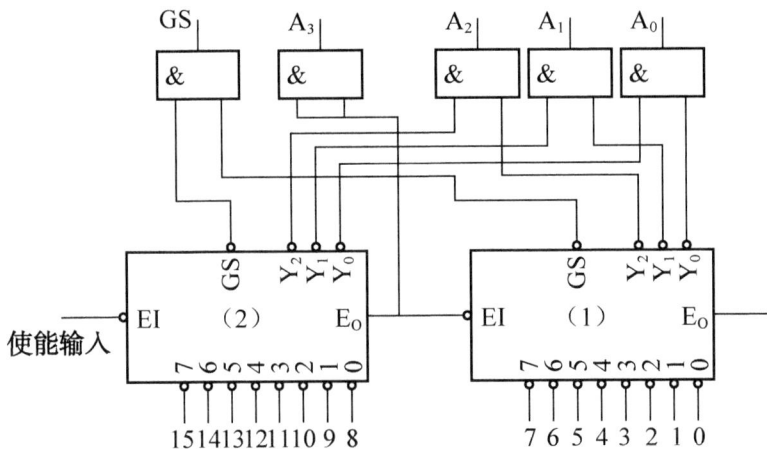

图 7.10　两片 74LS148 扩展为 16 线 4 线优先编码器

　　若外加使能信号为低电平 0,即第 2 块片子的$\overline{EI}$=0,则第 2 块片子被选中工作。此时,若 8~15 线有信号输入,则 E_0 = A_3 =1,GS=0,即第一块片子的$\overline{EI}$=1,从而第 1 块片子不工作,

其 $\overline{Y_2}=\overline{Y_1}=\overline{Y_0}=1$,整个电路的 A_2,A_1,A_0 输出由第 2 片的 8～15 线输入而定。所以编码器优先编码输出高 8 位 1000～1111。若 8～15 线中没有信号,则 $E_O=A_3=1$,该片的 $\overline{Y_2}=\overline{Y_1}=\overline{Y_0}=1$,$E_O=0$,即第 1 块片子的 $\overline{EI}=0$,其被选中工作,整个电路的输出中 $A_2 A_1 A_0$ 由 0～7 线的输入决定。当 $\overline{EI}=1$ 时,编码器不工作。运用同样的方法,可以进一步扩展优先编码器的范围。

7.2.2 译码器

译码是编码的逆过程,即把二进制信号还原成给定的信息符号(数符、字符或运算符等),完成译码功能的电路称为译码器。

1. 二进制译码器

二进制译码器的特点是:对于输入的每一位二进制码,只有一个输出端是有效电平,其余输出端均为无效电平(即只有确定的一条输出端有信号输出),它有 N 个输入端,2^N 个输出端,因此二进制译码器又称为全译码器。

图 7.11 是 3/8 线译码器 74LS138 的逻辑图及逻辑符号,输入为 3 位二进制数,有八个输出端,由功能表 7-7 可以看出,不管其输入如何,只要 E_1 为 0 或 $\overline{E_2}$ 与 $\overline{E_3}$ 中有一个为高电平 1,则电路没有信号输出(即所有输出端均为高电平,本电路是输出低电平有效),只有当 $E_1=1$,$\overline{E_2}=\overline{E_3}=0$ 时译码器工作,根据输入 A_0～A_2 的取值组合,$\overline{Y_0}$～$\overline{Y_7}$ 中的某一位输出为低电平,且 $\overline{Y_i}=\overline{m_i}$($i=0,1,2,\cdots,7$),$m_i$ 为最小项。功能表如表 7-7 所示。

表 7-7 74LS138 功能表

输		入			输			出				
E_1	$\overline{E_2}+\overline{E_3}$	A_2	A_1	A_0	$\overline{Y_0}$	$\overline{Y_1}$	$\overline{Y_2}$	$\overline{Y_3}$	$\overline{Y_4}$	$\overline{Y_5}$	$\overline{Y_6}$	$\overline{Y_7}$
0	×	×	×	×	1	1	1	1	1	1	1	1
×	1	×	×	×	1	1	1	1	1	1	1	1
1	0	0	0	0	0	1	1	1	1	1	1	1
1	0	0	0	1	1	0	1	1	1	1	1	1
1	0	0	1	0	1	1	0	1	1	1	1	1
1	0	0	1	1	1	1	1	0	1	1	1	1
1	0	1	0	0	1	1	1	1	0	1	1	1
1	0	1	0	1	1	1	1	1	1	0	1	1
1	0	1	1	0	1	1	1	1	1	1	0	1
1	0	1	1	1	1	1	1	1	1	1	1	0

利用两块 74LS138 可以实现 4/16 线译码功能,如图 7.12 所示。图中,4 位输入为 A,B,C,D。A 为最高位,当 A=0 时,块(1)工作;A=1 时,块(2)工作。

二进制译码器应用很广,利用输入不同的编码对应某一个输出端输出信号可分时控制多个单元电路,如图 7.13 所示。在微机系统中常用作存储器或输入/输出接口芯片的地址译码器(详细内容介绍见第 10 章)。

（a）逻辑图

（b）逻辑符号

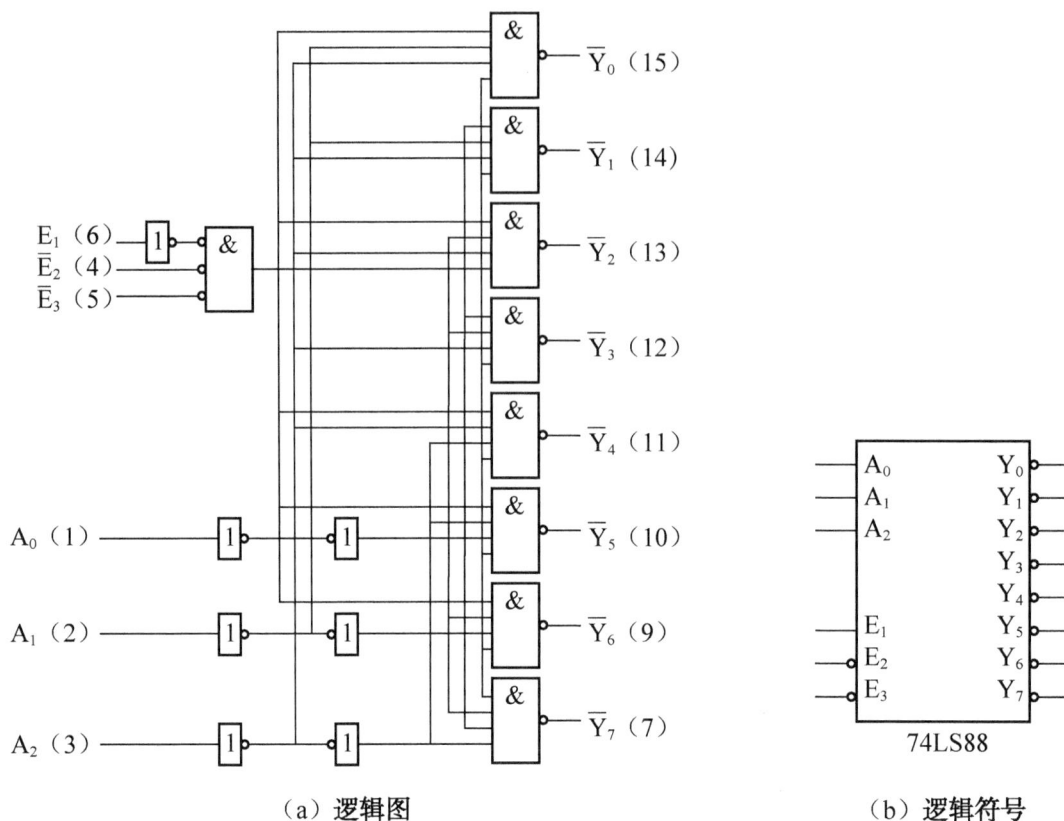

图 7.11　74LS138 的逻辑图及逻辑符号

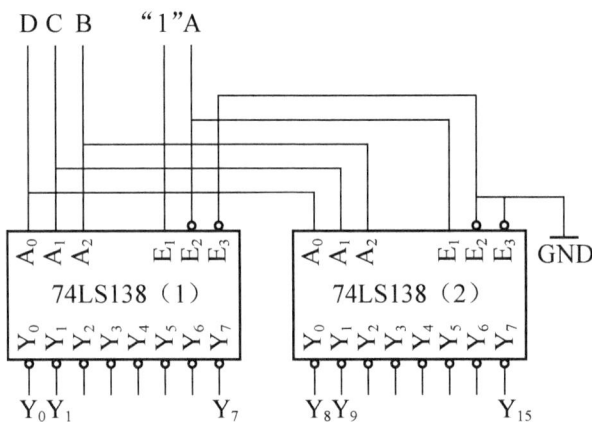

图 7.12　4 线-16 线译码器

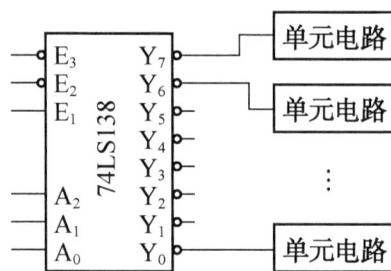

图 7.13　利用 74LS138 控制单元电路

利用二进制译码器还可以实现组合逻辑函数。

【例 7-5】　用 74LS138 并辅以适当门电路实现函数 $F_{(A,B,C)} = \sum m(1,3,4)$。

解： 由于全译码器的每个输出端对应一个最小项，又 74LS138 是反码输出，所以

$$F_{A,B,C} = \sum m(1,3,4) = m_1 + m_3 + m_4 = \overline{\overline{m_1 + m_3 + m_4}} = \overline{\overline{m_1} \cdot \overline{m_3} \cdot \overline{m_4}} = \overline{\overline{Y_1} \cdot \overline{Y_3} \cdot \overline{Y_4}}$$

需外接与非门实现，画出逻辑图如图 7.14 所示。

2. 码制变换译码器

码制变换译码器的功能是将一种码制转换成另一种码制。通常码制变换译码器的输出端数 $M < 2^N$（N 为输入端数），故又称为部分译码器。

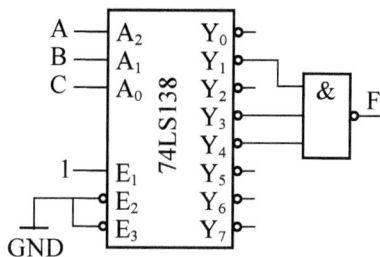

图 7.14　【例 7-5】逻辑图

74LS42 是 4-10 线译码器，其功能是将 8421BCD 码输入转换成十进制数码，由于有 6 种不采用的代码，对 6 种不采用的代码的不同处理就得到不同结构的译码器，可作为任意项处理，也可当全 1 处理。74LS42 即是根据第 2 种处理方法制成的中规模集成电路。其电路图及逻辑符号如图 7.15 所示，功能表见表 7-8。

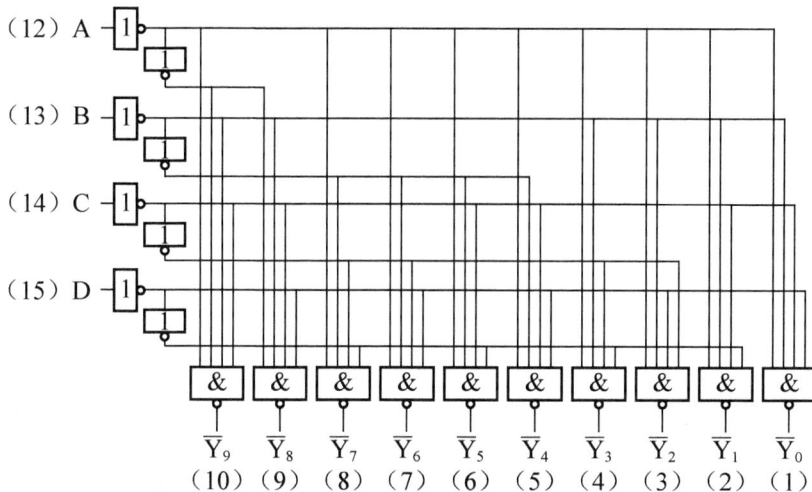

（a）逻辑图

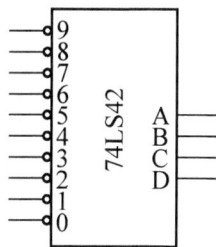

（b）逻辑符号

图 7.15　74LS42 逻辑图及逻辑符号

表 7-8　74LS42 功能表

N	输　入				输　　　出									
	A	B	C	D	$\overline{Y}_0$	$\overline{Y}_1$	$\overline{Y}_2$	$\overline{Y}_3$	$\overline{Y}_4$	$\overline{Y}_5$	$\overline{Y}_6$	$\overline{Y}_7$	$\overline{Y}_8$	$\overline{Y}_9$
0	0	0	0	0	0	1	1	1	1	1	1	1	1	1
1	0	0	0	1	1	0	1	1	1	1	1	1	1	1
2	0	0	1	0	1	1	0	1	1	1	1	1	1	1
3	0	0	1	1	1	1	1	0	1	1	1	1	1	1
4	0	1	0	0	1	1	1	1	0	1	1	1	1	1
5	0	1	0	1	1	1	1	1	1	0	1	1	1	1
6	0	1	1	0	1	1	1	1	1	1	0	1	1	1
7	0	1	1	1	1	1	1	1	1	1	1	0	1	1
8	1	0	0	0	1	1	1	1	1	1	1	1	0	1
9	1	0	0	1	1	1	1	1	1	1	1	1	1	0
×	1	0	1	0	1	1	1	1	1	1	1	1	1	1
×	1	0	1	1	1	1	1	1	1	1	1	1	1	1
×	1	1	0	0	1	1	1	1	1	1	1	1	1	1
×	1	1	0	1	1	1	1	1	1	1	1	1	1	1
×	1	1	1	0	1	1	1	1	1	1	1	1	1	1
×	1	1	1	1	1	1	1	1	1	1	1	1	1	1

该译码器除用作码制变换外,还可用作 3-8 线译码器,这时输入信号的最高位输入端可作为使能端使用。B,C,D 端为输入端,$\overline{Y_8}$ 与 $\overline{Y_9}$ 输出端不用,当 A＝0 时,由 B,C,D 的信号决定 $\overline{Y_0} \sim \overline{Y_7}$ 某一输出端为 0,其余为 1;若 A＝1,则 $\overline{Y_0} \sim \overline{Y_7}$ 均为 1。

3. 数字显示译码器

在数字测量仪表和各种数字系统中,都需要数字量直观地显示出来,所以数字显示电路是许多数字设备不可缺少的部分,通常由译码器、驱动器和显示器等组成,如图 7.16 所示。

图 7.16　数字显示电路方框图

(1)显示器件。显示器件是用来显示数字、文字或符号的器件,已有多种形式的产品广泛应用于各种数字设备中,下面介绍目前应用最普遍的七段数码显示器。

常见的七段数码显示器有半导体显示器(LED)、荧光数码显示器和液晶显示器(LCD),分段式数码管是利用不同发光段组合来显示不同数码的,一般由 a,b,c,d,e,f,g 七个发光段组成,根据需要,可让其中的某些段发光,即可显示出数字 0～9,如图 7.17 所示。

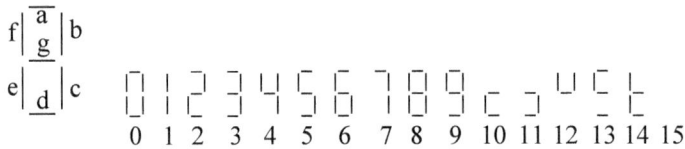

图 7.17　七段显示数字图形

七段显示器件有两种结构:共阴极,共阳极。图 7.18 为用发光二极管制成的半导体数码管,管内七个发光二极管按"日"字形排列,图(a)为共阴极结构,图(b)为共阳极结构,由图可以看出,若共阴极结构把所有阴极都接地,则对应阳极加逻辑"1"的字段发光,即译码驱动器输出高电平有效;若共阳极结构,把所有阳极都接到 V_{CC},则对应阴极接低电平的字段发光,即译码驱动器输出低电平有效。

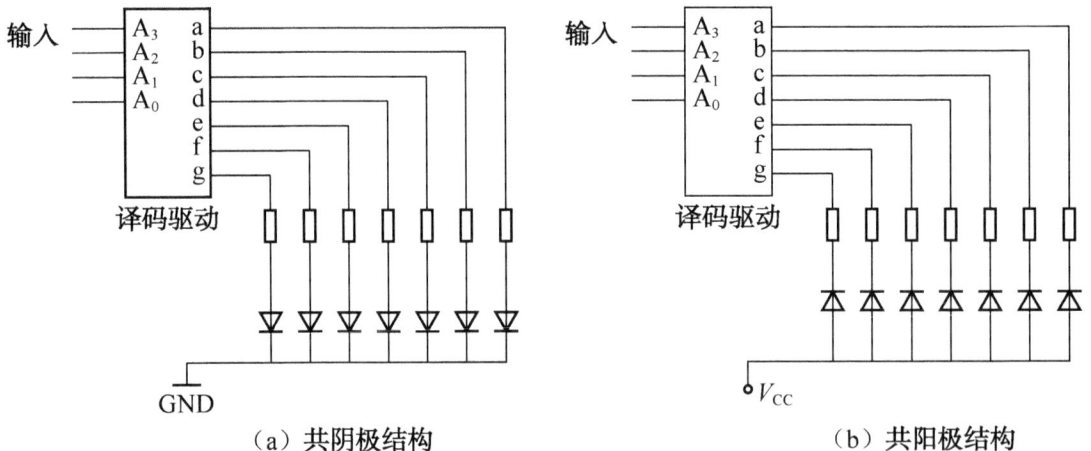

(a)共阴极结构　　　　　　　　(b)共阳极结构

图 7.18　数码管的结构

（2）数字显示译码/驱动器。用来驱动荧光数码管、发光二极管等显示器件的译码器称为显示译码器。它可以将数符或字符的二进制码信息"还原"成相应的数符或字符，并在数码管上显示出来。

MSI 显示译码器有 BCD 码十进制译码器/驱动器 74LS145，BCD 码七段译码器/驱动器 74LS248 和 74LS249 等，下面以驱动共阴极结构数码管的显示译码器 74LS248 为例分析其工作原理。

74LS248 的逻辑电路及所显示的数如图 7.19 所示，功能表如表 7-9 所示。当电路译码的输出为 1，点亮字段；输出为 0，字段熄灭。整个电路由显示译码部分及灯测试输入（$\overline{\text{LT}}$），串行消隐输入（$\overline{\text{RBI}}$），熄灭输入输出（$\overline{\text{BI}}/\overline{\text{RBO}}$）三个辅助部分组成。

表 7-9　74LS248 功能表

序号	输　　　　　入				输　　　　　出						
	$\overline{\text{LT}}$	$\overline{\text{RBI}}$	ABCD	$\overline{\text{BI}}/\overline{\text{RBO}}$	a	b	c	d	e	f	g
0	1	1	0000	1	1	1	1	1	1	1	0
1	1	×	0001	1	0	1	1	0	0	0	0
2	1	×	0010	1	1	1	0	1	1	0	1
3	1	×	0011	1	1	1	1	1	0	0	1
4	1	×	0100	1	0	1	1	0	0	1	1
5	1	×	0101	1	1	0	1	1	0	1	1
6	1	×	0110	1	1	0	1	1	1	1	1
7	1	×	0111	1	1	1	1	0	0	0	0
8	1	×	1000	1	1	1	1	1	1	1	1
9	1	×	1001	1	1	1	1	1	0	1	1
10	1	×	1010	1	0	0	0	1	1	0	1
11	1	×	1011	1	0	0	1	1	0	0	1
12	1	×	1100	1	0	1	0	0	0	1	1
13	1	×	1101	1	1	0	0	1	0	1	1
14	1	×	1110	1	0	0	0	1	1	1	1
15	1	×	1111	1	0	0	0	0	0	0	0
$\overline{\text{BI}}/\overline{\text{RBO}}$	×	×	⋯		0	0	0	0	0	0	0
$\overline{\text{RBI}}$	1	0	0000	0	0	0	0	0	0	0	0
$\overline{\text{LT}}$	0	×	⋯	1	1	1	1	1	1	1	1

正常译码时，$\overline{\text{LT}}$，$\overline{\text{RBI}}$，$\overline{\text{BI}}/\overline{\text{RBO}}$ 均为 1；此时各输出端的表达式为

$$a = \overline{AC + B\overline{C}\overline{D} + \overline{A}\,\overline{B}\,\overline{C}D}$$
$$c = \overline{\overline{B}C\overline{D} + AB}$$
$$e = \overline{D + B\overline{C}}$$
$$b = \overline{AC + B\overline{C}D + BC\overline{D}}$$
$$d = \overline{\overline{B}C\overline{D} + BCD + B\overline{C}\,\overline{D}}$$
$$f = \overline{CD + \overline{A}BD + B\overline{C}}$$
$$g = \overline{BCD + \overline{A}\,B\,\overline{C}}$$

$\overline{\text{LT}}$ 用来检查显示管的各段是否正常，若 $\overline{\text{LT}} = 0$ 且 $\overline{\text{BI}} = 1$ 时，则不管 A，B，C，D 的状态如何，各段均应显示。

$\overline{\text{RBI}}$ 的作用是：

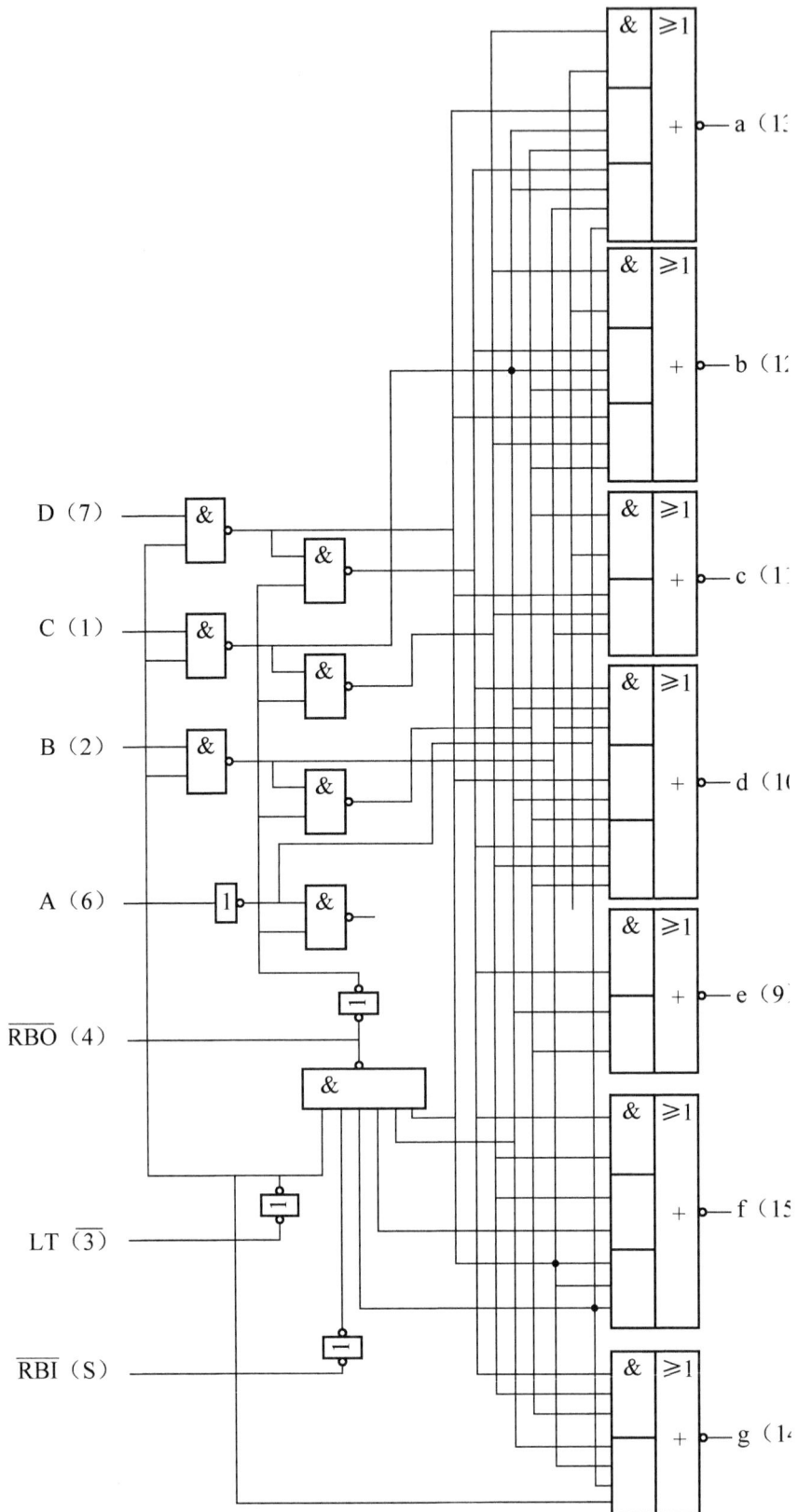

图 7.19　74LS248 的逻辑电路图

当 $\overline{RBI}=0,\overline{LT}=1,ABCD=0000$,则各段熄灭,称灭"0",若 ABCD 不等于 0,则仍然显示,不熄灭。

当 $\overline{RBI}=1,\overline{LT}=1,ABCD=0000$,则不灭"0"。

所以 $\overline{RBI}$ 端的作用在多位显示时用于灭无效 0,例如某显示结果为 0034,则只显示 34,将无效 0 熄灭,使显示清晰。

$\overline{RBO}$ 的作用:

当 $\overline{RBI}=0,\overline{LT}=1,ABCD=0000$,且 $\overline{RBO}=0$,则灭 0。

若 $ABCD\neq0,\overline{RBO}=1$,则仍然显示,不熄灭。

结论:有 0 灭 0,$\overline{RBO}$ 出 0;非 0 显示,$\overline{RBO}$ 出 1。

【例 7-6】 如图 7.20 所示的五位显示器。若 004.00,则显示 4;若 113.11 则显示 113.11;若 013.02 则显示 13.02;若 103.10 则显示 103.1。

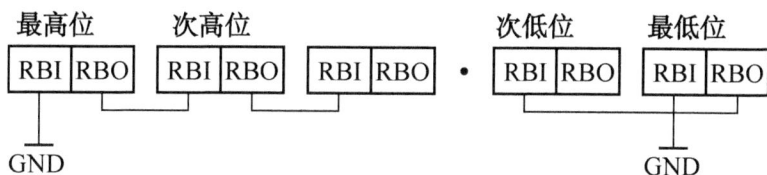

图 7.20 五位显示器

7.2.3 数据选择器及分配器

1. 数据选择器

能从多路数据中选择一路进行传输的电路称为数据选择器,是一个多输入,单输出的组合逻辑电路,又称为多路调制器或多路开关。常用的数据选择器有 2 选 1,4 选 1,8 选 1,16 选 1 等。图 7.21(a)是 4 选 1 数据选择器 74LS153 的逻辑图,其作用相当于一个单刀四掷开关,如图 7.21(b)所示。图 7.21(c)是 74LS153 的逻辑符号。图中 $D_0\sim D_3$ 为数据输入端,其个数为通道数;A_1 与 A_0 为控制信号或称为地址输入信号,根据 A_1 与 A_0 的取值,多路的输出 Y 选取 $D_0\sim D_3$ 中的一个,地址输入端数 N 与通道数 M 应满足 $M=2^N$;$\overline{ST}$ 为选通端,低电平有效,功能表见表 7-10 所示。

据表可写逻辑表达式为

$Y=(\overline{A_1}\,\overline{A_0}D_0+\overline{A_1}A_0D_1+A_1\overline{A_0}D_2+A_1A_0D_3)\overline{ST}$

当 $\overline{ST}=1$ 时,$Y=0$,数据选择器不工作。

当 $\overline{ST}=0$ 时,$Y=\overline{A_1}\,\overline{A_0}D_0+\overline{A_1}A_0D_1+A_1\overline{A_0}D_2+A_1A_0D_3$。

表 7-10 74LS153 功能表

$\overline{ST}$	A_1	A_0	Y
0	0	0	D_0
0	0	1	D_1
0	1	0	D_2
0	1	1	D_3
1	$\times$	$\times$	0

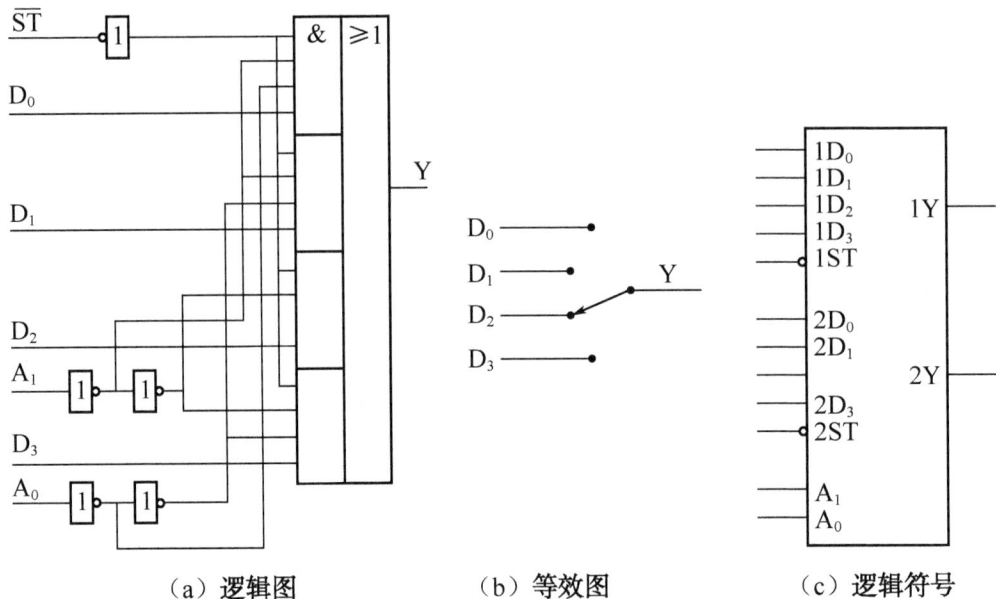

（a）逻辑图　　　　　　（b）等效图　　　　　　（c）逻辑符号

图 7.21　4 选 1 数据选择器

　　如果地址信号 A_1 与 A_0 依次改变,由 $00 \rightarrow 01 \rightarrow 10 \rightarrow 11$,则将依次输出 D_0,D_1,D_2,D_3,这样就可以将并行输入的代码变为串行输出的代码了。

　　74LS153 是双 4 选 1 数据选择器,它内部含有两个 4 选 1 数据选择器。

　　图 7.22 是 8 选 1 数据选择器 74LS251 的逻辑图及逻辑符号,输出门采用三态门,并以互补的形式 Y 与 $\overline{W}$ 输出。当使能端为高电平时,电路处于禁止状态,输出为高阻态,因此,允许将多块组件并接起来,以达到扩大数据通道的目的,表 7-11 是逻辑功能表。

　　下面介绍数据选择器的几种典型应用。

　　(1) 数据选择器通道的扩展:

　　① 利用选通端及外加辅助门电路实现通道扩展,图 7.23 是利用双 4 选 1 数据选择器实现 8 选 1 功能,当 $\overline{EN}=0$ 时,选中第 1 块 4 选 1 数据选择器,根据 A_1 与 A_0 的取值组合,从 $D_0 \sim D_3$ 中选一路数据输出;$\overline{EN}=1$ 时选中第 2 块数据选择器,根据 A_1 与 A_0 的取值组合,从 $D_4 \sim D_7$ 中选一路数据输出。

　　② 利用多块数据选择器进行通道扩展,如图 7.24 所示。

表 7-11　8 选 1 数据选择器功能表

输		入		输	出
A_2	A_1	A_0	$\overline{EN}$	Y	$\overline{W}$
$\times$	$\times$	$\times$	1	高　阻	
0	0	0	0	D_0	
0	0	1	0	D_1	
0	1	0	0	D_2	
0	1	1	0	D_3	$\overline{Y}$
1	0	0	0	D_4	
1	0	1	0	D_5	
1	1	0	0	D_6	
1	1	1	0	D_7	

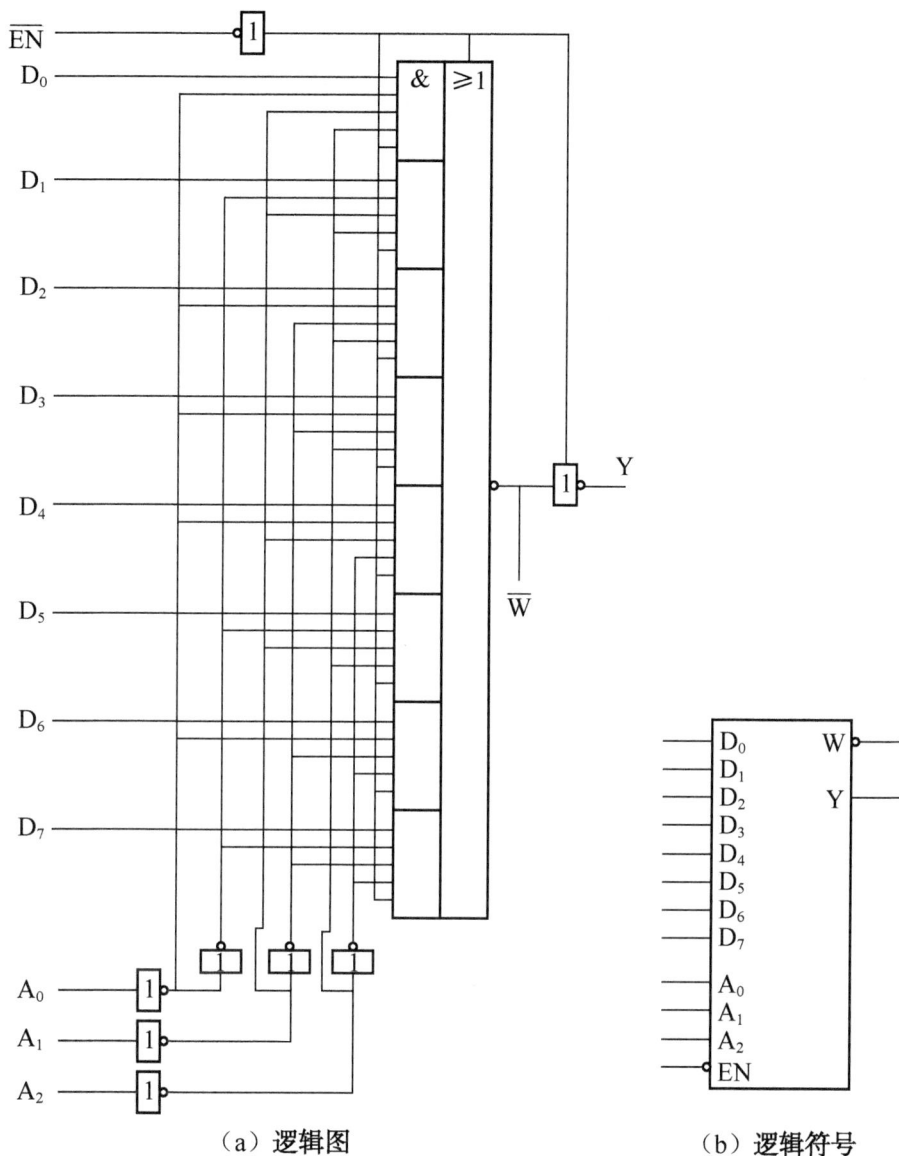

（a）逻辑图　　　　　　　　　　　　（b）逻辑符号

图 7.22　8 选 1 数据选择器(74LS251)

（2）实现逻辑函数。利用数据选择器来实现函数的基本思想是：由于两个逻辑函数的真值表或卡诺图相同,这两个函数就相等,因此只要使数据选择器的输出与所给逻辑函数的真值表或卡诺图相同,即可用数据选择器来实现所给逻辑函数的功能。

【例 7-7】　用 8 选 1 数据选择器实现函数。

$$F=\overline{A}\,\overline{B}\,\overline{C}\,\overline{D}+\overline{A}\,\overline{B}CD+\overline{A}B\overline{C}\,\overline{D}+\overline{A}BCD+A\overline{B}\,\overline{C}D+A\overline{B}C\overline{D}+AB\overline{C}\,\overline{D}+ABC\overline{D}$$

解:将三个变量 A,B,C 作为地址码,剩下一个变量作为数据选择器的输入,由 8 选 1 数据选择器的逻辑表达式

$$Y=\overline{A}\,\overline{B}\,\overline{C}D_0+\overline{A}\,\overline{B}CD_1+\overline{A}B\overline{C}D_2+\overline{A}BCD_3+A\overline{B}\,\overline{C}D_4+A\overline{B}CD_5+AB\overline{C}D_6+ABCD_7$$

比较 Y 与 F 的表达式可知

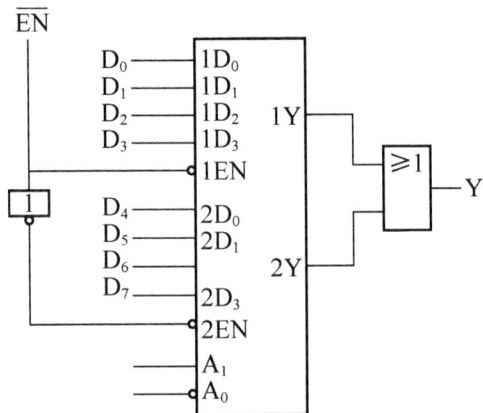

图 7.23　用选通端扩展通道数

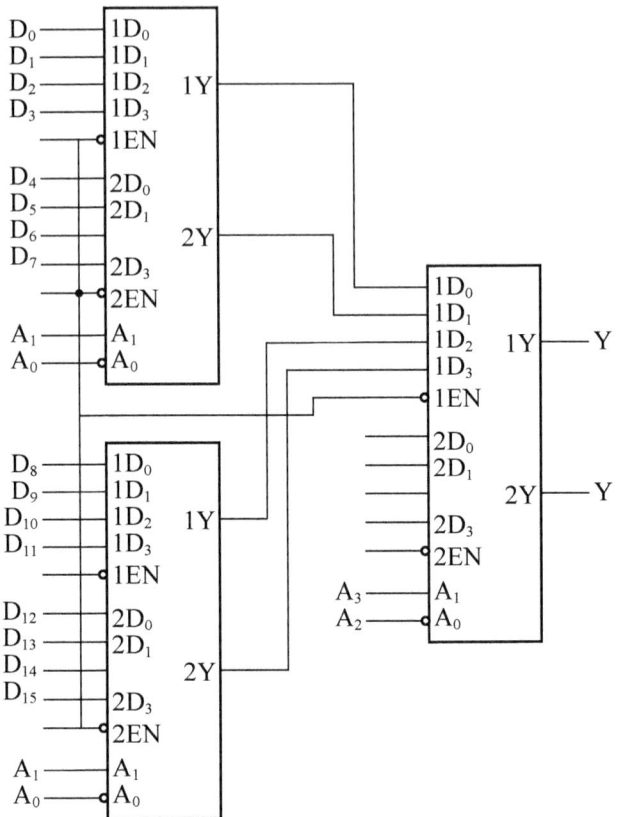

图 7.24　16 选 1 数据选择器

$$D_0 = \overline{D} \qquad D_1 = D \qquad D_2 = 1 \qquad D_3 = 0$$
$$D_4 = D \qquad D_5 = \overline{D} \qquad D_6 = 1 \qquad D_7 = 0$$

由此看出，用 $m(2^n)$ 选 1 数据选择器可以实现 $n+1$ 个变量的逻辑函数，其中 n 个变量作为地址输入，剩下的那个变量，根据需要以 0 与 1（原变量、反变量）的形式，接到相应的输入端即可。

2. 数据分配器

数据分配器的逻辑功能是按需要将一路输入信号传送到不同的输出中去，又称多路分配器（其功能和数据选择器相反，能够将串行数据变为并行输出）。

图 7.25(a) 为 4 路数据分配器的逻辑图及逻辑符号，其功能类似于一个单刀多掷开关，如图 7.25(b) 所示。图中，D 为被传送的数据输入，A_1 与 A_0 为地址输入信号，$Y_0 \sim Y_3$ 是数据输出端。当一路数据送至 D 输入端时，若地址码取值依次为 00，01，10，11，数据便分别从 Y_0，Y_1，Y_2，Y_3 依次输出。

图 7.25(a) 所示逻辑电路与 2-4 线译码器完全一样，A_1 与 A_0 相当于译码器的输入端，D 相当于使能端，因此任何带使能端的二进制译码器都可作为数据分配器使用。

利用数据选择器和分配器可以分时、多路传送信息，图 7.26 表示了这一概念。

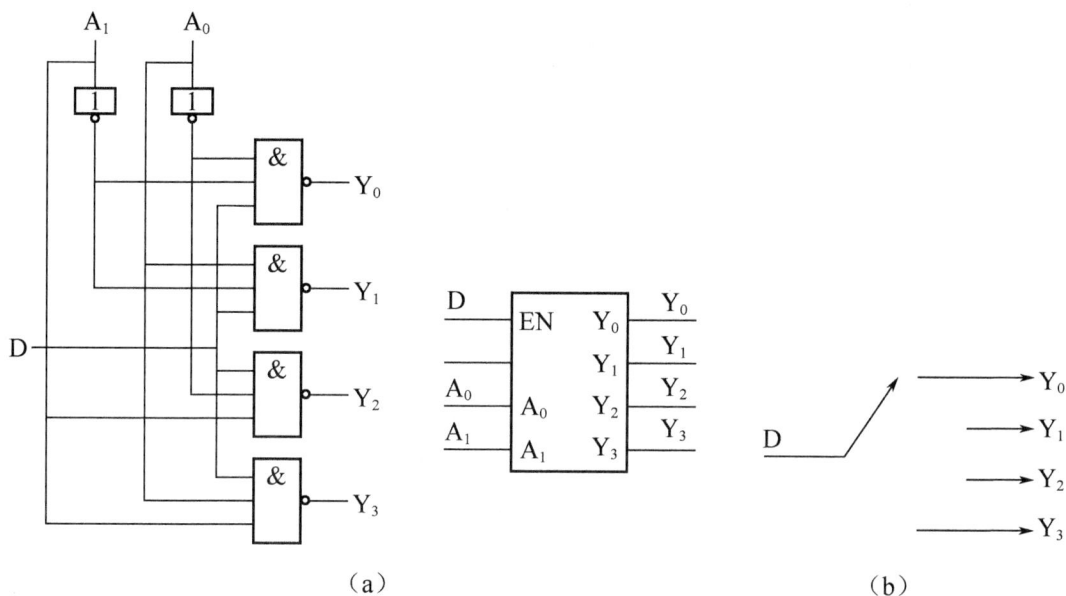

（a）

（b）

图 7.25　4 路数据分配器

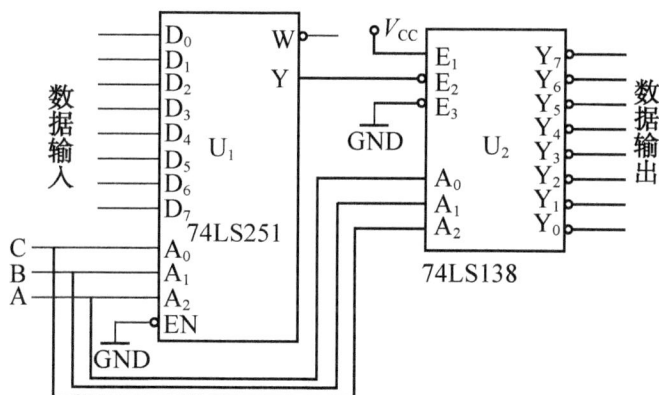

图 7.26　单线传送多路数据示意图

（1）进行通道选择的选择码 A,B,C 同时加到 U_1 与 U_2 的选择输入端。

（2）如果所选的输入数据为低电平,则 U_1 的输出端 Y 将输出低电平。该低电平加到 U_2 的使能输入端 E_2,U_2 将被使能,相应于该选择码的输出端将输出低电平,与 U_1 原始数据符合。

（3）如果所选的输入数据为高电平,则 U_1 的输出端 Y 将输出高电平,该高电平加到 U_2 的使能输入端 E_2,U_2 被禁止,U_2 所有输出都为高电平,所选的输出线当然也为高电平。

（4）随着数据选择端的变化,未被选中的输出端将保持高电平。

7.2.4　数值比较器

用来比较 A 与 B 两个二进制数并确定其相对大小的组合电路,称为数值比较器。比较的结果,通过三个输出端分别指示 A>B,A=B 或 A<B。

我们曾讨论过的异或非门即同或门,当二输入量相同时,其输出量为 1,因此它就是一位相同(相等)比较器。

两个 1 位数 A、B 比较的关系有 3 种:A>B,A=B 或 A<B。

当 A>B 时,有 F_1(A>B)输出为高电平;当 A=B 时,有 F_2(A=B)输出为高电平;当 A<B 时,有 F_3(A<B)输出为高电平,由此可得真值表。由表 7-12 得表达式

表 7-12　1 位数值比较器真值表

输	入	输		出
A	B	F_1(A>B)	F_2(A=B)	F_3(A<B)
0	0	0	1	0
0	1	0	0	1
1	0	1	0	0
1	1	0	1	0

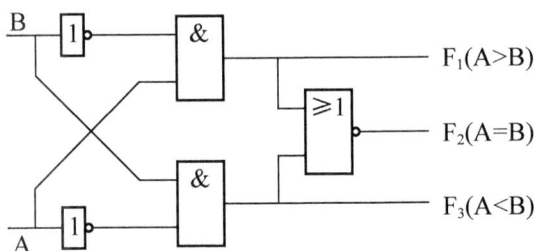

图 7.27　1 位数值比较器

$$F_1 = A\overline{B}$$
$$F_2 = \overline{A}\,\overline{B} + AB = \overline{A\overline{B} + \overline{A}B} = \overline{A \oplus B}$$
$$F_3 = \overline{A}B$$

由以上逻辑表达式画逻辑电路图,如图 7.27 所示。

两个多位数的比较是从 A 的最高位 A_{n-1} 和 B 的最高位 B_{n-1} 进行比较的,如果它们不相等,则该位的比较结果就可作为两位的比较结果。若最高位相等,则再比较次高位 A_{n-2} 和 B_{n-2},其余类推。显然,若两数是相等的,则比较步骤必须进行到最低位后才能得到结果。

74LS85 是 4 位数值比较器,表 7-13 是其真值表,$A_3 \sim A_0$ 和 $B_3 \sim B_0$ 是两个相比较的 4 位二进制数的输入;(A>B),(A<B),(A=B)是级联输入端,在多位连接时,它们同低位片的输出端相连,$F_{(A>B)}$,$F_{(A=B)}$,$F_{(A<B)}$ 是比较结果输出端。

表 7-13　74LS85 功能表

比 较 输 入				级 联 输 入			输		出
A_3　B_3	A_2　B_2	A_1　B_1	A_0　B_0	A>B	A<B	A=B	F_1(A>B)	F_2(A<B)	F_3(A=B)
$A_3>B_3$	×	×	×	×	×	×	1	0	0
$A_3<B_3$	×	×	×	×	×	×	0	1	0
$A_3=B_3$	$A_2>B_2$	×	×	×	×	×	1	0	0
$A_3=B_3$	$A_2<B_2$	×	×	×	×	×	0	1	0
$A_3=B_3$	$A_2=B_2$	$A_1>B_1$	×	×	×	×	1	0	0
$A_3=B_3$	$A_2=B_2$	$A_1<B_1$	×	×	×	×	0	1	0
$A_3=B_3$	$A_2=B_2$	$A_1=B_1$	$A_0>B_0$	×	×	×	1	0	0
$A_3=B_3$	$A_2=B_2$	$A_1=B_1$	$A_0<B_0$	×	×	×	0	1	0
$A_3=B_3$	$A_2=B_2$	$A_1=B_1$	$A_0=B_0$	1	0	0	1	0	0
$A_3=B_3$	$A_2=B_2$	$A_1=B_1$	$A_0=B_0$	0	1	0	0	1	0
$A_3=B_3$	$A_2=B_2$	$A_1=B_1$	$A_0=B_0$	0	0	1	0	0	1

74LS85 可在图 7.27 所示 1 位数值比较器的基础上构成

令

$$F_3 = (A_3 = B_3) = \overline{A_3 \oplus B_3}; \quad F_2 = (A_2 = B_2) = \overline{A_2 \oplus B_2}$$

$$F_1 = (A_1 = B_1) = \overline{A_1 \oplus B_1}; \quad F_0 = (A_0 = B_0) = \overline{A_0 \oplus B_0}$$

由功能表可得

$$F_{(A=B)} = F_3 F_2 F_1 F_0 (A=B)$$

$$F_{(A<B)} = F_3 F_2 F_1 F_0 (A<B) + \overline{A_3} B_3 + F_3 \overline{A_2} B_2 + F_3 F_2 \overline{A_1} B_1 + F_3 F_2 F_1 \overline{A_0} B_0$$

$$F_{(A>B)} = F_3 F_2 F_1 F_0 (A>B) + A_3 \overline{B_3} + F_3 A_2 \overline{B_2} + F_3 F_2 A_1 \overline{B_1} + F_3 F_2 F_1 A_0 \overline{B_0}$$

据上述表达式画 74LS85 逻辑图如图 7.28(a) 所示,图 7.28(b) 是其逻辑符号。

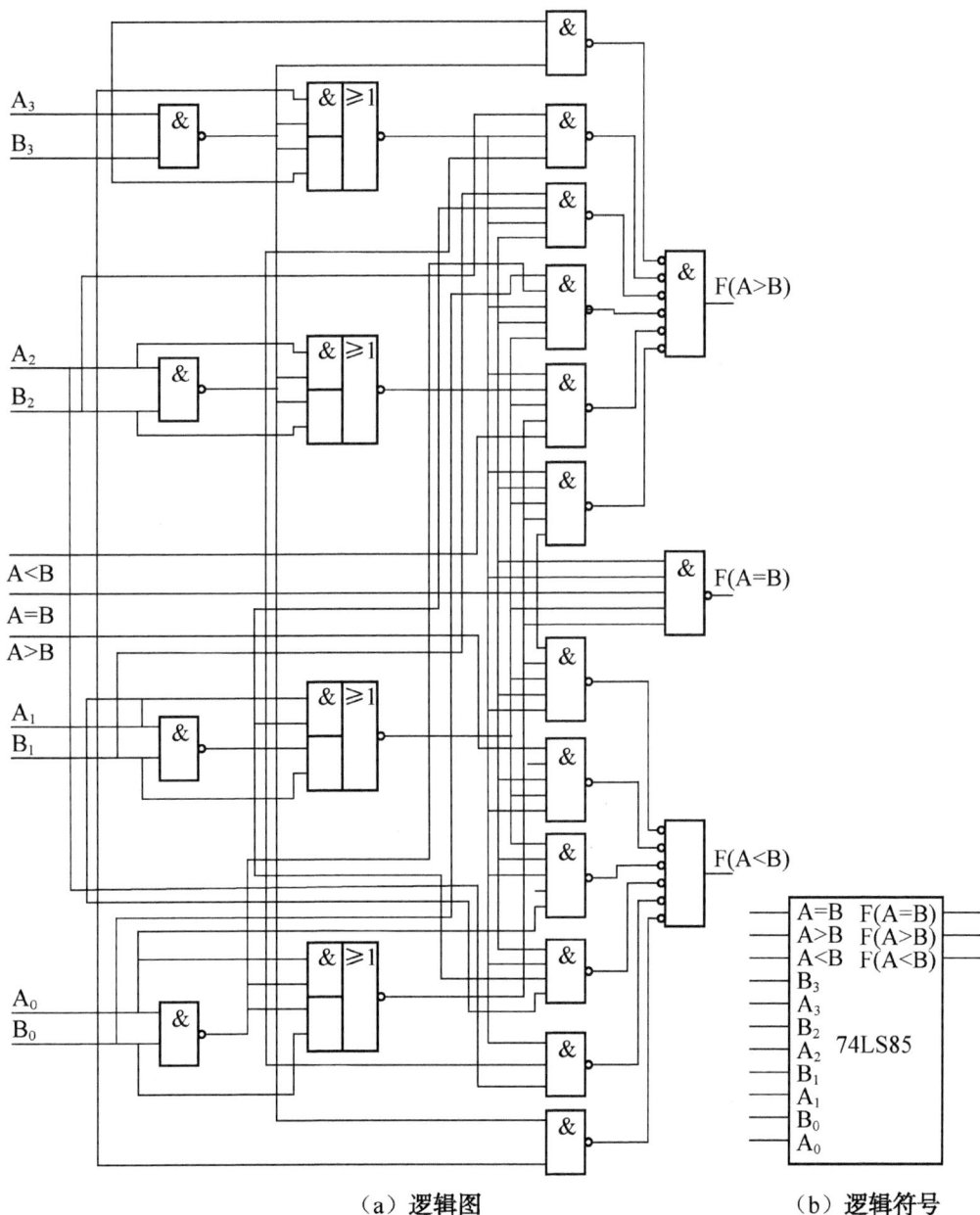

（a）逻辑图　　　　　　（b）逻辑符号

图 7.28　74LS85 逻辑图与逻辑符号

　　将74LS85级联可实现比较器的位数扩展，其扩展方式有串联和并联两种，图7.29表示两个4位数字比较器串联而成为一个8位数值比较器，对于两个8位数，若高4位相同，它们的大小则由低4位的比较结果决定，低位74LS85组件输出$F(A>B)$，$F(A=B)$，$F(A<B)$，分别接高位74LS85组件的输入$A>B$，$A=B$，$A<B$，高位组件的输出为最终比较结果。由74LS85真值表可知（表中前11行是单块或级联工作时出现的情况，末3行是多块并联工作时可能出现的情况），为使低位片子$A>B$，$A=B$，$A<B$不影响低4位的输出状态，必须使低4位$A>B$与$A<B$端为0，$A=B$端为1。

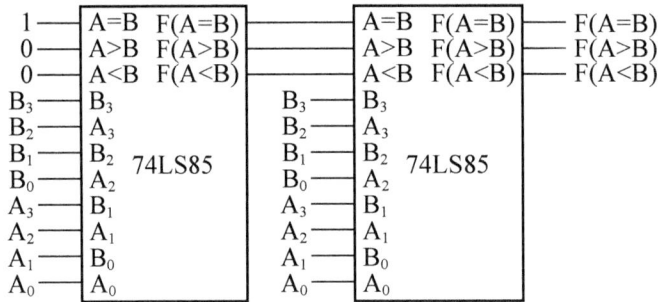

图7.29　8位数值比较器

　　当比较位数较多且需要满足一定的速度时，可采用并联方式，图7.30为24位并联数值比较器原理图。由图可看出，这里采用两级比较方法，将24位按高低位次序分成四组，每组4位，各组的比较是并行进行的，将每组的比较结果再经过4位比较器进行比较后得出结果。显然，从数据输入到稳定输出只需两倍的4位比较器延迟时间，若用串联方式，则24位数字比较器从输入到稳定输出需要四倍的4位比较器的延迟时间。

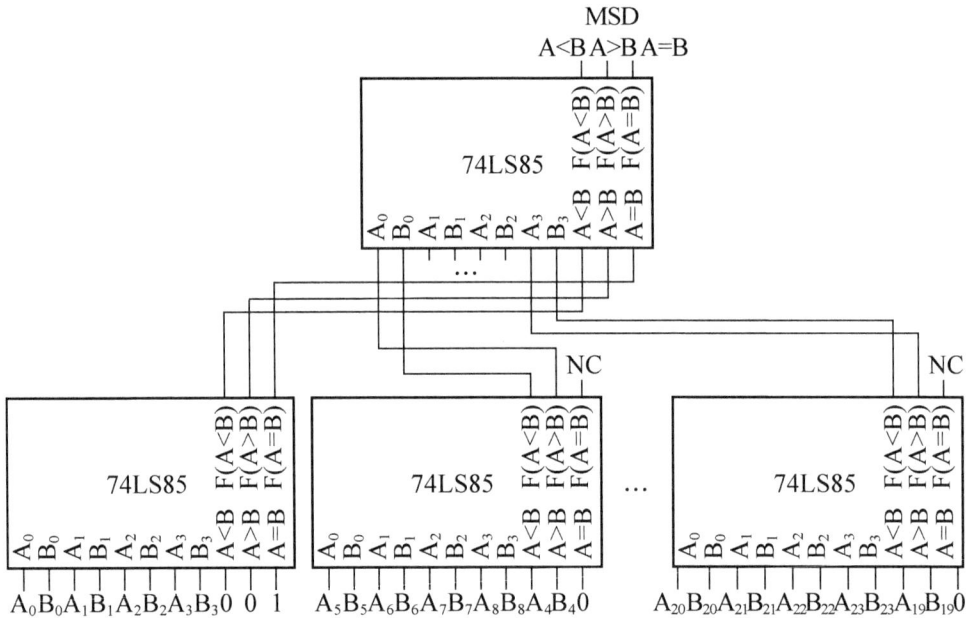

图7.30　24位并行数值比较器

　　常用的集成数字比较器属TTL型的T1085（1485）；属CMOS型的有CC4585（MC14585）等。

7.3 组合逻辑电路的竞争冒险

在前面各节讨论组合逻辑电路时,没有考虑门电路的传输延迟时间。但实际由于门传输延迟的影响,会导致电路在某些情况下,在输出端产生错误信号。

7.3.1 竞争与冒险

在图 7.31 中,$F=A+\overline{A}$。当 $A=1$ 时,$F=A+\overline{A}=1$;当 $A=0$ 时,$F=A+\overline{A}=1$。但是当 A 由 1 变 0 的 t_2 时刻,由于 G_1 有 t_{pd} 的延迟,所以在 $t_2 \sim (t_2+t_{pd})$ 期间,G_2 的两个输入均为 0,经 G_2 延迟后,输出 F 在 $(t_2+t_{pd}) \sim (t_2+2t_{pd})$ 期间为 0,产生了不应有的负窄脉冲(俗称毛刺)如图7.31所示,这种现象称为 $A+\overline{A}$ 型冒险,也称 0 型冒险。

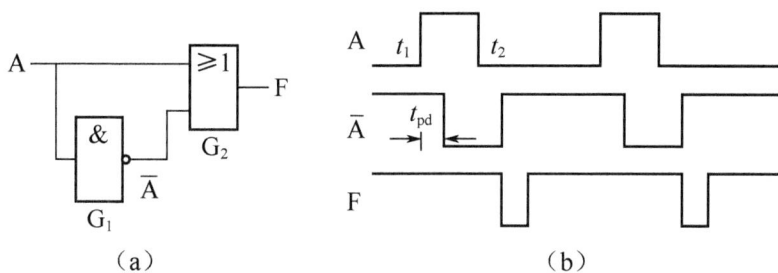

图 7.31　$A+\overline{A}$ 型冒险

图 7.32 电路中,F 应恒为低电平,但因 t_{pd} 的影响,在输出端出现了正向毛刺,此称为 $A \cdot \overline{A}$ 型冒险或 1 型冒险。

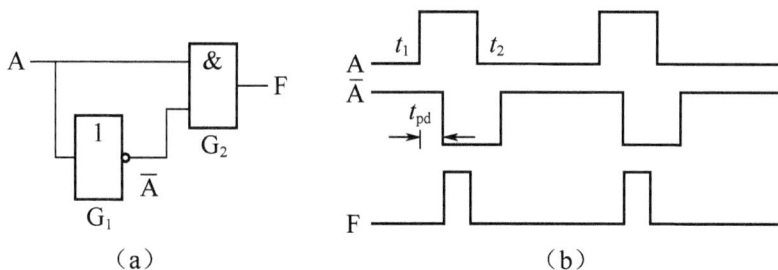

图 7.32　$A \cdot \overline{A}$ 型冒险

如图 7.33 所示,当 $A=0$,$B=1$ 时,$F=1$;$A=1$,$B=0$ 时,$F=1$。若 A 与 B 都变化,且 A 由 0 变 1 的时刻早于 B 由 1 变 0 的时刻,则在输出端也会出现毛刺。

由上述可知,出现毛刺是由于电路中信号传输延迟造成的。一般来说,当有关门的输入有两个或两个以上信号发生改变时,由于这些信号是经过不同路径传输来的,使得它们状态改变的时刻有先有后,这种时差引起的现象称为竞争。竞争的结果有时便会导致冒险发生。图 7.31 中,在 t_1 时刻附近,虽有竞争,但没有冒险;而 t_2 时刻附近,有竞争并导致冒险发生。

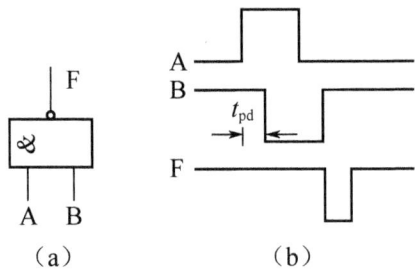

图 7.33　两输入信号变化时的冒险

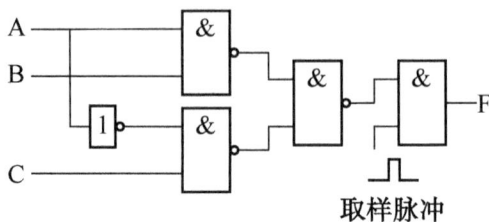

图 7.34　利用取样脉冲克服冒险

7.3.2　冒险的判断方法及消除方法

（1）当多个输入信号发生改变时易出现冒险。消除的方法是加取样脉冲。在图 7.34 中，取样脉冲仅在 F 处于稳定值的期间到来，以保证输出正确的结果；而在没有取样脉冲期间，输出端的信号是无效的。

（2）对于 $A+\overline{A}$ 及 $A \cdot \overline{A}$ 型冒险可利用卡诺图进行判断。具体方法是：在卡诺图中，若两点大卡诺圈相切，即两圈不相重叠，彼此之间又有相邻的最小项，则对应的逻辑电路便可能产生冒险。消除的方法是在逻辑设计时增加冗余项。

【例 7-8】　判断图 7.35 实线所示逻辑电路是否存在冒险。若存在，试加以消除。

解：根据逻辑图写出逻辑函数表达式

$$F=\overline{\overline{AB} \; \overline{\overline{A}C}}=AB+\overline{A}C$$

画出函数卡诺图图 7.36 所示。由图可见，$\sum m(1,3)$ 与 $\sum m(6,7)$ 两个卡诺图相切，因此电路有可能产生冒险。为消除冒险，增加冗余项 $\sum m(3,7)$，原逻辑设计修改为

$$F=AB+\overline{A}C+BC$$

电路相应增加门 G_5，如图 7.35 中虚线所示。当 A 的取值发生变化时，因为 G_5 输出低电平将 G_5 封锁，所以这时不会发生冒险。

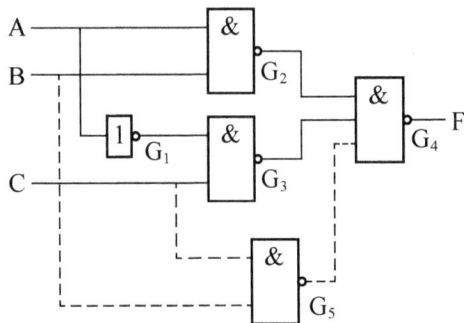

图 7.35　【例 7-8】逻辑图

图 7.36　【例 7-8】卡诺图

本章小结

（1）组合逻辑电路的特点是输出仅取决于当前的输入，而与以前的状态无关。

（2）组合逻辑电路的分析是根据已知的逻辑电路，确定电路的逻辑功能，其分析方法有两种：由输入向输出逐级推导或由输出向输入逐级推演。

（3）组合逻辑电路的设计是分析分逆过程，就是由已知求能够实现逻辑功能的逻辑电路。

（4）组合逻辑电路的种类很多，常见的有编码器、译码器、数值比较器、数据选择器/分配器等。本章对以上各类组合逻辑电路的功能、特点、用途进行了讨论，并介绍了一些常见的芯片，学习时要注意掌握各控制端的作用、逻辑功能及用途。

（5）组合逻辑电路存在竞争与冒险现象，为消除冒险可采取加取样脉冲、增加冗余项等方法。

表 7-14 列出部分常见集成组合逻辑电路产品。

表 7-14　部分常见集成组合逻辑电路产品

类　型	型　号	功　能
编码器	74148　　74LS148　　74HC148	8-3 线优先编码器
	74147　　74LS147　　74HC147	10-4 线优先编码器（BCD 码输出）
	74LS348	8-3 线优先编码器（三态输出）
译码器	7442　　74LS42　　74HC42	4-10 线译码器（BCD 码输入）
	7443　　CT7443　　SN7443A	4-10 线译码器（余三码输入）
	CT7444　　　SN7444A	4-10 线译码器（余三格雷码输入）
	74154　　74LS154　　74HC154	4-16 线译码器
	74LS139　　74ALS139 74HC139	双 2-4 线译码器（反码输出）
	74LS145　　7441	BCD-十进制译码器/驱动器
	74LS247	4 线-七段译码器/驱动器（BCD 输入，OC）
	74LS248	4 线-七段译码器/驱动器（BCD 输入，L 型 OC）
	74LS47	4 线-七段译码器/驱动器（BCD 输入，上拉电阻）
	74145　　74LS145	4 线-10 线译码器/驱动器（BCD 输入，OC）
	CC4544　　　CC4547B	BCD-七段译码器/驱动器
码制转换器	74184	BCD 二进制转换器
	74185	二进制-BCD 转换器

（续表）

类　　型	型　　　　号		功　　　能
数据选择器	74150		16 选 1 数据选择器(有选通输入,反码输出)
	74151		8 选 1 数据选择器(有选通输入,互补输出)
	74153	74LS153	双 4 选 1 数据选择器(有选通输入)
	74157		四 2 选 1 数据选择器(有公共选通输入)
	74253	74LS253	双 4 选 1 数据选择器(三态输出)
	74353	74LS353	双 4 选 1 数据选择器(三态输出,反码)
	74351		双 8 选 1 数据选择器(三态输出)
比较器	7485	74LS85	4 位数值比较器
	74LS686		8 位数值比较器
	74688	74LS688	8 位数值比较器(等值检测器)
	74689		8 位数值比较器(OC)
运算器	74283	74LS283	4 位二进制超前进位全加器

习题 7

7.1　分析如图 7.37 所示电路。

7.2　试分析图 7.38 所示逻辑电路的功能。

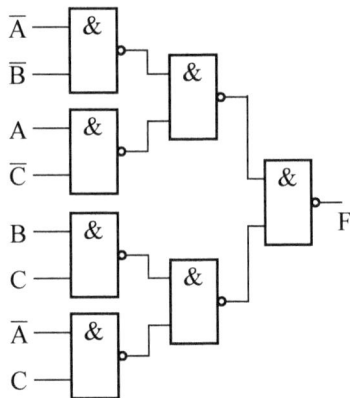

图 7.37　题 7.1 图

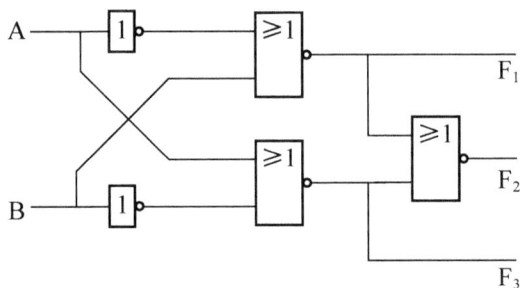

图 7.38　题 7.2 图

7.3　分别用与非门、或非门设计如下电路：

(1) 三变量的非一致电路($ABC=000$ 及 001 时,输出为 0,其他情况输出为 1 的电路)。

(2) 三变量的奇数判别电路(输入变量中 1 的个数为奇数时,输出为 1,其他情况为 0)。

(3) 三变量的偶数判别电路(输入变量中 1 的个数为偶数时,输出为 1,其他情况为 0)。

(4) 全减器电路。

7.4　设计一个码组变换电路,输入是 1 位 8421BCD 码,输出是 1 位余 3 码。

7.5　试设计一个数字锁,示意图如图 7.39 所示,其中 A,B,C,D 是 4 个二进制代码输入端,E 为开锁控制输入端,每把锁都有规定的 4 位代码,并由设计者自编,本题规定 ABCD＝1001 为开锁代码,如果输入代码与开锁代码一致,则在开锁时(控制输入端 E＝1),锁便被打开(F_1＝1);如果代码不符号,则在开锁时,电路将发生报警信号(F_2＝1)。

7.6　设计一个 2 位二进制比较器。

7.7　甲、乙、丙、丁四个小孩中有一个小孩做了错事。

甲说:"这件事是丙做的。"

乙说:"我没有做。"

丙说:"甲说的是假话,我没有做。"

丁说:"这件事是甲做的。"

试问:

(1) 如果它们的说法中有一个是错误的,而其余三人都是正确的,这件事是谁做的。

(2) 如果它们的说法中有一个是正确的,而其余三人都说了假话,这件事是谁做的。

7.8　如何测试一个 74LS248 的好坏?

7.9　已知函数 $F＝\sum m(4,5,8,9,12,13,14,15)$ 要求用 74LS138 实现。若改用 8 选 1 数据选择器,如何实现?

7.10　试用 74LS138 实现逻辑函数 $F＝\overline{A}C+BC+A\overline{B}\,\overline{C}$ 并画出逻辑图,能否用 74LS251 实现上述函数?

7.11　2 线-4 线译码器芯片如图 7.40 所示,其功能表如表 7-15 所示,若要将它改作 4 路分配器使用,应如何处理。

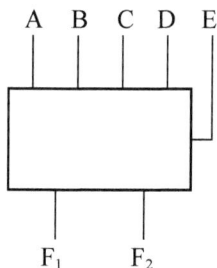

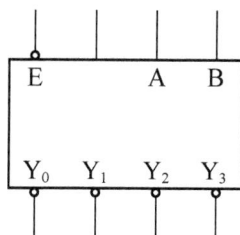

图 7.39　题 7.5 图　　　　　图 7.40　题 7.11 图

表 7-15　2 线-4 线译码器功能表

$\overline{E}$	A	B	$\overline{Y}_0$	$\overline{Y}_1$	$\overline{Y}_2$	$\overline{Y}_3$
1	×	×	1	1	1	1
0	0	0	0	1	1	1
0	1	0	1	0	1	1
0	0	1	1	1	0	1
0	1	1	1	1	1	0

7.12　由 3 线-8 线译码器构成的逻辑电路如图 7.41 所示,试写出 F_1 与 F_2 的表达式。

7.13　试用两片 74LS251 构成 16 选 1 数据选择器。

7.14　画出用四路选择器实现函数 $F = A \oplus B \oplus C \oplus D$ 的电路。

7.15　8 选 1 数据选择器连接如图 7.42 所示,试写出由它实现的函数表达式 $F(A, B, C) = ?$

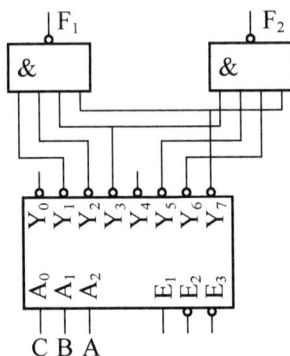

图 7.41　题 7.12 图　　　　　　图 7.42　题 7.15 图

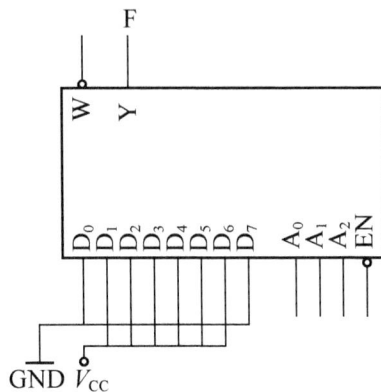

7.16　判断图 7.43 所示电路是否存在冒险,如果存在,试通过修改逻辑设计加以消除。

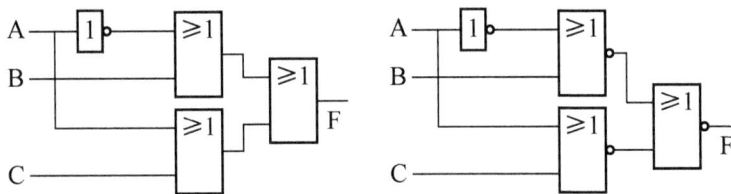

图 7.43　题 7.16 图

实验 10　译　码　器

1. 实验目的

（1）验证 74LS138 3 线-8 线译码器的功能。

（2）学会用中规模集成译码器实现逻辑函数。

2. 实验器材

（1）实验仪器:直流稳压电源 1 台;万用表 1 块。

（2）实验器材:74LS138 与 74LS20 各 1 片。

（3）实验装置:数字电路通用实验板。

3. 实验内容与步骤

（1）验证译码器的功能:

① 电路接好后,将译码器 74LS138 的控制端接有效电平,即 $E_1 = 1, E_2 = E_3 = 0$。

② 将 3 个 A_2, A_1, A_0 数码输入端输入各种取值组合,分别测出各输出的逻辑电平,并将

结果记录于表 7-16 中。

表 7-16　实验 10 记录表(1)

A_2	A_1	A_0	$\overline{Y}_7$	$\overline{Y}_6$	$\overline{Y}_5$	$\overline{Y}_4$	$\overline{Y}_3$	$\overline{Y}_2$	$\overline{Y}_1$	$\overline{Y}_0$
0	0	0								
0	0	1								
0	1	0								
0	1	1								
1	0	0								
1	0	1								
1	1	0								
1	1	1								

(2) 用 74LS138 实现三变量的逻辑函数 $F = AB + \overline{B}C$：

① 画出电路连线图，接好电路(A_2 对应 A，A_1 对应 B，A_0 对应 C)。

② 在各种输入取值组合的情况下，测出 F 输出端的逻辑电平值，记录于表 7-17 中。

表 7-17　实验 10 记录表(2)

$A_2(A)$	$A_1(B)$	$A_0(C)$	F
0	0	0	
0	0	1	
0	1	0	
0	1	1	
1	0	0	
1	0	1	
1	1	0	
1	1	1	

74LS20 为双四输入与非门，其管脚排列如图 7.44 所示 $(\overline{Y = ABCD})$。

4. 预习要求

(1) 熟悉 74LS138 的功能及其应用。

(2) 了解实验内容、方法、步骤。

(3) 画出电路连接图，作好实验用表格。

5. 实验报告要求

(1) 整理实验结果，根据实验结果总结 74LS138 各控制端的功能。

(2) 总结用 74LS138 实现逻辑函数的方法。

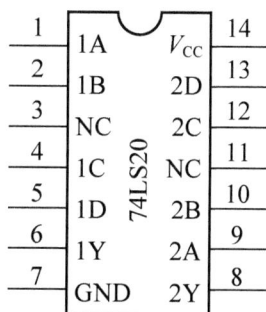

1	1A	V_{CC}	14
2	1B	2D	13
3	NC	2C	12
4	1C	NC	11
5	1D	2B	10
6	1Y	2A	9
7	GND	2Y	8

（中间竖排：74LS20）

NC为多余管脚，悬空即可

图 7.44　74LS20 管脚排列图

6. 复习与思考题

（1）实验中,在输入不同取值组合的情况下,测得都为高电平1,试分析其原因。

（2）怎样判断 74LS138 的好坏。

实验 11　组合逻辑电路的测试

1. 实验目的

掌握组合逻辑电路的测试方法。

2. 实验器材

（1）仪器:直流稳压电源1台;万用表1块。

（2）器件:74LS00 与 74LS20 各1片。

（3）实验装置:数字电路通用实验板。

3. 参考实验电路

组合逻辑电路的测试采用以下电路:

（1）表决逻辑电路。表决逻辑电路如图7.45所示。

表决逻辑电路具有以下逻辑功能:输入端 A,B,C,若两个以上的输入端为高电平时,输出为高电平,否则为低电平。

（2）符合逻辑电路。符合逻辑电路如图7.46所示。

符合逻辑电路具有如下功能:当输入端同时为高电平或同时为低电平时,输出为高电平,否则输出为低电平。

（3）半加电路。半加电路如图7.47所示。

半加电路具有如下逻辑功能,用逻辑关系表示。

$$\begin{cases} S = A(\overline{A}+\overline{B})+B(\overline{A}+\overline{B}) \\ C = AB \end{cases}$$

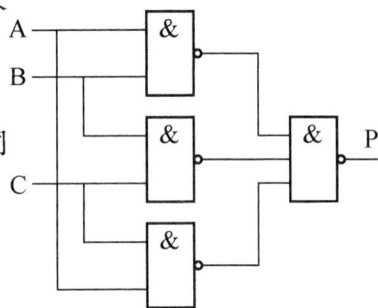

图 7.45　表决逻辑电路

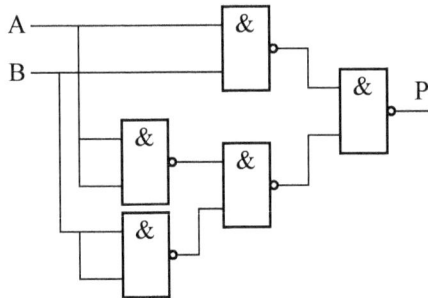

图 7.46　符合逻辑电路

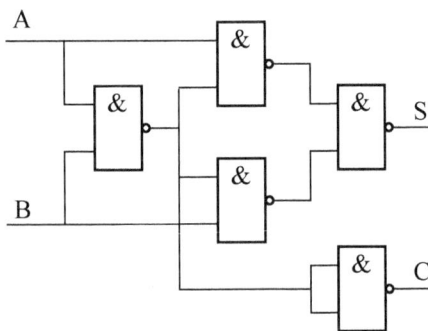

图 7.47　半加器电路

4. 预习要求

（1）学习有关组合逻辑电路的测试方法。

（2）熟悉组合逻辑电路设计及分析方法。

5. 实验内容与步骤

表 7-18　实验 11 记录表（1）

输　入　信　号			输出信号
A	B	C	F_1
0	0	0	
0	0	1	
0	1	0	
0	1	1	
1	0	0	
1	0	1	
1	1	0	
1	1	1	

（1）用检测逻辑功能的方法，判断所用集成门电路的逻辑功能是什么。

（2）安装测试表决电路：

① 在插件板上安装表决电路；

② 接入电源，分别测试输入不同组合的逻辑信号时，电路的输出信号，将结果记录于表 7-18 中，验证表决电路的逻辑功能。

（3）安装测试符合电路：

① 在插件板上安装符合电路；

② 接入电源，分别测试输入不同组合的逻辑信号时，电路的输出信号，将结果记录于表 7-19 中，验证符合电路的逻辑功能。

（4）安装测试半加电路：

① 在插件板上安装半加电路；

② 接入电源，分别测试输入不同组合的逻辑信号时，电路的输出信号，将结果记录于表 7-20 中，验证半加电路的逻辑功能。

表 7-19　实验 11 记录表（2）

输　入　信　号		输出信号
A	B	F_2
0	0	
0	1	
1	0	
1	1	

表 7-20　实验 11 记录表（3）

输　入　信　号		输出信号	
A	B	S	C
0	0		
0	1		
1	0		
1	1		

6. 实验报告要求

（1）给出并分析实验结果。

（2）小结组合电路逻辑量的测量方法。

7. 复习与思考题

（1）测试组合电路逻辑电平可以用哪几种方法？

（2）若实验时某一电路逻辑功能不正常，应该怎样检查？以表决逻辑电路加以说明。

第 8 章

集成触发器

数字系统中,常常要存放数字信号,为此需要有记忆功能的电路——触发器。触发器具有两种稳定状态,这两种稳定状态可以分别用二进制数码 0 与 1 表示。如果外加合适的触发信号,触发器的状态可以发生转换,即可以从一种稳态翻转到另一种新的稳态,当触发信号消失后,触发器能保持新的稳态。因此说触发器具有记忆功能,是存储的基本单元。

触发器从逻辑功能上区分,有 RS 触发器、D 触发器、JK 触发器、T' 触发器、T 触发器。从结构上分,有基本触发器、钟控触发器、主从触发器、维持阻塞触发器。从触发方式上分,有电位触发型、主从触发型、边沿触发型。

触发器的逻辑功能用真值表、特征方程、状态转换图,以及工作波形等来描述。

本章主要介绍各类触发器的逻辑功能,以及它们的工作特性。

8.1 基本 RS 触发器

1. 电路组成及逻辑符号

将两个与非门,首尾交叉相连,就组成一个基本 RS 触发器,如图 8.1(a)所示,其中 $\overline{R}$ 与 $\overline{S}$ 是它的两个输入端,Q 与 $\overline{Q}$ 是其两个输出端,其逻辑符号如图 8.1(b)所示。

两个输出端的状态总是互补的,通常规定触发器 Q 端的状态为触发器的状态。$Q=0$ 与 $\overline{Q}=1$ 时,称为触发器处于"0"态;$Q=1$ 与 $\overline{Q}=0$ 时,称为触发器处于"1"态。

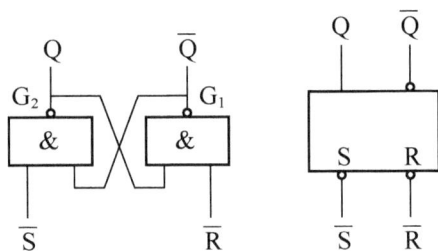

（a）逻辑图 （b）逻辑符号

图 8.1 基本 RS 触发器

2. 逻辑功能分析

(1) 状态转换真值表:

① $\overline{R}=1,\overline{S}=1$,触发器保持原来状态不变。

$\overline{R}=1,\overline{S}=1$ 时,当触发器原来状态为 $Q=0$ 时,门 G_1 的输出 $\overline{Q}=1$,于是门 G_2 的两个输入均为 1,因此门 G_2 的输出 $Q=0$,即触发器保持 0 态不变。当触发器原来状态为 $Q=1$,读者可以用同样的方法分析得出触发器维持 1 态不变。可见,不论触发器原来是什么状态,基本 RS

触发器在 $\overline{R}=1,\overline{S}=1$ 时,总是保持原来状态不变,这就是触发器的记忆功能。

② $\overline{R}=0,\overline{S}=1$,触发器为 0 态。

由于 $\overline{R}=0$,门 G_1 的输出 $\overline{Q}=1$,因而门 G_2 的输入全为 1,则 $Q=0$,触发器为 0 态,且与原来状态无关。

③ $\overline{R}=1,\overline{S}=0$,触发器为 1 态。

由于 $\overline{S}=0$,门 G_2 的输出 $Q=1$,这时门 G_1 的两个输入均为 1,则 $\overline{Q}=0$,触发器为 1 态,同样与原状态无关。

④ $\overline{R}=0,\overline{S}=0$,触发器状态不定。

这时 $Q=1,\overline{Q}=1$,破坏了前面有关 Q 与 $\overline{Q}$ 互补的约定,是不允许的。而且当 $\overline{R}$ 与 $\overline{S}$ 的低电平触发信号同时消失后,Q 与 $\overline{Q}$ 的状态将是不确定的,这种情况应当避免。顺便指出,如果 $\overline{R}$ 与 $\overline{S}$ 不同时由 0 变 1,则触发器状态由后变的信号决定。例如若 $\overline{S}=0$ 后变,则当 $\overline{R}$ 由 0 变 1 时,$\overline{S}$ 仍为 0,这时触发器被置 1。

综上所述,得到基本 RS 触发器的逻辑功能如表 8-1 所示,表中的 Q^n 表示触发器原来所处状态,称为现态;Q^{n+1} 表示在输入信号 $\overline{R}$ 与 $\overline{S}$ 作用下触发器的新状态,称为次态。

表 8-1 基本 RS 触发器逻辑功能表

$\overline{R}$	$\overline{S}$	Q^{n+1}
1	1	Q^n
1	0	1
0	1	0
0	0	×(不定)

当 $\overline{R}$ 端加低电平触发信号时,触发器为 0 态,所以 $\overline{R}$ 端为置 0 端,又称复位端。在 $\overline{S}$ 端加低电平信号,触发器为 1 态,因此 $\overline{S}$ 端称为置 1 端,也叫置位端。触发器在外加信号的作用下,状态发生了转换,称为翻转。外加的信号称为"触发脉冲"。触发脉冲可以是正脉冲(高电平),也可以是负脉冲(低电平)。文字符号 R 与 S 上加有非号"—"的,表示负脉冲触发,即低电平有效;不加非号的,表示正脉冲触发,即高电平有效。

图 8.1(b)是基本 RS 触发器的逻辑符号。输入端带小圆圈表示低电平触发,这与文字符号 R 与 S 上的非号意义相同。输出端不加小圆圈的表示 Q 端,带小圆圈的表示 $\overline{Q}$ 端。

这种触发器电路简单,它是构成其他性能更完善的触发器的基础,所以称为基本 RS 触发器。

(2)特性方程。根据基本 RS 触发器逻辑功能表得下列特性方程

$$\begin{cases} Q^{n+1}=S+\overline{R}Q^n \\ \overline{R}+\overline{S}=1 \end{cases} \quad (8\text{-}1)$$

这个状态方程为触发器的特性方程,其中方程 $\overline{R}+\overline{S}=1$ 表示基本 RS 触发器两个输入信号之间必须满足的约束条件。

(3)状态转换图。基本 RS 触发器的状态转换关系也可以形象地用状态转换图表示,如图 8.2 所示。

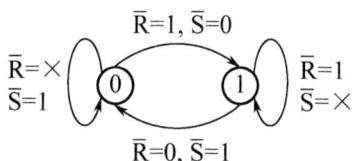

图 8.2 基本 RS 触发器的状态转换图

图中的两个大圆圈分别代表触发器的两个状态,箭头表示触发器状态转换的方向,箭头旁边的标注表示状态转换的输入条件。

（4）波形图。基本 RS 触发器的状态也可以用工作波形图表示,下面以一个例题说明其波形图的画法。

【例 8-1】 根据图 8.3 中 $\overline{R}$ 和 $\overline{S}$ 的波形,画出基本 RS 触发器 Q 端与 $\overline{Q}$ 端的波形。

解: 在 t_1 时刻之前 $\overline{S}=1$,$\overline{R}=1$ 触发器维持 0 态不变。t_1 时刻之后置 1 信号 $\overline{S}=0$,触发器被置 1。t_2 时刻置 0 信号 $\overline{R}=0$,触发器又被置 0,……。

$t_3 \sim t_4$ 期间,$\overline{R}=\overline{S}=0$,$Q=\overline{Q}=1$,触发器处于不定状态。在 t_4 时刻,$\overline{R}$ 和 $\overline{S}$ 同时由 0 变 1,出现竞争现象,触发器的状态可能为 1,也可能翻转为 0,图中用虚线表示这种不定状态。直到 t_5 时刻 $\overline{R}=0$,触发器被置 0。$t_6 \sim t_7$ 期间,$\overline{R}$ 与 $\overline{S}$ 同时为 0,触发器又处于 $Q=\overline{Q}=1$ 的不定状态。但 t_7 时刻,由于 $\overline{S}=0$,触发器将稳定在 1 态。根据以上分析,画出 Q 端与 $\overline{Q}$ 端的波形如图 8.3 所示。

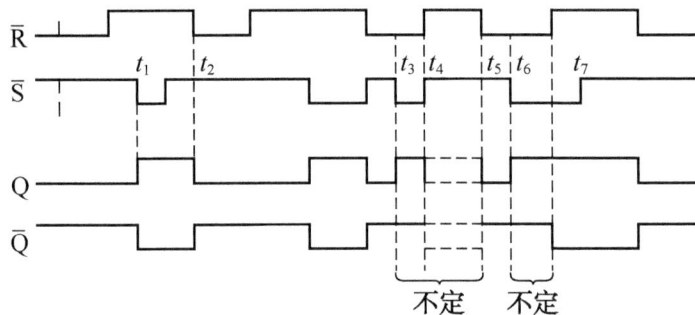

图 8.3 【例 8-1】波形图

（5）基本特点。

优点:电路简单,可以储存 1 位二进制代码,是构成各种性能完善的触发器的基础。

缺点:直接控制——信号存在期间直接控制着输出端的状态,使用的局限性很大,输入信号 R 与 S 之间有约束。

8.2 钟控触发器

基本 RS 触发器的状态无法从时间上加以控制,只要有效触发信号出现在输入端,触发器就立即做相应的状态变化。而在数字系统中,常常需要触发器按一定的节拍同步动作,协调各触发器同步动作的控制信号叫做时钟脉冲(clock pulse),简记为 CP。用时钟脉冲做控制信号的触发器,可以通过时钟脉冲控制触发器的翻转时刻,故称其为钟控触发器或者称为可控触发器、同步触发器。

8.2.1 钟控 RS 触发器

1. 电路结构及逻辑符号

钟控 RS 触发器逻辑图如图 8.4(a)所示,它由 4 个与非门组成。其中门 G_1 和门 G_2 构成基本 RS 触发器,门 G_3 和门 G_4 组成控制电路(或称导引门电路),时钟脉冲由 CP 端引入。钟控 RS 触发器的逻辑符号如图 8.4(b)所示,这种触发器采用正脉冲触发。

2. 逻辑功能分析

(1) 真值表。由图 8.4(a)可知:

当 CP＝0 时(不论 R 和 S 端状态如何),门 G_3 和门 G_4 的输出均为高电平,使得同步 RS 触发器维持原始状态不变。

当 CP＝1 时:

若 R＝0,S＝0,此时触发器维持原态不变。

若 R＝1,S＝0,此时门 G_3 的输出为 0,从而使 $\overline{Q}$＝1,即触发器置 0。

若 R＝0,S＝1,此时门 G_4 的输出为 0,从而使 Q＝1,即触发器被置 1。

若 R＝1,S＝1,使触发器状态不定,应当避免这种现象出现。

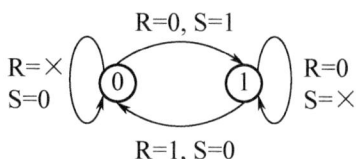

（a）逻辑图　　　（b）逻辑符号

图 8.4　钟控 RS 触发器

根据上述分析可得到当 CP＝1 时(即正脉冲到来时)触发器状态的真值表,如表 8-2 所示。

(2) 特性方程。根据钟控 RS 触发器的逻辑关系可得到其特性方程(CP＝1 时)

$$\begin{cases} Q^{n+1} = S + \overline{R}Q^n \\ RS = 0 \end{cases} \quad (8\text{-}2)$$

表 8-2　钟控 RS 触发器的真值表

R	S	Q^{n+1}	逻辑功能
0	0	Q^n	保持
0	1	1	置 1
1	0	0	置 0
1	1	×	不定

其中,RS＝0 是钟控 RS 触发器输入端 R 和 S 输入信号的约束条件。

(3) 状态转换图。当 CP＝1 时,钟控 RS 触发器的状态转换关系仍由 R 和 S 输入端状态决定,其状态转换图如图 8.5 所示。

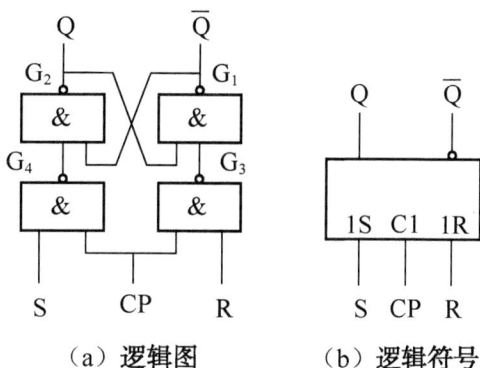

图 8.5　钟控 RS 触发器的状态转换图

(4) 波形图。按照给出的时钟脉冲 CP 和 R 端、S 端的状态,可以画出钟控 RS 触发器的工作波形,下面举例说明。

【例 8-2】　由图 8.6 中 R 和 S 信号波形,画出钟控 RS 触发器 Q 和 $\overline{Q}$ 端的波形。

解:设 Q 的初态为 0,当 CP＝0 时,不论 R 和 S 如何变化,触发器状态保持不变。只有在 CP＝1 的整个期间,R 和 S 信号的变化才能引起触发器的状态改变,根据表 8-2,可画出钟控 RS 触发器 Q 和 $\overline{Q}$ 的波形,如图 8.6 所示。

(5) 基本特点。

优点:选通控制,时钟脉冲到来即 CP＝1 时,触发器接收输入信号,CP＝0 时,触发器保持原态。

缺点:CP＝1 期间,输入信号仍然直接控制着触发器输出端的状态,R 与 S 之间仍有约束。后者可以利用 D 锁存器的连接方式解决,但是都还存在着空翻现象(详见后叙)。

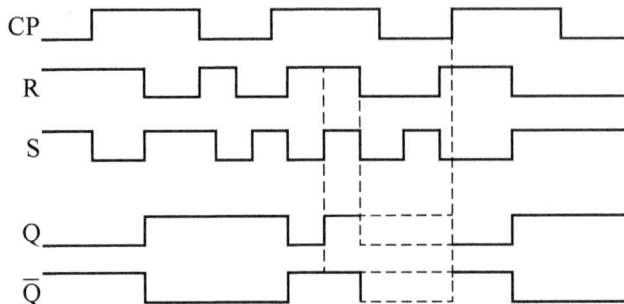

图 8.6　钟控 RS 触发器的波形图

3. 对时钟脉冲及触发信号的要求

为了保证触发器可靠翻转,要求:

(1) CP 脉宽 $t_W > 3t_{pd}$。

(2) CP=1 期间,R 和 S 信号保持不变。

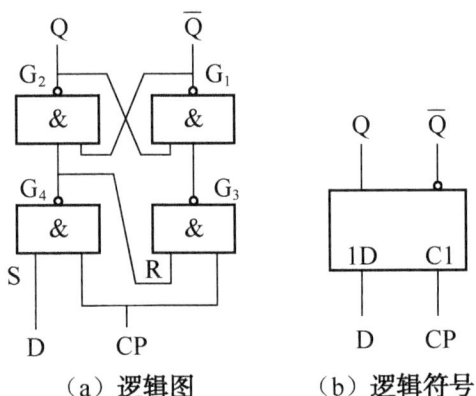

（a）逻辑图　　　（b）逻辑符号

图 8.7　钟控 D 触发器

2. 逻辑功能分析

8.2.2　钟控 D 触发器

1. 电路结构及逻辑符号

钟控 D 触发器又称 D 锁存器,简称锁存器,其逻辑图与逻辑符号如图 8.7 所示。其中门 G_1 和 G_2 构成基本 RS 触发器,将门 G_4 的输出端反馈到门 G_3 作为 R 输入端,S 端作为 D 输入端,这样就构成了 D 锁存器。显然,在 CP=1 期间,电路总有 R≠S 成立,所以 D 锁存器不存在不定态的情况。

在图 8.7 中门 G_4 的输出既送到了门 G_2 也送到了门 G_3,当 CP=0 时,门 G_3 与 G_4 被封锁,触发器保持原来状态。当 CP=1 时,若 D=0,则门 G_4 输出高电平,门 G_3 输出低电平,触发器被置 0;若 D=1,则门 G_4 输出低电平,门 G_3 输出高电平,触发器被置 1。也就是说 D 是什么状态,触发器就被置成什么状态。所以特性方程为

$$Q^{n+1}=D \qquad (CP=1 \text{ 有效})$$

其真值表见表 8-3;其状态图如图 8.8 所示。

下面以一个例题看一下 D 锁存器的波形。

【例 8-3】　由图 8.9 所示 CP 和 D 信号波形,画出锁存器 Q 端波形,设 Q 初态为 0。

表 8-3　钟控 D 触发器的真值表

D	Q^{n+1}	说　　明
0 1	0 1	在 CP=1 期间输出 状态与 D 状态相同

解：若设触发器原态为 0，CP＝0 期间，触发器状态保持不变；CP＝1 期间，Q＝D，由此可画出锁存器 Q 端的波形，如图 8.9 所示。

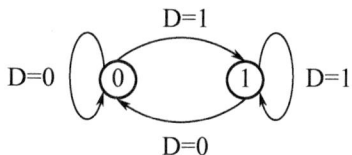

图 8.8　钟控 D 触发器的状态图　　　　图 8.9　【例 8-3】波形图

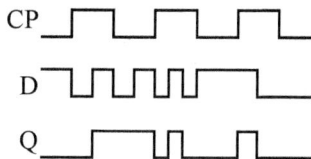

3. 空翻现象

上述钟控触发器具有这样一种特性：当 CP＝0 时，触发器不接收输入信号，而保持其原态不变；当 CP＝1 时，触发器才接收输入信号，并且其状态随输入信号变化而变化。我们把这种触发方式称为电平触发方式或电位触发方式。

由于这种触发器在 CP＝1 期间 R 与 S 多次变化时，触发器的状态也将多次变化，这种同一 CP 脉冲下触发器发生两次或更多次翻转的现象称为空翻。

在某些情况下触发器发生空翻是不允许的，应予以克服。显而易见，要防止空翻应尽量减小 CP 脉冲宽度。但我们又知道，要保证触发器可靠翻转，CP 脉宽又不能太窄。因此，用控制 CP 脉冲宽度的方法来克服空翻是不可行的，只能在电路结构上加以改进。

为了解决空翻现象，就引出了具有存储功能的触发导引电路的主从触发器。

8.3　主从触发器

8.3.1　主从 RS 触发器

1. 电路组成及符号

主从 RS 触发器是由两个同步 RS 触发器组成的，如图 8.10 所示。由门 $G_1 \sim G_4$ 组成的同步 RS 触发器，称为从触发器，从触发器的状态就是整个触发器的状态。由门 $G_5 \sim G_8$ 组成的同步 RS 触发器称为主触发器，它是能够接收输入信号并能够存储输入信号的触发导引电路。门 G_9 是反相器，其输出作为从触发器的脉冲信号 $\overline{CP}$，从而使主从触发器的工作分步进行。

图 8.10　主从 RS 触发器

2. 逻辑功能分析

（1）当 CP＝1 时，主触发器的状态仅取决于 R 端、S 端的状态。Q'，R，S 之间的逻辑关系就是同步 RS 触发器的逻辑关系，见前叙。

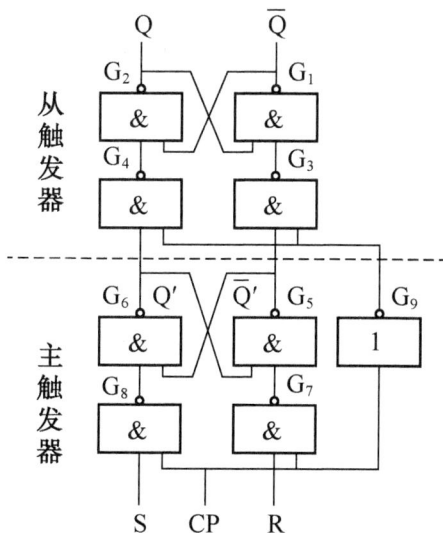

此时 $\overline{CP}=0$，使门 G_3 与 G_4 被封锁，从而使从触发器维持原态不变。

也就是说，CP=1 时，门 G_7 与 G_8 被打开，门 G_3 与 G_4 被封锁，R 端、S 端的输入信号仅存放在主触发器中，不影响从触发器状态。

（2）当 CP 由 1 变为 0 后，门 G_7 与 G_8 被封锁，主触发器维持已置成的状态不变，不再受 R 端、S 端输入信号的影响。

此时 $\overline{CP}=1$，门 G_3 与 G_4 被打开，从触发器接收主触发器的状态，使 Q 与 Q' 的状态相同。也就是说，当 CP=0，门 G_7 与 G_8 被封锁，门 G_3 与 G_4 被打开，主触发器的状态维持不变，从触发器接收主触发器存储的信息。

综上所述，可知主从 RS 触发器的工作方式是分二拍进行的。第 1 拍是 CP 脉冲由 0 变 1 后，主触发器接收输入端 R 与 S 的信号，但是整个触发器的状态保持不变。第 2 拍是 CP 由 1 变为 0，就是 CP 脉冲下降沿到来时，主触发器存放的信息，送入从触发器中，可使整个触发器的状态随之变化，而这时主触发器不接收外来的信号。所以在一个 CP 脉冲作用下，输出状态 Q 只翻转一次，克服了空翻现象。

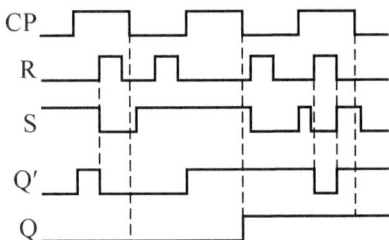

图 8.11　主从 RS 触发器的波形图

主从 RS 触发器的真值表、特性方程及输入端的约束条件与同步 RS 触发器相同。当 R 和 S 端均为高电平时，触发器的状态不定，为了避免出现输出不定这种情况，把主从 RS 触发器改进一下，就构成了主从 JK 触发器。

【例 8-4】　根据图 8.11 所示主从 RS 触发器 CP，R，S 的波形，画出主从 RS 触发器 Q' 和 Q 端波形。

解： 设初态 $Q'=Q=0$，画出 Q' 和 Q 端波形，如图 8.11 所示。由图可见，在 CP=1 期间，虽然主触发器因 R 和 S 的变化而多次翻转，但从触发器只在 CP 负跳变时刻翻转一次，没有空翻。由分析知：从触发器的状态是否翻转，取决于 CP=1 期间最后有效的 R 或 S 信号。因此，画 Q 波形时只需观察 CP=1 期间最后有效的信号是哪一个即可，Q 翻转时刻对应 CP 下降沿。

8.3.2　主从 JK 触发器

1. 电路结构及逻辑符号

由"与非"门组成的主从 JK 触发器电路结构如图 8.12(a) 所示，其逻辑符号如图 8.12(b) 所示。它实际是在图 8.10 所示的主从 RS 触发器的基础上，给门 G_7 和门 G_8 增加两条反馈线，即 Q 端反馈到门 G_7 的另一输入端，$\overline{Q}$ 端反馈到门 G_8 的另一输入端，并把原输入端重新命名为 J 端和 K 端。

由于触发器正常工作时，Q 和 $\overline{Q}$ 端不能同时为高电平，因此将 Q 和 $\overline{Q}$ 反馈到门 G_7 和门 G_8 的输入端，可使 CP=1（即控制端输入正脉冲时），门 G_3 和门 G_4 的输出不可能同时为 0（低电平），这样就避免了触发器输出状态不稳定的问题。

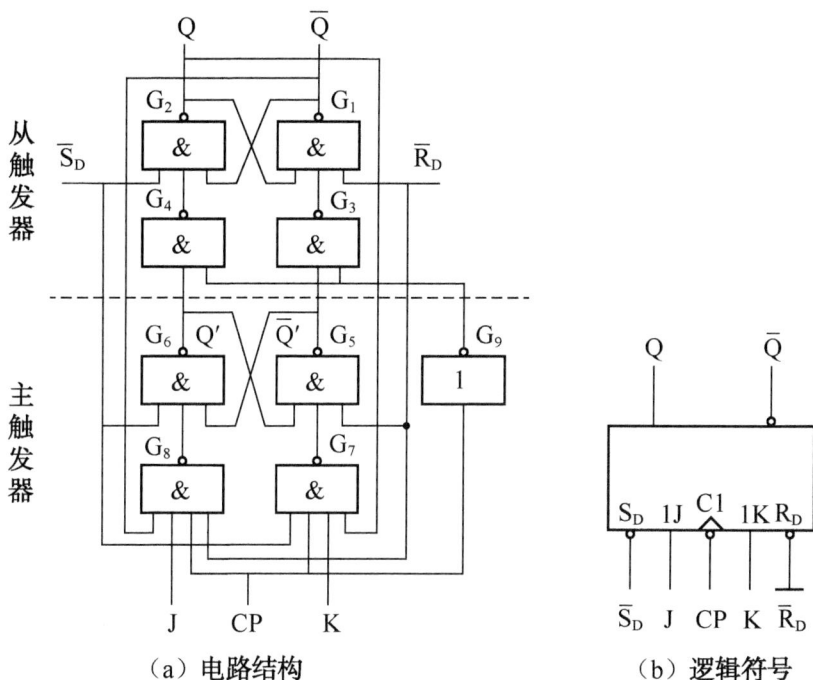

（a）电路结构　　　　　　（b）逻辑符号

图 8.12　主从 JK 触发器

2. 逻辑功能分析

（1）主从 JK 触发器的真值表：

① $J=0$，$K=0$，$Q^{n+1}=Q^n$。这时门 G_7 与 G_8 被封锁，CP 脉冲到来后，触发器的状态并不翻转，也就是 $Q^{n+1}=Q^n$ 表示输出保持原态不变。

② $J=1$，$K=1$，$Q^{n+1}=\overline{Q^n}$。当 $J=1$，$K=1$ 时，若 $Q^n=1$，则 $S=J\overline{Q^n}=0$，$R=KQ^n=1$，所以触发器被置 0；若 $Q^n=0$，则 $S=JQ^n=1$，$R=KQ^n=0$，触发器被置 1。可见，$J=1$，$K=1$，触发器总要发生翻转，即 $Q^{n+1}=\overline{Q^n}$。也就是说，当 CP 脉冲下降沿到来时，触发器状态发生翻转。再来一个 CP，触发器状态再翻转，从而实现计数功能。

③ $J=1$，$K=0$，$Q^{n+1}=1$。如果触发器原态为 $Q^n=0$，$\overline{Q^n}=1$，那么在 CP=1 时，门 G_7 输出 1，G_8 输出 0，所以主触发器是 $Q'^{n+1}=1$。当 CP 脉冲由 1 变 0，即下降沿到来后，主触发器的状态转存到从触发器中，电路状态由 0 翻转为 1，$Q^{n+1}=1$。

若触发器原态为 $Q^n=1$，则门 G_7 与 G_8 都被封锁，CP 脉冲到来后，触发器的状态不变，保持 1 态，$Q^{n+1}=1$。

综上所述，不论触发器原来为何种状态，CP 脉冲到来后，只要 $J=1$，$K=0$，就有 $Q^{n+1}=1$，即触发器置 1。

同理，$K=1$，$J=0$，触发器被置 0。

根据以上分析，主从 JK 触发器的真值表见表 8-4 所示。

表 8-4　主从 JK 触发器的真值表

J	K	Q^{n+1}	说明
0	0	Q^n	保持
0	1	0	置0
1	0	1	置1
1	1	$\overline{Q^n}$	取反

（2）特性方程。该触发器的特性方程可由主从 RS 触发器的特性方程推导得到。与图 8.10相对照，显然有

$$S = J\,\overline{Q^n}$$
$$R = KQ^n$$

代入式（8-2）得

$$Q^{n+1} = S + \overline{R}Q^n = J\overline{Q^n} + \overline{K}Q^n \quad （CP 下降沿到来后有效） \tag{8-3}$$

式（8-3）即为主从 JK 触发器的特性方程。由于 $\overline{Q^n}$ 和 Q^n 分别引回到门 G_7 与 G_8，所以 J 与 K 之间不会有约束。

（3）状态转换图如图 8.13 所示。

（4）直接置 0 端、置 1 端。通常，在主从触发器上还附加直接置 0 端 $\overline{R}_D$ 和直接置 1 端 $\overline{S}_D$，如图 8.12 中画出了与 $\overline{R}_D$ 与 $\overline{S}_D$ 有关的连线。$\overline{R}_D = 0$ 时，主触发器和从触发器都被强迫置 0；在 $\overline{S}_D = 0$ 时，主触发器和从触发器都被强迫置 1。也就是说，不管输入信号 J 与 K 状态如何，CP 脉冲状态如何，$\overline{R}_D = 0$ 或者 $\overline{S}_D = 0$ 优先决定触发器的状态，$\overline{R}_D$ 和 $\overline{S}_D$ 的有效电平都是低电平。但需注意，不允许 $\overline{R}_D$ 和 $\overline{S}_D$ 端同时输入低电平，所以 $\overline{R}_D$ 和 $\overline{S}_D$ 端又被称做异步预置端。

（5）JK 触发器的波形图：下面以一个例题说明之。

【例 8-5】　根据图 8.14 所示的 J 端、K 端的信号波形，画出主从 JK 触发器 Q 端波形。

解：设 Q 的初态为 0，Q 的波形如图 8.14 所示。画图时应注意以下两个方面的问题：

① 触发器对应 CP 下降沿翻转。

② Q 次态由 CP＝1 整个期间的输入信号所决定。由于存在一次变化，故 CP＝1 期间 J 或 K 中只能有一个信号作用有效；当 Q 现态为 0 时，J 信号有效；当 Q 现态为 1 时，K 信号作用有效。

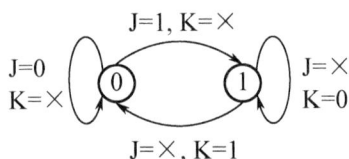

图 8.13　主从 JK 触发器的状态转换图

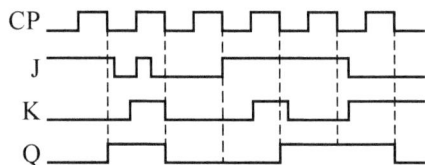

图 8.14　主从 JK 触发器的波形图

（6）对 CP 信号及 J 与 K 信号的要求。在 CP＝1 期间，主触发器能且只能翻转一次的现象，叫做一次变化。其原因在于，状态互补的 $\overline{Q}$ 与 Q 分别引回到了门 G_7 与 G_8 的输入端，使两个控制门中总有一个是被封的，而根据同步 RS 触发器的性能知道，从一个输入端加信号，其

状态能且只能改变一次。一次变化问题，不仅限制了主从 JK 触发器的使用，而且降低了它的抗干扰能力。因此，为了保证触发器可靠工作，J 或 K 脉冲在 CP 脉冲持续期间（CP＝1）应保持不变，且信号的前沿应略超前于 CP 脉冲的前沿，而后沿应略滞后于 CP 脉冲的后沿。波形图如图 8.15 所示。

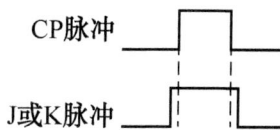

图 8.15　波形图

显而易见，CP 脉宽越窄，触发器受干扰的可能性越小。因此，使用脉宽较小的窄脉冲做 CP 信号，有利于提高触发器的抗干扰能力。

电路的最高工作频率：一个钟控 RS 触发器翻转完毕需用 $3t_{pd}$，整个主从触发器翻转完毕需 $6t_{pd}$，所以主从触发器的最高工作频率为

$$f_{max} \leqslant 1/6t_{pd}$$

（7）主从 JK 触发器的基本特点。

优点：主从控制，J 与 K 间无约束，是一种性能优良、大量生产、广泛使用的集成触发器。

缺点：有一次变化问题，在 CP＝1 期间，一般要求 J 与 K 保持状态不变。

8.3.3　主从 T 触发器与主从 T′触发器

图 8.12 中，如果将 JK 触发器的两个输入端连接在一起变成一个输入端 T，便构成 T 触发器。令 J＝K＝T，代入 JK 触发器特性方程式(8-3)中，可得 T 触发器的特性方程为

$$Q^{n+1} = T\overline{Q^n} + \overline{T}Q^n \tag{8-4}$$

上式中，当 T＝0 时，$Q^{n+1}＝Q^n$，即触发器状态保持不变；T＝1 时，$Q^{n+1}＝\overline{Q^n}$，触发器处于记数状态，即触发器翻转的次数，记录了送入触发器的 CP 脉冲个数。T 触发器的状态转换真值表如表 8-5 所示，状态转换图如图 8.16 所示。

表 8-5　T 触发器的真值表

T	Q^{n+1}	逻辑功能
0	Q^n	保持
1	$\overline{Q^n}$	计数（取反）

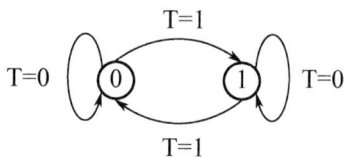

图 8.16　T 触发器的状态转换图

处于记数状态的触发器称为计数触发器或 T′触发器。因此，T 触发器中令 T＝1，则 T 触发器即为 T′触发器。

8.4　边沿触发器

1. 边沿 JK 触发器

边沿 JK 触发器与主从 JK 触发器的电路结构不同，而逻辑功能相同。差别在于：边沿 JK 触发器的工作是一拍完成的。只有在 CP 脉冲的上升沿或者下降沿的作用下，触发器的状态根据输入信号做相应的变化，CP 的其他时间里，触发器保持原态不变。这里不做详细介绍。

2. 维持阻塞D触发器

（1）结构与符号。维持阻塞型触发器利用维持阻塞电路克服了空翻。图8.17(a)为维持阻塞D触发器逻辑图,它由6个与非门组成,门G_1与G_2组成基本RS触发器,门G_3～G_6组成维持阻塞电路。该触发器对应时钟CP的上升沿翻转,其状态取决于CP上升沿到来时刻信号D的状态;在CP=1期间,D的变化对触发器没有影响。为了表示触发器CP上升沿时接收信号并立即翻转,在图8.17(b)逻辑符号中,时钟输入端C1加上了动态符号"∧"。

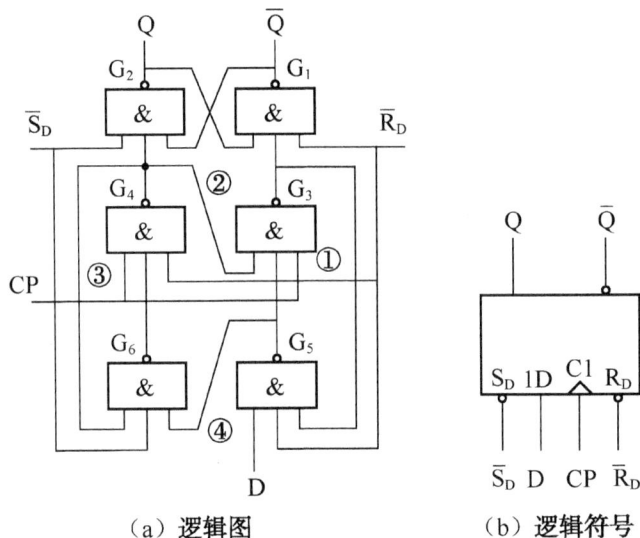

（a）逻辑图　　　　　（b）逻辑符号

图8.17　维持阻塞D触发器

（2）逻辑功能。逻辑功能为:在CP=0期间、CP=1期间以及CP的下降沿到来时,触发器均保持原态。在CP上升沿到来时,D=1,则触发器置1;D=0,则触发器置0。

其特性方程为

$$Q^{n+1}=D \qquad （CP上升沿到来时有效）$$

（3）逻辑功能分析。设直接置0端$\overline{R}_D=1$,直接置1端$\overline{S}_D=1$。

CP=0时,门G_3与G_4被封锁,其输出均为1,所以由门G_1与G_2组成的基本RS触发器保持原来的状态。若D=1,则门G_5的输出为0,门G_6的输出为1。所以对CP脉冲来说,门G_4是打开的,而门G_3被封锁;若D=0,则门G_5的输出为1,G_6的输出为0,所以对CP脉冲来说,门G_3是打开的,而门G_4被封锁。

CP上升沿到来时,若D=1,则由于门G_3被封锁,CP只能进入打开着的门G_4,故有门G_4的输出为0。门G_4的输出有3个去向:一是使触发器置1,即$Q=1,\overline{Q}=0$;二是封住门G_3,阻止门G_3输出低电平,即阻塞产生置0信号;三是送到门G_6,保证门G_6输出1,从而在CP=1期间维持门G_4输出0即维持置1信号。门G_4的输出端至门G_6的连线称为维持置1线,至门G_3的连线称为阻塞置0线。一旦门G_4输出的0信号送到了门G_3与G_6的输入端,产生了维持阻塞作用之后,输入信号D再改变取值,显然对触发器的置1状态不会有影响。

若D=0,则由于门G_4被封锁,CP只能进入打开着的门G_3,故有门G_3输出0,G_3输出的0

有两个去向：一是使触发器置 0，即 $Q=0$，$\overline{Q}=1$；二是去封住门 G_5，保证门 G_5 输出 1，从而保证门 G_6 继续为低电平，阻止出现门 G_4 输出 0，即阻塞产生置 1 信号。可见门 G_3 输出端至门 G_5 的连线，既起维持置 0 的作用，又起阻塞置 1 的作用。显然，只要门 G_3 输出 0 一旦送到了门 G_5 的输入端，D 输入信号就被拒之门外，无论怎么变化都不会再起作用。

【例 8-7】　根据图 8.18 给出的有关 D 触发器波形图，画出其 Q 端的波形。

解：Q 端波形如图 8.18 所示。画图时应注意：

① 异步置位或异步复位信号具有优先权。

② 对应每个 CP 上升沿触发器状态是否翻转，取决于 CP 上升沿前一时刻的信号。

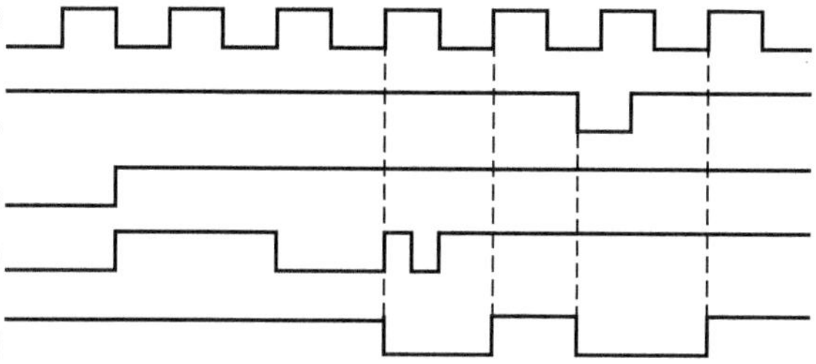

图 8.18　D 触发器的波形图

8.5　集成触发器简介

集成触发器和其他数字集成电路相同，可以分为 TTL 电路和 CMOS 电路两大类。通过查阅数字集成电路的有关手册，可以得到各种类型集成触发器的详细资料。对于一般使用者来说，熟悉集成触发器的外引线排列和各引出端的功能，是十分必要的。图 8.19 给出了几种常用的 JK 和 D 触发器的外引线排列图。对引出端的功能、符号意义作简略说明如下：

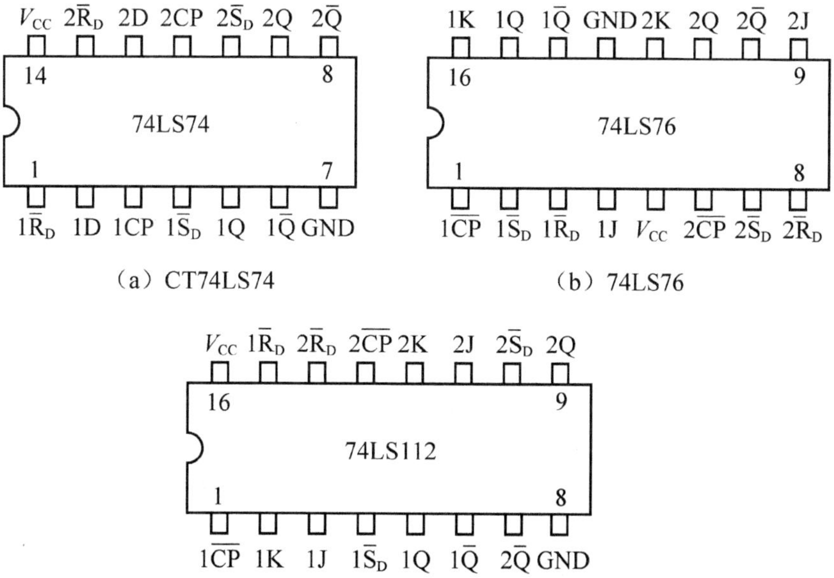

（a）CT74LS74

（b）74LS76

（c）74LS112

图 8.19　几种常用的 JK 和 D 触发器外引线排列图

（1）符号上加横线的，表示低电平有效。如 $\overline{S}_D=0$，触发器置 1；$\overline{R}_D=0$，触发器置 0。不加横线的，则是高电平有效。

（2）两个触发器以上的器件，它的输入、输出信号前，加同一数字。如 $1S_D,1R_D,1CP,1\overline{Q}$，$1J,1K$ 等，都表示是同一触发器的。

（3）GND 表示接地，NC 为空脚，$\overline{CR}(CR)$ 表示总清零（置零）端。

（4）TTL 电路的电源 V_{CC} 一般为 $+5V$，CMOS 电路的电源 V_{DD} 一般在 $+3\sim+18V$ 之间。

表 8-6 所示为一些集成触发器的型号、名称及其功能，供使用者查阅。

表 8-6　集成触发器型号、名称及功能表

型　　　号	触 发 器 名 称	功　　　能
7470,74LS70	边沿触发 JK 触发器	有清 0 端、预置端，上升沿触发
7472,74H72	主从 JK 触发器	有清 0 端、预置端，下降沿触发
7473,74LS73	双 JK 触发器	有清 0 端、负触发
74H74,74S74,74LS74 74HC74,74HCT74	双 D 触发器	有清 0 端、置 1 端，上升沿触发
7476,74LS76	双 JK 主从触发器	
74104	与门输入 JK 触发器	$J=J_1J_2J_3J_4.\quad K=K_1K_2K_3K_4$
74111	双 JK 主从触发器	有清 0 端、预置端，有数据锁定功能
74H71	SR 主从 JK 触发器	有预置端
74175,74S175,74LS175	四上升沿 D 触发器	双向（Q 与 $\overline{Q}$）输出，有公共清除端
74LS273	8D 触发器	单向输出
74110	与门输入主从 JK 触发器	有清 0 端、预置端，有数据锁定功能 下降沿触发，$J=J_1J_2J_3$　.$K=K_1K_2K_3$
74276	四 JK 触发器	公用清 0 端，置 1 端
74279	四 SR 锁存器	

本章小结

（1）触发器是数字电路中的一种基本逻辑单元，它有 0 和 1 两个状态。从一种稳态转换成另一种稳态不仅取决于输入状态，还与触发器原始状态有关。触发器输入信号去掉以后，这个信号对触发器造成的影响却能保留下来，所以称触发器是有记忆功能的单元电路。这点和门电路不同，门电路是一种无记忆功能的单元电路。

（2）基本 RS 触发器是构成各种触发器的基础，必须熟练掌握它的电路组成，逻辑功能及其各种表示方法。

（3）触发器按电路结构形式不同，可分为基本触发器、主从触发器和边沿触发器；按逻辑功能不同，又可分为 RS 触发器、JK 触发器、D 触发器、T 触发器、T'触发器等 5 种类型。

触发器的逻辑功能和结构形式是两个不同的概念。所谓逻辑功能是指触发器次态输出和现态以及输入信号的逻辑关系。同一类型触发器,可以用不同的电路结构形式来实现。反之,同一种电路结构形式,又可以构成具有不同逻辑功能的触发器,例如,主从结构形式不仅可以构成 RS 触发器,也可以构成 D,T,T',JK 触发器。因此,不能将触发器逻辑功能与结构形式混为一谈。为了更好地掌握各类逻辑功能触发器,学习者可以列表进行比较。

JK 触发器功能最齐全,应用最广泛。在某些场合使用只需一个输入端,此时用 D 触发器则比较方便。故目前国内外生产的集成单元触发器产品中,主要是 JK 和维持阻塞 D 触发器。边沿触发器常见的有 JK 和 D 触发器。

(4) 时钟触发器的触发方式是说明触发器输出状态的变化(翻转)发生在时钟 CP 的什么时刻。如果 CP 为高电平期间或低电平期间发生,这种触发方式称为"电平触发方式",如前所述的同步触发器是属于高电平触发方式。如果触发器的翻转发生在 CP 的上升边沿(正跳变时)或下降边沿(负跳变时)称为"边沿触发方式"。维持阻塞触发器属于上升沿触发方式。在使用触发器时,必须先明确其触发方式。注意触发器的触发方式是由电路结构决定的。

习题 8

8.1 描述触发器逻辑功能的方法一般有几种?这些方法各有什么特点?有什么内在联系?举一种触发器为例说明之。

8.2 设触发器的初态为 Q=0,试画出下列触发器的 Q 端波形。

(1) 维持阻塞 D 触发器波形图如图 8.20 所示。

(2) 主从 JK 触发器波形图如图 8.21 所示。

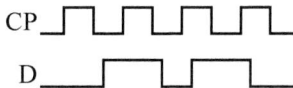

图 8.20 维持阻塞 D 触发器波形图

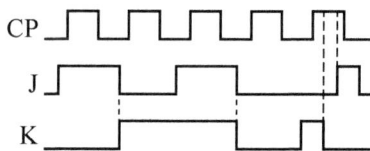

图 8.21 主从 JK 触发器波形图

8.3 按逻辑功能的不同,可以把触发器分成哪几类?

8.4 按结构的不同可以把触发器分成哪几种类型?

8.5 主从 JK 触发器在不直接置 1 或置 0 时,$\overline{R}_D$ 端、$\overline{S}_D$ 端应处于什么状态?为什么?

8.6 推导图 8.22 由或非门组成的 RS 触发器的特性方程及约束条件,它与非门组成的 RS 触发器有何异同点?

8.7 触发器有哪些特点?

8.8 基本 RS 触发器约束条件是什么?

8.9 触发器与门电路相比有什么区别?

8.10 图 8.23(a)的电路中,触发器的初态为 0,输入端 A,B,CP 的信号波形如图 8.23(b)所示。试求:

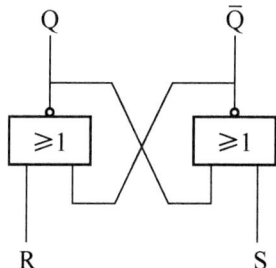

图 8.22 由或非门组成的 RS 触发器

（1）在 CP 作用下，A 与 B 与输出 Q 的逻辑关系（真值表）。

（2）按所示的 A，B，CP 的信号波形，作出 Q 的波形图。

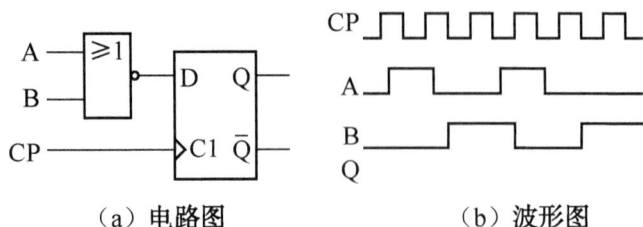

（a）电路图 　　　　　（b）波形图

图 8.23　题 8.10 图

8.11　若初始状态为 Q=1，试根据图 8.24 所示的 CP，R，S 端的信号波形，画出同步 RS 触发器 Q 和 $\overline{Q}$ 的波形。

8.12　图 8.25(a)所示的触发器初态为 0，试根据图 8.25(b)给出的 CP 脉冲波形，作出 Q 的波形图。

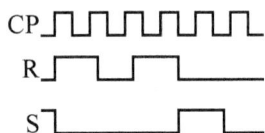

图 8.24　题 8.11 图

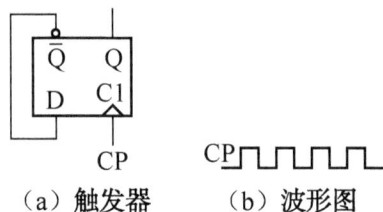

（a）触发器　　　（b）波形图

图 8.25　题 8.12 图

实验 12　集成触发器逻辑功能测试

1. 实验目的

（1）学会集成触发器逻辑功能测试的方法。

（2）熟悉 JK、D 触发器的逻辑功能。

2. 实验仪器

实验仪器如表 8-7 所列。

表 8-7　实 验 仪 器

名　　称	数量	用　　途
直流稳压电源	1	提供 5V 直流电压
万用表	1	测量直流电压
逻辑开关	1	提供高、低电平
0-1 显示器	1	显示输出逻辑电平
# 0-1 按钮	1	提供 CP 脉冲

3. 实验说明

(1) JK 和 D 触发器的逻辑功能。

(2) 熟悉被测集成触发器的外引线排列和引出端功能。74LS74 外引线排列及 CT74LS76 外引线排列如图 8.19 所示。

(3) 预习实验内容、方法、步骤以及实验连接图。

(4) 熟悉实验仪器的使用方法。

4. 实验内容和步骤

(1) JK 触发器逻辑功能的测试。

① $\overline{R}_D$ 与 $\overline{S}_D$ 的功能测试：

a. 调节直流稳压电源，使输出电压为 +5V。

b. 将 74LS76 插入面包板，并按图 8.26 连接测试电路。

c. 将测试结果记录于表 8-8（表中"×"表示可取任意电平）。

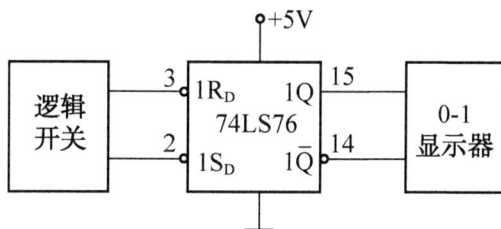

图 8.26 实验 12.1 图

表 8-8 实验 12 记录表（1）

CP	J	K	$\overline{R}_D$	$\overline{S}_D$	Q 逻辑状态
×	×	×	0	1	
×	×	×	1	0	

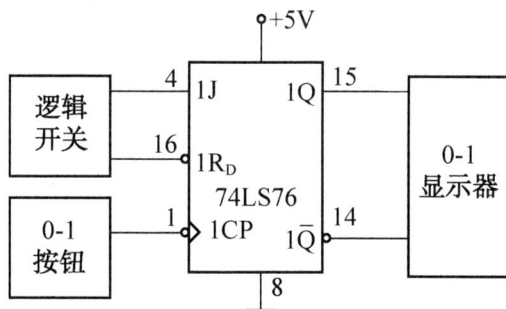

图 8.27 实验 12.2 图

② 逻辑功能测试：

a. 按图 8.27 连接测试电路，使 $\overline{S}_D = \overline{R}_D = 1$。

b. J 端、K 端的逻辑电平由逻辑开关提供。

c. CP 脉冲由 0→1 按钮提供（0→1 表示 CP 脉冲的上升沿，1→0 表示 CP 脉冲的下降沿）。

d. 将测试结果记录于表 8-9 中（每次测试前，触发器先置零）。

表 8-9　实验 12 记录表(2)

J	K	CP	Q^{n+1}	
			$Q^n = 0$	$\overline{Q^n} = 1$
0	0	0→1		
0	0	1→0		
0	1	0→1		
0	1	1→0		
1	0	0→1		
1	0	1→0		
1	1	0→1		
1	1	1→0		

(2) D 触发器逻辑功能的测试。

① $\overline{R}_D$ 与 $\overline{S}_D$ 的功能测试:

a. 清理面包板,CT74LS74 插入面包板,并按图 8.28 连接测试电路。

b. 将测试结果记录于表 8-10 中。

表 8-10　实验 12 记录表(3)

CP	D	$\overline{R}_D$	$\overline{S}_D$	Q	$\overline{Q}$
×	×	0	1		
×	×	1	0		

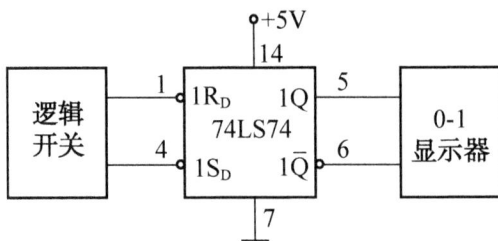

图 8.28　实验 12.3 图

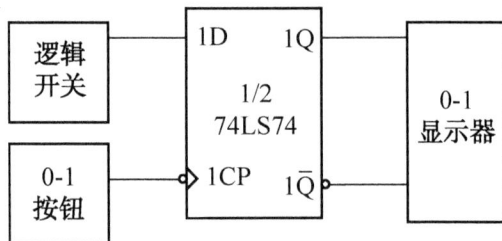

图 8.29　实验 12.4 图

② 逻辑功能测试:

a. 按图 8.29 连接测试电路,使 $\overline{S}_D = \overline{R}_D = 1$。

b. 按实验表 12-5 所给的条件,测试 D 触发器的逻辑功能(每次测试前,触发器应先置零)。

c. 将测试结果记录于表 8-11 中。

♯0-1 按钮简介:

♯0-1 按钮原理图如图 8.30 所示。它是由按钮 S_1 与 S_2 和基本 RS 触发器组成的无抖动开关。电路中"1"端表示常态时,该端为高电平 1 态。按下 S_2,则"1"端翻转为 0 态;而标有"0"的一端,逻辑功能与此相反。

表 8-11　实验 12 记录表(4)

D	CP	Q^{n+1}	
		$Q^n = 0$	$Q^n = 1$
0	$0 \rightarrow 1$		
0	$1 \rightarrow 0$		
1	$0 \rightarrow 1$		
1	$1 \rightarrow 0$		

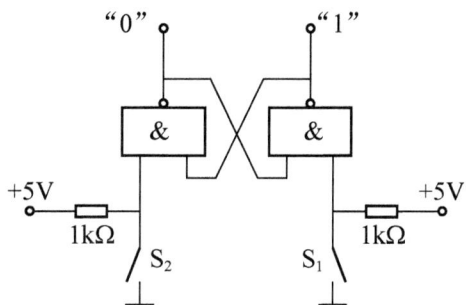

图 8.30　实验 12.5 图

5. 实验报告

(1) 整理记录的结果,填入相应的表中。
(2) 小结实验的体会。

第 9 章

时序逻辑电路

9.1 概述

9.1.1 时序逻辑电路的功能特点、组成及分类

1. 特点

时序逻辑电路简称时序电路,它与组合逻辑电路的功能特点不同。时序电路的特点是:任意时刻的输出信号不仅取决于该时刻的输入信号,而且与前一时刻的电路状态有关。换言之,它与前一时刻的输入信号有关。

2. 组成

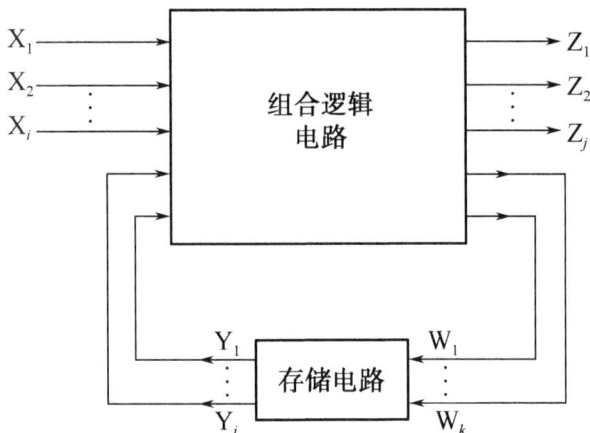

图 9.1 时序电路组成框图

时序电路由组合逻辑电路和存储电路组成。而存储电路是由具有记忆功能的触发器构成的基本存储单元,图 9.1 是时序电路的组成框图。图中 $X(X_1, X_2, \cdots, X_i)$ 代表外部输入信号,$Z(Z_1, Z_2, \cdots, Z_j)$ 代表输出信号,$W(W_1, W_2, \cdots, W_k)$ 代表存储电路的输入,$Y(Y_1, Y_2, \cdots, Y_l)$ 代表存储电路的输出,也是组合电路的部分输入。

这些信号间存在一定的逻辑关系:

$Z(t_n) = F[X(t_n), Y(t_n)]$ 为时序电路的输出方程;

$W(t_n) = G[X(t_n), Y(t_n)]$ 为存储电路的激励方程(也称驱动方程);

$Y(t_{n+1}) = H[W(t_n), Y(t_n)]$ 为存储电路的状态方程。

可以看出,t_{n+1} 时刻的输出 $Z(t_{n+1})$ 由该时刻的输入信号 $X(t_{n+1})$ 及存储电路的状态 $Y(t_{n+1})$ 决定,但是存储电路具有记忆功能,它在 t_{n+1} 时刻的状态又取决于 t_n 时刻的激励 $W(t_n)$ 及 t_n 时刻的状态 $Y(t_n)$。这是时序电路区别于组合逻辑电路的显著特点。

3. 分类

时序电路按状态转换情况分为同步时序电路和异步时序电路两大类。在同步时序电路中,存储电路中所有存储单元状态的改变在同一时钟脉冲作用下发生;而异步时序电路不用统一的时钟脉冲,或者没有时钟脉冲。

9.1.2   分析方法

分析时序电路就是根据已知的逻辑图,求出电路所实现的功能。其具体步骤如下:

(1) 根据已知逻辑图写出:存储电路的驱动方程(即所用触发器输入变量表达式),时序电路的输出方程。

(2) 写出所用触发器的状态方程。对于某些时序电路,有时还需要写出时钟方程(即触发器的时钟脉冲表达式)。

(3) 根据步骤 1、步骤 2,求出时序电路的状态方程。

(4) 列出状态表(此表是反映时序电路的次态与现态、输入变量之间的关系表格)。列表时应注意:

① 表中应包括输入变量与时序电路现态的所有取值组合。

② 对某些时序电路,在由状态方程确定次态时,需要首先判断触发器的时钟条件是否满足。如果时钟条件不满足,触发器的状态将保持不变。

③ 时钟信号 CP 只是一个操作信号,不能作为输入变量。

(5) 画状态图。

(6) 分析电路功能。

上述分析步骤,可以根据具体情况取舍。

9.2   计数器

9.2.1   计数器的特点和分类

1. 基本特点

计数就是用来统计输入脉冲的个数,实现计数操作的电路称为计数器。计数是一种极为重要的基本操作,因此计数器应用十分广泛,从小型数字仪表到大型电子数字计算机几乎无所不在,是任何现代数字系统中不可缺少的组成部分。

2. 分类

按照计数器中各个触发器状态更新情况的不同可分成两大类:一类叫做同步计数器;另一类称为异步计数器。在同步计数器中,各个触发器都受同一时钟脉冲(输入计数脉冲)的控制,因此它们状态的更新是同步的。异步计数器则不同,有的触发器直接受输入计数脉冲控制,有的则是把其他触发器的输出用做时钟脉冲,因此它们状态的更新有先有后,是异步的。

按照计数器中计数长度的不同,又有二进制、十进制、N 进制之分。如果用 n 表示二进制代码的位数(也就是计数器中触发器的个数),用 N 表示有效状态数,即计数时已使用了的代码状态数,那么在二进制计数器中 $N=2^n$,在十进制计数器中 $N=10$,在 N 进制计数器中则是除了 2^n 和 10 以外的情况。严格地说,二进制和十进制计数器是 N 进制计数器的特例,是 $N=2^n$ 或 10 时的特殊情况。我们常常把 N 叫做计数器的容量,或计数器的计数长度。二进制计数器能按二进制数的规律,累计输入脉冲的个数。我们用触发器输出 Q 代表二进制数的一位,若二进制计数器有 n 位,则需要 n 个触发器。n 位二进制计数器可累计的脉冲数目为 2^n。

数字电路中广泛应用二进制,但人们对二进制不如十进制熟悉,因此常用二进制代码来表示十进制数,这就是二-十进制计数器,简称十进制计数器。

按照在输入计数脉冲操作下,计数器中数值增、减情况的不同,又有加法、减法和可逆计数器 3 种不同类型。随着计数脉冲的输入做递增计数的叫加法计数器,进行递减计数的叫减法计数器,而可增可减的则称为可逆计数器。

9.2.2　同步计数器

同步计数器的种类很多,下面仅以 3 位同步二进制加法计数器为例说明其计数原理,以便加深对计数器的理解。

1. 3 位二进制同步加法计数器

3 位二进制同步加法计数器由 3 个 T 触发器组成,如图 9.2 所示。

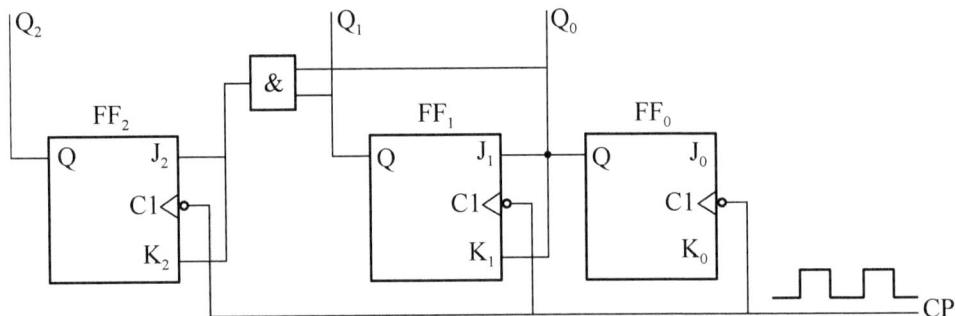

图 9.2　3 位二进制同步加法计数器

我们先来分析一下,在记数脉冲输入时,同步计数器每个触发器翻转的条件。

每输入一个记数脉冲,最低位触发器的状态就改变一次。而其他触发器是否翻转,将取决于比它低的各触发器的状态。比如在加法计数器中,第 3 个触发器 FF_2 是否翻转,由 FF_1 与 FF_0 是否都为 1 态来决定。都为 1 态,则翻转,否则保持原态不变。综上所述,我们可以得到用 JK 触发器构成的 3 位同步加法计数器的每个触发器输入 J 端、K 端的逻辑关系,如表 9-1 所示。

表 9-1 逻辑关系表

触发器序号	翻转条件	JK 逻辑关系
FF_0	来一个计数脉冲就翻转一次	$J_0 = K_0 = 1$
FF_1	$Q_0 = 1$	$J_1 = K_1 = Q_0$
FF_2	$Q_0 = Q_1 = 1$	$J_2 = K_2 = Q_1 Q_0$

计数过程如下:

计数前应清零,使计数器初始状态为 000。

当第 1 个计数脉冲 CP 到来后,FF_0 的状态由 0 变 1,而 J_1 与 J_2 均为 0,所以 FF_1 与 FF_2 保持 0 态不变,计数器的状态为 001。同时,$J_1 = K_1 = Q_0 = 1$,$J_2 = K_2 = Q_1 Q_0 = 0$。

当第 2 个 CP 到来后,FF_0 由 1 变为 0,FF_1 由 0 变为 1,而 FF_2 保持 0 态,计数状态为 010。而且,$J_1 = K_1 = 0$,$J_2 = K_2 = Q_1 Q_0 = 0$。

当第 3 个 CP 到来后,只有 FF_0 翻转为 1,而 FF_1 与 FF_2 都保持原态不变,计数状态为 011。同时,$J_1 = K_1 = 1$,$J_2 = K_2 = Q_1 Q_0 = 1$。

于是,当第 4 个计数脉冲到来后,3 个触发器均翻转,计数状态为 100。对以下过程的分析,读者可以自己完成。在第 7 个计数脉冲 CP 到来后,计数状态变为 111,再送入一个 CP 脉冲,计数器恢复为 000 态。读者可以根据上述分析画出它的时序图。

从以上的分析中可以看出,同步计数器各个触发器的状态转换,与输入的记数脉冲同步,具有计数速度快的特点。如果把图 9.2 中接 Q_0 与 Q_1 的线,改接到 $\overline{Q_0}$ 与 $\overline{Q_1}$ 上,则可以构成 3 位同步二进制减法计数器。

2. 同步计数器的分析

在数字系统中广泛使用各式各样的计数器,学会分析它们的逻辑功能是非常重要的,下面以一个例题来说明它的分析方法。

【例 9-1】 分析图 9.3 所示同步时序电路的逻辑功能。

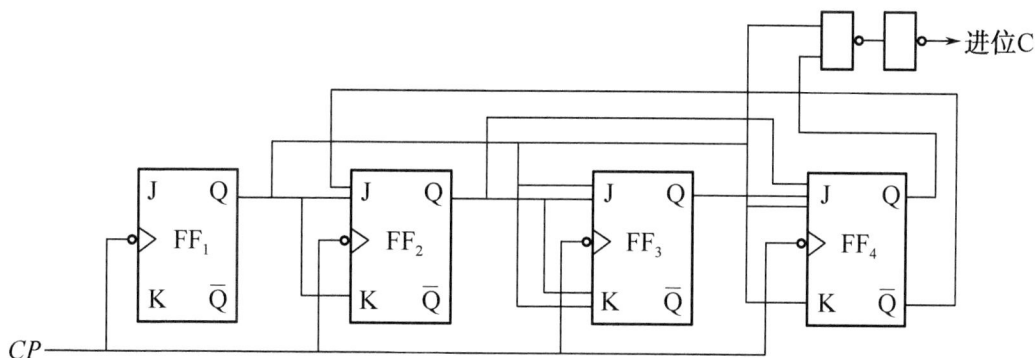

图 9.3 同步时序电路

解:(1) 时钟方程

$$CP_1 = CP_2 = CP_3 = CP_4 = CP$$

（2）输出方程

$$C = Q_4^n Q_1^n$$

（3）驱动方程

$$J_1 = K_1 = 1$$

$$J_2 = \overline{Q_4^n} \cdot Q_1^n , K_2 = Q_1^n$$

$$J_3 = K_3 = Q_2^n Q_1^n$$

$$J_4 = Q_3^n Q_2^n Q_1^n , K_4 = Q_1^n$$

（4）求状态方程

$$Q_1^{n+1} = J_1 \overline{Q_1^n} + \overline{K_1} Q_1^n = \overline{Q_1^n}$$

$$Q_2^{n+1} = J_2 \overline{Q_2^n} + \overline{K_2} Q_2^n = \overline{Q_4^n} Q_1^n \overline{Q_2^n} + \overline{Q_1^n} Q_2^n$$

$$Q_3^{n+1} = J_3 \overline{Q_3^n} + \overline{K_3} Q_3^n = Q_2^n Q_1^n \overline{Q_3^n} + \overline{Q_2^n Q_1^n} Q_3^n$$

$$Q_4^{n+1} = J_4 \overline{Q_4^n} + \overline{K_4} Q_4^n = Q_3^n Q_2^n Q_1^n \overline{Q_4^n} + \overline{Q_1^n} Q_4^n$$

（5）进行计算。从 $Q_4^n Q_3^n Q_2^n Q_1^n = 0000$ 开始，依次代入状态方程和输出方程进行计算，计算结果见表 9-2。

表 9-2　计　算　结　果

Q_4^n	Q_3^n	Q_2^n	Q_1^n	Q_4^{n+1}	Q_3^{n+1}	Q_2^{n+1}	Q_1^{n+1}	C
0	0	0	0	0	0	0	1	0
0	0	0	1	0	0	1	0	0
0	0	1	0	0	0	1	1	0
0	0	1	1	0	1	0	0	0
0	1	0	0	0	1	0	1	0
0	1	0	1	0	1	1	0	0
0	1	1	0	0	1	1	1	0
0	1	1	1	1	0	0	0	0
1	0	0	0	1	0	0	1	0
1	0	0	1	0	0	0	0	1
1	0	1	0	1	0	1	1	0
1	0	1	1	0	1	0	0	1
1	1	0	0	1	1	0	1	0
1	1	0	1	0	1	0	0	1
1	1	1	0	1	1	1	1	0
1	1	1	1	0	0	0	0	1

（6）画状态图。根据表 9-2 中所表示出来的由现态 $Q_4^n Q_3^n Q_2^n Q_1^n$ 到次态 $Q_4^{n+1} Q_3^{n+1} Q_2^{n+1} Q_1^{n+1}$ 的转换关系和输出 C 的值即可画出同步十进制加法计数器的状态图，如图 9.4 所示。图中/下

面的数值为 C 的取值。

值得注意的是,每当电路由现态转换到次态之后,该次态又变成了新的现态,然后应在表中左边栏内找出这新的现态,再根据规定去确定新的次态,照此不断地做下去,直到一切可能出现的状态都毫无遗漏地画出来之后,得到的才是反映电路全面工作情况的状态图。

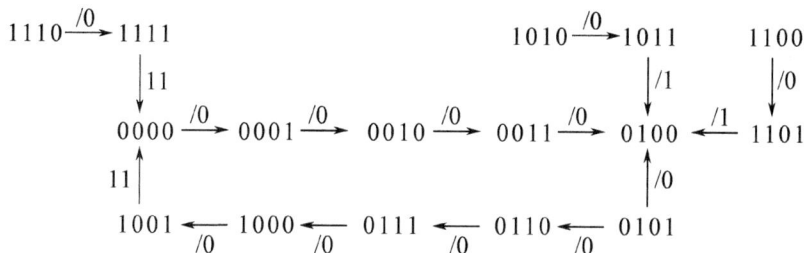

$$1110 \xrightarrow{/0} 1111 \qquad\qquad 1010 \xrightarrow{/0} 1011 \qquad 1100$$

图 9.4　同步十进制加法计数器的状态图

(7) 确定逻辑功能并判断能否自启动。在计数器的分类中已经讲过,计数时使用的代码状态叫做有效状态。反之,没有使用的状态就称为无效状态。在图 9.4 中,1010～1111 是无效的,因为 8421 编码中未使用。

电路因为某种原因而落入无效状态时,如果在 CP 脉冲操作下可以返回到有效状态,则称为能自启动。

计数器在输入计数脉冲的作用下,总是循环工作的,在正常情况下,周而复始地在有效状态中的循环叫做有效循环。反之,我们把无效状态中的循环称为无效循环,凡是不能自启动的电路,肯定存在着无效循环。

由图 9.4 可知,该时序电路是 8421 编码的同步十进制加法计数器,且能够自启动。

3. 集成同步计数器

(1) 集成 4 位同步二进制可逆计数器 74LS193。74LS193 是 4 位同步二进制可逆计数器,它具有预置数码、加减可逆的同步计数功能,应用十分便利。

图 9.5 是它的外引线排列图。其中,$Q_0 \sim Q_3$ 是数码输出端,$D_0 \sim D_3$ 为并行数据输入端(D_0 为最低位,D_3 为最高位)。$\overline{BO}$ 是借位输出端(减法计数下溢时,输出低电平脉冲),$\overline{CO}$ 是进位输出端(加法计数上溢时,输出低电平脉冲)。CP_+ 是加法计数时计数脉冲输入端,CP_- 为减法计数时计数脉冲输入端。CR 为置 0 端,高电平有效。$\overline{LD}$ 为置数控制端,低电平有效。表 9-3 是它的功能表,简要说明如下。

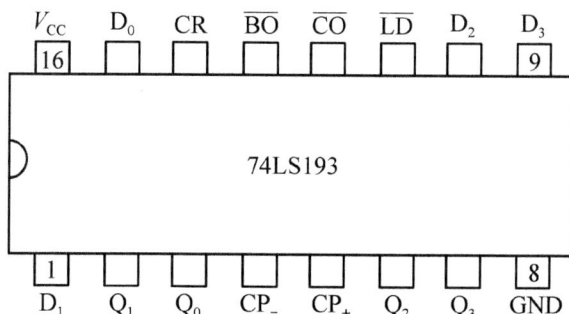

图 9.5　74LS193 的外引线排列图

① CR＝1 时,不论 CP_+,CP_-,D_0～D_3 为何种状态,计数器清零(CR 也称为异步置 0 端)。

② CR＝0 时,计数器的工作状态由 $\overline{LD}$,CP_+,CP_- 决定。

$\overline{LD}$＝0 时,不论 CP_+ 与 CP_- 的状态如何,计数器进行置数操作,输出端 Q_0～Q_3 的状态与数据输入端 D_0～D_3 的状态相同,达到预置数码的目的。

$\overline{LD}$＝1 时,若计数脉冲从 CP_+ 输入,计数器进行加法计数;若计数脉冲从 CP_- 输入,它进行减法计数。可见,它具有加减可逆计数功能。无论哪种方式计数,都是同步进行的。

表 9-3　74LS193 的功能表

输　　　　　入								输　　出			
CR	$\overline{LD}$	CP_+	CP_-	D_0	D_1	D_2	D_3	Q_0	Q_1	Q_2	Q_3
1	×	×	×	×	×	×	×	0	0	0	0
0	0	×	×	d_0	d_1	d_2	d_3	d_0	d_1	d_2	d_3
0	1	↑	1	×	×	×	×	加法计数			
0	1	1	↑	×	×	×	×	减法计数			

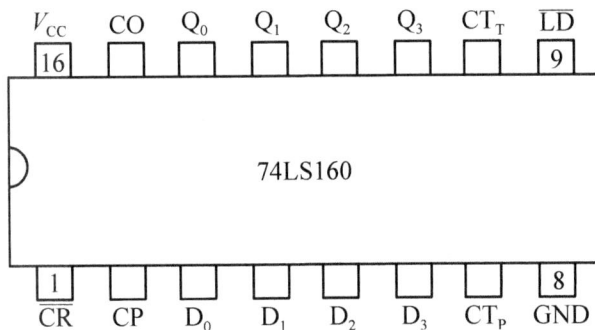

图 9.6　74LS160 外引线排列图

(2) 可预置的十进制同步计数器 74LS160。74LS160 外引线排列图如图 9.6 所示。电路具有清零、预置数码、十进制计数以及保持原态 4 种逻辑功能。计数时,在计数脉冲的上升沿作用下有效。表 9-4 列出了它的主要功能,说明如下:

① 当 $\overline{CR}$＝0 时,计数器置零,即 $Q_3 Q_2 Q_1 Q_0$＝0000。

② 当 $\overline{CR}$＝1,$\overline{LD}$＝0 完成预置码的功能。数据输入端的数据 d_0～d_3,在 CP 脉冲上升沿作用下,并行存入内部计数器中,达到预置数据的目的。

③ 当 $\overline{CR}$＝$\overline{LD}$＝1,CT_P＝CT_T＝1 时,计数器执行加法计数。计数满十,从 CO 端送出正跳变进位脉冲。

表 9-4　74LS160 功能表

输　　　　　入									输　　出			
$\overline{CR}$	$\overline{LD}$	CT_P	CT_T	CP	D_3	D_2	D_1	D_0	Q_3	Q_2	Q_1	Q_0
0	×	×	×	×	×	×	×	×	0	0	0	0
1	0	×	×	↑	d_3	d_2	d_1	d_0	d_3	d_2	d_1	d_0
1	1	1	1	↑	×	×	×	×	加法计数			
1	1	0	×	×	×	×	×	×	保持			
1	1	×	0	×	×	×	×	×	保持			

④ 当 $\overline{CR}=\overline{LD}=1$ 时,只要 CT_P 或 CT_T 处有一个是低电平 0,不论其余各端的状态如何,计数器的状态保持不变。

表中"↓"表示下降沿触发(若为"↑",表示上升沿触发)。

9.2.3 异步计数器

异步计数器中各级触发器的时钟并不都来源于计数脉冲,各级触发器的状态转换不是同时进行的,因而在分析异步计数器时,要注意各级触发器的时钟信号,以确定其状态转换时刻。

1. 异步二进制加法计数器

异步二进制加法计数器电路如图 9.7 所示。它由 3 个 JK 触发器组成,低位的输出 Q 端接到高 1 位的控制端 C1,只有最低位 FF_0 的 C1 端接到计数脉冲 CP。每个触发器的 J 端、K 端悬空,即 J=K=1,每个 JK 触发器都处在计数状态,只要控制端 C1 的信号由 1 变 0,触发器的状态将翻转。

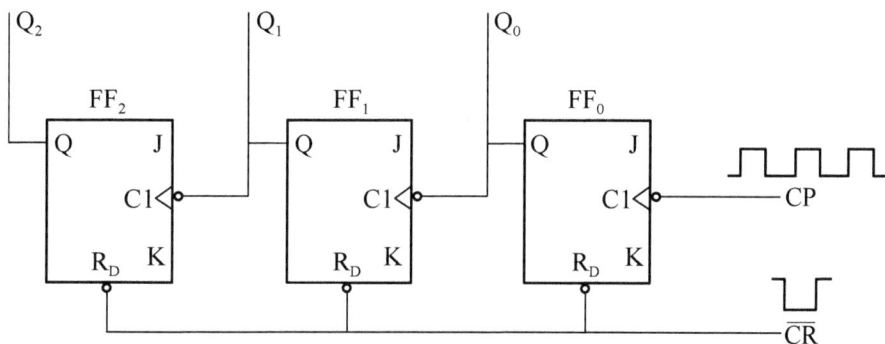

图 9.7 异步二进制加法计数器电路图

计数过程分析如下:

计数器工作前应先清 0。令 $\overline{CR}=0$,则 $Q_2Q_1Q_0=000$。

输入第 1 个计数脉冲 CP 时,当该脉冲的下降沿到来时,FF_0 翻转,Q_0 由 0 变 1。Q_0 的正跳变加于 FF_1 的 C1 端,FF_1 保持不变,计数器的状态为 001。

当输入第 2 个计数脉冲 CP 后,FF_0 又翻转,Q_0 由 1 变 0,Q_0 的负跳变加到 FF_1 的 C1 端,FF_1 翻转,Q_1 由 0 变 1。而 Q_1 的正跳变送到 FF_2 的 C1 端,FF_2 保持原态不变,计数器的状态为 010。按此规律,随着计数脉冲 CP 的不断输入,各触发器的状态如表 9-5 所示。当第 7 个 CP 脉冲输入后,计数器的状态为 111,再输入一个 CP 脉冲,计数器恢复为 000。由表 9-5 可看出计数器是递增计数的。而且,从计数脉冲的输入到完成计数器状态的转换,各位触发器的状态是从低位到高位逐次翻转的,不是随计数脉冲 CP 的输入同步翻转,所以称为异步加法计数器,读者可以根据表 9-5 画出它的时序图。3 位异步减法计数器,其电路与异步加法计数器相似,但连接方式是低位的 Q 与高一位的 C1 端相连。

表 9-5　3 位二进制异步加法计数器状态表

输入 CP 脉冲序号	计数器状态		
	Q_2	Q_1	Q_0
0	0	0	0
1	0	0	1
2	0	1	0
3	0	1	1
4	1	0	0
5	1	0	1
6	1	1	0
7	1	1	1
8	0	0	0

2. 异步计数器的分析

一般地说,异步计数器的分析方法和同步计数器相似。在异步计数器电路中,各级触发器的时钟脉冲不都是来源于同一个时钟脉冲信号源,时钟脉冲 CP 已不再起同步作用了。这一点一定注意。下面以例题说明异步计数器的分析方法。

【例 9-2】　分析图 9.8 所示异步时序电路的逻辑功能。

解:(1) 时钟方程

$$CP_1 = CP$$
$$CP_2 = Q_1$$
$$CP_3 = Q_2$$

因为是 T' 触发器,所以凡有时钟脉冲到来就翻转。

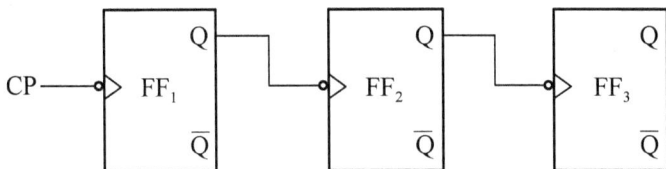

图 9.8　异步时序电路

(2) 状态方程

$$Q_1^{n+1} = \overline{Q_1^n} \qquad \text{CP 下降沿到来后有效}$$
$$Q_2^{n+1} = \overline{Q_2^n} \qquad Q_1 \text{ 下降沿到来后有效}$$
$$Q_3^{n+1} = \overline{Q_3^n} \qquad Q_2 \text{ 下降沿到来后有效}$$

(3) 进行计算。设定起始状态为 $Q_3^n Q_2^n Q_1^n$ 均为 0,依次代入状态方程进行计算,计算结果如

表9-6所示。

表 9-6　计 算 结 果

Q_3^n	Q_2^n	Q_1^n	Q_3^{n+1}	Q_2^{n+1}	Q_1^{n+1}	说　　明
0	0	0	0	0	1	CP_1
0	0	1	0	1	0	CP_1　CP_2
0	1	0	0	1	1	CP_1
0	1	1	1	0	0	CP_1　CP_2　CP_3
1	0	0	1	0	1	CP_1
1	0	1	1	1	0	CP_1　CP_2
1	1	0	1	1	1	CP_1
1	1	1	0	0	0	CP_1　CP_2　CP_3

在进行计算时，要特别注意状态方程中每一个表达式有效的时钟条件，只有在相应时钟触发沿到来时，触发器才会按照方程式规定的次态转换，否则该触发器仍然保持原来状态。

例如，在 $Q_3^n Q_2^n Q_1^n = 000$ 时，当输入计数脉冲下降沿到来时，由于 $CP_1 = CP$，FF_1 具备了时钟条件，因此将按方程 $Q_1^{n+1} = \overline{Q_1^n}$ 更新状态，因为 $Q_1^n = 0$，所以有 $Q_1^{n+1} = 1$。而 $CP_2 = Q_1$，虽然在 FF_1 由 0 翻转到 1 时，Q_1 端出现了上升沿，但触发器是下降沿触发的，所以不能算作具备了时钟条件，故 FF_2 保持原来状态，即 $Q_2^{n+1} = Q_2^n = 0$，至于 FF_3 显然更不会翻转。又如 $Q_3^n Q_2^n Q_1^n = 011$ 时，CP 下降沿到来时，FF_1 先翻转，Q_1 端出现了下降沿，FF_2 再翻转，Q_2 端出现下降沿，FF_3 最后翻转，从而使计数器由 011 转换成 100。表 9-6 中说明一栏是各个触发器的时钟条件。

（4）画状态图。由图 9.9 所示的计数器状态图，可以得出结论：图 9.8 所示电路是 3 位异步二进制加法计数器。

3. 集成异步计数器

下面以 4 位异步二进制计数器 74LS293 为例进行分析。

图 9.10 是 4 位异步二进制计数器的外引线排列图。其中 $Q_0 \sim Q_3$ 为输出端，R_{OA} 与 R_{OB} 为复位端，NC 为空脚。表 9-7 是它的外引线功能表，说明如下：

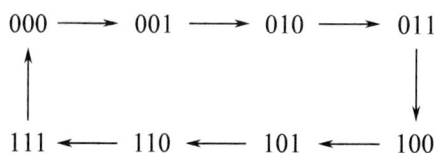

图 9.9　计数器的状态图

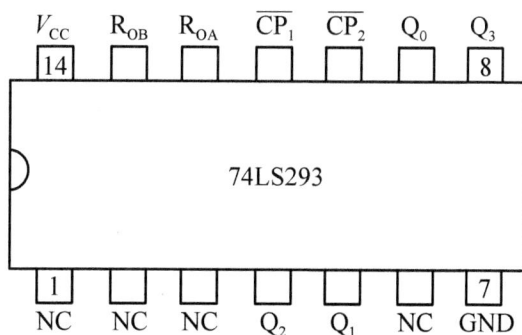

图 9.10　4 位异步二进制计数器外引线排列图

表 9-7 74LS293 外引线功能表

输	入		输		出	
R_{OA}	R_{OB}	$\overline{CP}$	Q_3	Q_2	Q_1	Q_0
1	1	$\times$	0	0	0	0
0	$\times$	↓	加法计数			
$\times$	0	↓	加法计数			

(1) 当 $R_{OA}=R_{OB}=1$ 时,不论 CP_0 与 CP_1 为何种状态,$Q_3Q_2Q_1Q_0=0000$,计数器清 0。

(2) 当 $R_{OA}=0$,或者 $R_{OB}=0$ 时,电路在 $\overline{CP_0}$ 与 $\overline{CP_1}$ 的脉冲下降沿作用下,进行计数操作:

① 若将 $\overline{CP_1}$ 与 Q_0 相连,计数脉冲从 $\overline{CP_0}$ 端输入,数据从 Q_3,Q_2,Q_1,Q_0 端输出,电路为 4 位异步二进制加法计数器;

② 计数脉冲从 $\overline{CP_1}$ 输入,从 Q_3,Q_2,Q_1 端输出,电路为 3 位异步二进制加法计数器。

9.2.4 异步计数器与同步计数器的比较

异步计数器电路结构简单,但由于各触发器异步翻转,所以工作速度低;同步计数器电路结构复杂,但工作速度快。

为了便于读者选用,表 9-8 列出若干常用集成计数器及其功能供查阅,其中有同步计数器,也有异步计数器,它们的内部逻辑及功能与前述集成计数器大同小异。

表 9-8 常用集成计数器及其功能表

型 号	名 称	功 能
74LS161,74HC161,74HCT161	4 位二进制同步计数器	同步计数,异步并行清零,锁存,有行波进位输出,可级联
74LS163,74HC163,74HCT163	4 位二进制同步计数器	同步清零
74LS193,74HC193,74HCT193	4 位二进制同步加/减计数器	直接清零,可预置数,双时钟,进位、借位分别输出,可级联
74LS196,74HC196,74HCT196	二-五-十进制计数器	直接清零,可预置数,二、五分频,双时钟
74LS197,74HC197,74HCT197	二-八-十进制计数器	直接清零,可预置数,二、八分频,双时钟
74LS191,74HC191,74HCT191	可逆二进制计数器	同步清零,带方式控制
74LS90,74ALS90,74HCT90	4 位二-五-十进制计数器	双输入计数,二、五分频,有置 9 输入,直接清零
74LS160,74HC160,74HCT160	4 位十进制同步计数器	
74LS162,74HC162,74HCT162	4 位十进制同步计数器	同步计数,同步预置数,异步清零,锁存有行波进位输出
74LS190,74HC190,74HCT190	十进制同步加/减计数器	同步清零
74LS192,74HC192,74HCT192	十二分频计数器	同步计数,异步预置数,有加/减控制进位/借位输出,有串行时钟输出,可锁存
7492		加 1、减 1 计数分别控制,进位、借位分别控制,双时钟

9.2.5 集成计数器构成 N 进制计数器的方法

利用已有集成计数器构成 N 进制计数器有 3 种方法：

（1）直接选用已有的计数器。例如，欲构成十二分频器，由表 9-8 可知，直接选用 4 位十二进制异步计数器 7492 即可。

（2）用两个模小的计数器串接，可以得到模为两者之积的计数器。例如，用模 10 和模 6 计数器串接起来，可以构成 60 进制计数器，如图 9.11 所示。

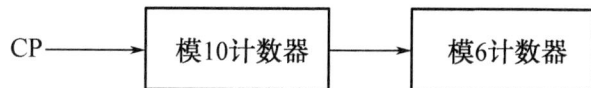

图 9.11 模 10 和模 6 计数器串接

（3）利用反馈法改变计数长度。这种方法是，当计数器计数到某一数值时，由电路产生的置位脉冲或复位脉冲，加到计数器预置数控制端或各个触发器的清零端，使计数器恢复到起始状态，从而达到改变计数器模的目的。

【例 9-3】 用两片 74LS162A 构成六十进制计数器。

解：六十进制计数器如图 9.12 所示。

图 9.12 中，片（1）为模 10 计数器，片（2）接成模 6 计数器，片（1）的行波进位输出 RC 与片（2）的 CT_T 与 CT_P 相连，这样，当 RC＝1 时，便可使高位计数器计数；而 RC＝0 时，高位计数器状态不变。计入 59 个脉冲后，计数器状态为

$$Q_7 Q_6 Q_5 Q_4 Q_3 Q_2 Q_1 Q_0 ＝01011001$$

与非门输出为 0，使片（2）$\overline{CR}$＝0。由于 74LS162A 为同步置 0，故 CP 到来时，计数器恢复为全 0。

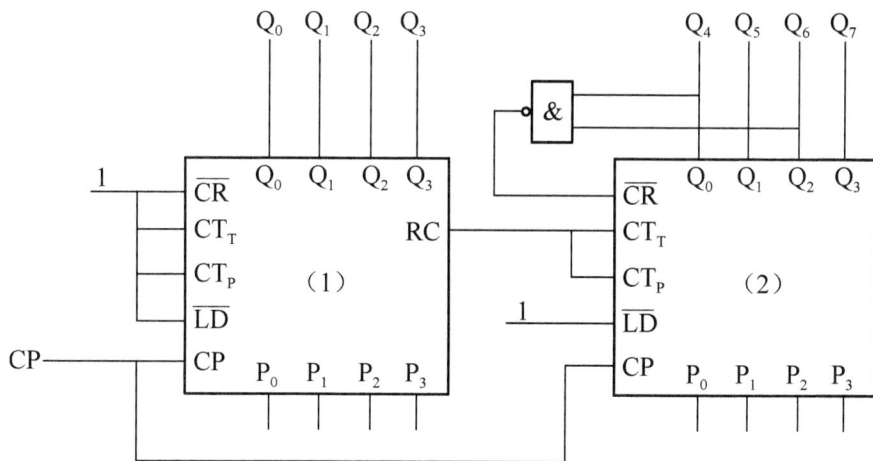

图 9.12 六十进制计数器

9.2.6 计数器的应用

1. 测量脉冲频率

测量脉冲频率框图如图 9.13 所示，将待测频率的脉冲信号和取样脉冲信号一起加到门

G。在 $t_1 \sim t_2$ 期间,取样脉冲为正,门 G 开通并输出被测频率脉冲,此脉冲由计数器计数,计数值就是 $t_1 \sim t_2$ 期间被测脉冲的个数 N,由此可求得被测脉冲频率为

$$f = N/(t_2 - t_1)$$

例如,若脉冲频率为 2990Hz,则在 $t_2 - t_1 = 1s$ 内,计数器计数值应为 2990;0.1s 内为 299;0.01s 内为 29.9 或 30。计数值经译码驱动显示器件便可显示被测脉冲的频率值。

此外,在每次测量前,应先将计数器清零,使计数器从 0 开始计数。

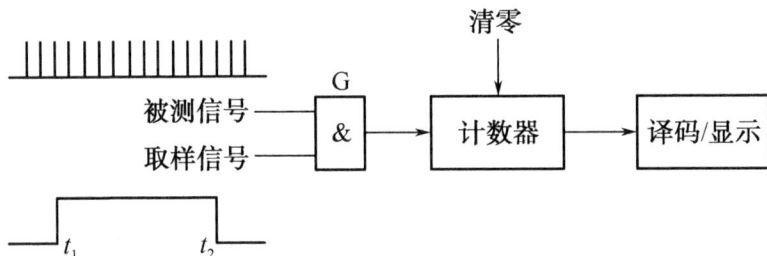

图 9.13　测量脉冲频率的框图

2. 测量脉冲周期(或宽度)

将上述测量脉冲频率的原理图稍加改变,便可用来测量脉冲周期(或宽度),其框图如图 9.14 所示。将基准频率为 1MHz 的脉冲信号,经受控与门加到计数器的输入端,在待测时间间隔内对此信号进行计数。显然,计数器显示的数值就是以 μs 为单位的脉冲周期(或宽度)T_x。

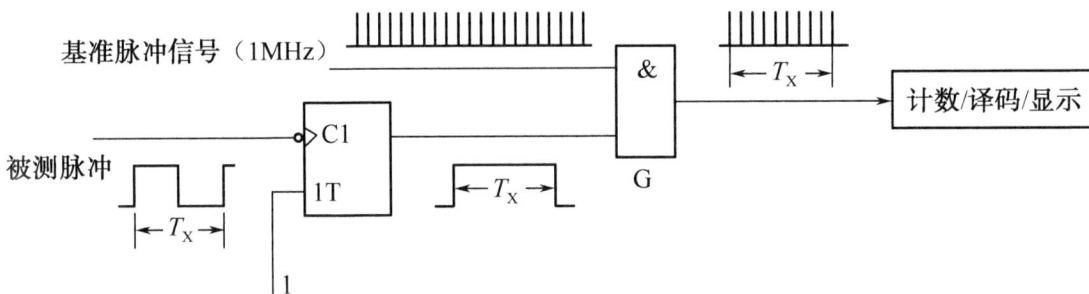

图 9.14　测量脉冲周期的框图

例如,脉冲周期为 $1\,680\mu s$,则计数显示的数值应为 $1\,680$。

3. 数字钟

图 9.15 是数字钟原理组成框图,它可以显示秒、分、时。工作原理如下:石英晶体振荡产生频率精确的正弦信号,经过脉冲整形、分频,最后获得频率为 1Hz 的脉冲信号,被送到"秒"显示器(秒针)。秒显示器是一个六十进制的加法计数器加上译码显示电路,它以六十进制计数并显示 0~59 六十个数码。当显示 59 后,再来一个 CP 脉冲,"秒针"复位,向"分针"进位;"分针"电路工作与"秒针"相同,计满 60 就复位到零,并向"时针"电路进位。时针电路是十二进制计数器加上译码显示器,当它计满 12 时,便复位到零。

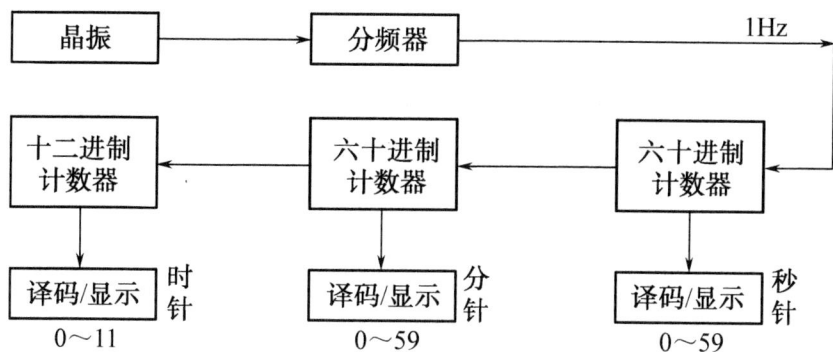

图 9.15 数字钟原理组成框图

9.3 寄存器

9.3.1 概述

寄存器是一种重要的数字逻辑部件,在数字系统中常常需要将用二进制代码表示的信息暂时存放起来,等待处理,能够完成暂时存放数据的逻辑部件称为寄存器。一个触发器就是一个能存一位二进制数码的寄存器。存放 n 位二进制数码就需要 n 个触发器,从而构成 n 位寄存器。

寄存器是由触发器和门电路组成的,具有接收数据、存放数据和输出数据的功能,只有在得到指令时,寄存器才能接收要寄存的数据。

寄存器按逻辑功能分为数码寄存器和移位寄存器,还可以按照位数以及输入、输出方式等分成若干类。

9.3.2 数码寄存器

存放二进制数码的寄存器称为数码寄存器。按接收数码的方式可分为单拍接收式和双拍接收式两种。

1. 双拍接收式寄存器

(1) 电路组成。图 9.16 是 4 位双拍接收式数码寄存器,它是由基本 RS 触发器和控制门组成。$D_i(i=1,2,3,4)$ 是输入端,$Q_i(i=1,2,3,4)$ 为输出端。

(2) 工作原理。第 1 步先用清零信号将所有触发器置 0;第 2 步再用接收脉冲信号将门 G_1,G_2,G_3,G_4 打开,若输入数据 $D_i=1$,则相应的与非门输出低电平,将相应的触发器置 1;若输入数据 $D_i=0$,则与非门输出高电平,触发器保持原状态不变。例如,输入代码 $D_4D_3D_2D_1=1101$,则门 G_4,G_3,G_2,G_1 输出为 0010,而各触发器被置成 1101,接收了输入代码并保存起来。由于寄存器能同时输入 4 位数码,同时输出 4 位数码,故称为并行输入、并行输出寄存器。

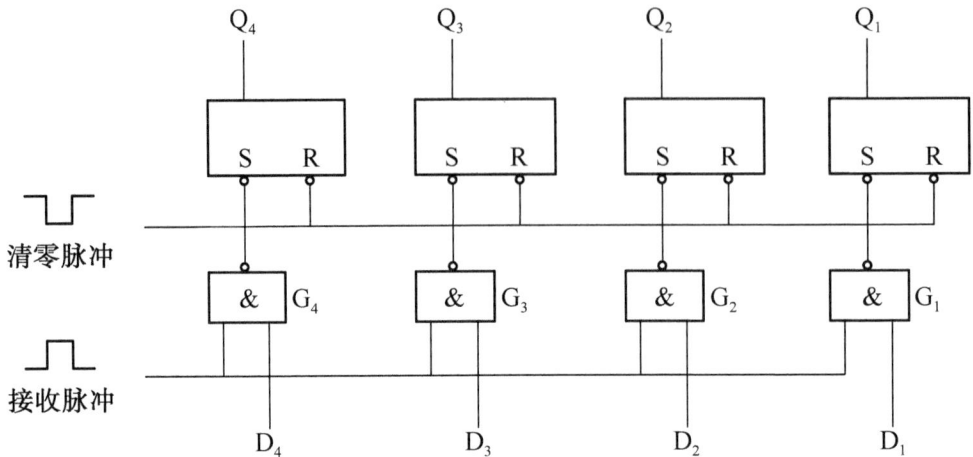

图 9.16 4 位双拍接收式数码寄存器

2. 单拍接收式寄存器

单拍接收式寄存器不需要先清零,当接收脉冲到来时,即可将数码存入。74LS175 是由 4 个 D 触发器组成的单拍接收式数码寄存器。如图 9.17 所示,当接受脉冲到来后,D 触发器更新状态,即 $Q_i^{n+1} = D_i$。例如 $D_4 D_3 D_2 D_1 = 1001$,则 $Q_4^{n+1} Q_3^{n+1} Q_2^{n+1} Q_1^{n+1} = 1001$。

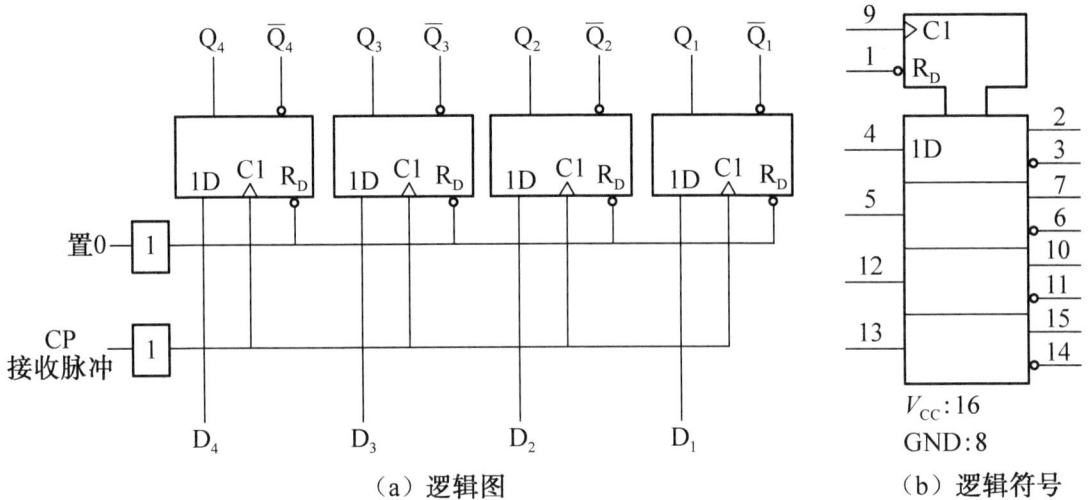

（a）逻辑图　　　　　　　　　　　　　　（b）逻辑符号

图 9.17 单拍接收式寄存器

由于这种电路一步就完成了对输入数码的接收,故称为单拍接收方式。

9.3.3 移位寄存器

既可存放数码,又可使数码逐位左移或右移的寄存器称为移位寄存器。

1. 单向移位寄存器

单向移位寄存器又分为左移型和右移型寄存器。两者的区别只是输入数据的方式不同,即数据输入顺序是从低位到高位还是从高位到低位,其余类同。因此在这里仅以左移寄存器为例进行分析说明。

图 9.18 是用 D 触发器组成的 4 位左移移位寄存器。其中,第 1 个触发器的 D 端为数码串行输入端,其余每个触发器的 D 端与前一个触发器的输出端 Q 相连,即 $D_i = Q_{i-1}$,各触发器的 CP 端连在一起作为移位脉冲输入端。必须注意,构成移位寄存器的触发器不能有空翻。

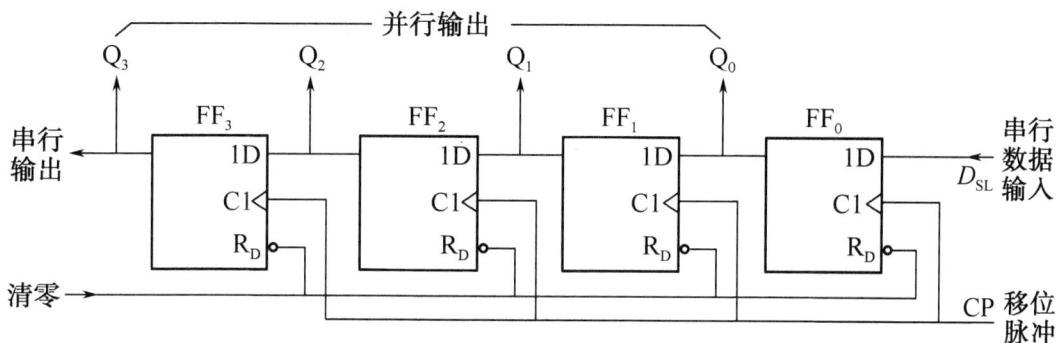

图 9.18 4 位左移移位寄存器

下面分析其工作原理。设输入数码为 1011,当第 1 个移位脉冲到来时,第 1 位数码进入触发器 FF_0 中;第 2 个移位脉冲到来时,第 2 位数码进入 FF_0 中;同时 FF_0 中的数码移入 FF_1 中……;这样,在移位脉冲作用下,数码由高位到低位存入移位寄存器,移位情况见表 9-9。

表 9-9 单向移位寄存器移位情况

移位脉冲作用次数	触发状态				输入数据
	Q_3	Q_2	Q_1	Q_0	
0	0	0	0	0	1
1	0	0	0	1	0
2	0	0	1	0	1
3	0	1	0	1	1
4	1	0	1	1	0

移位寄存器使用前应先清零,然后输入数据。当加入 4 个移位脉冲后,1011 四位数码恰好全部移入寄存器,这时可以从 4 个触发器的 Q 端得到并行的输出数码。若要得到串行输出信号,可将 Q_3 作为信号输出端,再加入 4 个移位脉冲,Q_3 端将依次输出 1011 的串行信号。左移移位寄存器(串行输入,串、并行输出)时序图如图 9.19 所示。

2. 双向移位寄存器

在数字电路中,常需要寄存器按不同的控制信号,能够向右或向左移位。这种既能右移又能左移的寄存器称为双向移位寄存器。

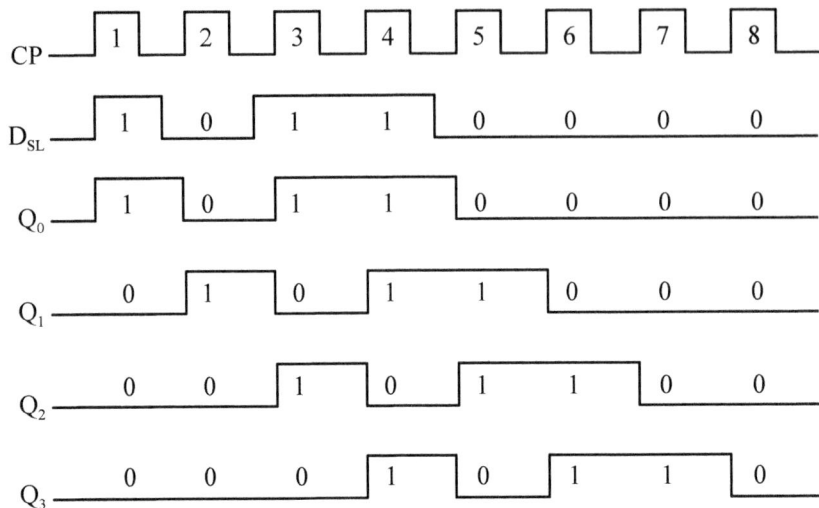

图 9.19 左移移位寄存器(串行输入,串、并行输出)时序图

集成 4 位双向移位寄存器 CT74LS194 的外引线排列如图 9.20 所示。图中 M_1 与 M_0 为工作方式控制端,它们的不同取值,决定寄存器的不同功能:保持、右移、左移及并行输入。表 9-10 是它的逻辑功能表。$\overline{CR}$ 是清零端,$\overline{CR}=0$ 时,各输出端均为 0。表中的"×"号表示可取任意值,或 0 或 1。寄存器工作时,$\overline{CR}$ 应为高电平。这时,寄存器工作方式由 M_1 与 M_0 的状态决定:$M_1 M_0 = 00$ 时,寄存器中的数据保持不变;$M_1 M_0 = 01$ 时,寄存器为右移工作方式,D_{SR} 为右移串行输入端;$M_1 M_0 = 10$ 时,寄存器为左移工作方式,D_{SL} 为左移串行输入端;$M_1 M_0 = 11$ 时,寄存器为并行输入方式,即在 CP 脉冲上升沿作用下,将输入到 $D_0 \sim D_3$ 的数据同时存入寄存器中。$Q_0 \sim Q_3$ 是寄存器的输出端。

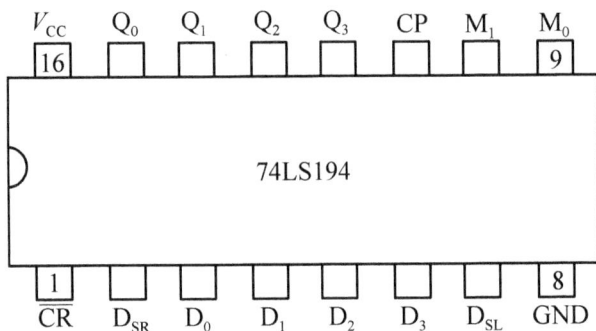

图 9.20 CT74LS194 的外引线排列图

表 9-10 CT74LS194 寄存器逻辑功能表

$\overline{CR}$	M_1	M_0	CP	功 能
0	×	×	↑	清零
1	0	0	↑	保持
1	0	1	↑	右移
1	1	0	↑	左移
1	1	1	↑	并行输入

9.3.4 寄存器的应用

移位寄存器的应用十分广泛,如将信息代码进行串、并行转换及构成计数器等。

1. 数码的串—并行转换

在数字系统中数字信息多半是用串行方式在线路上逐位传送,而在收发终端则以并行方式对数据进行存放和处理。这就需要将信息进行串—并行转换。

(1) 串行变并行。见前述中的左移移位寄存器的分析。

(2) 并行变串行。当要求将并行输入的代码变为串行输出时,可采用图 9.21 所示逻辑电路。

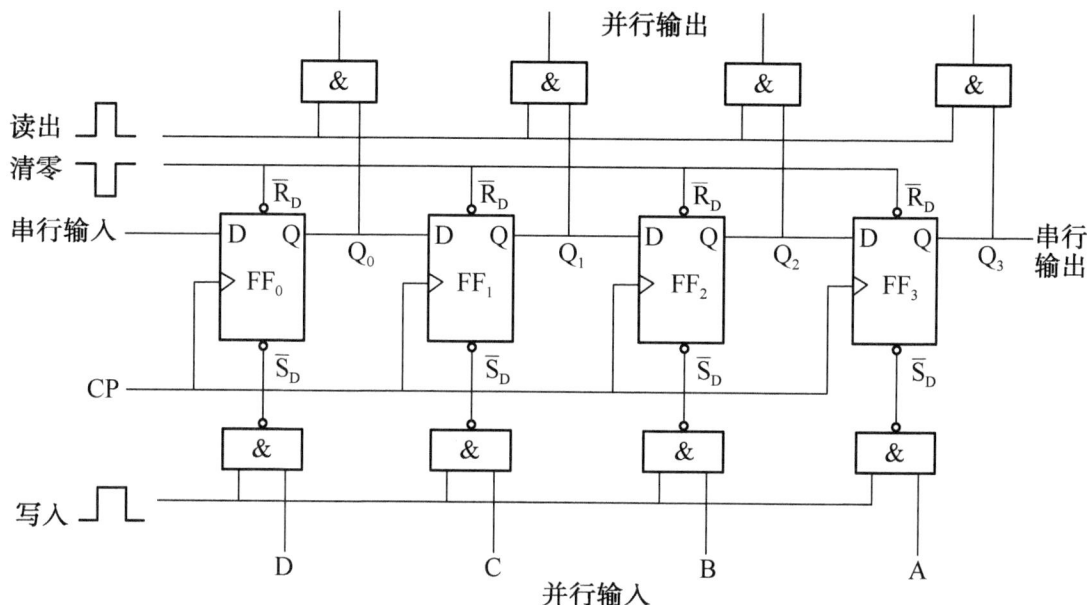

图 9.21　并行输入变串行输出逻辑电路

将数据 A,B,C,D 加到各触发器的异步置 1 端$\overline{S_D}$,在写入脉冲控制下送入各触发器的 Q_3,Q_2,Q_1,Q_0 端(事先要清零),再在时钟脉冲控制下逐位右移,由 Q_3 端输出,这就是并入—串出方式。

本电路也可以按串入—并出、串入—串出、并入—并出方式工作。

移位寄存器除用作延迟、移位寄存、串行—并行转换外,还可将其串行输出反馈到输入端,构成移位寄存器型计数器或序列信号发生器等其他类型时序电路,用途是很广泛的。

2. 构成环形计数器

如果将移位寄存器最后一级的输出 Q^n 直接反馈到第 1 级 D 触发器的输入端 D_0,就得到最简单的一种移位寄存器型计数器,通常称为环型计数器。图 9.22 所示为用 4 级 D 触发器构成的环型计数器。

通过分析,不难发现当将各触发器预置成 $Q_4Q_3Q_2Q_1 = 0001$ 时,则在 CP 作用下,电路状态按图 9.23(a)的规律循环。这 4 种状态在每一时刻只有一个触发器输出为 1,不需要译码可以直接提供给节拍脉冲使用,这 4 种状态称为有效状态。其余 12 种均为无效状态,其转换情况示于图 9.23(b)中,可见它不具备自启动特性。另外,n 级触发器只具备 n 个有效状态,这是它的缺点。

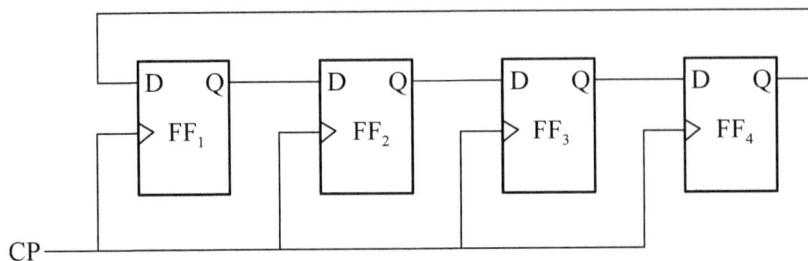

图 9.22　环型计数器

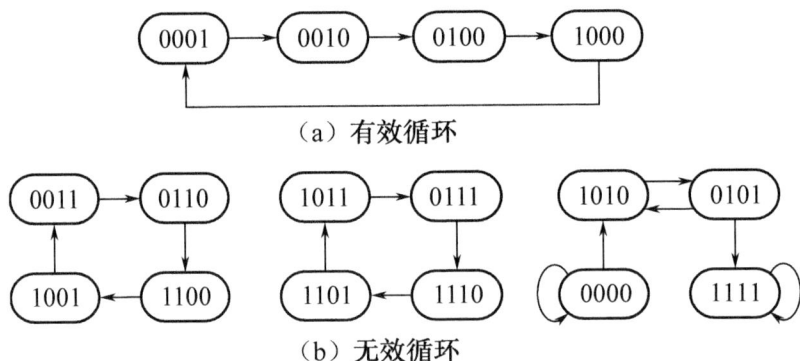

（a）有效循环

（b）无效循环

图 9.23　状态图

3. 构成扭环型计数器

将最后一级的 $\overline{Q}_n$ 反馈到第 1 级输入端 D_1，可以构成扭环型计数器。它有 8 个有效状态，但仍然不能自启动。对反馈稍加改变，便可获得有自启动特性的扭环型计数器，图 9.24 所示为一个实例。

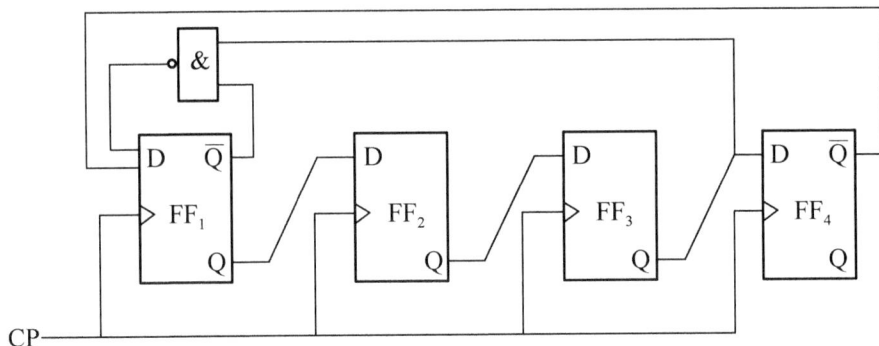

图 9.24　扭环型计数器

经过分析，不难得到它的状态转换图，如图 9.25 所示。这种电路有 8 个有效状态，译码所需的电路比较简单。

扭环型计数器有两个特点：

（1）相邻状态之间只有一个状态变量发生变化，故译码时不会产生冒险。

（2）每个状态的二进制码只有 0 与 1 相邻，各个相邻处不是 0 与 1 的次序不同，就是位置不同。各码输出端将轮流出现正脉冲信号，可用作节拍脉冲发生器。

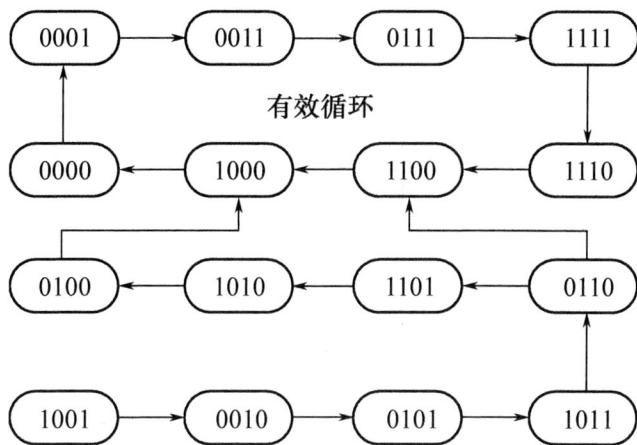

图 9.25　扭环型计数器的状态转换图

本章小结

1. 基本内容

时序逻辑电路任一时刻的输出,不仅与当时的输入信号有关,还与原来的状态有关。为了记忆电路原来的状态,时序电路不仅包含逻辑门电路,还包含有记忆功能的触发器,这是时序逻辑电路结构上的特点。本章介绍了常用的时序逻辑电路:寄存器和计数器。

寄存器具有存储数码和信息的功能,它分为数码寄存器和移位寄存器两大类。一般寄存器都具有清零、接收、存储和输出的功能。

计数器能对输入脉冲做计数操作。目前集成计数器品种多、功能全,应用灵活,价格低廉,得到广泛的应用。

2. 基本要求

(1) 会分析时序电路的逻辑功能。

(2) 会用状态方程、真值表、状态转换图和波形图描绘时序电路的逻辑功能。

(3) 熟悉计数器、寄存器等时序电路的逻辑功能和特点,特别是掌握各控制端的作用及在使用时如何处理各端的逻辑信号等。

习题 9

9.1　什么是时序电路？它与组合电路有何区别？

9.2　简述时序逻辑电路的分析方法及其逻辑功能的描述方法。

9.3　什么是状态方程、状态图、状态表、时序图？说明它们之间如何转换？

9.4　移位寄存器与数码寄存器有什么不同？

9.5　画出由维持阻塞 D 触发器组成的 4 位右移位寄存器的逻辑图,并画出当输入数码为

1101 时的波形图。

9.6 能否用基本 RS 触发器或者同步 RS 触发器组成移位寄存器？为什么？

9.7 如何根据加、减运算规则和触发器类型(主从 JK 和维持阻塞 D 触发器)确定异步二进制计数器(加法与减法)各级之间的连接方式？

9.8 同步二进制计数器与异步二进制计数器的区别在哪里？它们各有什么优缺点(可从触发器翻转的次数、计数速度、计数脉冲源驱动功率和级间连接方式复杂程度等方面加以说明)？

9.9 为什么说一个模为 2^n 的计数器也是一个 2^n 分频器？

9.10 由 3 级 JK 触发器组成的移位寄存器如图 9.26(a)所示，根据图 9.26(b)所示信号波形，画出 Q_1，Q_2，Q_3 的波形图并说明移位寄存器是左移移位寄存器还是右移移位寄存器？

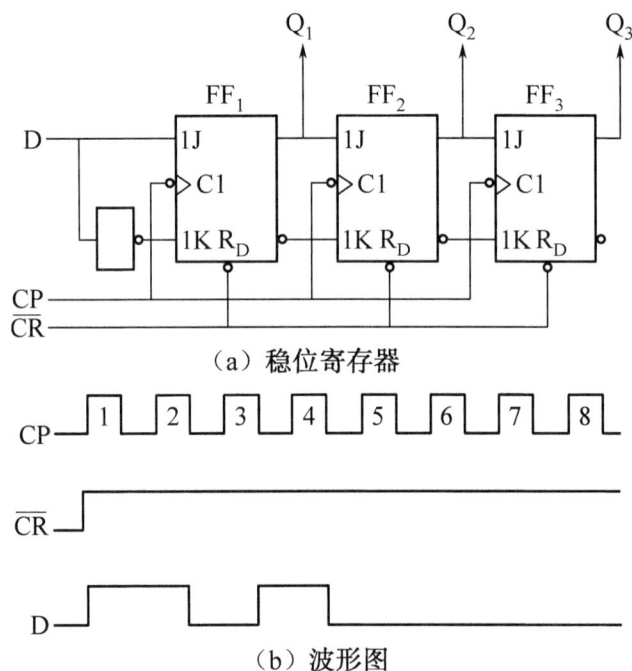

图 9.26 题 9.10 图

9.11 试分析图 9.27(a)所示的计数器，若初始状态为 0，请列出在计数 CP 作用下的工作状态表，画出工作波形图。它是多少进制的计数器？

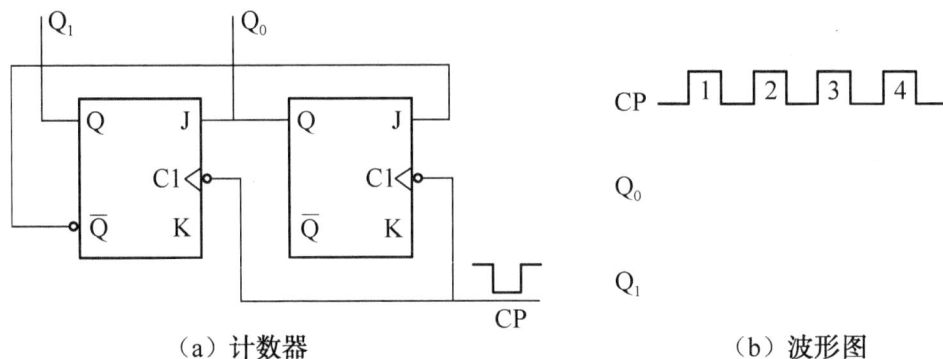

图 9.27 题 9.11 图

9.12 试分析图 9.28 所示电路为几分频器。

9.13 图 9.29 是 4 位二进制加法计数器,试在图上完成合适的连线,改为十进制加法计数器。

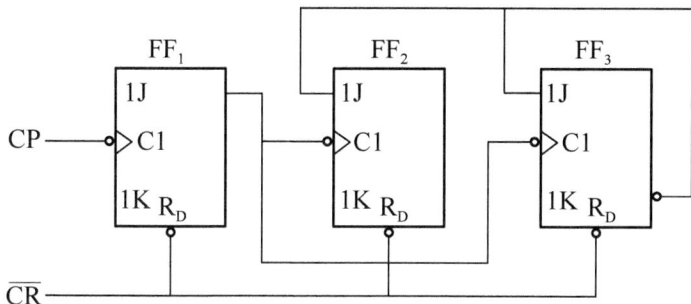

图 9.28 题 9.12 图

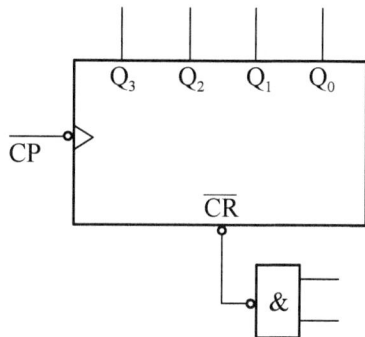

图 9.29 4 位二进制加法计数器

实验 13 分频器、移位寄存器、计数器的时序电路测试

1. 实验目的

(1) 掌握时序电路的观测方法。

(2) 了解分频器、移位寄存器、计数器的构成和基本原理。

2. 参考实验电路及测试电路

(1) 分频器与测试电路。分频器可由 D 触发器构成,用二个 D 触发器可构成一个 4 分频器,图 9.30 所示电路是用 74LS74 双 D 触发器组成的 4 分频器。

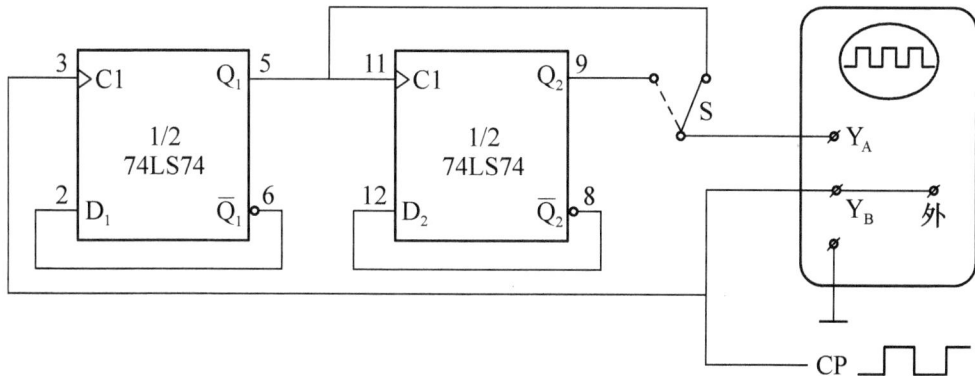

图 9.30 4 分频器测试电路

用双踪示波器观测分频器的输入、输出波形,如图 9.30 所示,CP 脉冲由方波发生器提供。

(2) 移位寄存器与测试电路。用 D 触发器组成的移位寄存器如图 9.31 所示,在 CP 端加入单次脉冲就可以将 Q_1 的状态移至 Q_2(右移)。

用 0-1 显示器显示移位寄存器输出电平的高低,单次脉冲由无抖动开关提供。

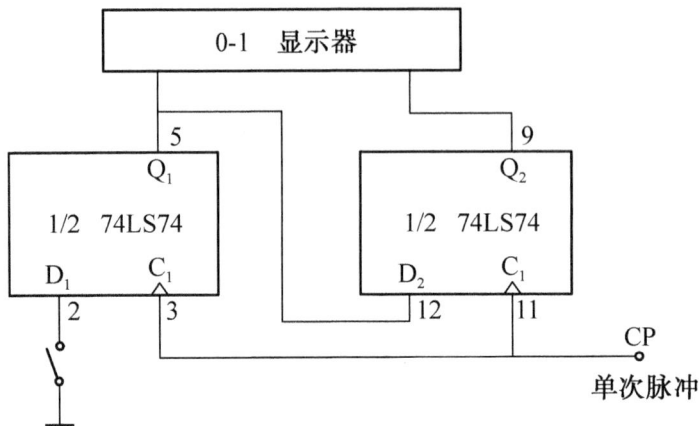

图 9.31　移位寄存器

（3）计数器与测试电路。图 9.32 是用两只 74LS76 双 JK 触发器组成的二进制计数器。计数过程中，JK 触发器的 J 端、K 端悬空，计数前先置 0。

计数器 $Q_1Q_2Q_3Q_4$ 的状态由 0-1 显示器显示，也可以用逻辑笔或万用表测试。CP 脉冲可由无抖动开关提供，也可以用频率很低的方波信号发生器。

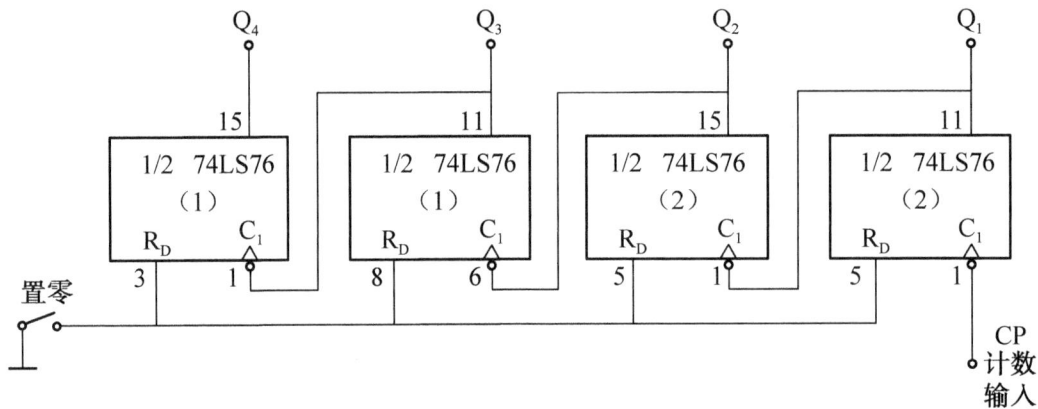

图 9.32　二进制计数器

3. 实验仪器

实验仪器如表 9-11 所列。

表 9-11　实 验 仪 器

名　　称	数　量	用　　途
直流稳压电源	1	提供 5V 直流电压
万用表	1	测量直流电压
双踪示波器	1	观测输入、输出波形，测频率
方波信号发生器	1	提供 CP 脉冲

4. 实验说明

（1）复习异步二进制加法、减法计数器的电路组成、工作原理,进一步熟悉它们的状态表和工作波形图。

（2）复习集成双 JK 触发器 74LS76 的外引线排列。

（3）预习实验内容、方法、步骤以及实验连接图。

（4）熟悉实验仪器的使用方法。

5. 实验内容和步骤

（1）分频器的安装与测试:

① 按图 9.30 组装实验电路。

② 用双踪示波器观察 CP,Q_1,Q_2 各端的波形,把观察到的波形绘入表 9-12 中。

表 9-12　实验 13 记录表(1)

测　试　点	显　示　波　形				
CP					
Q_1					
Q_2					

（2）安装测试移位寄存器:

① 按图 9.31 连接电路(接好 0-1 显示器),接通电源。

② 使两个触发器的 S_D 端、R_D 端加入合适电平,将 Q_1 置 1、Q_2 置 0。

③ 使 D_1 端为 0(接地),在 CP 端加入单次脉冲,测试 Q_1 与 Q_2 的电平,观察能否完成右移功能,即 Q_1 为 0,Q_2 为 1。

（3）安装测试计数器:

① 按图 9.32 连接电路(接好 0-1 显示器),接通电源。

② 将"置 0"开关接一下地,使各触发器为 0。

③ 用无抖动开关逐个输入 CP 脉冲,观察 CP 脉冲作用后 Q_1,Q_2,Q_3,Q_4 状态,记录于表 9-13中,并用双踪示波器观察各点波形将结果绘入表 9-14 中。

表 9-13　实验 13 记录表(2)

CP 脉冲次数	JK 触发器的输出			
	Q_1	Q_2	Q_3	Q_4
1				
2				
3				
4				
5				
6				
7				

CP 脉冲次数	JK 触发器的输出			
	Q_1	Q_2	Q_3	Q_4
8				
9				

表 9-14　实验 13 记录表(3)

测　　点	显　示　波　形			
CP				
Q_1				
Q_2				
Q_3				
Q_4				

6. 实验报告

(1) 整理实验结果,填入或绘入相应的表中。

(2) 测试计数器的功能。

(3) 小结实验。

第 10 章

半导体存储器

存储器是某些数字系统和电子计算机中的重要组成部分,用来存放数据、程序等。存储器的存储容量越大,计算机系统的记忆能力就越强;存储器存储信息的速度越快,计算机系统的运算速度就越高。因此,存储器的性能对系统的影响颇大。存储容量和存储速度是存储器的两个重要指标。

在计算机中,存储器可以分为内存储器和外存储器两大类。内存储器简称为内存,常与CPU 安装在同一块主机板上,以便 CPU 对它直接存取信息;外存储器简称为外存,又称海量存储器,是计算机的一种重要的外围设备。CPU 通过执行程序可以实现外存和内存间数据和程序的批量传送。存储器按制造材料分类,主要有磁芯存储器、半导体存储器和光存储器。其中,半导体存储器按使用功能又分为随机存储器(RAM)和只读存储器(ROM),每种又分为双极型和 MOS 型两大类。本章着重讨论 RAM 和 ROM 的基本结构、工作原理、动态特性及典型应用。

10.1 随机存取存储器(RAM)

随机存取存储器是指能够在存储器中任意指定的地方写入(存入)或读出(取出)信息的存储器,也叫读/写存储器。RAM 又分为静态 RAM(SRAM,Static RAM)、动态 RAM(DRAM,Dynamic RAM)和视频 RAM(VRAM,Video RAM)3 种,由于 SRAM 的读写速度远快于DRAM,所以计算机中的 SRAM 大都作为 Cache(高速缓存,为了解决 CPU 和 RAM 之间的不匹配增设)使用,DRAM 则作为普通内存和显示内存,VRAM 采用双端口设计,这种设计允许同时从处理器向视频存储器和 RAMDAC(数字模拟转换器)传输数据,是一种专为视频图像处理设计的 RAM,通常安装在显示卡或图形加速卡上。随机存取存储器具有记忆功能,故属于时序逻辑电路。

10.1.1 RAM 的基本结构

RAM 的基本组成框图如图 10.1 所示。它由存储矩阵、地址译码器、读写控制电路组成。

1. 存储矩阵

存储矩阵是存储器的核心,由许多个排列成阵列形式的存储单元组成。每个存储单元中

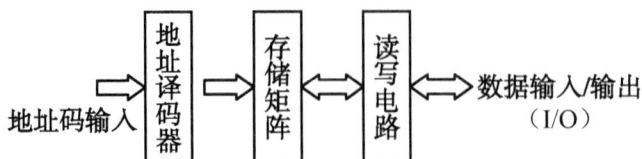

图 10.1　RAM 的基本组成框图

存放着若干二进制数码组成的一组信息,存储单元的个数越多,存储器存储的信息量就越多,也即存储容量越大,存储容量是存储器的重要技术指标之一,通常用存储器芯片所能存储的字数和字长的乘式表示,即

$$存储容量＝字数×字长$$

例如,一个容量为 $256×4$(256 个字,每字 4 位)的存储器,共有 1 024 个存储单元,这些单元可排列成 $32×32$ 列的矩阵形式。

2. 地址译码器

为了能够对某个选定的存储单元进行信息存取(又称访问),则须对某个存储单元的位置赋予一个号码,称为地址,不同的存储单元具有不同的地址,从而在进行读写操作时,可以按照地址选择欲访问的单元。而地址的选择是借助于地址译码器来实现的,地址译码器分单译码和双译码两种,将在 10.1.2 节中详细介绍。

3. 读/写控制器

读/写控制器用来控制存储器进行写入或读出操作。

4. 输入/输出(I/O)电路

这是数据进出存储矩阵的通道。通常输入数据先经缓冲器放大,再进入存储矩阵,输出数据经缓冲器放大再输出。输入、输出缓冲器通常采用三态电路,这样可以将几片存储器的输入/输出数据线(I/O 线)并联,以扩展存储容量。

5. 片选控制器

对于大容量存储系统,往往需要用多片 RAM 组成,在读/写时只对其中的一片进行存取。片选控制器使得只有在该片存储器被选中时才进行读出或写入操作,而其余未被选中的各片 I/O 线呈高阻状态,不得与外部交换数据。

10.1.2　地址译码方式

RAM 的地址译码方式有两种类型。

1. 单译码结构(又称字结构)

图 10.2 是一个 4 字×2 位单译码结构存储器的框图。其中,每个小方框表示一个存储

位,每两个存储位构成一个存储单元,即一个字。该存储器可存储 4 个 2 位数据字:(1,1)存储第 1 个字的第 1 位,(1,2)存储第 1 个字的第 2 位……每个存储单元有一条字选择线(简称字线),以控制该存储单元是否被选中。每个存储位有两条数据位线(简称位线)D 与 $\overline{D}$ 用来传输数据。同一列的各存储位的位线相并联,并接到读写电路上。由于位线并联,因而应使各存储位具有三态特性。每一列共用一个读写电路,D_i 是写入数据线、D_o 是读出数据线。地址译码器有两条地址线 A_0 与 A_1;4 条输出线,这些输出线也就是字线。这样,每当输入一个 2 位地址码时,便可以从 4 字中选出一个字,进行 2 位数据字的读或写操作。选中的字线为 1 电平,其余的均为 0 电平。

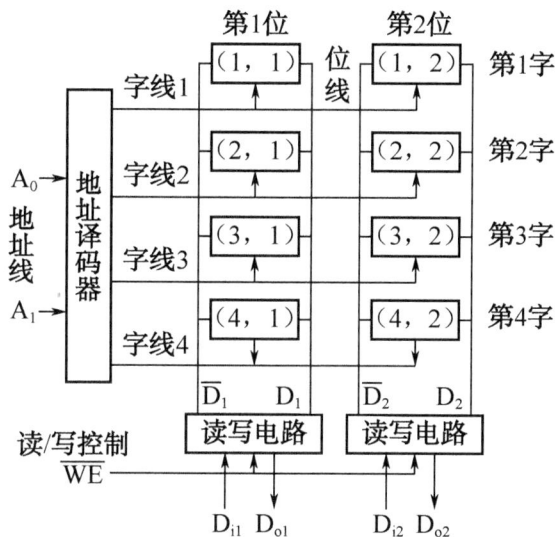

图 10.2 4 字×2 位单译码结构存储器框图

字线多、地址译码器结构复杂是单译码结构的缺点。所以,只在小容量存储器中才使用单译码结构的地址译码方式。

2. 双译码结构(又称字位结构)

图 10.3 是一个 8 字×2 位的双译码结构存储器的框图。

它有两个地址译码器:x 地址译码器(又称行地址译码器)输出字线,以控制存储矩阵中哪一行单元被选中;y 地址译码器(又称列地址译码器)的输出控制读写选通电路,以决定哪一列数据线与读写电路接通。任何时候 x 地址译码器的输出(x_0,x_1,x_2,x_3)及 y 地址译码器的输出(y_0,y_1)中分别只有一个为 1 电平,而其余为 0 电平。因而,每次只会找出一个字的 2 个存储位进行读写操作。

图 10.3 中有 3 条地址线:A_0,A_1,A_2。其中,A_0 和 A_1 送给 x 地址译码器;A_2 送给 y 地址译码器。地址线总数 $p=q+r$。式中,q 表示 x 地址线数目;r 表示 y 地址线数目。p 与存储字数存在如下关系

$$N = 2^p = 2^{q+r}$$

本存储器 $q=2$,$r=1$,$N=2^{2+1}=8$。

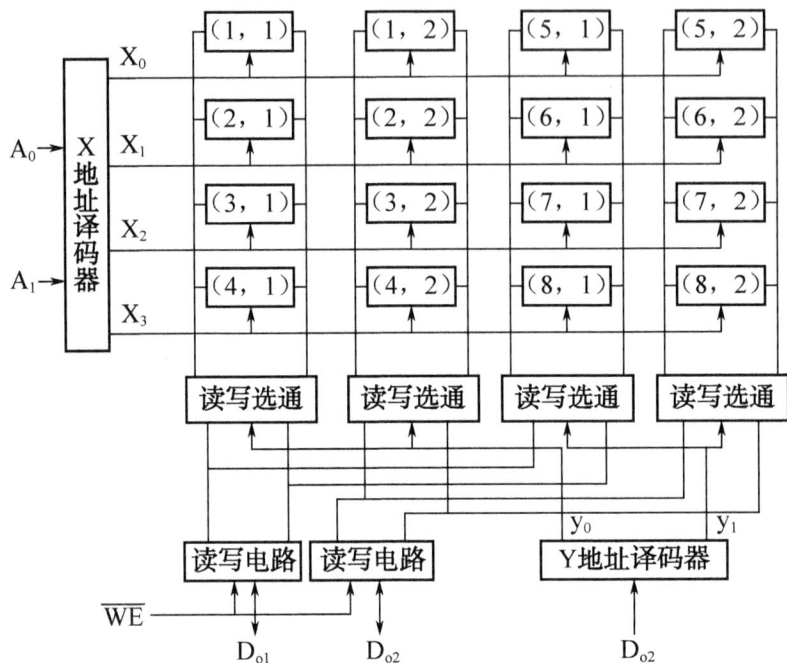

图 10.3　8 字×2 位双译码结构存储器框图

　　尽管双译码结构有两个地址译码器,但每个译码器结构都比较简单,这是它的优点。例如,256×1 的存储器用双译码结构时,每个译码器有 4 条输入线,有 $2^4 = 16$ 条输出线,两个译码器的输出控制 $16 \times 16 = 256$ 个存储单元。而用单译码结构,地址译码有 8 条输入线,要有 $2^8 = 256$ 条输出线。存储器容量越大,双译码结构的优点越突出。目前大容量存储器多采用双译码结构。

10.1.3　RAM 基本存储单元

　　存储单元是存储器的最基本存储细胞,由触发器加门控管、控制线等组成。图 10.4 是典型的 1 位 NMOS 管静态 RAM 的基本存储单元电路。其中,$V_1 \sim V_4$ 构成一个基本 RS 触发器,用来存储一位二进制信息。V_5 与 V_6 为本单元控制门,由行选择线 X_i 控制。$X_i = 1$,V_5 与 V_6 导通,触发器与位线接通;$X_i = 0$,V_5 与 V_6 截止,触发器与位线隔离。V_7 与 V_8 为一列存储单元公用的控制门,用于控制位线与数据线的连接状态,由列选择线 Y_j 控制。显然,当行选择线与列选择线均为高电平时,$V_5 \sim V_8$ 都导通,触发器的输出才与数据线接通,该单元才能通过数据线传送信息。因此,存储单元能够进行读/写操作的条件是:与它相连的行、列选择线均须呈高电平。

　　由静态存储单元构成的静态 RAM 的特点是数据由触发器记忆,只要不断电,信息就永久保存。

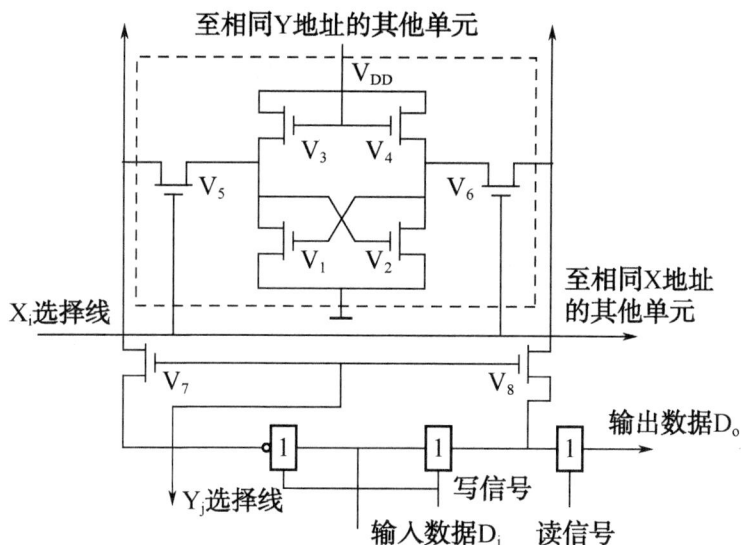

图 10.4 典型的 1 位 NMOS 管静态 RAM 基本存储单元电路

10.1.4 RAM 的使用

1. RAM 的操作方式

下面以存储器芯片 2114 引脚排列(如图 10.5 所示)为例进行介绍。它是双列直插式封装,有 18 条引脚,容量为 1024 字 $\times 4$ 位,地址线有 10 条:$A_0 \sim A_9$,其中 6 条($A_3 \sim A_8$)用于行译码,产生 $2^6 = 64$ 条 x 选择线;4 条线($A_0 \sim A_2$,A_9)用于列译码,产生 $2^4 = 16$ 条 y 选择线,每条 y 选择线同时接 4 列存储位的选通电路,即同时接一个字的四位。这样对应于 10 位输入的地址码即可选中一字,进行字的写入或读出。数据线有 4 条 $I/O_1 \sim I/O_4$,它们与片内的三态输入、输出门相接,这些三态门由片选信号 $\overline{CS}$ 和允许信号 $\overline{WE}$ 共同控制。当 $\overline{CS}=0$ 时,RAM 芯片被选中,这时才可对该 RAM 进行读出或写入操作;$\overline{CS}$ 或 $\overline{WE}$ 皆为低电平时,该存储器可写入数据;当 $\overline{CS}$ 为低电平、$\overline{WE}$ 为高电平时,存储器数据可以读出。2114 操作方式选择如表 10-1 所示。

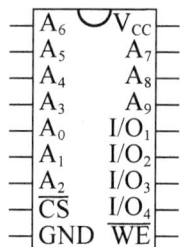

图 10.5 2114 引脚排列

表 10-1 2114 操作方式选择

$\overline{CS}$	$\overline{WE}$	方式	功　　　能
0	0	写	$I/O_1 \sim I/O_4$ 上的信息写入 $A_0 \sim A_9$ 指定的单元
0	1	读	$A_0 \sim A_9$ 对应单元的内容输出到 $I/O_1 \sim I/O_4$ 端
1	$\times$	非选	$I/O_1 \sim I/O_4$ 线呈高阻

使用存储器时,应注意一个重要问题是读写周期和时序,这里的时序是指各信号之间的时间关系。使用时必须遵守生产厂家给出的时序要求,否则存储器不能正常工作。图 10.6 给出

了 2114 读周期的时序图。表 10-2 给出了 2114 读周期的主要参数。

表 10-2　2114 读周期主要参数

符　号	参 数 名 称	最小值	最大值
t_{RC}	读周期时间	200ns	
t_A	读取时间		200ns
t_{CO}	片选到输出稳定		70ns
t_{CX}	片选到输出有效	20ns	
t_{OTD}	从断开片选到输出变为三态		60ns
t_{OHA}	地址改变后的输出保持时间	50ns	

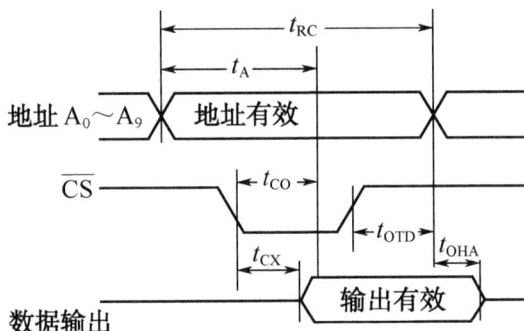

图 10.6　2114 读周期时序图

　　读周期从地址有效开始,在读周期 t_{RC} 内要求地址码不变。地址码输入之后,紧跟着使片选信号 $\overline{CS}$ 有效(即变为低电平)。片选 $\overline{CS}$ 有效之后经 t_{CO} 时间,且地址码有效之后又经 t_A 时间,存储单元所存的信息方被读出,或说数据有效。通常 t_{CO} 小于 t_A,这是因为地址码有效后,需经地址译码器、存储矩阵和读写电路才影响到输出;而 $\overline{CS}$ 往往直接控制读写电路。因此,在地址码有效后的 $(t_A - t_{CO})$ 之前,$\overline{CS}$ 变为有效,就不会推迟输出数据有效的时刻。数据有效一直保持到 $\overline{CS}$ 变为高电位且又经过维持时间 t_{OTD} 为止。若地址码先改变,则在地址码无效后,输出再维持 t_{OHA} 时间。在读周期中,$\overline{WE}$ 应为高电位。

　　图 10.7 为 2114 写周期的时序图,表 10-3 给出了写周期的主要参数。

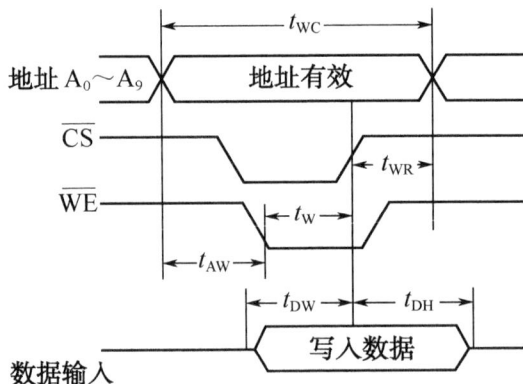

图 10.7　2114 写周期时序图

表 10-3　2114 写周期主要参数

符　　号	参 数 名 称	最小值　　　　　最大值
t_{WC}	写周期时间	200ns
t_{W}	写时间	120ns
t_{WR}	写恢复时间	0ns
t_{DW}	数据有效覆盖时间	120ns
t_{DH}	数据保持时间(写信号无效后)	0ns
t_{AW}	地址到写信号的建立时间	0ns

在写周期 t_{WC} 期间,地址码必须保持不变,在整个 $\overline{\text{CS}}$ 有效(低电位)期间 $\overline{\text{WE}}$ 必须有效(低电位),而且 $\overline{\text{WE}}$ 必须在地址码有效之后再变低(至少 $\overline{\text{WE}}$ 应和地址码同时有效),并且 $\overline{\text{WE}}$ 变高之后经过 t_{WR}(t_{WR} 可为 0)方允许地址码改变,以免将数据写到错误的地址所对应的存储单元上。

写时间 t_{W}(即 $\overline{\text{CS}}$ 与 $\overline{\text{WE}}$ 均为有效的时间)不得小于规定值。输入数据在 $\overline{\text{WE}}$(和 $\overline{\text{CS}}$)变为无效之前应有 t_{DW} 的有效覆盖时间,并有 t_{DH} 的保持时间,只有这样才能可靠地将数据写入。

6116 与 6264 是另外两种存储器芯片,前者容量为 $2\text{KB} \times 8$,后者为 $8\text{KB} \times 8$。以 6264 为例,它的引线如下。

地址线:$A_0 \sim A_{12}$;

数据线:$\text{I/O}_1 \sim \text{I/O}_8$;

读写控制线:$\overline{\text{WE}}$,OE;

片选线:$\overline{\text{CS}}$,CS,$\overline{\text{CE}}$。

$\overline{\text{CE}}$,$\overline{\text{CS}}$,$\overline{\text{WE}}$ 均为低电平有效;CS 为高电平有效。6264 操作方式选择见表 10-4。

表 10-4　6264 操作方式选择

$\overline{\text{CE}}$	$\overline{\text{WE}}$	$\overline{\text{OE}}$	方式	功　　　　　能
0	0	1	写	$\text{I/O}_0 \sim \text{I/O}_7$ 上的信息写入 $A_0 \sim A_{12}$ 地址对应的单元
0	1	0	读	$A_0 \sim A_{12}$ 对应单元的内容输出到 $\text{I/O}_0 \sim \text{I/O}_7$
1	$\times$	$\times$	非选	$\text{I/O}_0 \sim \text{I/O}_7$ 呈高阻

2. RAM 容量的扩展

在计算机中为了增加存储容量,往往需要把若干个存储器芯片连在一起,以扩展每字位数或增加总字数。

位扩展较为简单,可将各芯片的地址线、读/写控制线、片选线对应地并联在一起,而各片的输入/输出作为字的各个位线。例如,用 2 片 2114 扩展成容量为 $1\text{KB} \times 8$ 的存储器,其接法如图 10.8 所示。

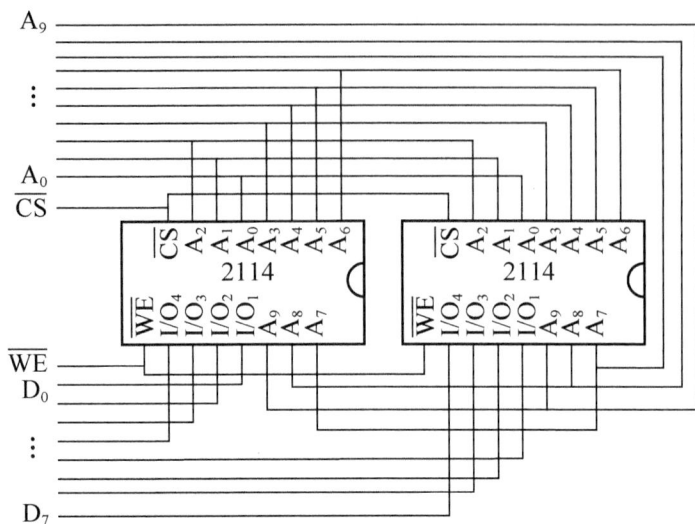

图 10.8　2114 扩展容量的接法

　　进行字扩展时需外加译码器,将地址的高位线送译码器的输入端,译码器的输出作为每片 RAM 的片选信号。例如,用 8 片 6264RAM 芯片扩展容量为 64KB×8 的存储器,其接法如图 10.9 所示,地址线共 16 条,$A_0 \sim A_{12}$ 作为每片片内的字选信号,$A_{13} \sim A_{15}$ 送 3-8 线译码器,译码器的 8 条输出线作为 8 片 6264 每一片的片选信号。由于 RAM 的数据线都具有三态特性,故将它们的数据线并联起来作为整个 RAM 的 I/O 线。$\overline{CS}$ 是整个 RAM 的片选线。

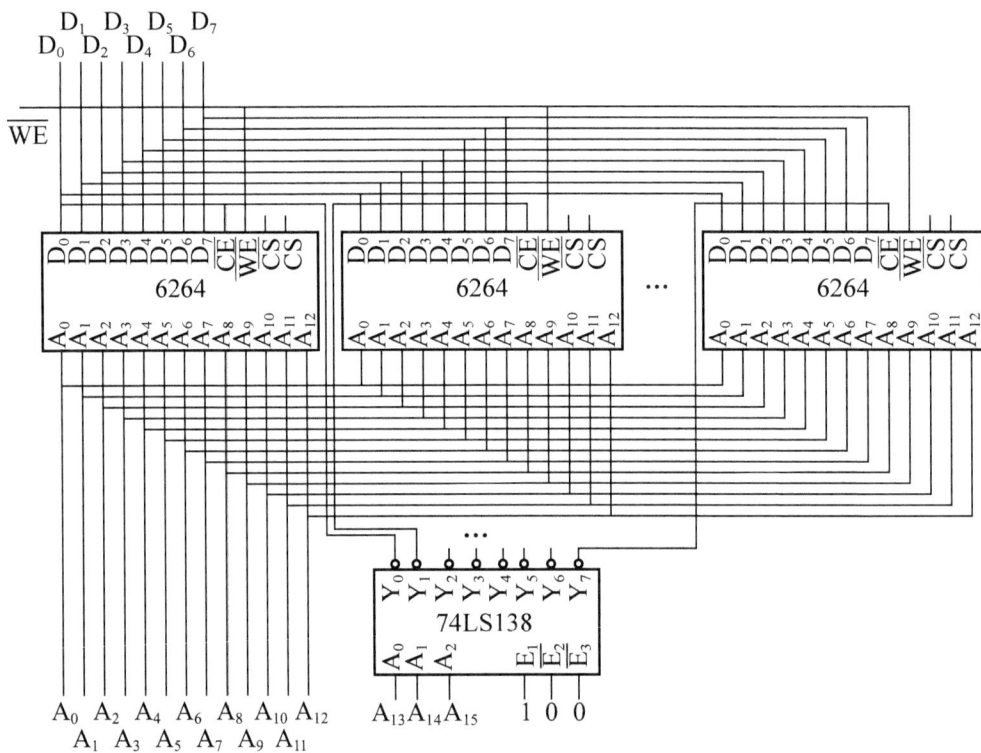

图 10.9　6264 扩展容量的接法

10.2 只读存储器(ROM)

10.2.1 ROM 的结构及常见类型

上述 RAM 只能用于暂存信息,如输入的数据、中间结果或运行的程序等,它们都具有易失性,一旦电源断电,存储的信息便随之消失。在计算机或数字系统中常常需要储存些固定不变的信息,如常数表、数据转换表或固定的程序等。使用只读存储器可以满足上述要求。只读存储器的内容是在制造过程中写入(又称编程)的,或者用专门的设备由使用者写入。一旦写入便只能读出,而不能在运行程序时予以改变。

根据电路的特点,只读存储器属于组合逻辑电路,给定一组输入(地址),存储器便给出一种输出(存储的字),但就其组成而言,它和 RAM 又有许多相似的地方,也是由存储矩阵和地址译码器等部分组成。

根据存储内容的写入方式,只读存储器可分为掩膜 ROM、可编程 ROM 即 PROM(Programmable Read Only Memory)和可改写 ROM。

1. 掩膜 ROM

这种 ROM 是在制造时由生产厂家用掩膜技术把信息写入存储器中。图 10.10 表示由二极管构成的掩膜 ROM(也可以是双极型或 MOS 型三极管)。图中共有 4 个字,每字 4 位,在字线(水平线)与位线(垂直线)之间接二极管,则该字的那一位输出为 1;不接二极管,则输出为 0。表 10-5 表示 4 个地址单元对应的存储内容。

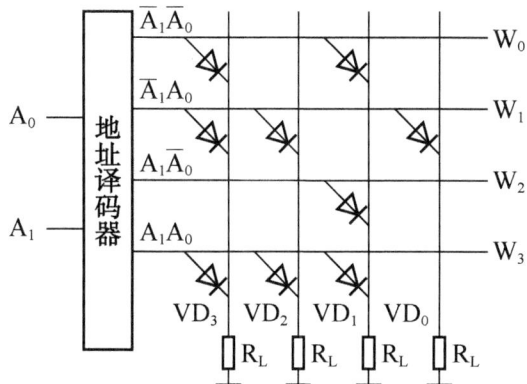

图 10.10　由二极管构成的掩膜 ROM

表 10-5　4 个地址单元对应的存储内容

地	址	数		据	
A_1	A_0	VD_3	VD_2	VD_1	VD_0
0	0	1	0	1	0
0	1	1	1	0	1
1	0	0	0	1	0
1	1	1	1	1	0

2. 可编程 ROM(PROM)

PROM 中所存储的内容是由用户根据需要自己写入的,但只能写入一次,一经写入,存储内容被固定,且不能修改。

为了使用户自己写入内容,在生产 PROM 时,把存储矩阵中所有的字线和位线交叉处,都

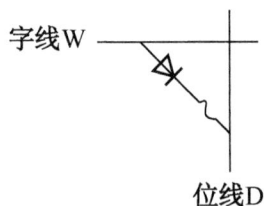

图 10.11　熔丝式 PROM
基本存储单元

跨接上串有熔丝的二极管。熔丝式 PROM 基本存储单元如图 10.11 所示,故全部基本存储单元内容均为 1。用户编程时,只要给熔丝通以足够大的电流即可将熔丝烧断,从而将存储内容改写为 0。熔丝一旦烧断,便无法恢复。因此,当某一位写入后,就不能再改写成 1。

3. 可改写 ROM

对于可以改写的 ROM,用户不仅可以根据需要写入内容,而且还能擦除后重写。目前使用的可改写 ROM 有 3 种,一种是通过紫外线照射擦除所存内容,然后改写的 EPROM(Rrasable Programmable Read Only Memory),另两种是采用电学方法将擦除内容逐字擦除,再逐字改写的 EEPROM(Electrically Erasable Programmable Read Only Memory)、EAROM(Electrically Alterable Reab Memory)。由于可改写 ROM 一般擦除内容比较容易,但写入比较麻烦或写入时间较长,故它们只作为只读存储器用。

在使用 ROM 芯片前,一定根据产品的生产厂家及具体型号查阅有关手册,正确使用产品,以免损坏器件。属于这种芯片的典型产品有 2716(2KB×8),2732(4KB×8),2764(8KB×8)等。

根据用途 ROM 可分为 SYSTEM ROM BIOS(系统的基本输入/输出)和 VIDEO ROM BIOS(视频输入/输出)两类,前一类主要用于计算机输入/输出管理,后一类主要用来管理 EGA/VGA 图形卡或图形加速卡。

还有一种 Flash Memory(闪速存储器),它采用一种非挥发性存储技术,即掉电后数据信息可以一直保存下去,除非给它一个高电压进行擦除,闪速存储器可望取代硬盘,其存取速度比硬盘快许多倍。

下面以 2716 EPROM 为例介绍 ROM 的使用。

目前 2716 是十分常见的一种 EPROM 器件,容量为 16KB(2KB×8),有 11 根地址线和 8 根数据线。2716 有 24 根引脚,引脚排列如图 10.12 所示,各引脚的作用如下。

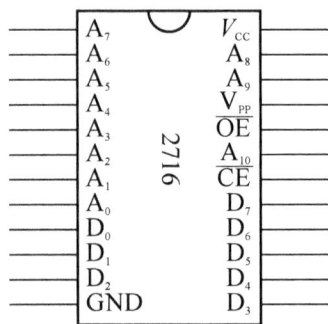

图 10.12　2716 引脚排列

$A_0 \sim A_{10}$:11 根地址线,寻址范围 $2^{11}=2KB$;

$D_0 \sim D_7$:8 根数据线;

$\overline{CE}$:芯片使能控制端;

$\overline{OE}$:输出使能控制端;

V_{CC}:电源电压输入端,接+5V;

GND:接地;

V_{PP}:编程电压输入端。正常工作时,V_{PP} 也接+5V 电源;编程时则加上 25V 高压。

另外,在对 2716 编程时,$\overline{CE}$端应加上一定脉冲宽度的编程脉冲信号。

2716 有多种工作状态,见表 10-6。正常工作时,2716 处于读状态,此时 $\overline{CE}=\overline{OE}=0$,$V_{PP}=V_{CC}=+5V$,数据线 $D_0 \sim D_7$ 上出现地址线 $A_0 \sim A_{10}$ 选中存储单元的内容。从给予 2716 以确定地址到在 $D_0 \sim D_7$ 上出现该地址下稳定的输出数据所需时间称为读取时间 t_{ACC},这是 2716 最重要的介绍指标之一,生产厂家也主要是根据 t_{ACC} 的数据来对 2716 分档。以 INTEL 公司的产例,各档 2716 的读取时间列于表 10-7,而读取时间用时序图表示则如图 10.13 所示。

表 10-6　2716 的工作状态

工作状态	$\overline{CE}$	$\overline{OE}$	$V_{pp}(V)$	$V_{CC}(V)$	$D_0 \sim D_7$
读	0	0	+5	+5	输出
等待	1	任意	+5	+5	高阻
编程		1	+25	+5	输入
编程检查	0	0	+25	+5	输出
禁止编程	0	1	+25	+5	高阻

表 10-7　各档 2716 的读取时间

2716	2716—1	2716—2
$450\mu s$	$350\mu s$	$390\mu s$

2716 的编程时序图如图 10.14 所示。此时 V_{PP} 恒为 +25V,$\overline{OE}=1$,地址线 $A_0 \sim A_{10}$ 加上待编程存储单元的地址,数据线 $D_0 \sim D_7$ 加上待编入选中存储单元的数据,而 $\overline{CE}$ 端则加上 50ms 的编程脉冲。

在编程脉冲出现之前,编程地址和编程数据应先稳定,并在整个编程脉冲为 1 期间不得发生变化。编程结束后,在 V_{PP} 仍为 +25V 的条件下,$\overline{OE}=\overline{CE}=0$ 可以像读工作状态一样将已编数据从 2716 读出,以备检查。

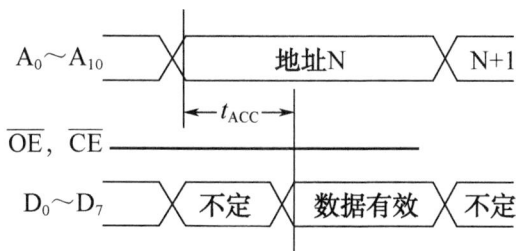

图 10.13　2716 的读取时间时序图

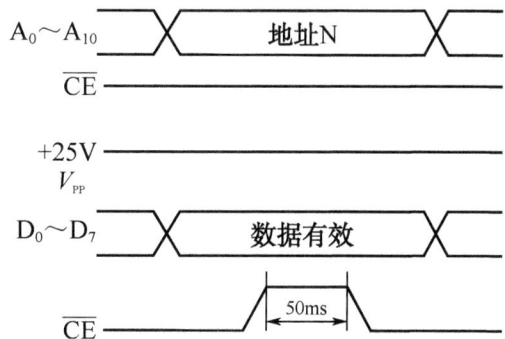

图 10.14　2716 的编程时序图

10.2.2　用 ROM 实现组合逻辑函数

ROM 的地址译码器是由很多与门构成的门阵列,称之为与阵,如果将地址译码器的输入地址码看作是组合逻辑电路输入变量,则地址译码器输出的各条字线便是全部输入变量的各

最小项。如图 10.10 中，地址码 A_0 和 A_1 作为输入变量，地址译码器输出分别为

$$W_0 = \overline{A_1}\,\overline{A_0}\,;\ W_1 = \overline{A_1}\,A_0\,;\ W_2 = A_1\,\overline{A_0}\,;\ W_3 = A_1\,A_0$$

ROM 的存储矩阵是一个或门阵列，称之为或阵。它的各个位线的输出使上述最小项之间构成一定的或逻辑关系。在图 10.10 中

$$VD_0 = W_1 = \overline{A_1}\,A_0$$

$$VD_1 = W_0 + W_2 + W_3 = \overline{A_1}\,\overline{A_0} + A_1\,\overline{A_0} + A_1\,A_0$$

$$VD_2 = W_1 + W_3 = \overline{A_1}\,A_0 + A_1\,A_0$$

$$VD_3 = W_0 + W_1 + W_3 = \overline{A_1}\,\overline{A_0} + \overline{A_1}\,A_0 + A_1\,A_0$$

综合上述内容可知，ROM 可以用与或阵列表示，如图 10.15 所示。其中，图（a）为 ROM 组成框图，图（b）阵列图中，与阵中的"·"表示对应的逻辑变量参与与运算，或阵列中的"·"表示对应的最小项参与或运算。由于该图是根据表 10-5 画出的，因而，它就是图 10.10 所示 ROM 的阵列图。

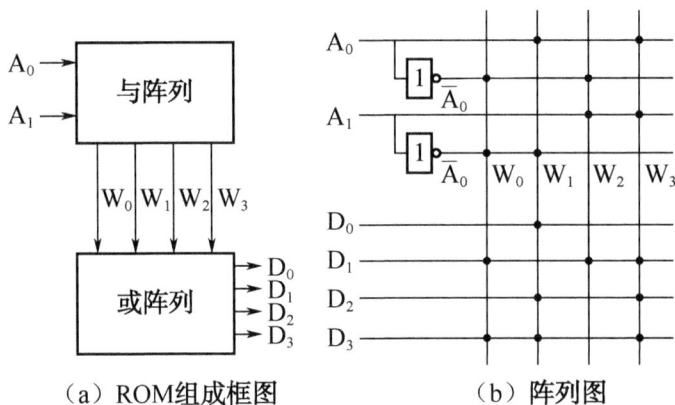

（a）ROM组成框图　　　（b）阵列图

图 10.15　用与或阵列表示 ROM

【例 10.1】　根据图 10.16 所示与或阵列图，写出逻辑函数 F_1 与 F_2 的表达式。

解：根据图 10.16 中的与阵列图可得

$$m_0 = \overline{A}\,\overline{B},\ m_1 = \overline{A}\,B,\ m_2 = A\,\overline{B},\ m_3 = AB$$

根据或阵列图可得

$$F_1 = m_0 + m_2 = \overline{A}\,\overline{B} + A\,\overline{B} = \overline{B}$$

$$F_2 = m_0 + m_2 + m_3 = \overline{A}\,\overline{B} + A\,\overline{B} + AB = A + \overline{B}$$

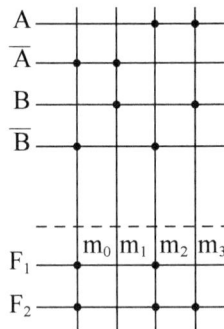

图 10.16　【例 10-1】的
与或阵列图

用 ROM 实现组合逻辑函数时，首先要列出函数真值表，写出函数最小项表达式，然后画出 ROM 阵列图。厂家根据用户提供的阵列图，便可生产用户所需要的 ROM。用户自己也可使用编程器对 PROM 进行编程。市售通用编程器一般都能支持厂家生产的 PROM。

在数字系统中，ROM 的应用较为广泛，如实现各种逻辑函数、各种代码转换、函数运算等。ROM 和寄存器配合还可构成时序电路。将 PROM 和寄存器集成在一块芯片上的器件称为可编程逻辑器件 PLE（Programmable Logic Element），利用专门

的编程器可以对 PLE 进行编程。

【例 10.2】 用 ROM 实现 4 位二进制码到格雷码的转换。

解: 列出 4 位二进制码转换为格雷码的真值表,如表 10-8 所示。由表写出下列最小项表达式

$$Y_3 = \sum m(8,9,10,11,12,13,14,15)$$

$$Y_2 = \sum m(4,5,6,7,8,9,10,11)$$

$$Y_1 = \sum m(2,3,4,5,10,11,12,13)$$

$$Y_0 = \sum m(1,2,5,6,9,10,13,14)$$

根据上面公式画出 4 位二进制码转换为格雷码的 ROM 阵列图,如图 10.17 所示。用 PROM 实现上述码制转换,只要按表 10-8 将存储数据写入对应的地址单元即可。

表 10-8 4 位二进制码转换为格雷码的真值表

序 号	二进制数(存储地址)				格雷码(存储数据)			
	A_3	A_2	A_1	A_0	Y_3	Y_2	Y_1	Y_0
0	0	0	0	0	0	0	0	0
1	0	0	0	1	0	0	0	1
2	0	0	1	0	0	0	1	1
3	0	0	1	1	0	0	1	0
4	0	1	0	0	0	1	1	0
5	0	1	0	1	0	1	1	1
6	0	1	1	0	0	1	0	1
7	0	1	1	1	0	1	0	0
8	1	0	0	0	1	1	0	0
9	1	0	0	1	1	1	0	1
10	1	0	1	0	1	1	1	1
11	1	0	1	1	1	1	1	0
12	1	1	0	0	1	0	1	0
13	1	1	0	1	1	0	1	1
14	1	1	1	0	1	0	0	1
15	1	1	1	1	1	0	0	0

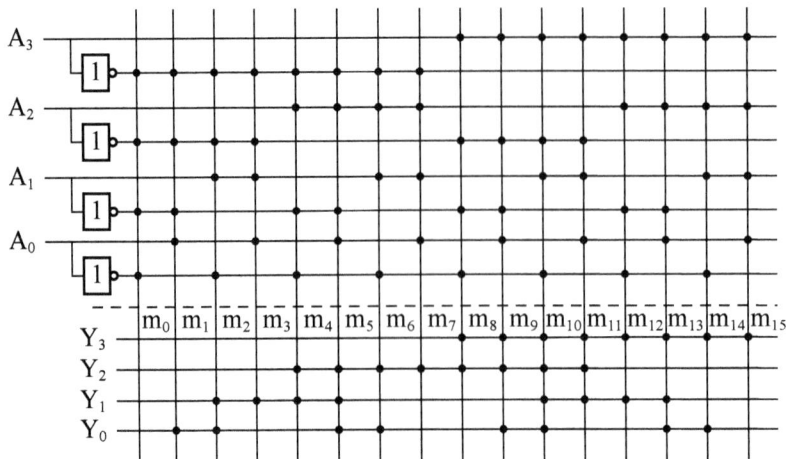

图 10.17 4 位二进制码转换为格雷码的 ROM 阵列图

本章小结

(1) 半导体存储器是现代数字系统特别是计算机中的重要组成部分,有 RAM 与 ROM 两大类。

(2) RAM 是一种时序电路,具有记忆功能。其存储的信息随电源断电而消失,因而是一种易失性的存储器,本章介绍了 RAM 的结构、存储单元以及 RAM 使用时的一些问题。

(3) ROM 是一种非易失性的存储器,它存储的是固定信息,只能被读出。从逻辑电路构成的角度来看,ROM 是由与门阵列(地址译码器)和或门阵列(存储矩阵)构成的组合逻辑电路。ROM 的输出是输入最小项的组合。因此,采用 ROM 构成各种逻辑函数不需要化简,这给组合逻辑设计带来很大方便。随着大规模集成电路成本的下降,利用 ROM 构成组合、时序电路,越来越具有吸引力。

习题 10

10.1 16384×16 位 RAM 的地址码是多少位,该存储器有多少个存储单元?有多少个存储位?

10.2 图 10.18 所示电路为随机存取存储器(RAM)中一个 6 管 NMOS 静态存储单元,如欲写入数据及读出数据,请将各输入端应置于什么状态填入表 10-9 中。

表 10-9 输入端状态表

功　能	输　入　端			
	X	Y	W	R
写入数据 D_1				
读出数据 $\overline{D_1}$				

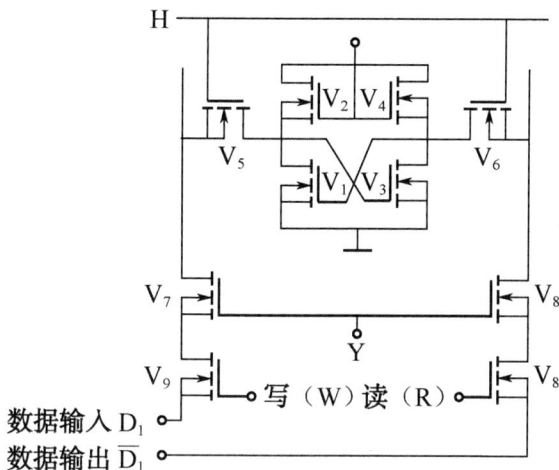

图 10.18 NMOS 静态存储单元

10.3 反映存储系统性能的两个重要指标是什么？

10.4 试用 2114 组成 2KB×8 的 RAM,画出连接图。

10.5 试写出如图 10.19 所示的 ROM 阵列中所对应的逻辑函数 L_1, L_2, L_3, L_4 的表达式。

10.6 用 ROM 实现余 3 码转换成 BCD 码的 ROM 阵列。

10.7 用一块 ROM 实现如下函数

$$F_{1(A,B,C)} = \overline{A}B + A\overline{B} + BC$$

$$F_{2(A,B,C)} = \sum m(3,4,5,7)$$

$$F_{3(A,B,C)} = \overline{A}\,\overline{B}\,\overline{C} + \overline{A}\,\overline{B}C + \overline{A}\,B\,C + AB\overline{C} + ABC$$

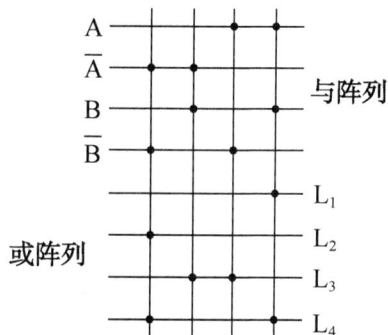

图 10.19 ROM 阵列

实验 14 用 EPROM 实现组合逻辑设计

1. 实验目的

(1) 掌握 EPROM 的工作原理。

(2) 掌握 EPROM 实现组合逻辑的设计方法。

2. 实验器材

(1) 实验仪器:直流稳压电源 1 台;数字万用表 1 台。

(2) 实验所需器件:2716 型存储器 1 片;二极管若干。

(3) 实验装置:通用数字实验板。

3. 参考实验电路

实验图如图 10.20 所示。

4. 预习要求

(1) 学习 10.2.2 节的有关内容,了解用 ROM 实现组合逻辑函数的方法。

(2) 熟悉 2716 的工作原理。

(3) 画出把 4 位二进制码转换为 BCD 码的表格。

5. 实验内容和步骤

(1) 按表将 BCD 码固化于 2716 的 0~15 个单元中。

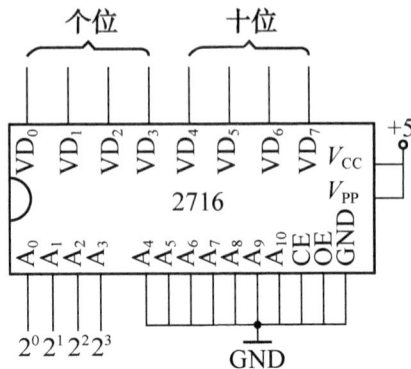

图 10.20 实验 14 图

表 10-10 组合逻辑表

二进制码输入				二位 BCD 码输出							
				十 位				个 位			
A_3	A_2	A_1	A_0	VD_7	VD_6	VD_5	VD_4	VD_3	VD_2	VD_1	VD_0
0	0	0	0	0	0	0	0	0	0	0	0
0	0	0	1	0	0	0	0	0	0	0	1
0	0	1	0	0	0	0	0	0	0	1	0
0	0	1	1	0	0	0	0	0	0	1	1
0	1	0	0	0	0	0	0	0	1	0	0
0	1	0	1	0	0	0	0	0	1	0	1
0	1	1	0	0	0	0	0	0	1	1	0
0	1	1	1	0	0	0	0	0	1	1	1
1	0	0	0	0	0	0	0	1	0	0	0
1	0	0	1	0	0	0	0	1	0	0	1
1	0	1	0	0	0	0	1	0	0	0	0
1	0	1	1	0	0	0	1	0	0	0	1
1	1	0	0	0	0	0	1	0	0	1	0
1	1	0	1	0	0	0	1	0	0	1	1
1	1	1	0	0	0	0	1	0	1	0	0
1	1	1	1	0	0	0	1	0	1	0	1

(2) 按图 10.20 在插件实验板上安装实验电路。

(3) 接入电源,再分别输入 0000~1111 的地址,观察 VD_0~VD_7 的发光二极管的发光情况并记录。

6. 实验报告要求

(1) 以表格的形式记录实验结果并与表 10-10 比较与分析。

(2) 小结用 ROM 实现组合逻辑函数的方法。

第 11 章

555 定时器

555 定时器是一种多用途的单片集成电路,利用它能极方便地接成施密特触发器、单稳态触发器和多谐振荡器。由于使用灵活、方便,因而 555 定时器在波形的产生与变换、测量与控制、家用电器、电子玩具等许多领域中都得到应用。

11.1 CC7555 定时器的功能特点

11.1.1 特点

CC7555 为单定时器电路,其特点为:

(1) 稳态电流较小,每个单元为 $80\mu A$ 左右。

(2) 输入阻抗极高,输入电流为 $0.1\mu A$ 左右。

(3) 电源电压范围较宽,在 $3\sim18V$ 内均可正常工作。

(4) 定时时间长而且稳定。

555 定时器电路应用范围很广,特别适合作单稳态、无稳态电路;做倍频器和波形发生器应用时,更能体现出线路简单、便于调节等优点。

11.1.2 电路结构及电路功能

1. 电路结构

CC7555 定时器逻辑图与引线排列图如图 11.1 所示。在图 11.1(a)中,电路结构由电阻分压器 R、电压比较器 A 和 B、基本 RS 触发器门 1 和门 2、MOS 管 V 和输出缓冲级门 5 和门 6 等几个基本单元组成。

引线排列如图 11.1(b)所示,输入端功能见表 11-1。

2. 工作原理

定时器的主要功能取决于比较器,若 $V_+ > V_-$,则比较器输出 1,若 $V_+ < V_-$,则比较器输出 0,比较器的输出控制基本 RS 触发器的输出和放电管的状态。

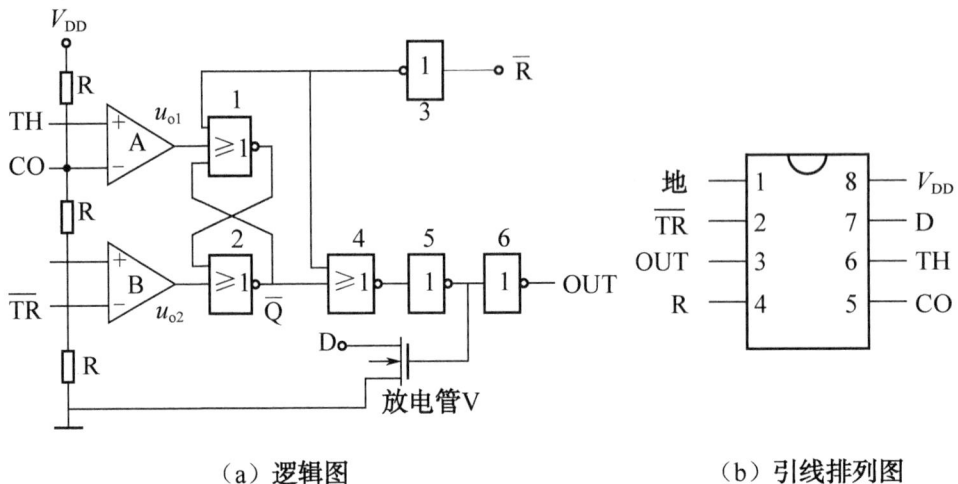

（a）逻辑图　　　　　　　　　　　　（b）引线排列图

图 11.1　CC7555 定时器

表 11-1　CC7555 输入端功能表

比　较　器		引出端功能	符　号	电　压
A	+	阈　值	TH	输入电压
	−	控　制	CO	$\frac{2}{3}V_{DD}$
B	+			$\frac{1}{3}V_{DD}$
	−	触　发	$\overline{TR}$	输入电压

当在复位端 $\overline{R}$ 加低电平时，定时器被置 0。

若 $\overline{R}$ 端为高电平时，当阈值输入端 TH(6)引脚电压超过 $\frac{2}{3}V_{DD}$ 时，则 A 输出高电平，使 RS 触发器翻转，Q＝0。而当低触发端 $\overline{TR}$(2)引脚电压低于 $\frac{1}{3}V_{DD}$ 时，比较器 B 输出高电平，RS 触发器再次翻转，Q＝1，$\overline{Q}$＝0。

N 沟道场效应管 V 是一个放电开关，当栅极为高电平时，场效应管导通；当栅极为低电平时，场效应管截止。

两级反相器构成输出级，以提高电路的电流驱动能力。集成定时器 CC7555 在 CO 悬空时的功能表如表 11-2 所示。

表 11-2　集成定时器 CC7555 在 CO 悬空时的功能表

TH	$\overline{TR}$	$\overline{R}$	Q	$\overline{Q}$	OUT	D
×	×	0	×	×	0	导通
$>\frac{2}{3}V_{DD}$	$>\frac{1}{3}V_{DD}$	1	0	1	0	导通

TH	$\overline{\text{TR}}$	$\overline{R}$	Q	$\overline{Q}$	OUT	D
$<\dfrac{2}{3}V_{\text{DD}}$	$>\dfrac{1}{3}V_{\text{DD}}$	1	原　状　态	原状态	原状态	
$\times$	$<\dfrac{1}{3}V_{\text{DD}}$	1	$\times$	0	1	截止

可见,随 TH 端与 $\overline{\text{TR}}$ 端所接电压的变化,定时器输出 OUT 和放电管 V 分 3 种状态:

(1) 只要满足 $u_{\text{TR}}<\dfrac{1}{3}V_{\text{DD}}$,无论 TH 端接任何电压,都有 OUT=1,V 截止。

(2) 若 $u_{\text{TR}}>\dfrac{1}{3}V_{\text{DD}}$,$u_{\text{TH}}<\dfrac{2}{3}V_{\text{DD}}$,则 OUT 与 V 均保持原状态不变。

(3) 仅在 $u_{\text{TR}}>\dfrac{1}{3}V_{\text{DD}}$,$u_{\text{TH}}>\dfrac{2}{3}V_{\text{DD}}$ 时,才能出现 OUT=0,V 导通。

11.2　555 定时器的应用

对集成定时器各种应用的讨论,都是围绕表 11-2 所示功能进行的。将定时器适当地配上 R 元件、C 元件和连线,可以很方便地组成各种电路简单、工作可靠的脉冲电路。

11.2.1　单稳态触发器

1. 电路组成

单稳态触发器连接与输入输出波形如图 11.2 所示。将 CC7555 按图 11.2(a)连接,电压控制端 CO(5)引脚如果加控制电压,则可以改变比较器的参考电压。单稳态触发器不用时,为了防止干扰,通常加 $0.01\mu\text{F}$ 电容接地。

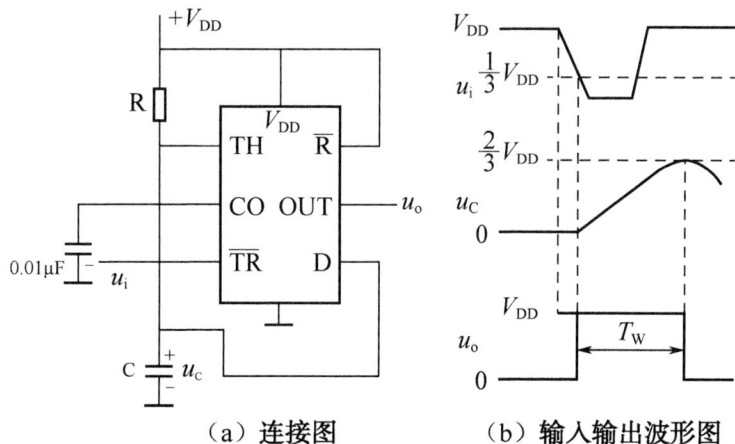

（a）连接图　　　（b）输入输出波形图

图 11.2　单稳态触发器

2. 工作原理

电源接通瞬间,电路由一个稳定的过程,即电源通过电阻 R 向 C 充电,当 u_C 上升到 $\frac{2}{3}V_{DD}$ 时,触发器复位,u_o 为低电平,放电管 V 导通,电容 C 放电,电路进入稳定状态。

若触发器输入端施加触发信号($u_i < \frac{1}{3}V_{DD}$),触发器发生翻转,电路进入暂稳态,u_o 输出为"1",V 截止,电容 C 充电,当电容 C 充电至 $\frac{2}{3}V_{DD}$ 时,电路恢复至稳定状态。

忽略放电管的饱和压降,则 u_C 从 0 电平上升到 $\frac{2}{3}V_{DD}$ 的时间,即为 u_o 的输出脉宽 T_w

$$T_w \approx RC\ln3 \approx 1.1RC \tag{11-1}$$

上述分析是在输入的负触发脉冲宽度小于 T_w 的情况下进行的。若这一条件不满足,输出电压 u_o 就不能由"1"转换为"0",即 u_o 将保持"1"不变。实际运用中如果遇到负脉冲宽度大于或等于 T_w 的情况,可以在 u_i 与定时器 $\overline{TR}$ 端之间串接 RC 微分电路,缩短负脉冲宽度。另外还应注意:在电路处于暂稳态期间(即 T_w 内),不能输入负脉冲。否则,电路不能正常工作。

由此我们可以看出,单稳电路有一个稳态和一个暂稳态,电路由稳态过渡到暂稳态,需外加触发信号,而由暂稳态到稳态,无须外加触发脉冲,其"触发"信号是由电路内部电容充(放)电提供的,暂稳态持续时间是脉冲电路的主要参数。

11.2.2 多谐振荡器

1. 电路组成

CC7555 组成的多谐振荡器如图 11.3 所示,定时器 TH 端与 $\overline{TR}$ 端短接在电容 C 与电阻 R_2 之间的连线上,复位端 $\overline{R}$ 接电源 V_{DD},D 接 R_1 与 R_2 之间,CO 端悬空,输出信号 u_o 取自 OUT 端。外接的 R_1,R_2,C 为多谐振荡器的定时元件。

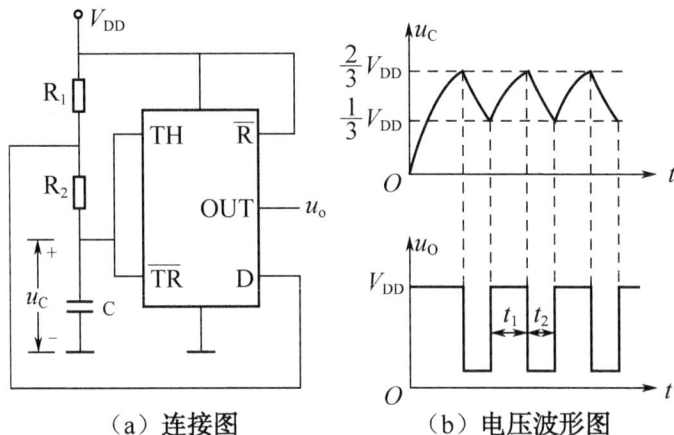

图 11.3　CC7555 组成的多谐振荡器

2. 工作原理

多谐振荡器没有稳定状态,只有两个暂稳状态。

如图11.3(a)所示,接通电源前,定时电容C上的电压u_C为0,所以刚接通电源时,定时器被置成高电平,OUT="1"。电源接通后不久,电源电压通过(R_1+R_2)对C充电。当u_C上升到$\frac{2}{3}V_{DD}$时,比较器A翻转,触发器复0,Q="0",V导通,输出由高电平变为低电平。由于V导通,u_C通过R_2放电。当$u_C<\frac{1}{3}V_{DD}$时,比较器B翻转,触发器再次被置成高电平,输出由低电平变为高电平。由此形成振荡,在OUT端可输出矩形脉冲电压,如图11.3(b)所示。除了u_o为高电平的第1个波形外,u_o的高电平持续时间t_1是u_C由$\frac{1}{3}V_{DD}$充电至$\frac{2}{3}V_{DD}$所需要的时间;u_o的低电平持续时间t_2是u_C由$\frac{2}{3}V_{DD}$放电至$\frac{1}{3}V_{DD}$所需要的时间;若忽略V的导通电阻,则有

$$t_1 = (R_1+R_2)C\ln2 \approx 0.7(R_1+R_2)C \qquad (11\text{-}2)$$

$$t_2 = R_2C\ln2 \approx 0.7R_2C \qquad (11\text{-}3)$$

输出矩形波的振荡周期为

$$T = t_1 + t_2 \approx 0.7(R_1+2R_2)C \qquad (11\text{-}4)$$

脉冲占空比为

$$q = \frac{t_1}{T} = -\frac{R_1+R_2}{R_1+2R_2} \qquad (11\text{-}5)$$

将上述电路稍加改动,就可以构成占空比可调的多谐振荡器,如图11.4所示。图中加了电位器RP,并利用二极管VD_1与VD_2将电容C的充电及放电回路分开。调节RP的阻值,使R_A与R_B比值发生变化,就可以改变输出脉冲的占空比。

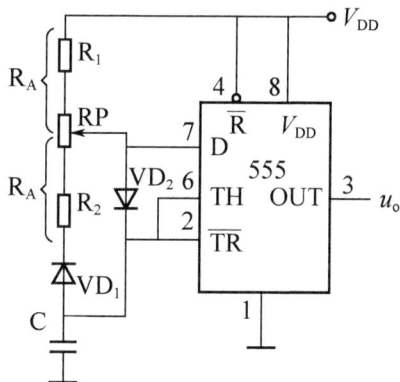

图11.4　空度比可调的多谐振荡器

11.2.3　施密特触发器

1. 电路组成

CC7555组成的施密特触发器如图11.5所示,将定时器的TH端和$\overline{TR}$端短接在一起,作为触发器的输入端,复位端$\overline{R}$接电源V_{DD},定时器输出OUT作为触发器输出。

2. 工作原理

如图11.5(a)所示,为了便于分析,先将CO悬空。并设输入信号为正弦波电压。$u_i<\frac{1}{3}V_{DD}$时,$u_o=1$;在u_i上升到$\frac{2}{3}V_{DD}>u_i>\frac{1}{3}V_{DD}$期间,$u_o$仍保持原状态1不变。

（a）连接图　　（b）输入输出波形图

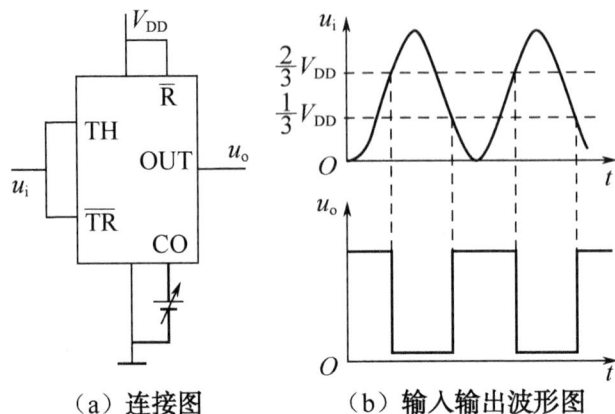

图 11.5　CC7555 组成的施密特触发器

输入电压上升到 $u_i > \dfrac{2}{3} V_{DD}$ 后,输出电压跳变为 $u_o = 0$;u_i 由最高值下降,在 $u_i > \dfrac{1}{3} V_{DD}$ 期间,u_o 仍保持原状态 0 不变。

输入电压下降到 $u_i < \dfrac{1}{3} V_{DD}$ 后,输出电压跳变,$u_o = 1$。

输入输出波形如图 11.5(b)所示,即该电路具有将正弦波电压转换为矩形电压的功能。

由上面分析可知,使电路状态发生翻转的 u_i 是不同的,我们把上升时阈值电压 U_{T+} 称为正向阈值电压,而把下降时的阈值电压 U_{T-} 称为负向阈值电压 ,它们之间的差值 $\triangle U_T$ 称为回差,即

$$\triangle U_T = \frac{2}{3} V_{DD} - \frac{1}{3} V_{DD} = \frac{1}{3} V_{DD}$$

回差是施密特触发器的固有特性。施密特触发器的电压传输特性如图 11.6 所示。

如果控制端 CO 外接电压,则 $U_{T+} = U_{CO}$,$U_{T-} = \dfrac{1}{2} U_{CO}$,

$\Delta U_T = \dfrac{1}{2} U_{CO}$。可见通过改变 U_{CO} 的数值就可以改变电路回差电压 ΔU 的大小,且电压 U_{CO} 越大,ΔU 越大。

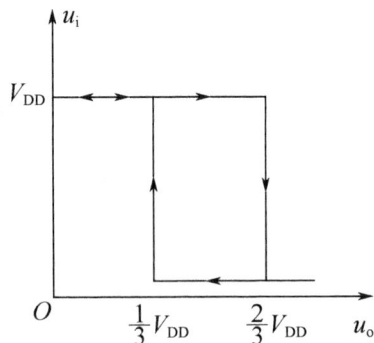

图 11.6　施密特触发器的电压传输特性曲线

本章小结

　　555 定时器是一种多用途的单片集成电路,本章以 CC7555 集成电路为例介绍了定时器的功能及由 CC7555 组成的单稳态触发器、多谐振荡器和施密特触发器。对集成定时器的各种应用的讨论,都是围绕表 11-2 所示功能进行的。对集成定时器的 3 种工作状态及其对应的输入电压必须熟练掌握。

单稳态触发器有一个稳态和一个暂稳态。在外来触发信号的作用下,电路由稳态进入暂稳态。经过一段时间 T_w 后,自动翻转为稳定状态。

T_w 的长短取决于定时元件 R 与 C 的参数。单稳态触发器主要用于脉冲定时和延迟控制。

多谐振荡器是一种无稳态电路。在接通电源后,它能够自动地在两个暂稳态之间不停地翻转,输出矩形脉冲电压。矩形脉冲的周期 T 以及高、低电平持续时间的长短,取决于电路的定时元件 R 与 C 的参数。在脉冲数字电路中,多谐振荡器常用作产生标准时间信号和频率信号的脉冲发生器。

施密特触发器是一种具有回差特性的双稳态电路。它的主要特点是能够对输入信号进行整形,将变化缓慢的输入信号整形成边沿陡峭的矩形脉冲。

应用 555 定时器还可以构成矩形脉冲发生器、可控方波发生器、分频电路等。

习题 11

11.1 CC7555 由几个单元电路组成?简述其工作原理。

11.2 试述单稳态触发器的工作特点和主要用途。

11.3 试画出用 555 定时器组成单稳态触发器、多谐振荡器和施密特触发器的电路。

11.4 在图 11-5 用 555 定时器接成的施密特触发器电路中,试问:

(1) 当 $V_{DD}=12V$ 而且没有外接控制电压时,U_{T+},U_{T-},ΔV_T 各等于多少?

(2) 当 $V_{DD}=9V$,控制电压 $U_{CO}=5V$ 时,U_{T+},U_{T-},ΔU_T 各等于多少?

11.5 在图 11-3 电路中,若 $R_1=R_2=5.1k\Omega$,$C=0.01\mu F$,$V_{DD}=12V$,试计算电路的振荡频率。

11.6 试用 555 定时器设计一个单稳态触发器,要求输出脉冲宽度在 $1\sim10s$ 的范围内连续可调。

11.7 用 555 定时器设计一个多谐振荡器,要求输出脉冲的振荡频率为 20kHz,占空比等于 25%。

实验 15 555 电路的应用

1. 实验目的

(1) 了解 555 定时器的外部结构特点,外引线分布及各引线功能。
(2) 学习 555 定时器的使用方法。
(3) 了解 555 定时器的应用。

2. 预习要求

(1) 复习 555 定时器,多谐振荡器和施密特触发器的工作原理。

（2）初步了解 555 定时器的外引线分布及引线功能。

3. 实验用仪器设备

（1）直流稳压电源 1 台；

（2）双踪示波器 1 台；

（3）脉冲信号发生器 1 台；

（4）万用表 1 块；

（5）实验电路板 1 台。

4. 实验说明

555 定时器是模拟和数字两种功能结合的一种中规模集成电路，其外引线排列图如图 11.1(b)所示。555 定时器应用十分广泛，在波形产生、转换、测量仪表、控制设备等方面常用到它。本实验主要是利用 555 定时器来产生和转换波形。

（1）用 555 定时器构成多谐振荡器。用 555 定时器构成多谐振荡器，是利用电容器在充放电过程中，电容器极板上的电压的变化来改变加在高低电平触发端的电平，使 555 定时器内的 R-S 触发器变换置"0"置"1"状态，从而在输出端获得矩形波。

多谐振荡器电路结构如图 11.7 所示，注意图中充放电电流流通过的路径。通过调节 RP 的阻值，可以改变充电或放电的时间常数，从而获得不同占空比的矩形波。

（2）用 555 定时器构成施密特触发器。施密特触发器用作信号的整形和变换，其基本原理是利用输入信号的变化的电压作为 555 定时器的高低电平触发端的触发电平，从而在输出端获得与外来信号同步变化的矩形波。其电路结构如图 11.8 所示。

5. 实验线路

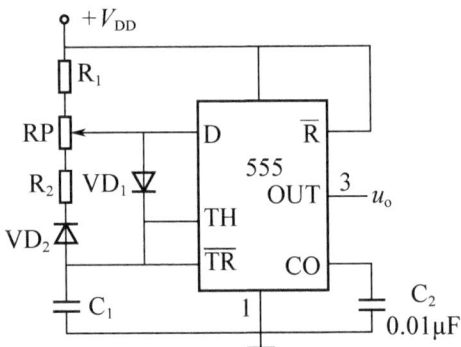

图 11.7　多谐振荡器电路结构

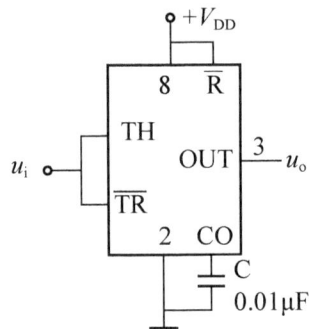

图 11.8　用 555 定时器构成的施密特触发器电路结构

6. 实验内容及步骤

（1）555 定时器的功能检查。将 555 定时器正确插入数字实验机插接板，串接 2 与 6 两脚，8 脚接＋5V，1 脚接地，3 脚接逻辑电平输出显示，分别用＋5V 及 0V 电压作触发源，检查 4

脚,6 脚及 2 脚的功能。观察 3 脚的输出电平显示,分别记录于表 11-3 中,判断这几部分功能的好坏。

（2）多谐振荡器的连接和观察:

① 如实验图 11.7 连接电路,调节 RP 的阻值,使其滑动触点置于电阻中部。

② 将多谐振荡器的输出接示波器的 Y 输入端,接通电源,观察记录输出波形,记录于表 11-4 中。

③ 调节 RP 的阻值,使 $R_A = R_1 + R_{RP}$ 的阻值为最小,观察并记录多谐振荡器的输出波形; 然后调节 RP 的阻值,使 $R_A = R_1 + R_{RP}$ 的阻值为最大,观察记录波形,以上分别记录于表 11-4 中。

比较以上三次观察记录的波形的频率及占空比。

（3）施密特触发器的连接与测试:

① 如按图 11.8 连接电路,输出 u_o 接示波器 Y_2 输入端。

② 调节信号发生器,使其输出为 1kHz,3V 的正弦信号,接入施密特触发器的 u_i 输入端和示波器的 Y_1 输入端。

③ 调节示波器的"扫描速率选择"并使两个 Y 输入具有相同的灵敏度,以在荧光屏上得到 6~8 个完整波形为好,注意两个波形的相位关系。观察记录波形,记录于表 11-5 中。

④ 在图 11.1 所示的 5 脚接入 4V 直流电压,上述其他实验条件不变,观察记录输出波形, 并比较输出信号幅度。

7. 实验报告

（1）记录、整理实验观察数据和测试波形:

表 11-3　555 定时器功能检查

外引线号	4 脚	2 脚～6 脚	输出电平(3)
名　　称	CO	$\overline{TR}$　TH	u_o
加	0	1	
入	0	0	
电	1	1	
平	1	0	

表 11-4　多谐振荡器的观察和测试

输出 ／ A 值	u_o		u_o 频率(Hz)	占空比变化趋势
	波　形	幅　值		
$R_1 + R_{RP}$ 最小				
$R_1 + R_{RP}$ 居中				
$R_1 + R_{RP}$ 最大				

表 11-5　施密特触发器的输入输出波形

u_i 1kHz,3V	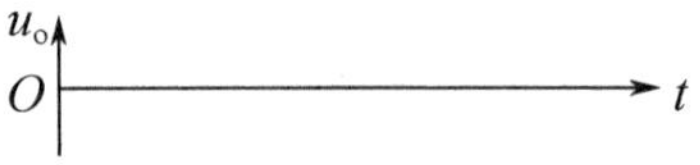 u_o
5 脚未加电压时	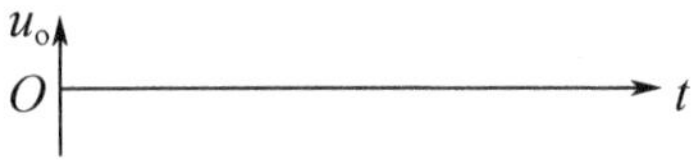 u_o
5 脚加 4V 电压时	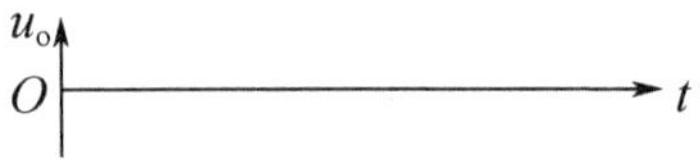 u_o

（2）讨论题：

试分析本实验 3 个电路中都是将 555 定时器的外引线高电平触发端和低触发端连接在一起，将正电源和复位端连接在一起，这是为什么？

第 12 章

D/A 与 A/D 转换器

数字系统,特别是计算机的应用范围越来越广,它们处理的都是不连续的 0 与 1 数字信号,处理后的结果也是数字信号。然而,实际所遇到的许多物理量,如语音、温度、压力、流量、亮度等都是在数值上和时间上连续变化的模拟量,这些物理量经传感器转换后的电压或电流也是连续变化的模拟信号,这些模拟信号不能直接送入数字系统处理,需要把它们先转换成相应的数字信号,然后才能输入数字系统进行处理。处理后的数字信息也必须先转换成电模拟量,送到执行元件中才能对控制对象实行实时控制,进行必要的调整。典型的数字控制系统框图如图 12.1 所示。

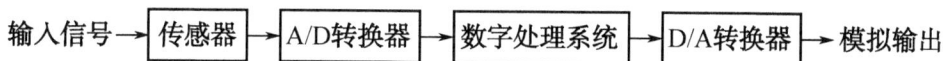

输入信号 → 传感器 → A/D转换器 → 数字处理系统 → D/A转换器 → 模拟输出

图 12.1   典型的数字控制系统框图

图 12.1 中,A/D 转换器简称 ADC,就是把输入的模拟量转换成数字量输出的接口电路,而 D/A 转换器简称 DAC,就是把输入的数字量转换成模拟量(电压或电流)输出的接口电路。它们都是数字系统中必不可少的组成部分。

本章讨论 DAC 及 ADC 的基本工作原理,并介绍几种实用集成器件的使用方法。

由于 DAC 有时也是 ADC 的一个组成部分,所以先讨论 D/A 转换,然后再讨论 A/D 转换。

12.1   D/A 转换器

12.1.1   D/A 转换器原理

DAC 是先把输入二进制码的每一位转换成与其数值成正比例的电压或电流模拟量,然后将这些模拟量相加,即得与输入的数字信息成正比的模拟量。DAC 的组成框图如图 12.2 所示。它由数码寄存器、电子模拟开关、译码网络、基准电压源以及求和放大器等部分组成。需要变换的数字信息首先存入数码寄存器,由寄存器的输出控制相应模拟开关的通断,模拟开关的通断决定将译码网络的相应部分接基准电压源或接地。最后求和放大器将所得各位的电压或电流求和放大,输出便是与上述数字量成正比的模拟量。

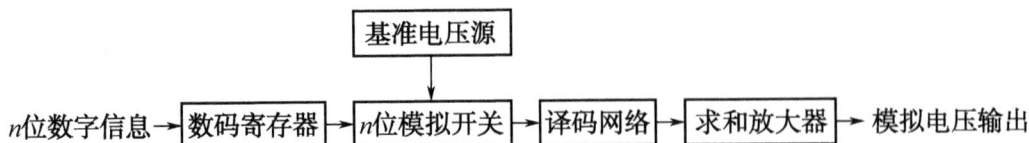

图 12.2　DAC组成框图

输入 DAC 的数字信息可以是原码，也可以是反码或补码。图 12.3 是原码方式输入的 D/A 转换器转换特性。

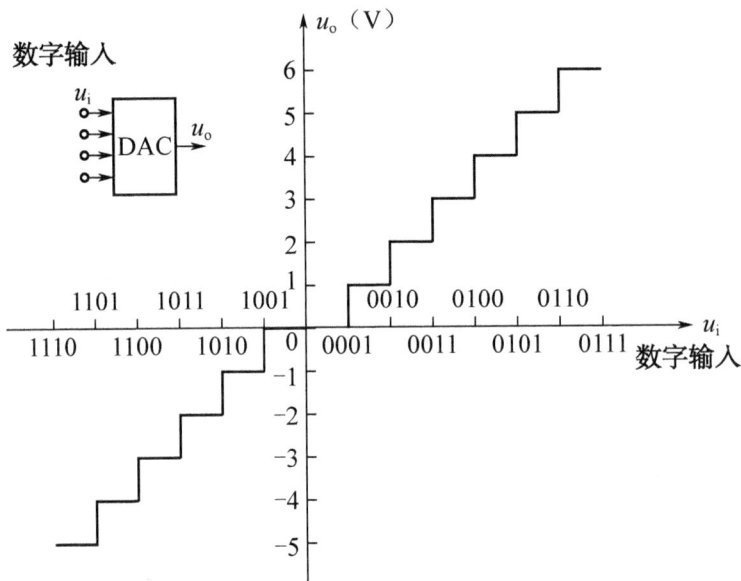

图 12.3　D/A转换器的转换特性

图 12.3 中，输入数字的最高位为符号位，即 1 表示负数，0 表示正数，余下的 3 位为数值位。

12.1.2　倒 T 型电阻网络 D/A 转换器

D/A 转换的方法很多，其中倒 T 型电阻网络 D/A 转换器（又称为倒 T 型权电流 D/A 转换器）是常用 D/A 转换器之一。

图 12.4 是 4 位倒 T 型电阻网络 D/A 转换器，它由 3 部分组成。

1. 电阻译码网络

由 R 及 2R 两种电阻成倒 T 型电阻网络，由于它的两个输出端 O_1 与 O_2 都处于零电位（O_1 点为虚地），所以从任一节点向左看的等效电阻相等，都是 $2R$，故流过每个 $2R$ 电阻的电流从高位到低位依次为

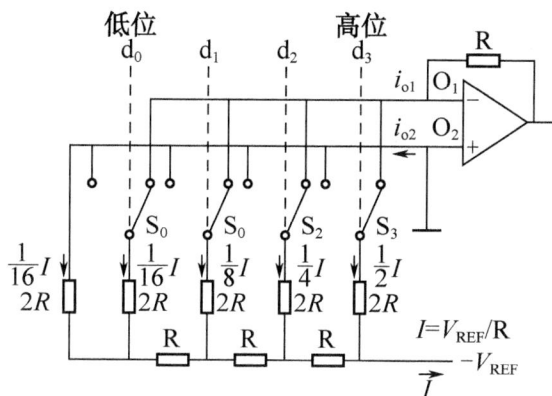

图 12.4　4 位倒 T 型电阻网络 D/A 转换器

$$I_3 = \frac{1}{2}I = \frac{1}{2}\,\frac{V_{REF}}{R} = \frac{V_{REF}}{16R}2^3$$

$$I_2 = \frac{1}{4}I = \frac{1}{4}\,\frac{V_{REF}}{R} = \frac{V_{REF}}{16R}2^2$$

$$I_1 = \frac{1}{8}I = \frac{1}{8}\,\frac{V_{REF}}{R} = \frac{V_{REF}}{16R}2^1$$

$$I_0 = \frac{1}{16}I = \frac{1}{16}\,\frac{V_{REF}}{R} = \frac{V_{REF}}{16R}2^0$$

即各支路电流按权值依次减小。

$S_i(i=0,1,2,3)$是模拟开关，受输入数字信号 d_i 的控制，当 $d_i=1$ 时，S_i 接 O_1 点，当 $d_i=0$ 时，S_i 接 O_2 点，由此可得倒 T 型电阻网络的输出电流

$$i_{o1} = d_3 I_3 + d_2 I_2 + d_1 I_1 + d_0 I_0 = d_3 \frac{V_{REF}}{16R}2^3 + d_2 \frac{V_{REF}}{16R}2^2 + d_1 \frac{V_{REF}}{16R}2^1 + d_0 \frac{V_{REF}}{16R}2^0$$

$$= \frac{V_{REF}}{16R}(d_3 \times 2^3 + d_2 \times 2^2 + d_1 \times 2^1 + d_0 \times 2^0)$$

$$i_{o2} = \overline{d_3}\, I_3 + \overline{d_2}\, I_2 + \overline{d_1}\, I_1 + \overline{d_0}\, I_0 = \overline{d_3} \frac{V_{REF}}{16R}2^3 + \overline{d_2} \frac{V_{REF}}{16R}2^2 + \overline{d_1} \frac{V_{REF}}{16R}2^1 + \overline{d_0} \frac{V_{REF}}{16R}2^0$$

$$= \frac{V_{REF}}{16R}(\overline{d_3} \times 2^3 + \overline{d_3} \times 2^3 + \overline{d_2} \times 2^2 + \overline{d_1} \times 2^1 + \overline{d_0} \times 2^0)$$

2. 模拟开关 S_i

由于开关 S_i 的作用是在输入数码信号的 d_i 控制下，将基准(参考)电压 $-V_{REF}$ 或地电平(0 电位)接到电阻网络中去，或者是将两种电源切换到电阻网络中去。它好像一个单刀双掷开关，故常称它为模拟开关。电子模拟开关可以由场效应管或双极型晶体管构成，模拟开关在数字信号控制下，可用来传输电压、电流信号，图 12.4 的模拟开关为电流开关，结构如图 12.5 所示，其中

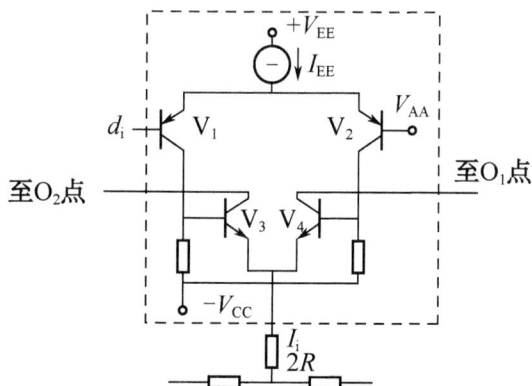

图 12.5　模拟开关结构图

$I_i(i=0,1,2,3)$表示权电流。

图 12.5 中,当 $d_i=1$ 时,V_1 导通能力减弱,相应的 V_2 导通能力加强,使得 U_{B3} 下降,V_3 截止;U_{B4} 升高,V_4 导通,权电流 I_i 通过 V_4 接到 O_1 端。当 $d_i=0$ 时,V_1 导通能力加强,相应的 V_2 导通能力减弱,使得 U_{B3} 升高,V_3 导通;U_{B4} 下降,V_4 截止,权电流 I_i 通过 V_3 接到 O_2 端。

3. 运算放大器

运算放大器的作用是将电阻网络的输出电流转换成与输入数字量成正比的模拟电压输出,输出电压 u_o 为

$$u_o = i_{o1}R$$

将式 i_{o1} 代入上式,得:$u_o = \dfrac{V_{REF}}{16}N$。可见,输出的模拟量正比于输入的数字量。

将式 u_o 推广到 n 位,则有

$$u_o = \frac{V_{REF}}{2^n} \times (d_{n-1} \times 2^{n-1} d_{n-2} \times 2^{n-2} + \cdots + d_2 \times 2^2 + d_1 \times 2^1 + d_0 \times 2^0)$$

12.1.3 D/A 转换器的主要性能指标

衡量 D/A 转换器的性能一般有下面几个技术参数。

1. 分辨率

一般以输入数字的最低有效位 LSB 变化 1 所引起的输出电压变化相对于输出电压的满度值的百分比来表示分辨率。若 n 位 DAC 的输出电压满度值为 1V,则 LSB 变化 1 引起的输出电压变化将是 $\dfrac{1}{2^n}V$,因此 n 位 DAC 的分辨率为 $\dfrac{1}{2^n} \times 100\%$,例如 10 位 DAC 的分辨率是 $\dfrac{1}{2^{10}} = \dfrac{1}{1\,024} \approx 0.1\%$,在实际应用中,表示分辨率高低更常用的方法是采用输入数字量的位数或最大输入码的个数表示。例如 10 位 DAC,则说此 DAC 具有 10 位分辨率。

可见,n 越大,分辨率就越高,转换时对输入量的微小变化的反映就越灵敏。

2. 线性度

线性误差指的是理想转换特性与实际传输特性间的最大偏差,转换器的线性通常用 ε 与 Δ 相比来描述,Δ 为最低位一个数字量变化所对应的模拟量变化,ε 为某一位上的线性误差。一般商用产品描述线性时,常用"$\pm\dfrac{1}{2}$LSB"来表示,意即 $|\varepsilon| < \dfrac{1}{2}\Delta$。

转换器的线性原则上决定于所有电阻的准确度,以及跨接开关两端固定电压的精度,因为电阻和开关两者都是温度的函数,所以它们的材料温度特性对转换器线性指标的好坏有直接影响。

3. 转换精度

D/A 转换器的转换精度与 D/A 转换集成芯片的结构和接口配置的电路有关。一般说

来,不考虑其他 D/A 转换误差时,D/A 转换器的分辨率即为转换精度。

4. 建立时间 t_s

t_s 是描述 D/A 转换器转换速度快慢的一个重要参数,一般是指数字量变化后,输出模拟量稳定到相应数值范围内所经历的时间。D/A 的建立时间曲线如图 12.6 所示。

D/A 转换器中的电阻网络、模拟开关等均为非理想器件,各种寄生参量及开关延迟等都会限制转换速度。实际建立时间的长短不仅与转换器本身的转换速度有关,还与数字量变化的大小有关。输入数字从全 0 变到全 1(或从全 1 变到全 0)时,建立时间最长,称为满量程变化建立时间。一般器件手册给出的都是满量程变化建立时间。

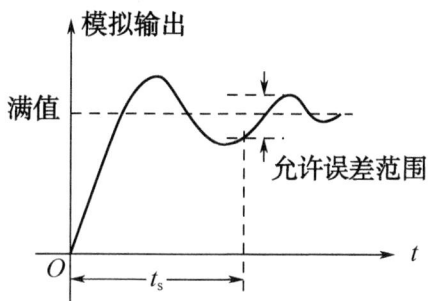

图 12.6 D/A 的建立时间曲线图

根据建立时间 t_s 的长短,D/A 转换器可分为以下几种类型:低速 $t_s \geqslant 100\mu s$;中速 $t_s = 10 \sim 100\mu s$;高速 $t_s = 1 \sim 10\mu s$;较高速 $t_s = 100ns \sim 1\mu s$;超高速 $t_s < 100ns$。选用 DAC 时,要考虑的主要技术指标是转换速度与转换精度。表 12-1 列出了几种常用 DAC 芯片的参数与特点,供读者参考。

表 12-1 常用 DAC 芯片的参数与特点

型 号	分辨率(位数)	建立时间	电源范围(V)	特 点
DAC0830 DAC0831 DAC0832	8	$\leqslant 1\mu s$	$+5 \sim +15$	具有两个数据寄存器;具有极好的温度跟踪特性;电路采用 CMOS 电流开关和控制逻辑来获得低功耗和低输出泄漏电流误差。
AD7522	10	并行时 $\leqslant 1\mu s$	$+5 \sim +15$	内部提供了极好的温度补偿特性;具有两级数据寄存器,既能满足数字量并行,也能满足数字量串行输入。
DAC811	12	$\leqslant 4\mu s$	± 18	内部有精密的基准电源/微机接口逻辑/双缓冲锁存器和电压输出放大器;输出模拟电压 $\pm 10V$,$\pm 5V$,$+10V$。
AD7546	16	$\leqslant 10\mu s$	± 15 $+15$	为高精度乘法型芯片,输入数据能与 TTL 和 CMOS 逻辑兼容;内部带有数据锁存器,很容易与微机配接。

12.1.4　集成 D/A 转换器

1. AD7524 转换器

AD7524 转换器是美国模拟器件公司(Anolog Devices)生产的一种带有片内锁存器的 8 位低功耗(20mW)CMOS 型 D/A 转换器。其主要特点如下。

分辨率:8 位;

建立时间:500ns;

线性误差:±1/8LSB～±1/2LSB;

工作电源:+5～+15V;

输入电平:与 TTL/CMOS 兼容;

输出类型:电流型。

AD7524 转换器为 16 引脚双列直插式封装,其引脚号与功能见表 12-2。

表 12-2　AD7524 转换器的引脚号与功能表

符　　号	引 脚 号	功　　　能
OUT1	1	电流输出 1
OUT2	2	电流输出 2
GND	3	地
$DB_7 \sim DB_0$	4～11	8 位二进制数字量输入,DB_7 为最高位
$\overline{CS}$	12	片选,低电平有效
$\overline{WR}$	13	写信号输入,低电平有效
V_{DD}	14	+5～+15V 电源输入
V_{REF}	15	参考电源输入
R_{FB}	16	反馈电阻(片内)

当 $\overline{CS}$ 和 $\overline{WR}$ 均为低电平时,可将来自数据总线上的 $D_0 \sim D_7$ 数据写入片内的寄存器,此时的模拟量输出对应着 8 位数据的输入值。在这种工作模式下,AD7524 与没有输入寄存器一样。但当 $\overline{CS}$ 或 $\overline{WR}$ 二者之一为高电平时,AD7524 处于保持模式下,此时模拟量输出保持在 $\overline{CS}$ 或 $\overline{WR}$ 变高时刻前输入的数字量所对应的模拟量值。当 $\overline{CS}$ 与 $\overline{WR}$ 再同时为低电平时,输入数字量更新,输出的模拟量也随之变化。图 12.7 为单极性 D/A 变换电路,V_{REF} 取正值时,输出电压为负;V_{REF} 取负值时,输出电压为正。输出电压范围为 $0V \sim \pm(255/256)V_{REF}$。$R_1$ 与 R_2 可调整放大器的增益。如果放大器是高速运放,需接补偿电容 C_1,其值取 10～15pF,以对放大器进行相位补偿,消除振荡。有时为了防止 OUT_1 或 OUT_2 有低于 $-300mV$ 的电压,OUT_1 和 OUT_2 之间接一个稳压二极管。

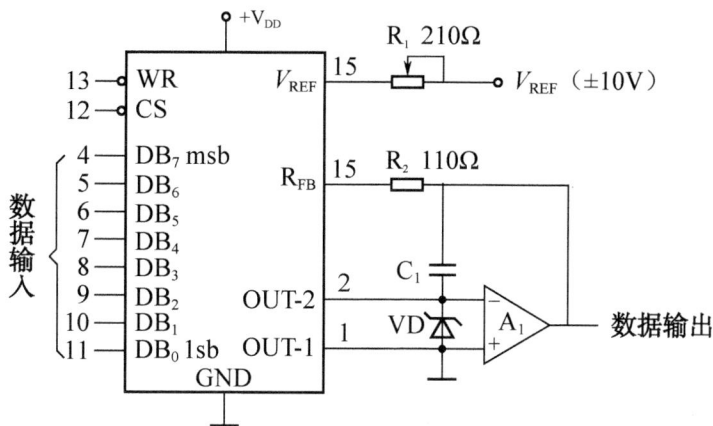

图 12.7　单极性 D/A 变换电路

图 12.8 为双极性 D/A 变换电路。双极性 D/A 变换电路与单极性 D/A 变换电路相比, 多了一个运算放大器 A_2, 故能输出双极性电压。图中点 $\sum$ 经 R_3 与 V_{REF} 相连, 由 V_{REF} 向 A_2 提供了一个与 A_1 输出电流相反的偏移电流。调整 R_3 与 R_4 的比值, 使偏移电流为 A_1 输出电流的 1/2, 这样的 A_2 输出就变成双极性的了。在双极性输出时, 输出电压 u_o 的范围为 $-(127/128)V_{REF} \sim +(127/128)V_{REF}$。

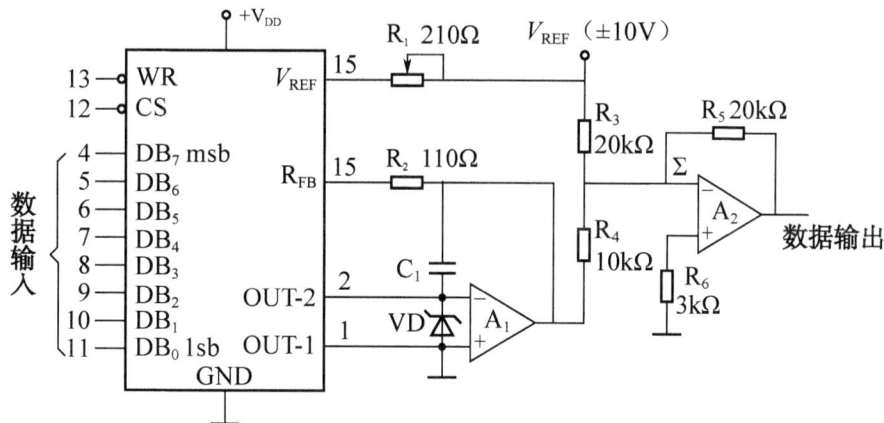

图 12.8　双极性 D/A 变换电路

AD7524 片内带有数据锁存器, 并有数据锁存所需要的片选信号 $\overline{CS}$ 和 $\overline{WR}$ 写信号, 因而与微机的接口十分方便。

图 12.9 为 AD7524 与微机的接口电路。地址/数据总线 $AD_0 \sim AD_7$ 传送的低 8 位地址首先经 8 位锁存器(如 74LS373)锁存后与高 8 位地址 $AD_8 \sim AD_{15}$ 合成 16 位地址信号, 由译码器译码作为 AD7524 的片选信号。图 12.9 中, AD7524 的外围电路未画出来, 需要时可参见图 12.7 与图 12.8。

2. 8 位双缓冲 D/A 转换器 DAC0832

DAC0832 转换器除了具有一般的 D/A 转换特性外, 其内部采用双缓冲寄存器, 能很方便

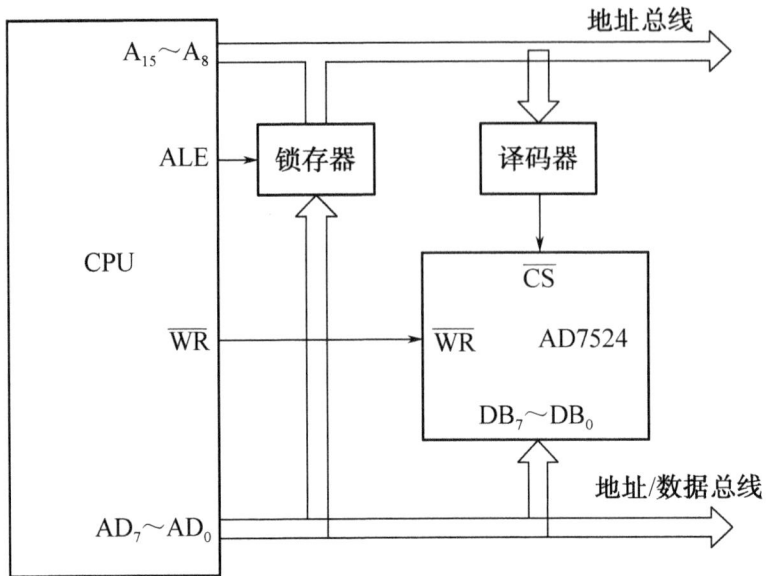

图 12.9　AD7524 与微机的接口电路

地用于多个 D/A 转换器同时工作的情况,且在精度允许的情况下,又可作为 12 位 D/A 转换器使用。它可以与 12 位 D/A 转换器 DAC1230 互换,引脚也是兼容的。

(1) DAC0832 转换器的引脚说明。图 12.10 为 DAC0832 转换器的组成框图,其中有 5 条控制线、8 条数据线。各引脚的功能分别如下。

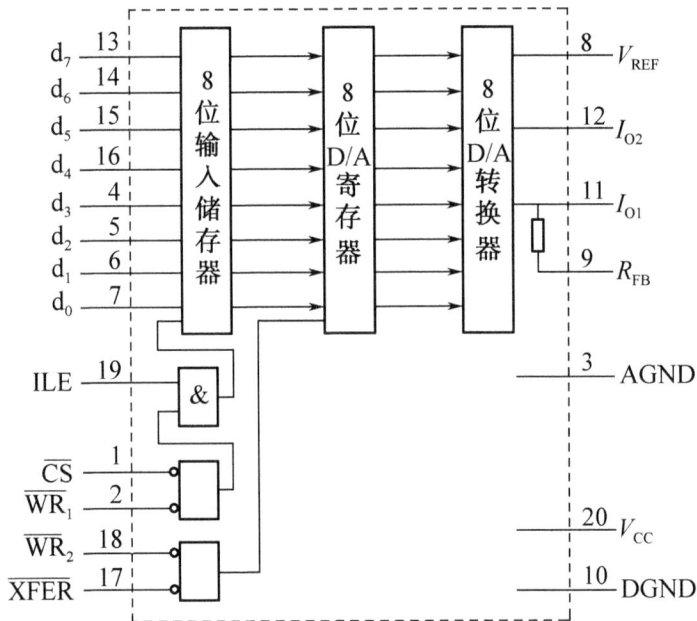

图 12.10　DAC0832 转换器组成框图

ILE:输入锁存选通,高电平有效,与 $\overline{CS}$ 组合选通 $\overline{WR_1}$。

$\overline{WR_1}$:输入锁存器的写选通信号,低电平有效。 当 $\overline{CS}=0$ 时,且 ILE=1,$\overline{WR_1}$ 有效时,将输

入数据送入锁存器中。当$\overline{WR_1}$为高电平时,输入到锁存器的数据被锁定。

$\overline{XFER}$:传送控制信号,低电平有效。由它选通$\overline{WR_2}$。

$\overline{WR_2}$:D/A寄存器的写选通信号,低电平有效。当$\overline{XFER}=0$且$\overline{WR_2}$有效时,输入锁存器的8位数据传送到D/A寄存器中。

R_{FB}:内部电阻连接端,为外部运算放大器提供反馈电阻。

V_{REF}:参考电压输入端,可以在$-10\sim+10V$范围内选择。

V_{CC}:数字电源端,可以在$+5\sim+15V$范围内选择。用$+15V$工作最佳。

AGND:模拟地。

DGND:数字地。

(2) 应用特性。该芯片为电流输出型D/A转换器,要获得模拟电压输出时,需外加转换电路,如图12.7与图12.8所示。

注意:在选择DAC芯片时,应注意DAC有电流输出和电压输出两种。电流输出的DAC须外加运算放大器,使之转换为电压输出。

DAC0832转换器是与计算机中的微处理器完全兼容的D/A转换器,故可充分利用微机的控制能力对芯片的$\overline{CS}$,$\overline{WR_1}$,$\overline{XFER}$,$\overline{WR_2}$和ILE控制线进行控制,但亦可以接成完全直通的形式。图12.11为DAC0832转换器典型应用电路。

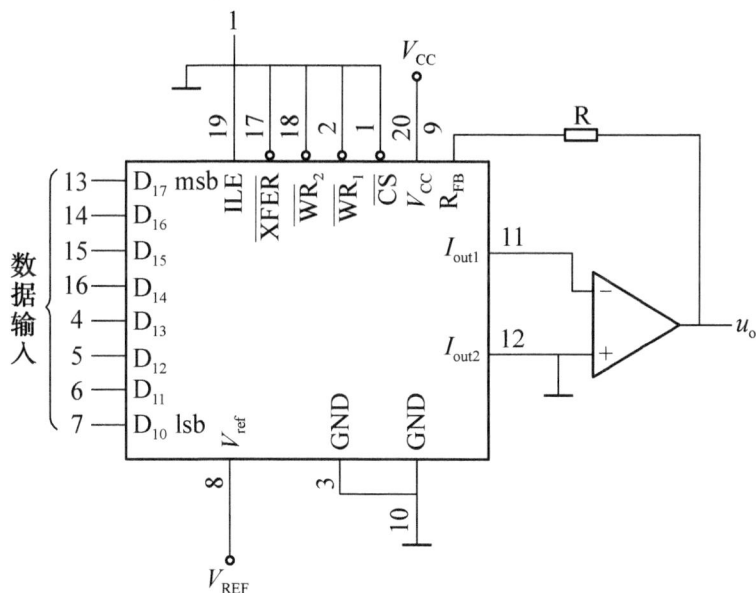

图12.11　DAC0832转换器典型应用电路

该芯片有两级锁存控制功能,能实现多通道D/A的同步转换输出。对于多片DAC0832要求同时进行转换的系统,可使各芯片的片选信号不同,由片选信号$\overline{CS}$与$\overline{WR_1}$分时地将数据输入到每片的输入锁存器中,而各片的$\overline{XFER}$与$\overline{WR_2}$则接在一起,共用一组信号,在$\overline{XFER}$与$\overline{WR_2}$同时为低电平时,数据同一时刻输入锁存器传送到对应的D/A寄存器,并靠$\overline{WR_2}$的上升沿将其锁存起来,各个D/A转换芯片同时开始转换。其时序图如图12.12所示。

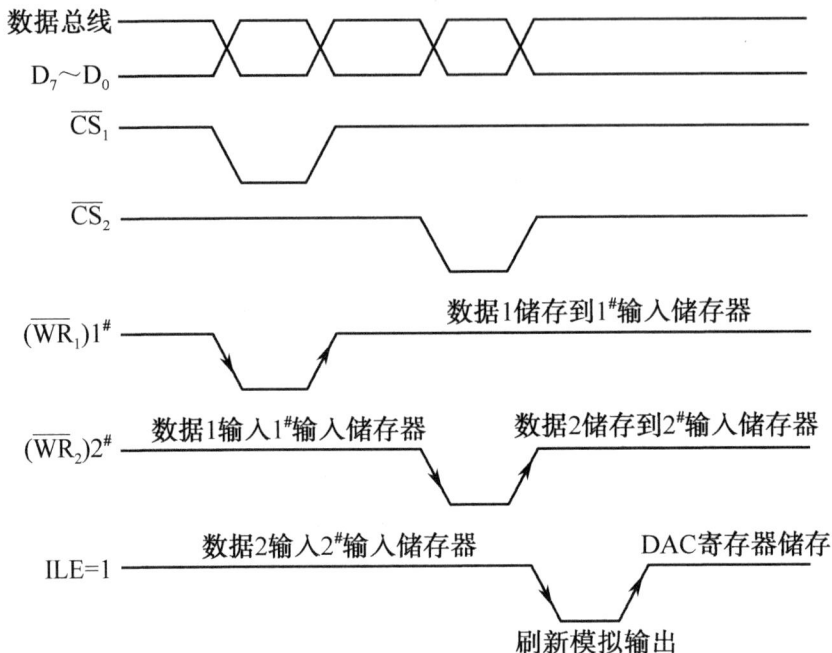

图 12.12　DAC0832 转换器时序图

12.2　A/D 转换器

12.2.1　A/D 转换器原理

A/D 转换器的功能是把模拟信号转换成数字信号,通常分成取样、保持、量化、编码四个步骤完成。这四步并不是分开一步一步完成的,实际是取样、保持一次完成,量化、编码一次完成。

1. 取样

取样是将一个时间上连续变化的模拟量,定时地加以检测,取出某一时刻 $x(t)$ 值,得到时间上断续(离散),幅度上连续变化的模拟量。

取样方框图与波形图如图 12.13 所示。图中模拟信号 $x(t)$ 加到取样器的输入端,所谓取样器,实质上是一个受控的模拟开关或传输门。在脉宽为 t_w、周期为 t_s 的取样脉冲的控制下,在脉冲 t_w 期间,传输门开启(或开关闭合),输出信号 $y(t)$ 即等于输入信号 $x(t)$,而在两个取样脉冲之间的 $t_s \sim t_w$ 时间内,传输门关闭,输出 $y(t) = 0$(实际上 $y(t)$ 保持前次取样值不变)。

为了使取样输出信号 $y(t)$ 能精确地复现,原输入模拟信号 $x(t)$ 取样周期 t_s 必须满足

$$t_s \leqslant \frac{1}{2f_{max}}$$

式中,f_{max} 为输入模拟信号的最高频率分量。

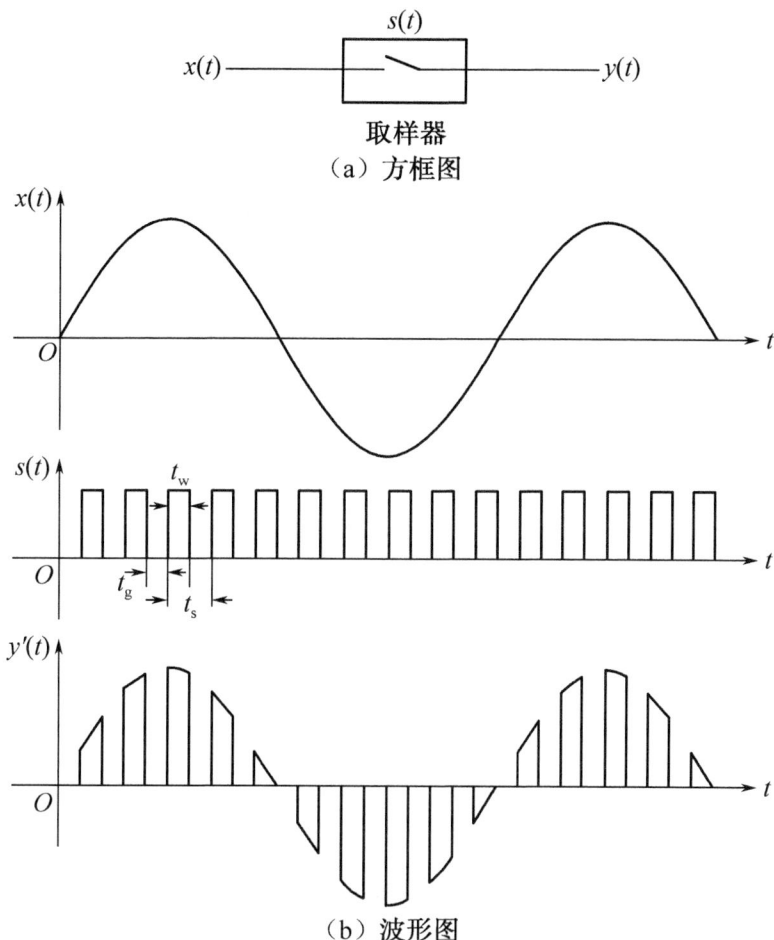

（a）方框图

（b）波形图

图 12.13 取样方框图与波形图

2. 取样与保持

为了便于对取样信号进行量化和编码,要求把在取样脉冲宽度 t_w 内取得的模拟信号暂时存储起来,直到下一个取样脉冲的到来。所以采样电路之后,要接一个保持电路,可以利用电容器的存储作用来完成这一功能。

其工作原理如下:

取样—保持电路及波形图如图 12.14 所示。当取样脉冲 $s(t)$ 到来后,取样管 V 导通,输入的模拟信号 $x(t)$ 经过 V 管向电容 C 充电。如充电的时间常数 R_1C 远小于取样脉冲宽度 t_w,则在时间 t_w 内,电容 C 上的电压 $u_C(t)$ 能够跟随 $x(t)$ 的变化,因而输出电压 $y'(t)$ 也跟随输入电压 $x(t)$ 而变化。

在取样脉冲结束后,取样管 T 截止,如电容的漏电和场效应管的漏电都很小,运算放大器的输入阻抗又很高,那么,在两次取样之间的时间内,电容没有泄漏电荷,其电压基本保持不变。下次取样脉冲 $s(t)$ 到达,V 又重新导通,输出 $y'(t)$ 又跟踪输入电压的变化,变为新的数值。

如取样频率很高,则传输门应该用高速模拟开关代替,而运算放大器应该用高频晶体管电路代替。

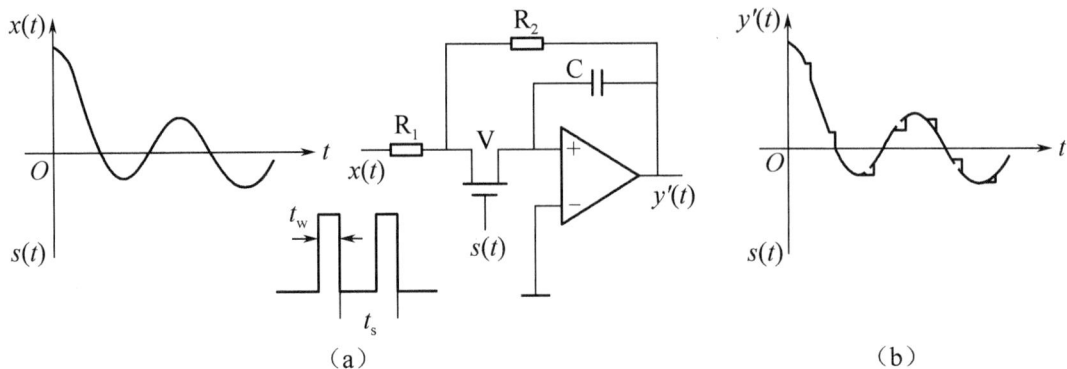

（a）　　　　　　　　　　　　　　　（b）

图 12.14　取样—保持电路及波形图

3. 量化与编码

取样保持后的电压值 $y'(t)$ 的阶梯高度仍是连续可变的,而不是离散的数字量。因此,为了用数字量来表示取样得到的电压,就必须把这些数值化为某个最小单位的整数倍,这就称为对取样值的量化。量化后用二进制数表示此整数就叫做编码。这个最小单位称为量化单位,也可称为分辨率。它取决于输入电压的范围和编码位数,如模拟输入电压范围为 0～1V,编码位数是 3 位,则最小量化单位为

$$S = \frac{1}{2^3} = \frac{1}{8} \text{V}$$

实际电路中,由于数字量的位数有限,一个 k 位二进制代码只能代表 2^k 个数值。因此,任意一个取样保持信号 v_A 不可能正好与某一量化电平,即最小量化单位 S 的整数倍相等,只能接近某一量化电平值。所以量化的方法有两种:一种是只舍不入法;另一种是有舍有入法。

（1）只舍不入法。当 $0s \leqslant v_A < 1s$ 时,v_A 的量化值取 $0s$;当 $1s \leqslant v_A < 2s$ 时,v_A 的量化值取 $1s, \cdots$。例如,取 $s = \frac{1}{8} \text{V}$,且采用三位二进制编码,则输入模拟电压与输出二进制代码的关系如图 12.15(a)所示。不难看出,最大量化误差为 s,即 1/8V。

（2）有舍有入法。当 $0s \leqslant v_A < 0.5s$ 时,v_A 的量化值取 $0s$;当 $0.5s \leqslant v_A < 1.5s$ 时,v_A 的量化值取 $1s$;当 $1.5s \leqslant v_A < 2.5s$ 时,v_A 的量化值取 $2s, \cdots$。有舍有入法的输入模拟电压与输出二进制代码的关系如图 12.15(b)所示。有舍有入法的最大量化误差为 $S/2$,即 1/15V。这是因为把每一个二进制代码所表示的模拟电压值规定为它所对应的模拟对应范围中心的缘故。

对于同一模拟电压来说,由于量化方法不同,最后的编码可能有所不同。

【例 12-1】　已知取样—保持电路在某一时刻的输出电压为 1.4V。量化—编码电路的量化单位 s＝0.5V,采用 3 位二进制编码。问:

（1）用只舍不入法,输出数字量 $D = d_2 d_1 d_0 = ?$

（2）用有舍有入法,输出数字量 $D = d_2 d_1 d_0 = ?$

解:已知 $v_A = 1.4 \text{V}$;$s = 0.5 \text{V}$,所以

$$v_A = 2.8s$$

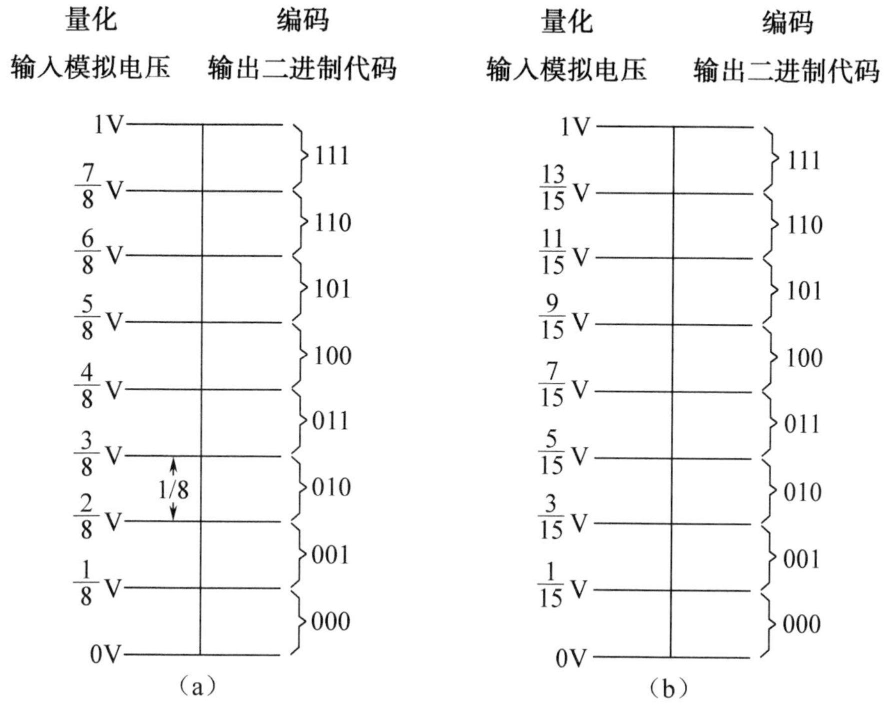

量化　　　　　编码　　　　　　　量化　　　　　编码

输入模拟电压　输出二进制代码　　输入模拟电压　输出二进制代码

图 12.15　输入模拟电压与输出二进制代码的关系

（1）因为 $2.0s \leqslant v_A < 3.0s$，$v_A$ 量化值取 2s，所以输出数字量 $D = d_2 d_1 d_0 = 010$

（2）因为 $2.5s \leqslant v_A < 3.5s$，$v_A$ 量化值取 3s，所以输出数字量 $D = d_2 d_1 d_0 = 011$

12.2.2　A/D 转换器

模数转换的方法很多，主要有并行比较型、逐次逼近型、计数式及双积分型，每一种还有很多变型，电路比较复杂，这里只能简要介绍一下工作原理。

1. 并行比较型

3 位并行比较器 ADC 框图如图 12.16 所示。它由电阻分压器、电压比较器及编码电路组成。分压器用以确定量化电压，比较器用来确定采样电压的量化，编码器对比较器的输出进行编码，然后输出二进制代码 $Q_2 Q_1 Q_0$。

3 位并行比较器 ADC 框图如图 12.16 所示。参考电压 V_{REF} 经过分压器分压，形成七个比较电平：$\frac{7}{8} V_{REF}, \frac{6}{8} V_{REF}, \cdots, \frac{1}{8} V_{REF}$，它们分别接到 $C_7 \sim C_1$ 七个比较器的反相端。当输入电压 v_i 大于比较器的比较电平时，该比较器输出高电平 1，反之则输出低电平 0。

送入编码器后，就编码输出二进制代码 $Q_2 Q_1 Q_0$。

表 12-3 给出了采样电压 u_i、比较器的输出和编码器的输出代码三者的关系。

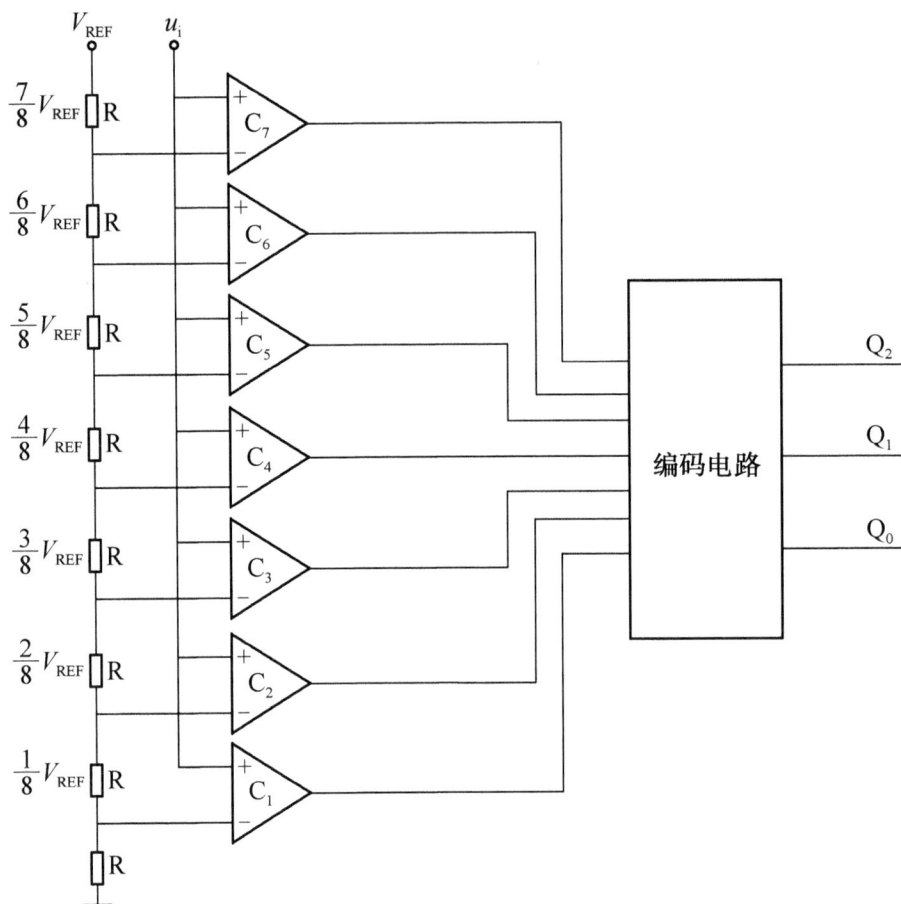

图 12.16　3 位并行比较器 ADC 框图

表 12-3　采样电压 u_i、比较器输出及编码器输出代码关系表

采样电压 v_i	比较器输出							输 出 编 码		
	C_1	C_2	C_3	C_4	C_5	C_6	C_7	Q_2	Q_1	Q_0
$V_{REF} \geqslant u_i > \dfrac{7}{8}V_{REF}$	1	1	1	1	1	1	1	1	1	1
$\dfrac{7}{8}V_{REF} \geqslant u_i > \dfrac{6}{8}V_{REF}$	1	1	1	1	1	1	0	1	1	0
$\dfrac{6}{8}V_{REF} \geqslant u_i > \dfrac{5}{8}V_{REF}$	1	1	1	1	1	0	0	1	0	1
$\dfrac{5}{8}V_{REF} \geqslant u_i > \dfrac{4}{8}V_{REF}$	1	1	1	1	0	0	0	1	0	0
$\dfrac{4}{8}V_{REF} \geqslant u_i > \dfrac{3}{8}V_{REF}$	1	1	1	0	0	0	0	0	1	1

采样电压 v_i	比较器输出							输 出 编 码		
	C_1	C_2	C_3	C_4	C_5	C_6	C_7	Q_2	Q_1	Q_0
$\frac{3}{8}V_{REF} \geqslant u_i > \frac{2}{8}V_{REF}$	1	1	0	0	0	0	0	0	1	0
$\frac{2}{8}V_{REF} \geqslant u_i > \frac{1}{8}V_{REF}$	1	0	0	0	0	0	0	0	0	1
$\frac{1}{8}V_{REF} \geqslant u_i > 0$	0	0	0	0	0	0	0	0	0	0

并行比较器的主要优点：由于转换是并行的，只受比较器和编码器延迟时间的限制，因此速度最快。缺点是在增加转换位数时，比较器数量将大大增加，若输出 n 位二进制数码，需 (2^n-1) 个比较器，因此，该电路一般用于 $n \leqslant 4$ 的情况。

2. 逐次逼近型

（1）转换原理。逐次逼近型 A/D 转换器的转换过程与用天平称量物体重量的过程相似。例如，有一物重 $W_x = 1.565\text{g}$。天平有 5 个砝码，砝码重量依次为 1g，0.5g，0.25g，0.125g，0.0625g，即后一种砝码的重量恰为前一种砝码重量的一半，相互之间为二进制关系。为了较快地用天平称出物重，采用由大到小逐次试验的方法。

① 把物体放在左盘，把 1g 砝码放在右盘，与左盘物体比较，砝码重量不够，即 $1\text{g} < W_x = 1.565\text{g}$，于是把砝码保留在盘中，称为留码并记作 1。

② 再加 0.5g 砝码比较，因为 $(1+0.5) < W_x = 1.565\text{g}$，保留这两个砝码，两次比较结果记作 11。

③ 再加 0.25g 砝码比较，因为 $(1+0.5+0.25) > W_x = 1.565\text{g}$，取下此砝码称为去码，三次比较结果记作 110。

④ 再加 0.125g 砝码比较，因为 $(1+0.5+0.125) > W_x = 1.565\text{g}$，去码，四次比较结果记作 1100。

⑤ 再加 0.0625g 砝码比较，因为 $(1+0.5+0.0625) < W_x = 1.565\text{g}$，留码，五次比较结果记作 11001。

现在所有砝码都参与了比较，得到了用二进制数表示的物体重量为 $(11001)_B$。上述五个砝码的自重，相当于二进制数各相应位代码的权。于是，所称物重为 $(1 \times 1 + 1 \times 0.5 + 1 \times 0.0625) = 1.5625\text{g}$，它与实际的物体重量只相差 $1.565 - 1.5625 = 0.0025\text{g}$。显而易见，砝码越多，用二进制数表示物体重量的位数越多，与实际物重的误差就越小。这种用已知砝码重量逐次与未知物重进行比较，使天平上累计砝码的总重量逐次逼近被称物重的方法称为逐次逼近法。

（2）逐次逼近型 ADC 的组成框图及原理。逐次逼近型 ADC 电路的工作原理可用图 12.17 来表示，它由比较器、D/A 转换器、参考电源、逐次逼近寄存器与控制逻辑以及时钟信号等几部分组成。

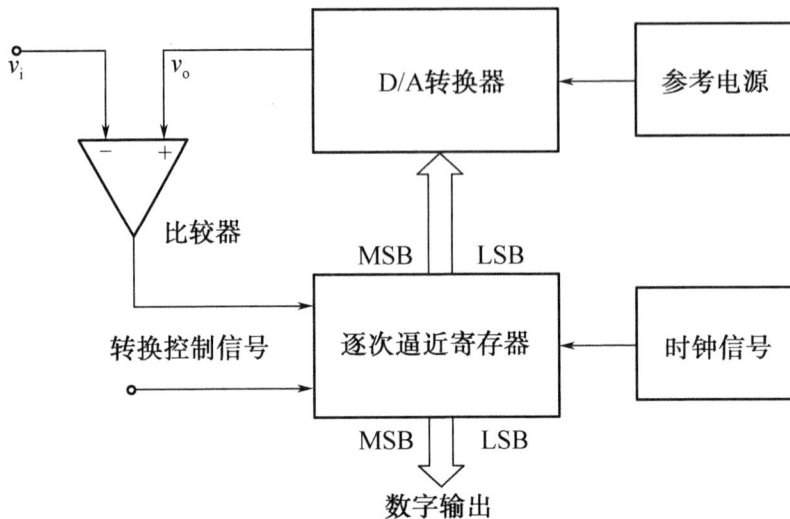

图 12.17 逐次逼近型 ADC 电路工作原理

转换开始先将寄存器清零。开始转换后,时钟信号将寄存器的最高位置1,使输出数字为 $100\cdots0$。这个数码被 D/A 转换器转换成相应的模拟电压 u_o,送到比较器中与 u_i 相比较,若 $u_o > u_i$,说明数字过大了,故将最高位清除;若 $u_o < u_i$,说明数字还不够大,应将这一位保留。然后,再按同样的方法把次高位置成1,并且经过比较后确定这个1是否应该保留。这样逐次比较下去,一直到最低位为止。比较完毕后,寄存器中的状态就是所要求的输出数字。

不难想像,上述比较过程正如同用天平称量一个未知重量物体时的操作程序一样,只是用的砝码重量一个比一个小一半而已。

逐次逼近 A/D 转换器精度高,速度比较快,转换时间固定,易与微机接口,所以应用非常广泛。

采用这种转换方式的单片集成 A/D 转换器有:AD7574,ADC0809,AD678,AD1376/77 等。

3. 双积分型 A/D 转换器

双积分型 A/D 转换器又名双斜率 A/D 转换器,它是一种间接 A/D 转换电路。其基本原理是先输入模拟电压通过两次积分转换为与其平均值成正比的时间间隔,然后用固定斜率的时钟脉冲和计数器,测量这一时间间隔,计数器输出的数字量就是正比于输入模拟量的数字信号。

图 12.18 是双积分型 A/D 转换器的结构框图。下面结合图 12.19 所示波形说明电路的工作原理。

工作之前,计数器清零。在 $t=0$ 时,开关 S 接模拟输入电压 u_i,转换器进入第 1 个工作阶段——取样阶段,由运算放大器组成的积分器对输入电压 u_i 积分,积分器输出电压

$$u_A(t) = -\frac{1}{\tau}\int_0^t u_i \mathrm{d}t = -\frac{U_i}{\tau}t$$

使 $u_A(t)$ 线性下降。上式中,$\tau=RC$ 为积分器的时间常数。与此同时,由于 $u_A < 0\mathrm{V}$,比较器输出为1,门 G 被打开,计数器开始计数。当计数器计数值满并由最大值回到全 0 的时刻 t_1,产

生溢出脉冲。溢出脉冲通过开关电路将开关 S 接参考电压 $-V_{REF}$,积分器停止对 u_i 积分,并开始对 $-V_{REF}$ 进行积分,转换器进入第 2 个工作阶段——比较阶段。由于被测电压 u_i 与 $-V_{REF}$ 极性相反,故积分器从初始负值 $u_A = -\dfrac{U_i}{\tau}t$,以固定斜率 $\dfrac{V_{REF}}{\tau}$ 向正方向回升。当 $u_A = 0\mathrm{V}$ 时,比较器输出为 0,将门 G 关闭,计数器停止计数,第 2 个工作阶段结束。因为在 $t = t_1$ 时计数器以满回零,故在 t_2 时刻,计数器记下的数就是 $(t_2 - t_1)$ 期间累计的脉冲数,记作 N_1。

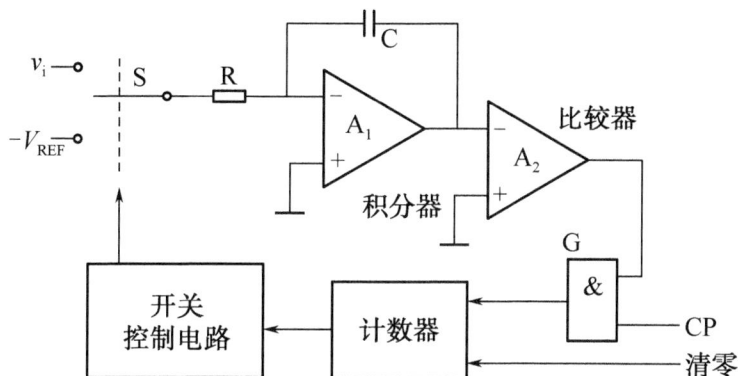

图 12.18 双积分型 A/D 转换器结构框图

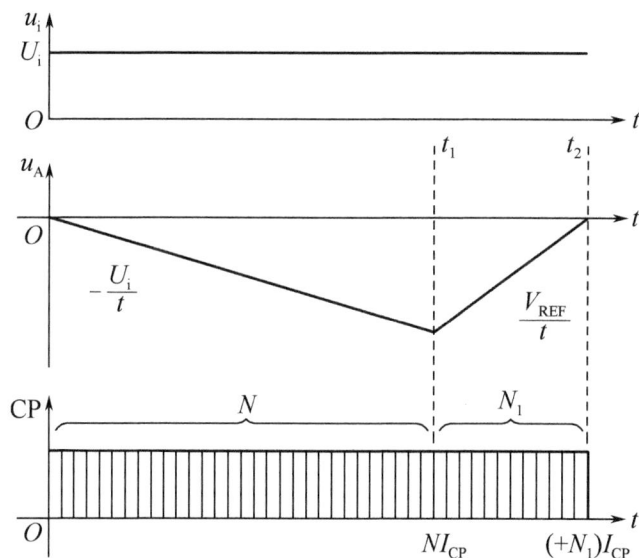

图 12.19 双积分型 A/D 转换器波形图

设计数器容量为 N,计数脉冲 CP 的周期为 T_{CP},则取样阶段所经历的时间 $t_1 = NT_{CP}$。通过对两个阶段的积分推导(推导过程略),可得

$$N_1 = \frac{U_i}{V_{REF}} N$$

记下 N_1,也就知道了输入电压 u_i 的大小

$$u_i = \frac{V_{REF}}{N} N_1$$

双积分型 A/D 转换器有许多优点,一是数字量输出与积分器时间常数 τ 无关,对积分元件的要求不高。其次,由于双积分 A/D 转换器采用了测量输入电压在采样时间 t_1 内的平均值的原理,因此具有很强的抗工频干扰的能力。为此,一般选 t_1 为 20ms 的整数倍。双积分型 A/D 转换器的缺点是速度低,只适用于对慢变化信号或直流模拟信号进行转换,在数字测量仪器中得到广泛的应用,如数字式电流电压表、数字式温度计等。

12.2.3 A/D 转换器的主要参数

1. 分辨率

ADC 的输出是二进制数码,位数越多,量化误差就越小,转换精度就越高,分辨率就越高。分辨率常以输出二进制码的位数来表示。例如,输入的模拟电压满量程为 5V,8 位 ADC 可以分辨的最小模拟电压为 $5V/2^8 = 19.53\text{mV}$,而 10 位 ADC 可以分辨的最小电压 $5V/2^{10} = 4.88\text{mV}$。可见,ADC 的位数越多,它的分辨率就越高。

2. 转换时间与转换精度

转换时间被定义为 A/D 转换器完成一次完整的转换所需的时间,即从输入端加入信号到输出端出现相应数码的时间。通常转换速率是转换时间的倒数。目前转换时间最短的 A/D 转换器的转换时间为 $5 \sim 50\text{ns}$,即转换速率达 $20 \sim 200\text{MHz}$;其次是逐次比较式 A/D 转换器,如果采用双极型制造工艺,其转换时间也达到了 $0.4\mu s$,即转换速率为 2.5MHz。

集成 A/D 转换器按转换速率分类:转换时间在 $20 \sim 300\mu s$($3.3 \sim 50\text{kHz}$)之间的为中速型;大于 $300\mu s$(小于 3.3kHz)为低速型;小于 $20\mu s$(大于 50kHz)的为高速型。

选用 A/D 转换器需要考虑的主要参数是转换速度及分辨率,表 12-4 列出了几种常用 ADC 芯片的参数供读者参考。

表 12-4 常用 ADC 芯片参数表

并行比较型 ADC

型 号	转换频率 (MHz)	分辨率(位数)	电源范围(V)	说 明
TDC1019	15	9	+5,-6	瞬时比较编码式器件
CA3308	15	8	±5.2	CMOS 单片集成
TDC1007J	20	8	+5,-6	内部有采样/保持电路
TDC1029J	100	6	+5,-6	内部有采样/保持电路
SDA5010	100	6	±5.2	双极型工艺,多用途器件
AD770	200	8	+5,-5.2	功耗约 200mW
AD9028	300	8	+5,-5.2	功耗约 2.2mW

逐次比较型 ADC

型　号	分辨率（位数）	转换时间（μs）	模拟输入（V）	电源范围（V）	特　　点
ADC0801～ ADC0805 5G0801 5G0804	8	≤100	0～5	4.5～6.5	是当前较流行的中速廉价型器件.差动单道输入,不需要零点调整;片内有时钟发生器和三态输出锁存器,可与8位微处理器直接接口,精度最高的是 ADC0801,精度最差的是 ADC0804 和 ADC0805
ADC0808 ADC0809	8	≤120	0～5	4.5～6.5	为单极性8通道输入,不需要外界调零和满量程调整;片内带有地址锁存器,多路开关和8位三态输出锁存器,很容易与微机接口
ADC1001 ADC1021	10	≤200	0～5	4.5～6.5	为差动单通道输入,不需要零点调整;片内带有时钟发生器和10位三态输出锁存器;逻辑输入和输出满足 TTL 和 CMOS 电平规范,可与8位或16位微处理器直接接口.其中,ADC1001 与 ADC0801 系列8位 A/D 转换器兼容
ADC1210 ADC1211	12	≤100	±10	±15	具有双极性和单极性模拟输入选择;数据输出与 CMOS 逻辑电平兼容;可在连续或逻辑控制转换方式下工作;可接成10位 A/D 转换器,此时转换时间为 30μs;使用时需外加基准电压和时钟,成本较低
AD1380	16	≤14	+10 +20	±15 +5	内部具有采样/保持器,基准电源和与微机接口的逻辑控制电路;既可并行输出,也可串行输出

双积分型 ADC

型　号	转换位数	转换频率（Hz）	电源范围（V）	特　　点
MC14433 CC14433	$3\frac{1}{2}$	4～10	±4.5～±8	单片 CMOS 器件,输出为 BCD 码动态扫描方式;既可适于组成数字仪表,也可方便地与微机系统接口;芯片内采样了模拟与数字自动校零技术,可保证长期零点稳定;能自动极性转换

型　号	转换位数	转换频率（Hz）	电源范围（V）	特　点
ICL7135 CC7135 CH7135	$4\frac{1}{2}$	$\leqslant 30$	$\pm$	单片 CMOS 器件,输出为 BCD 码动态扫描方式;具有自动极性转换/自动校零和差动输入功能;在 2.0000V 满度测量中精度保证 ±1 字;只需单参考电源,具有多种接口,可方便地构成电压表和微机接口电路

12.2.4　集成 A/D 转换器

集成单片 ADC 的产品型号较多,目前以采用逐次比较法及双积分法进行 A/D 转换的居多。逐次比较型 ADC 适用于分辨率较高而转换速度适中的场合。双积分型 ADC 一般应用于高分辨率,低转换速度的场合。如果转换速度要求很高,则可采用并行比较法的集成单片 ADC。这里介绍两种集成 A/D 转换器:一种是逐次逼近型的,一种是双积分型的。

1. ADC0808/ADC0809 转换器

ADC0808/ADC0809 转换器是一种单片 CMOS 器件,包括 8 位的模/数转换器、8 通道多路转换器和与微机兼容的控制逻辑。其内部结构如图 12.20 所示。

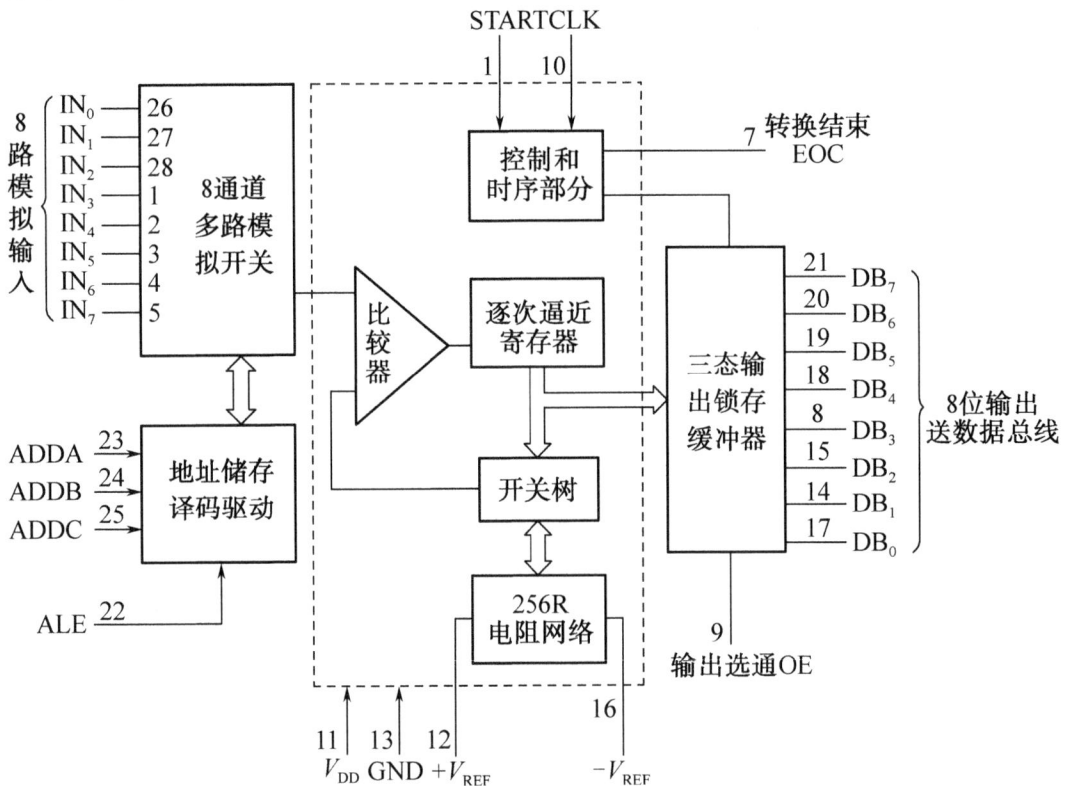

图 12.20　ADC0808/ADC0809 转换器内部结构

（1）电路组成：8路模拟开关。

在实时控制与实时数据处理系统中，被控制与被测量的量多是几路或几十路，如果对这些参量进行模/数转换采用公共的模/数转换电路，可以大大节省设备。利用多路模拟开关，轮流切换各被测量与模/数转换电路间通路，可以达到分时转换的目的。

在 ADC0809 转换器中有一个 8 通道多路模拟开关，由 3 条地址线 ADDA，ADDB，ADDC 来选择 8 通道中的一路，如图 12.21 所示。例如，ALE 在上升沿时，ADDA ADDB ADDC＝000，则模拟量通过 IN_0 通道送去进行模/数转换，如 ADDA ADDB ADDC＝001，则同步 IN_1 通道送去进行模/数转换……，其余依此类推。

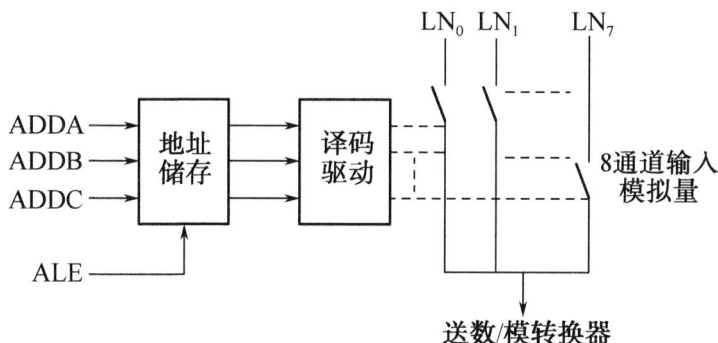

图 12.21　多路模拟开关的作用

ALE 为地址锁存信号，它将外来 3 位地址 ADDA，ADDB，ADDC 送锁存器中锁存。

8 位模/数转换：采用逐次逼近方式。其中比较器采用高阻抗斩波器的运算放大器，比较稳定，零点漂移小；256 个电阻组成梯形电阻网络；还有逐次比较数码寄存器。转换后的输出送三态输出锁存缓冲器寄存。

控制逻辑：时钟信号由 CLK 端引入，频率一般为 500kHz。当在 START 端加启动脉冲时，其上升沿复位 ADC0809 中数码寄存器，下降沿启动模/数转换，大约 $100\mu s$ 后转换结束，并发出转换结束信号 EOC＝1。EOC 信号同时还将转换结果打入三态输出锁存缓冲器。此时输出选通 OE 为高电平时，则锁存器的模/数转换结果输出到外部数据总线 $DB_0 \sim DB_7$ 上。

（2）典型应用。ADC0809 转换器既可独立使用，也可与微机接口构成各种数据采集系统。独立使用时，连接电路如图 12.22 所示。由于 OE，ALE 与＋5V 电源相连，EOC 与 START 相连，因此，一旦在 START 引脚上施加一个触发启动脉冲后，独立便处于一种连续转换的工作状态。通道的选择可通过三个手动开关改变 A，B，C 状态而实现。

2. CC14433 转换器

CC14433 转换器是 CMOS 工艺的双积分模/数转换器，广泛用于数字电压表、数字温度计及各种低速数据采集系统中。仅需外接两只电阻和电容就可组成一个具有自动调零和自动极性转换功能的模/数转换系统。用作数字电压表时，CC14433 转换器有两个基本量程，即满刻度为 1.999V 和199.9mV，因此常称为 $3\frac{1}{2}$ 位模/数转换器。

图 12.23 所示为 CC14433 转换器结构框图及引脚图。

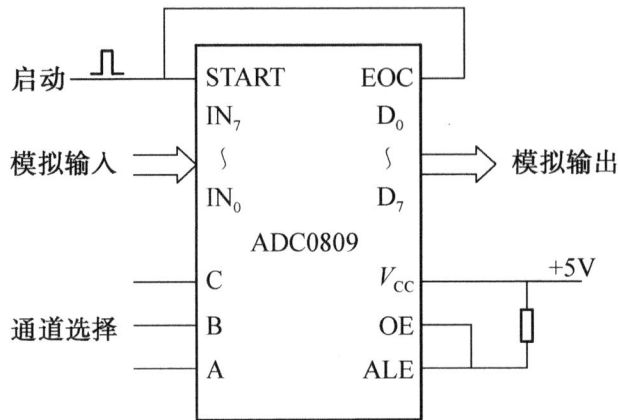

图 12.22　ADC0809 转换器独立使用时的连接电路

图中，V_{DD}——正电源电压；

V_{SS}——地；

V_{AG}——模拟地；

V_{EE}——负电源电压；

$Q_0 \sim Q_3$——BCD 码输出，连接显示译码器（如 CC4511，作 BCD 数据输入）Q_0 为最低位，Q_3 为最高位；

V_{REF}——参考电压输入端；

U_I——接输入的模拟电压；

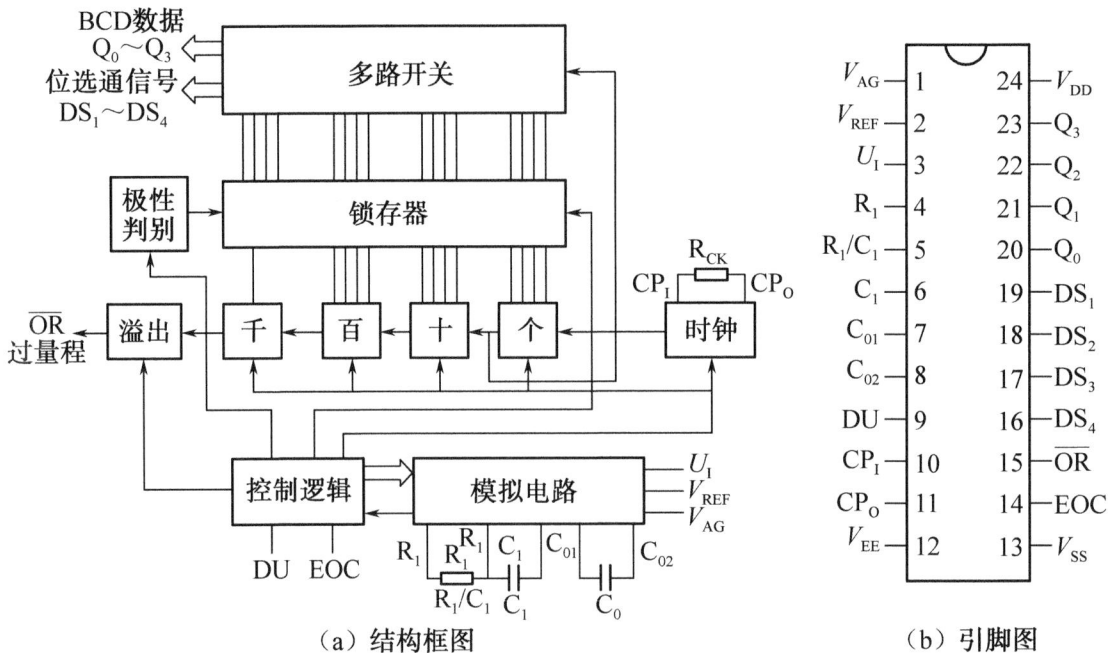

（a）结构框图　　　　　　　　　　　（b）引脚图

图 12.23　CC14433 转换器结构框图及引脚图

CP_I 与 CP_O——时钟输入、输出端,外接电阻 $300\text{k}\Omega$ 可产生时钟,也可从外部输入时钟(从 CP_I 接入);

C_{O1} 与 C_{O2}——接补偿电容,通常取 $0.1\mu\text{F}$;

$DS_1 \sim DS_4$——千、百、十、个输出位选通信号;

EOC——模/数转换结束,从此端输出正脉冲信号;

$R_1,R_1/C_1,C_1$——外接积分元件端。若时钟为 66kHz,R_1 为 $470\text{k}\Omega$(2V)或 $27\text{k}\Omega$(200mV),这时一次转换约需 250ms;

DU——实时输出控制,若在 DU 端输入一个正脉冲,则将转换结果送输出锁存器。

多路调制选通脉冲信号 $DS_1 \sim DS_4$ 是由许多开关输出的,在每一次模/数转换周期结束时,先输出一个 EOC 信号,再依次输出 DS_1,DS_2,DS_3,DS_4,大约 16 400 个时钟周期循环一次,如图 12-24 所示。

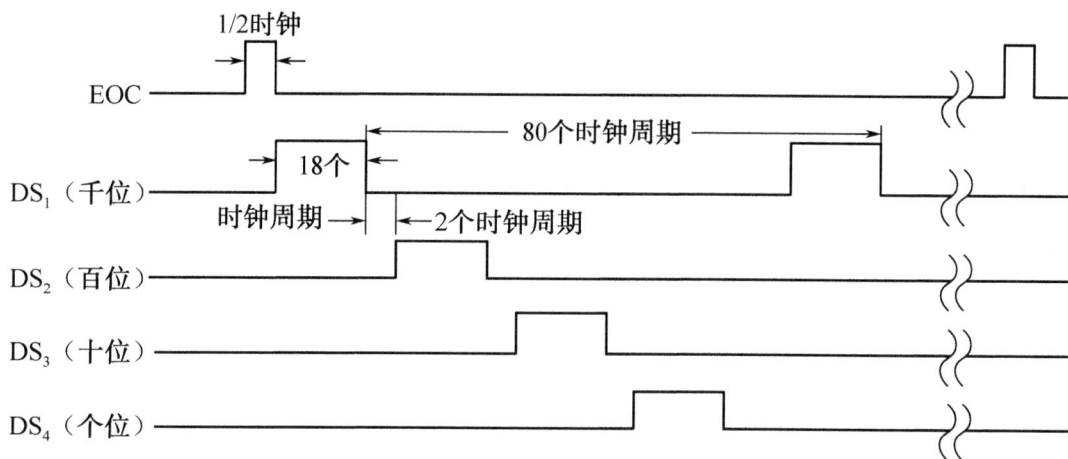

图 12.24 $DS_1 \sim DS_4$ 的时序图

在 DS_1 期间,Q_3,Q_2,Q_1,Q_0 输出千位、过量程、欠量程和极性标志,其输出功能编码如表 12-5 所示。

表 12-5 Q_3,Q_2,Q_1,Q_0 输出功能编码表

Q_3	Q_2	Q_1	Q_0	功　　　　能
0	$\times$	$\times$	1	$Q_0=1$ 且 $Q_3=0$,过量程,表示计数值大于 1999
1	$\times$	$\times$	1	$Q_0=1$ 且 $Q_3=1$,欠量程,表示计数值小于 180
1	$\times$	$\times$	0	Q_3 表示千位,$Q_3=1$ 千位为 0
0	$\times$	$\times$	0	$Q_3=0$ 千位为 1,只接七段发光器件的 b,c 段
$\times$	1	$\times$	$\times$	Q_2 表示电压极性,$Q_2=1$,为正极性
$\times$	0	$\times$	$\times$	$Q_2=0$,为负极性

在位选通信号 DS_2,DS_3,DS_4 输出正脉冲期间,$Q_3Q_2Q_1Q_0$ 输出 BCD 码,分别在 DS_4 时对

应于个位,DS_3 时对应于十位,DS_2 时对应于百位。

图 12.25 所示为一个 $3\frac{1}{2}$ 位数字电压表电路原理图。它共用了 4 块集成电路,其中 CC14433 用来作模/数转换器,CC4511 用来作译码驱动,另两块为双极型集成电路,5G1403 为基准电压电路,向 CC14433 提供 V_{REF},5G1413 为七路达林顿晶体管驱动器,DS 信号经 5G1413 缓冲后驱动各位数码管的阴极。

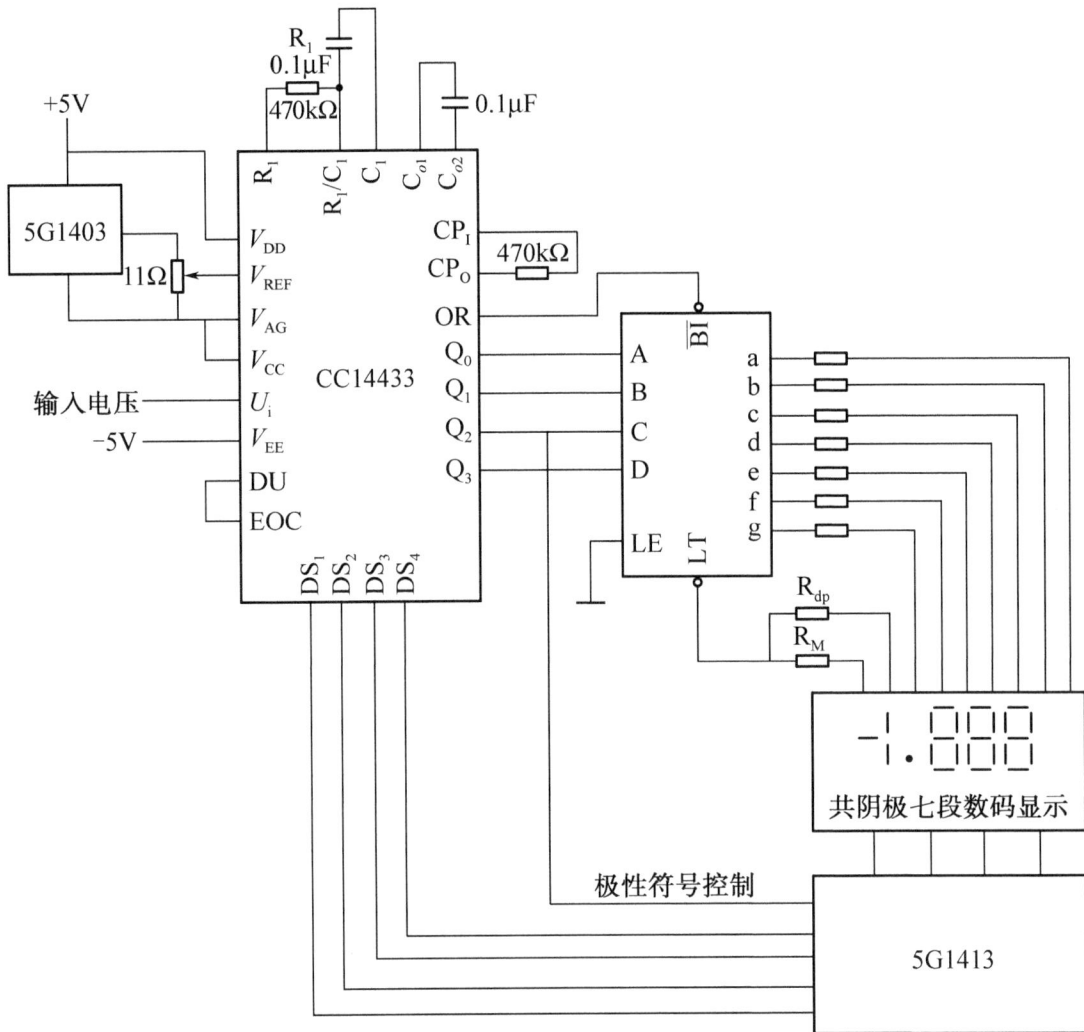

图 12.25 $3\frac{1}{2}$ 位数字电压表电路原理图

电压极性符号"—"由 CC14433 的 Q_2 控制。当输入负电压时,$Q_2=0$,"—"通过 R_M 点亮;若输入为正电压时,$Q_2=1$,使该路晶体管导通,"—"熄灭。小数点通过电阻 R_{dp} 点亮。R_M,R_{dp} 及 CC4511 输出端的七只限流电阻阻值的选取是根据 LED 七段发光器件电流的要求而定,用 5V 供电时,阻值约为数百欧姆。

若 U_i 大于 1.999V,由 $\overline{OR}$ 输出信号控制 CC4511 的 $\overline{BI}$ 端,使显示数字熄灭,而负号和小数点仍然点亮。

若要求满量程改为$199.9\mathrm{mV}$,只要把V_{REF}调到$200\mathrm{mV}$,R_1由$470\mathrm{k\Omega}$变为$27\mathrm{k\Omega}$,并把小数点位置移动就可实现。

本章小结

(1) 数/模(D/A)转换和模/数(A/D)转换是沟通数字量和模拟量的桥梁。

(2) 评价数/模(D/A)转换器和模/数(A/D)转换器的主要技术指标是转换精度和转换速度,也是挑选转换器电路的主要依据,在选择方案时,要综合考虑性价比,不可一味追求不必要的高精度和高速度。

(3) 数/模转换器是用权电流(权电阻或权电容)使输出电压与输入数字量成正比。

(4) 将模拟量转换为数字量的基础是取样定理,只要取样频率大于模拟信号最高频率的两倍($f_s \geqslant 2f_{\max}$)即可不失真地重现原来的输入信号。

模数转换包括取样、保持、量化、编码。量化、编码的方案很多,本章介绍了并行比较型、逐次逼近型及双积分型三种,其中速度最快的是并行比较型,逐次逼近型速度略低一些,在需要质量好而速度较快的转换器时,它是最常用的。转换过程所需时间随位数的增加而线性增加。双积分型模数转换速度最慢,由于有抑制$50\mathrm{Hz}$市电干扰的特点,在数字式直流电压表中得到广泛的应用。

习题 12

12.1 D/A转换器的功能是什么?

12.2 有一个10位DAC电路满值输出电压为$10\mathrm{V}$,试求如下输入时的输出电压值。(1)各位全为1;(2)仅最高位为1;(3)仅最低位为1。

12.3 已知某D/A转换器电路,其最小分辨率电压$V_{\mathrm{LSB}}=5\mathrm{mV}$,最大满刻度输出电压$u_。=10.24\mathrm{V}$,试求该电路输入数字量的位数$n$是多少? 基准电压$V_{\mathrm{REF}}$应是多少?

12.4 在使用DAC0832进行数/模转换时,得到的是一个单极性的电压,如何转换为双极性电压?

12.5 模/数转换的功能是什么? 包括哪些过程?

12.6 取样定理告诉我们些什么? 如果要将语音信号转换为数字量,按取样定理,取样频率应选择多少? 用ADC0809能否满足要求? 已知ADC0809转换时间为$100\mu s$。用CC14433可以吗?

12.7 从速度、成本、精度几个方面比较ADC三个方案。

12.8 双积分型A/D转换器为什么要求$|u_i| \leqslant |u_{\mathrm{REF}}|$且要求$u_i$与$V_{\mathrm{REF}}$两者极性相反。

12.9 模拟输入信号是含有$200\mathrm{Hz}$,$500\mathrm{Hz}$,$1000\mathrm{Hz}$,$3\mathrm{kHz}$,$5\mathrm{kHz}$等频率的信号,试求ADC电路中的取样频率为多少?

12.10 根据所介绍的CC14433,试设计一个温度计,将它与图12.25所示电路比较,还需要增加什么电路?

12.11 填空

（1）倒 T 型电阻网络 DAC 的电阻取值只有（　）、（　）两种。

（2）将模拟信号转换为数字信号,需要（　）、（　）、（　）、（　）4 个过程。

（3）为使取样输出信号不失真地代表输入模拟信号,则取样周期和输入模拟信号频带的上限值 f_{max} 必须满足的关系是（　）。

（4）通常,量化的方式有（　）和（　）两种。

（5）将一个时间上连续变化的模拟量,转换为时间上断续（离散）的数字量,这个过程称为（　）。

（6）用二进制码表示指定离散电平的过程为（　）。

实验 16　AD7524 及其应用

1. 实验目的

（1）熟悉 D/A 转换器的工作原理。

（2）了解 DAC 将数字量转换为等效的模拟量的方法。

2. 实验器材

（1）实验仪器:±12V 稳压电源 1 台;数字电压表 1 台;MF—30 型万用表 1 台。

（2）器件:AD7524 与 LM324 各 1 片;电位器以及电阻若干。

（3）实验装置:数字电路通用实验板。

3. 实验内容

DAC 数模转换过程观察:

（1）参照图 12.7 接好电路,AD7524 的数据输入端与实验板上的二进制数据开关 $SW_1 \sim SW_2$ 相连,通过数据开关的不同组合,将不同的二进制数字输入。

（2）按表 12-6 输入数字量,用数字电压表测量输出电压 u_o,并与理论值进行比较,求出误差的大小。1

表 12-6　实验 16 记录表

D_7 D_6 D_5 D_4 D_3 D_2 D_1 D_0	实测 u_o	理论 u_o
0　0　0　0　0　0　0　0		
0　0　0　0　0　0　0　1		
0　0　0　0　0　0　1　0		
0　0　0　0　0　1　0　0		
0　0　0　0　1　0　0　0		
0　0　0　1　0　0　0　0		
0　0　1　0　0　0　0　0		

D_7 D_6 D_5 D_4 D_3 D_2 D_1 D_0	实测 u_o	理论 u_o
0 0 0 0 0 0 0 0		
0 1 0 0 0 0 0 0		
1 0 0 0 0 0 0 0		
1 1 1 1 1 1 1 1		

（3）把 AD7524 的控制脚接地，与 b 时比较并记录输出电压有何变化。

4. 实验预习要求

（1）预习 D/A 转换器的基本原理。

（2）熟悉 D/A 芯片 AD7524 的特性、引脚和典型应用。

（3）做出实验报告所需的表格。

5. 实验报告要求

做出实验内容所需要的电路图，记录实验数据并填入相应的表内，计算出理论值并分析误差来源，提出减少误差的方法。

国产半导体器件型号命名法

1. 半导体器件的型号由5部分组成

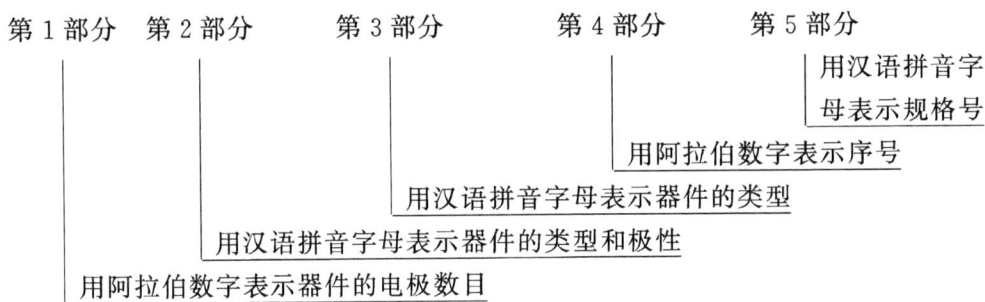

第1部分　第2部分　　　第3部分　　　　第4部分　　　　第5部分

　　　　　　　　　　　　　　　　　　　　　　　　　　用汉语拼音字
　　　　　　　　　　　　　　　　　　　　　　　　　　母表示规格号

　　　　　　　　　　　　　　　　　　　　用阿拉伯数字表示序号

　　　　　　　　　　　　　用汉语拼音字母表示器件的类型

　　　　　　　　用汉语拼音字母表示器件的类型和极性

　　　　用阿拉伯数字表示器件的电极数目

示例:锗 PNP 型低频小功率三极管

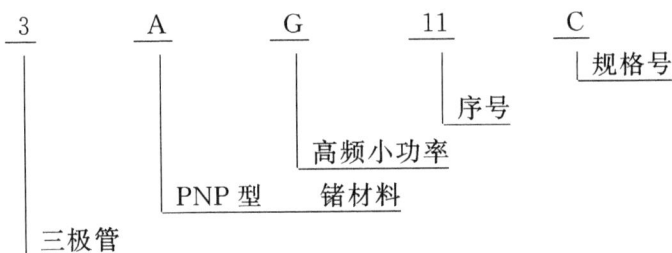

　　　　　3　　　　　A　　　　G　　　　11　　　　C
　　　　　　　　　　　　　　　　　　　　　　　　　规格号

　　　　　　　　　　　　　　　　　　　　序号

　　　　　　　　　　　　　高频小功率

　　　　　　　　PNP 型　　锗材料

　　　三极管

2. 符号组成部分的符号及其意义

第1部分		第2部分		第3部分		第4部分	第5部分
用数字表示器件的电极数目		用汉语拼音字母表示器件材料和极性		用汉语拼音字母表示器件		用数字表示器件型号	用汉语拼音字母表示规格号
符号	意义	符号	意义	符号	意义		
2	二极管	A	N型锗材料	P	普通管		
3	三极管	B	P型锗材料	V	微波管		
		C	N型硅材料	W	稳压管		
		D	P型硅材料	C	参量管		
		A	PNP型锗材料	Z	整流管		
		B	NPN型锗材料	L	整流堆		
		C	PNP型硅材料	S	隧道管		
		D	NPN型硅材料	U	光电管		
		E	其他材料	K	开关管		
				X	低频小功率管(截止频率<3MHz,耗散功率<1W)		
				G	高频小功率管(截止频率≥3MHz,耗散功率<1W)		
				D	低频大功率管(截止频率<3MHz,耗散功率≥1W)		
				A	高频大功率管(截止频率≥3MHz,耗散功率≥1W)		
				T	可控整流管		
				CS	场效应管		
				BT	特殊类型		

TTL 门电路与 CMOS 门电路的使用

作为第 6 章的补充,这里介绍几个使用逻辑门的实际问题,以帮助学生正确使用各种门电路。考虑 TTL 及 CMOS 门用得较多,故着重围绕这两种门予以讨论。

1. TTL 门电路

这类电路通常以美国得克萨斯(Texas)仪器公司的产品为公认的参照系列电路,前面有 SN54/SN74(SN 系英文半导体网络的缩写,54 是军用的,工作温度范围为 −55℃ ～ +125℃,74 是工业部门使用的,工作温度范围为 0～70℃)。产品按功耗及速度分为七大系列:即标准 TTL,54/74××;低功耗 TTL,54/74L××;高速 TTL,54/74H××;肖特基 TTL,54/74S××(有的手册也称超高速 TTL);低功耗肖特基 TTL,54/74LS××;先进的肖特基 TTL,54/74AS××;先进的低功耗肖特基 TTL,54/74ALS××。对于同一品种的逻辑门电路,仅只其前缀有所不同,其后面序号(用××表示)则完全相同,其引线排列、逻辑功能亦完全相同。

我国集成电路产品型号命名和得克萨斯仪器公司型号命名有一个对应表,国内外同类产品品种的逻辑功能、引出线排列、电参数性能是一致的。

国标型号	CT1000 系列	CT2000 系列	CT3000 系列	CT4000 系列
Texas	SN74 系列	SN74H 系列	SN74S 系列	SN74LS 系列

2. CMOS 门电路

我国的 CMOS 集成电路产品早期采用 C000 系列,工作电压为 +7～+15V。后期生产的为 CC4000 系列,其引出线排列、逻辑功能与国外相应的品种一致。例如,国产四 2 输入与非门 CC4011 与 RCA 公司的 CD4011,MOTOROLA 公司的 MC14011 是相当的。国外 CMOS 集成电路的型号前缀因厂家而异,但其序号则基本相同,附表 B-1 给出 CMOS 主要生产公司的产品型号前缀。

附表 B-1　几家国外公司 CMOS 产品型号前缀

国　别	公司名称	简　称	型号前缀
美　国	美国无线电公司	RCA	CD××
	莫托洛拉半导体公司	MOTA	MC××
	国家半导体公司	NSC	CD××
	仙童公司	FSC	F××
	得克萨斯仪器公司	TI	TP××
	固态科学公司	SSS	SCL××
	哈里斯公司	HAS	HD××
	特里达因公司	TPN	MM××
日　本	东芝公司	TOSJ	TC××
	冲绳电气工业股份公司	OKI	MSM××
	日本电气公司	NEC	μPD××
	日立公司	Hitachi	HD××
	富士通公司	FCA	MB××
荷　兰	飞利浦公司		HFE××
加拿大	密特尔公司		MD××

　　近年来由于 MOS 工艺的发展,已经出现了 74 系列高速 CMOS 电路,该系列共分三大类产品,即 54/74HC 系列,其输入电流、输入电压、噪声容限和静态功耗与 CD4000 和 MM54/74C 系列金属栅 CMOS 相仿,输出驱动能力与 LSTTL 电路相仿;54/74HCT 系列为 TTL 工作电平,可与 LSTTL 系列互换使用;54/74HCU 系列适用于无缓冲级的 CMOS 电路。

参考文献

1 张珍华,苏志武编. 模拟与数字电路. 北京:中国广播电视出版社,1994

2 曾祥富,张龙兴,童士宽编. 电子技术基础. 北京:高等教育出版社,1996

3 徐新艳,刘勇编. 脉冲与数字电路. 北京:电子工业出版社,1998

反侵权盗版声明

　　电子工业出版社依法对本作品享有专有出版权。任何未经权利人书面许可，复制、销售或通过信息网络传播本作品的行为，歪曲、篡改、剽窃本作品的行为，均违反《中华人民共和国著作权法》，其行为人应承担相应的民事责任和行政责任，构成犯罪的，将被依法追究刑事责任。

　　为了维护市场秩序，保护权利人的合法权益，我社将依法查处和打击侵权盗版的单位和个人。欢迎社会各界人士积极举报侵权盗版行为，本社将奖励举报有功人员，并保证举报人的信息不被泄露。

举报电话：（010）88254396；（010）88258888
传　　真：（010）88254397
E-mail：　　dbqq@phei.com.cn
通信地址：北京市万寿路 173 信箱
　　　　　电子工业出版社总编办公室
邮　　编：100036